钢分析化学与物理检测

主　编　朱志强　许玉宇　顾　伟
副主编　王国新　王卫忠　王　慧　卢书媛

北　京
冶　金　工　业　出　版　社
2013

内 容 提 要

本书介绍了钢分析化学与物理检测技术。全书分10章，涵盖了钢分析常用的样品处理方法、分析仪器、测量不确定度及其评定、力学性能、工艺性能、金相等基础知识，不仅介绍了钢化学与物理检测实用分析方法，还对国内外20年来钢铁化学分析进展作了评述。

本书内容丰富，实用性强，可供从事钢及其制品生产加工及贸易、商品质量、检验检疫、环境保护、材料等相关行业的技术人员阅读，也可供大学、职业院校有关专业师生参考。

图书在版编目(CIP)数据

钢分析化学与物理检测/朱志强，许玉宇，顾伟主编．—北京：冶金工业出版社，2013.6

ISBN 978-7-5024-5954-3

Ⅰ.①钢…　Ⅱ.①朱…　②许…　③顾…　Ⅲ.①钢—分析化学　②钢—物理性质—检测　Ⅳ.①TG142

中国版本图书馆CIP数据核字（2012）第107290号

出 版 人　谭学余
地　　址　北京北河沿大街嵩祝院北巷39号，邮编100009
电　　话　(010)64027926　电子信箱　yjcbs@cnmip.com.cn
责任编辑　张　晶　美术编辑　彭子赫　版式设计　孙跃红
责任校对　王永欣　责任印制　张祺鑫
ISBN 978-7-5024-5954-3
冶金工业出版社出版发行；各地新华书店经销；三河市双峰印刷装订有限公司印刷
2013年6月第1版，2013年6月第1次印刷
169mm×239mm；22.25印张；468千字；335页
65.00元

冶金工业出版社投稿电话：(010)64027932　投稿信箱：tougao@cnmip.com.cn
冶金工业出版社发行部　电话：(010)64044283　传真：(010)64027893
冶金书店　地址：北京东四西大街46号(100010)　电话：(010)65289081(兼传真)
（本书如有印装质量问题，本社发行部负责退换）

《钢分析化学与物理检测》

编 委 会

前　言

钢及其制品广泛用于国民经济各部门和人民生活各个方面，是社会生产和公众生活所必需的基本材料。分析检验技术在钢产品的生产、加工、贸易、消费等过程中发挥了质量监督、控制和评价的重要作用，并为产品研发、工艺分析提供成分和结构分布等关键信息。近年来，钢的生产和加工工艺不断进步，钢分析化学和物理检测技术也取得了长足发展，现代分析测试仪器在钢及其制品的分析检验中占有越来越重要的地位，痕量成分分析和仪器分析方法得到迅速发展，大大提高了分析测试效率和分析精度。同时常规化学分析方法在常量元素测定方面仍然广泛应用，且作为经典方法被规定为仲裁分析方法。

近年来国内出版了不少有关冶金分析技术和方法的著作及标准汇编，推动了冶金分析事业的发展。在此基础上，我们以钢及其制品的分析化学和物理检测技术为主要内容，结合分析技术的发展状况，撰写了有关钢分析实验室工作中常用的基础性知识和分析方法，编著了本书。

本书编著的内容紧密围绕钢及其制品的分析实践，有近三分之二的内容涉及钢的分析化学技术。结合目前钢分析化学的现状，重点介绍了目前应用较广的原子吸收光谱、电感耦合等离子体原子发射光谱、直读光谱、X射线荧光光谱、电感耦合等离子体质谱、高频红外碳硫分析、氧氮分析等仪器的应用方法。同时本书还对钢中常见化学元素分析方法逐一进行了介绍，并对多数分析方法加有注释，以使分析者加深对方法的认识并更好地掌握分析方法。在保证可靠性、先进性的前提下，尽量选取了对环境污染小、可操作性强的方法，强调实用价值。另有约三分之一的篇幅是有关钢的力学性能、工艺性能和金相分析的内容，这些内容作者认为具有很好的实用价值，并将对从事相关检测工作的人员具有较好的指导作用。

本书还介绍了有关测量不确定度评定、能力验证等方面的内容，这是分析实验室质量管理中必不可少的知识。本书还对近20年来国内外钢铁分析进展进行了综述，特别是对20年来AA收录的文摘进行了详细介绍，目的是让有关分析、研究人员了解国内外的研究现状。

钢及其制品的检验技术涉及多种专业，专业跨度大、学科交叉多，撰写本书的目的在于让从事钢及其制品生产加工及贸易、商品质量、检验检疫等行业的技术人员对钢的分析化学和物理检测技术有更深入的了解，从而更好地胜任相关工作。本书亦可供大学、职业院校有关专业师生参考。

本书的编著是在有关专家的帮助下，由常熟出入境检验检疫局完成的。本书作者都是来自检验一线的工作人员，由于时间有限，加上各自的经历和写作风格有异，难免有这样或那样的不足和缺点，敬请读者批评指正。

本书第1章由许玉宇、王慧编写；第2章由刘烽、王国新、王慧编写；第3章由刘崇华、王国新、赵泉、游维松、卞茂华、黄宗平、李大庆、张克顺编写；第4章由俞璐、吴骋编写；第5章由许玉宇、王慧、周利英、胡清、周锦帆编写；第6章由顾伟、王卫忠、卢书媛、钱伟编写；第7章由顾伟、易海清、张波、徐海斌编写；第8章由卢书媛、时伟、张波编写；第9章由彭凌、沈星、钱伟编写；第10章由王慧、卢书媛编写。

本书在编写过程中，引用了国内外公开发表的文献，在此向文献的作者表示感谢。并感谢冶金工业出版社的支持和责任编辑为本书的出版所付出的辛勤劳动。

编　者

2013年3月

目　录

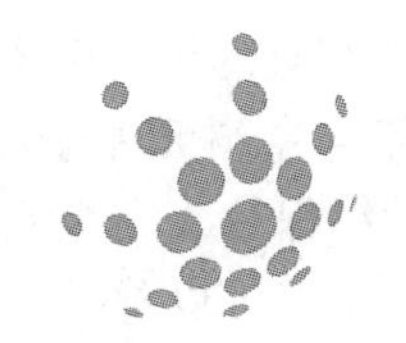

1 钢铁概论

1.1 钢的基本知识

1.1.1 基本概念

钢是以铁为主要元素、碳含量一般在2%以下并含有其他元素的材料。在铬钢中碳含量可能大于2%，但2%通常是钢和铁的分界线。它是用生铁或废钢做原料，根据不同的性能要求，配加一定的合金元素熔炼而成的。通常，除铁、碳外，钢中还含有一些合金元素和残余元素。完成了冶炼过程、未经塑性加工的钢称之为粗钢，其形态是液态或铸态固体。粗钢的一小部分用于铸造或锻造机械零部件，绝大部分经压延加工成各种钢材后使用。

钢具有良好的强度、延展性及加工成形性，同时，钢还具有原材料资源丰富、冶炼容易、价格便宜等优点，是使用最广泛的一种金属材料。工业、农业、交通运输、建筑和国防等都离不开钢，钢的生产对国民经济各部门的发展都有重要作用。

1.1.2 金属和合金的结构及结构缺陷

1.1.2.1 金属结构

纯金属根据X射线衍射和电流的研究结果确认属晶体结构类物质，其组织单元为晶粒。一个完整的理想晶粒，它的内部原子或分子是严格按照规则的立体几何图案进行排列的，这种组合图形的形式，随晶粒的化学成分或其他条件的不同可以是各种各样的。但归纳起来有7大晶系、14种结构。最典型的结构有面心立方、体心立方和密排六方3种。

合金是在纯金属中有意加入或留存一定数量的元素，即通常所说的合金元素，使其熔化在一起，形成一种具有金属特征的新物质。碳素钢就是在纯铁中使存留碳保持一定数量的合金；轴承钢就是有意在纯铁中加入一定数量的铬元素，并使碳元素存留一定数量的合金。合金中除了主含量元素之外，与所谓纯金属一样，也总是或多或少地含有其他杂质元素，而这些杂质元素和微量元素都随冶金过程而带入，但在现代冶金水平上还无法完全去除，只能将其限制在一定的范围之内，使其对合金的性能不产生重大影响。

合金是多晶体，类似纯金属，3种典型结构形式在合金中也普遍存在。各种元素的原子在空间也是按一定的几何图形规则排列的，区别在于合金中的每种结构都是由两种或两种以上的原子所组成。根据异类原子在晶体中的相对分布状况，合金的3种典型结构为固溶体、金属化合物和机械混合物。

（1）固溶体。固溶体可分为置换固溶体和间隙固溶体。

1）置换固溶体。在合金中与主组原子晶格常数相近的异类原子可以按任意比例统计式地分布在各类结构中各相应晶面上，并处于与主组元原子相似的正常位置，犹如主组元的一部分原子被异类原子所取代，但始终保持着主组元的结构类型，这类结构属于置换固溶体，又称代位固溶体。异类原子也可以不是统计式分布，而是按一定的规律分布，这种结构叫有序固溶体。根据异类原子的置换能力，置换固溶体还有无限固溶体和有限固溶体之分，前者异类原子可以互相无限地置换，后者异类原子只能有限地置换。

2）间隙固溶体。在合金中与主组元原子晶格常数相差较大的异类原子分布在主组元原子间的空隙中，这类结构属于间隙固溶体。例如铁和碳、氮元素组成的固溶体，即碳、氮原子存在于由铁原子组成的体心立方结构中的一部分间隙位置。

应该指出，无论是形成置换固溶体，还是形成间隙固溶体，都是在一种晶格中溶入了另一种大小不同的原子，必然会造成晶格的畸变。晶格畸变则会导致合金强度、硬度和电阻的升高，并随固溶体中异类元素溶入浓度的增加而提高，这就是所谓固溶强化。固溶强化是提高金属材料力学性能的重要手段之一。

实践证明，在一般情况下，如果异类原子的浓度适当，对固溶体的塑性影响是较小的。这样，不但固溶体的强度、硬度比纯金属高，而且塑性、韧性也良好，因此，实际使用的金属材料大多是单相固溶体合金或以固溶体为基的多相合金。

（2）金属化合物。合金中各组元原子按一定比例和一定顺序发生相互作用而生成一个新的物质，其晶格类型和性质完全不同于组成它的任一组元，这种结构属金属化合物，可以用分子式表示其组成。例如铁碳合金中常见的化合物渗碳体（Fe_3C），它的晶格既不同于铁的体心立方晶格，也不同于石墨的六方晶格，而是一种具有斜方晶格的复杂结构。由于金属化合物这一结构特点，所以它具有自己的独特性能，如高硬度、高脆性、高熔点及高电阻等，而塑性、韧性差。因此，单相金属化合物材料一般很少使用。但是金属化合物都是冶金钢、硬质合金及其他有色金属合金的重要组成相。它能提高合金的强度、硬度和耐磨性，但会降低塑性和韧性。合金钢的所谓沉淀强化，就是利用金属化合物的生成，并弥散分布于钢基体之中，从而提高其强度、硬度和耐磨性，并有较好韧性的配合。

（3）机械混合物。纯金属、固溶体、金属化合物 3 种相都是组成合金的基本相。在具有实用价值的合金中，除少数系单相组织外，大多数都是由两种或多种互不相容的相所组成的，称此为机械混合物。例如铁碳合金由铁素体和渗碳体组成。在机械混合物中各个相仍保持着它们各自的晶格和性能，综合性能则取决于各组成相的性能及各相的形状、数量、大小和分布情况等。通常机械混合物比单相固溶体具有更高的强度、硬度、耐磨性和良好的切削加工性，但塑性、可锻性不如单一固溶体。因此，在锻造碳钢、合金钢时，总是先把它加热到单相固溶体的温度范围，然后再进行锻造。

1.1.2.2 结构缺陷

金属材料都是由外形不甚规则的晶粒组成的非理想多晶体，由于冶金、加工等条件的影响，内部总是存在大量的缺陷。晶体缺陷必然导致原子排列的不规则，使晶格产生畸变，因而对金属的性能有很大影响。例如，对完整的金属晶体进行理论计算所得到的屈服强度要比实际晶体测得数值高出10倍左右。根据晶体的几何特点，金属晶体中的缺陷常分为点缺陷、线缺陷、面缺陷和体缺陷4大类。

（1）点缺陷。点缺陷的特征是缺陷三个方向的尺寸都很小，不超过几个原子间距，如晶格空位、间隙原子等，它们都会破坏原子间作用力的平衡。

（2）线缺陷。线缺陷的特征是缺陷在两个方向上的尺寸很小，而在第三个方向尺寸却很大，甚至可以贯穿整个晶体，如实际晶粒中大量存在的各种类型的位错。在位错线附近，晶格要发生畸变，形成一个应力集中区。

（3）面缺陷。面缺陷的特征是缺陷在一个方向上的尺寸很小，而在其余两个方向上的尺寸则很大。如晶体的外表面及各种内表面的一般晶界、孪晶面、亚晶面、相界及错层等。在晶界、相界及错层中，原子排列都是不规则的，使晶格处于歪扭畸变状态。

（4）体缺陷。体缺陷的特点是缺陷在三个方向上的尺寸都大，但不是很大。如固溶体内的偏析区、分布弥散的第二相超显微微粒，以及一些超显微空洞等。相界和空洞的原子排列都是不规则的。

1.1.3 铁碳相图

铁碳相图，又称铁碳平衡图或铁碳状态图。它以温度为纵坐标，碳含量为横坐标，表示在接近平衡条件（铁－石墨）和亚稳条件（铁－碳化铁）下（或极缓慢的冷却条件下），以铁、碳为组元的二元合金在不同温度下所呈现的相和这些相之间的平衡关系。

纯铁有两种同素异构体，在912℃以下为体心立方的α－Fe；在912～1394℃为面心立方的γ－Fe；在1394～1538℃（熔点）又呈体心立方结构，即δ－Fe。当碳溶于α－Fe时形成的固溶体称铁素体（F），溶于γ－Fe时形成的固溶体称奥氏体（A）。碳含量超过铁的溶解度后，剩余的碳可能以稳定态石墨形式存在，也可能以亚稳态渗碳体（Fe_3C）形式存在。

1.1.3.1 铁碳合金平衡相图

铁具有同素异形转变的特性，并且晶格类型不同的铁对碳的固溶能力不相同，所以Fe－Fe_3C平衡相图（图1－1）显得比较复杂。但进一步分析可以看出，它仍然是由前述的二元合金几种基本类型的平衡相图所组成的，包含着两组元在液态完全互溶，在固态有限互溶；化合物的生成以及包晶、共晶、共析反应。

下面具体分析铁碳合金线上特性点、线、区域的意义。必须指出，从不同的资料中可以明显看出，铁碳合金平衡相图中各特性点、线的成分和温度数据不尽相同，这是由于随着被测试材料纯度的提高和测试技术的进步而不断趋于精确的结果。

（1）特性点。铁碳合金平衡相图中的特性点参数及含义见表1－1。

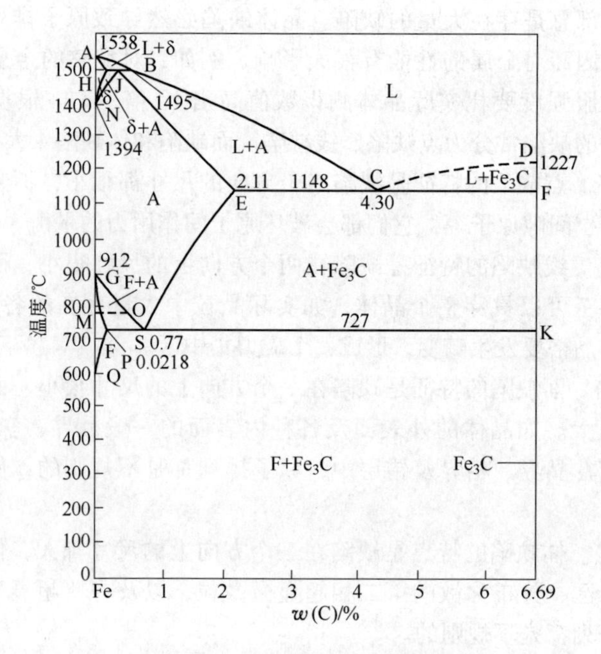

图 1－1 铁碳合金平衡相图

表 1－1 铁碳合金平衡相图中的特性点

点的符号	温度/℃	w(C)/%	含 义
A	1538	0	纯铁熔化点
B	1495	0.53	包晶反应时液态合金中碳的质量分数
C	1148	4.30	奥氏体与渗碳体共晶点上 $L_C \rightarrow \gamma - Fe + Fe_3C$
D	1227	6.69	渗碳体熔化点
E	1148	2.11	碳在 γ－Fe 中的最大溶解度
F	1148	6.69	共晶转变线与渗碳体成分线的交点
G	912	0	$\alpha - Fe \rightleftharpoons \gamma - Fe$ 同素异构转变点（A_1）
H	1495	0.09	碳在 δ－Fe 中的最大溶解度
J	1495	0.17	包晶点
K	727	6.69	共析转变线与渗碳体成分线的交点
M	770	0	$\alpha - Fe \rightleftharpoons \gamma - Fe$ 磁性转变点（A_2）
N	1394	0	$\delta - Fe \rightleftharpoons \gamma - Fe$ 同素异构转变点（A_4）
O	770	0.46	铁素体磁性转变时，与之平衡的奥氏体碳含量
P	727	0.0218	碳在 α－Fe 中的最大溶解度
S	727	0.77	共析点
Q	600	<0.008	在 α－Fe 中的溶解度（也有 $w(C) = 2.3 \times 10^{-7}$ 的数据）

(2) 特性线。铁碳合金平衡相图中的特性线是各个不同成分的铁碳合金相同意义的临界点的连接线。

ABCD 线：液相线，此线以上铁碳合金呈单相液态，用“L”表示。不同成分的铁碳合金液体冷却到此线就开始结晶。在 AB 线以下从液体中结晶出 δ - Fe；在 BC 线以下从液体中结晶出 γ - Fe；在 CD 线以下从液体中结晶出渗碳体 Fe_3C，此时生成的 Fe_3C 一般称其为一次渗碳体。

AHJECF 线：固相线，不同成分的铁碳合金液体冷却到此线全部结晶为固体。

AH、JE 线：分别为 δ - Fe、γ - Fe 结晶终止线。

HN、NJ 线：分别为 δ - Fe 向 γ - Fe 转变的起、止线。

GS 线：又称 A_3 线，是 $w(C)$ 小于 0.77% 的铁碳合金，在冷却时由 γ - Fe 中开始析出 α - Fe 的转变线，随着温度的降低，析出的 α - Fe 量逐渐增加，γ - Fe 量则逐渐减少。

GP 线：γ - Fe 向 α - Fe 转变的终止线。

ES 线：又称 A_m 线，是碳在奥氏体（γ - Fe）中的溶解曲线。在 1148℃时，γ - Fe 中的 $w(C)$ 为 2% 属最大，随着温度的下降，γ - Fe 中的碳溶解量将逐渐减少，当温度下降至 723℃时，γ - Fe 中的 $w(C)$ 仅为 0.8%。因此，凡是 $w(C)$ 大于 0.8% 的铁碳合金，当温度从 1147℃冷至 723℃的过程中，由于 γ - Fe 中碳的固溶量减少，会由 γ - Fe 中析出 Fe_3C 渗碳体，这种渗碳体称为二次渗碳体，与上述一次渗碳体相区别。

PQ 线：碳在 α - Fe 中的固溶度曲线。碳在 α - Fe 中的最大固溶度是在 727℃，溶碳量为 0.0218%，随着温度降低，碳在 α - Fe 中的固溶度随之减小，600℃时，碳在 α - Fe 中的固溶度仅为 0.002%，近似于纯铁。从 727℃冷却下来，将从铁素体中析出 Fe_3C 渗碳体，这种渗碳体称之为三次渗碳体。应当指出，上述所谓一、二、三次渗碳体，仅就析出过程、分布情况以示区别，而碳含量、晶体结构和性质都是完全相同的。

HJB 线：包晶线，温度为 1495℃，在这条线上发生包晶转变，其反应式为：

$$L + \delta - Fe = \gamma - Fe$$

ECF 线：共晶线，温度为 1148℃，在这条线上发生共晶转变，其反应式为：

$$L = \gamma - Fe + Fe_3C$$

上述共晶反应后生成的共晶体（$\gamma - Fe + Fe_3C$）一般称为莱氏体。

PSK 线：共析线，又称 A_1 线，温度为 727℃，在这条线上发生共析转变，其反应式为：

$$\gamma - Fe = \alpha - Fe + Fe_3C$$

上述共析反应后生成的共析体（$\alpha - Fe + Fe_3C$）一般称为珠光体。

MO 线：磁性转变线，温度为 770℃，在此温度以上，α - Fe 呈顺磁性，以下则出现铁磁性。

1.1.3.2 铁碳合金在平衡状态下的组织与性能

铁碳合金在平衡状态下，按其铁中碳含量的多少、所处温度的高低，会形成不同的组织。铁碳合金中的基本组织有铁素体、奥氏体、渗碳体。此外，还有珠光体（铁素体与渗碳体的混合物）、莱氏体（奥氏体与渗碳体的混合物）和石墨。

（1）铁素体。铁素体有δ铁素体和α铁素体。δ铁素体是存在于1400℃以上的组织，α铁素体是碳素钢的主要组成相。α铁素体是碳在α铁中的间隙固溶体，碳在其中的最大固溶量随温度不同而不同，温度为727℃时为0.0218%，常温下的固溶量为0.008%。铁素体呈体心立方晶格。由于α铁素体中碳含量极少，所以它的性能近似于纯铁，硬度和强度很低，而塑性和韧性很好。在金相显微镜下的组织特征为大小不一，外形各异的晶粒。

（2）奥氏体。奥氏体是碳在γ铁中的间隙固溶体，在1148℃时的最大固溶量为2%，在727℃时的固溶量为0.8%。奥氏体呈面心立方晶格。根据碳含量的不同可以存在于723～1400℃的温度之间。因此，它是一个高位存在的相。奥氏体的强度和硬度都不是很高，但塑性很好。在金相显微镜下的组织特征为不规则的多边形晶粒，晶粒中一般有孪晶存在。

（3）渗碳体。铁和碳除了形成固溶体外，还可以相互结合生成化合物渗碳体。分子式为Fe_3C，铁原子与碳原子之比为3∶1，具有复杂的八面体晶体结构，$w(C)$为6.69%。其铁、碳含量不随温度变化而变化，熔点为1600℃。渗碳体硬度很高且很脆，塑性几乎为零。在金相显微镜下的组织特征因热处理状态而异，可能为片状、球状、块状和粒状等。

（4）珠光体。珠光体是过冷奥氏体进行共析反应的产物，具有铁素体片和渗碳体片交替排列的层状显微组织。珠光体的片层间距与共析转变的过冷度大小有关。过冷度越大，片层间距则越小，片层组织越细。珠光体的性质原则上取决于铁素体和渗碳体本身的性质，但与片层组织的粗细有很大关系。

（5）莱氏体。奥氏体与渗碳体在1130℃的温度下由共晶反应而生成的机械混合物，金相组织一般表现为骨架状。

（6）石墨。在灰口铸铁中存在的片状组织。石墨的形状也因不同的处理方法而异，有呈片状、团絮状和球状等。

1.2 钢的基本性能及其表征

为了保证由金属材料制成的产品能正常使用，金属材料应具备一定的使用性能。使用性能主要为物理性能、力学性能和化学性能。

1.2.1 物理性能

金属材料的物理性能主要包括：

（1）密度：指金属单位体积所具有的质量，单位是kg/m^3或g/cm^3。

（2）熔点：金属和合金从固态变为液态时的温度，单位为K或℃。

（3）导热性：金属传导热量的能力。导热性可用热导率（导热系数，符号为λ或κ）表示。

（4）热膨胀性：金属在温度升高时产生体积胀大的现象，常用线胀系数 α_l 表示，即金属温度升高1℃所增加的长度与原来长度的比值。钢的线胀系数一般为(10～20)$\times 10^{-6}K^{-1}$，其单位为K^{-1}。

（5）导电性：金属传导电流的能力，通常用电阻率和电导率表示。

（6）磁性：金属能被磁场吸收或磁化的性能。表示磁性能有如下主要指标。

1）磁导率μ：衡量磁性材料磁化难易程度，即磁能力的指标。它等于材料的磁感应强度B与磁场强度H的比值。单位为亨/米（H/m）。

2）磁场强度H：磁场对原磁矩或电流产生作用力的大小。单位为安/米（A/m）。

3）磁感应强度B：在磁介质中的磁化过程，可以看作在原先的磁场强度H上加上一个由磁化强度M所决定的、数量等于$4\pi M$的新磁场，而磁介质中的磁场$B=H+4\pi M$，这就叫磁感应强度。其单位为特（T）。

4）矫顽力（H_c）：样品磁化到饱和后，由于有磁滞现象，欲使磁感应B减为零，需施加一定的负磁场矫顽力。单位为安/米（A/m）。

5）铁损：铁磁性材料在动态磁化条件下由于磁滞和涡流效应而消耗的能量。单位为瓦/千克（W/kg）。

1.2.2　力学性能

金属材料在外力作用下表现出的各种性能，如弹性、塑性、韧性、强度、硬度等，总称为材料的力学性能，又称机械性能。

（1）弹性：金属材料受外力作用发生变形，去除外力后则恢复原来形状和尺寸的能力。材料的弹性可通过弹性极限和比例极限等指标反映出来。

（2）塑性：金属材料在外力作用下产生永久变形（去除外力后不能恢复原状）但不会被破坏的能力。反映材料塑性的指标为伸长率和断面收缩率。

（3）强度：金属材料在外力作用下抵抗变形和断裂的能力。材料强度可用比例极限、弹性极限、抗拉强度、屈服点（或屈服强度）等指标反映出来。

（4）硬度：材料抵抗外物压入其表面的能力。它是反映材料弹性、强度、塑性等性能的综合性指标。根据试验方法的适用范围，硬度可分为布氏、洛氏、维氏、肖氏等硬度。

1.2.3　化学性能

金属材料的化学性能主要指其化学稳定性，即抵抗周围各种介质（如大气、水和各种酸、碱、盐溶液等）侵蚀的能力和抗氧化性能。金属的耐蚀性和抗氧化性与许多因素有关，例如化学成分、加工性质、热处理条件和组织状态等。

（1）一般腐蚀：这种腐蚀均匀地分布在整个金属内外表面上，使截面不断减少，最终使受力件破坏。

（2）晶间腐蚀：在金属内部沿晶粒边缘发生的腐蚀。这种腐蚀不引起金属外形变化，但往往会使设备或机件突然破坏。

（3）应力腐蚀：在静应力作用下，金属在腐蚀介质中引起的破坏。这种腐蚀一般均穿过晶粒，即所谓穿晶腐蚀。

1.2.4 工艺性能

金属材料的工艺性能主要包含以下几个方面：

（1）铸造性：铸造性能的好坏取决于金属的流动性、收缩性和偏析，流动性好则金属充满铸型的能力好。收缩性是指合金凝固和冷却时，金属的体积收缩。铸件凝固后化学成分的不均匀性称为偏析。

（2）可锻性：材料在承受锤锻、轧制、拉拔、挤压等加工工艺时会改变形状而不产生裂纹的性能。

（3）切削加工性：指金属承受切削加工的难易程度。通常可以用切削后工作表面的粗糙程度、切削速度和刀具磨损程度来评价金属的切削加工性。

（4）冷弯性：金属材料在常温下能承受弯曲而不破裂的能力。出现裂纹前能承受的弯曲程度愈大，则材料的冷弯性能愈好。

（5）冲压性：指金属经过冲压变形而不产生裂纹等缺陷的能力。

（6）焊接性（可焊性）：指金属在特定结构和工艺条件下通过常用焊接方法获得预期质量要求的焊接接头的性能。焊接性一般根据焊接时产生的裂纹敏感性和焊缝区力学性能的变化来判断。

1.3 合金元素在钢中的作用

1.3.1 碳在钢中的作用

碳是钢铁材料中的重要元素，碳在钢铁中的含量、存在形态及所形成碳化物的形态、分布等对材料的性能起到极为重要的作用。由于碳的存在，才能将钢进行热处理，才能调节和改变其力学性能。当碳含量在一定范围内时，随着碳含量的增加，钢的硬度和强度得到提高，而韧性和塑性下降。碳是区分铁和钢，决定钢号、品级的主要标志。

碳在钢铁中的存在形式可分为下列两种：

（1）化合碳：即碳以化合物形态存在。在钢中主要以铁的碳化物（如 Fe_3C）和合金元素的碳化物形态存在。在合金钢中常见的碳化物，如 Mn_3C、Cr_3C_2、WC、W_2C、VC、MoC、TiC 等，统称为化合碳。

（2）游离碳：铁碳固溶体中碳、无定形碳、石墨碳、退火碳等统称为非化合碳，它主要存在于生铁、铸铁及某些退火处理的高碳钢中。

炼钢用生铁中的碳大多以化合碳 Fe_3C 存在，此类生铁硬而脆，断面呈灰白色，称为白口铁。铸造生铁中的碳大多以游离碳和化合碳形式存在，质软而易于加工，具有良好的铸造性能，其断面呈灰色，称为灰口铁。熔化后的铸铁加镁和稀土处理，片状石墨转化成球状石墨，称为球墨铸铁。

1.3.2 硅在钢中的作用

硅是钢铁及冶金材料中最常见而又重要的元素之一，它和氧的亲和力强，在冶炼中是很好的脱氧剂和还原剂。硅以固溶体的形态存在于铁素体和奥氏体中，如：FeSi、Fe_2Si、MnSi、FeMnSi 等，也有少部分呈氧化硅、硅酸盐等夹杂物状态存在，如：$FeO \cdot SiO_2$、$2MnO \cdot SiO_2$、$Al_2O_3 \cdot SiO_2$ 等，高碳硅钢中可能有少量碳化硅存在。

作为合金元素，硅含量均高于 0.40%，对钢的性能产生有益的作用。主要表现在硅能减少晶体的各向异性倾向，使磁化容易，磁阻减少，提高铁素体的磁导率，减少涡流和磁滞损耗，提高磁感强度。硅能增加钢的强度、弹性、耐热性、耐酸性、耐磨性和电阻系数等，广泛应用于弹簧钢、结构钢、不锈钢、耐热钢、电工钢的冶炼中。

硅作为钢中的残存元素，不利影响表现为：易形成氧化物、硅酸盐夹杂，破坏钢基的连续性；容易形成带状组织，使钢的性能具有明显的方向性；提高钢的脆性转变温度；在钢中含量较高时，容易导致钢在加热保温过程中碳的石墨化和脱碳现象。

1.3.3 锰在钢中的作用

锰也是钢中的一种常存元素，具有多种效能。锰能提高钢的淬透性，起固溶强化作用。锰和氧、硫具有很大的亲和力，是炼钢工艺的脱氧剂和脱硫剂。它可增加钢的强度和硬度，生成的硫化锰可降低钢的热脆性，提高其可锻性。普通钢中含锰 0.3% ~0.8%，锰含量大于 0.8% 称为锰合金钢，含锰达 10% 以上的高锰钢以具有较高的硬度、强度和耐磨性著称。某些合金中锰量可达 30% ~40%，生铁中含锰 0.5% ~2%，锰在钢中除形成固溶体外，主要以 MnSi、MnSiFe、MnS、Mn_3C 等形式存在。

锰的不利影响主要表现在：当其含量较高时，合金钢在浇注时容易发生二次氧化，也容易促进柱状晶区的发展；使钢晶粒粗化并增加钢的过热敏感性；增加回火脆性倾向；和氧、硫化合分别生成 MnO、MnS、(Mn、Fe)S 等夹杂物，会破坏钢基的连续性，特别是 MnS 夹杂具有很高的塑性，还会给钢的性能带来严重的方向性。

1.3.4 硫在钢中的作用

一般被认为硫是残存在钢中的有害元素之一。硫在 α 铁和 γ 铁中的固溶度都很小。在钢中硫主要是和铁及与之亲和力较大的金属元素化合生成硫化物夹杂。这些夹杂物的类型和分布状态都会大大影响钢的宏观和微观组织、热处理和相变过程，从而影响到钢的性能，主要表现在：

(1) 在钢液凝固过程中，由于选分结晶将导致硫向钢锭最后凝固部分富集，并形成较多的硫化物夹杂，使钢的宏观组织极不均匀。

（2）当以硫化物 FeS、MnS、(Fe、Mn)S 存在时，它们的熔点都比较低，容易在晶界形成断续或连续的网状组织，在热加工加热时会引起钢的加热或过烧。

（3）硫化物夹杂均具有较好的塑性，它会在轧制方向上延伸，既会破坏钢基的连续性，同时使钢材的性能产生不同程度的方向性。

（4）易于导致焊缝热裂、气孔和疏松。因为在焊接过程中，硫易于氧化生成 SO_2 气体而逸出。

硫的存在引起钢的热脆性，降低其力学性能，它对钢的耐磨性、塑性、可焊接性等亦有不利的影响。生铁和钢中的硫含量直接影响到其产品的等级和牌号，生产低硫、低磷钢是现代冶炼工艺追求的目标。但在某些钢中，如易切削钢、磁钢等，有适量硫的存在可改善其加工性能和磁性。

1.3.5 磷在钢中的作用

磷在钢中主要以固溶体、磷化铁及其他合金元素的磷化物形式存在，有时形成少量磷酸盐夹杂物存在于钢中，钢中磷化物非常硬，易发生冷脆，影响钢的塑性、韧性和抗冲击性。一般而言，磷在金属材料中被认为是有害元素，对钢的不利影响主要表现为：磷加入铁中，会使钢形成严重偏析；提高钢对回火脆性的敏感性；增加焊裂的敏感性；增加硅钢的冷脆性。

钢中磷通常由冶炼原料带入，在钢液凝固时易产生偏析，降低其力学性能。但是，磷对钢也有可利用的方面。磷在 α 铁和 γ 铁中的固溶度都很小，对提高钢的固溶强度有显著作用，在不同程度上还提高钢的抗腐蚀能力和改善钢的切削加工性能。

1.3.6 氧在钢中的作用

氧是钢中的残存元素，它来源于炼钢所用的原材料、炼钢过程中的物理－化学反应产物，以及高温溶氧。氧虽然是炼钢过程不可缺少的主要因素之一，但残留于钢中的氧是一种有害元素。

氧在铁中固溶度极小。钢中的氧主要以氧化物夹杂的形式存在，按其来源氧化夹杂物又分为内生夹杂物和外来夹杂物，前者主要是氧与脱氧剂或其他合金产生。后者主要是在冶炼过程中钢水与耐火材料、炉渣、残余空气接触，通过物理化学作用而形成夹杂物。非金属夹杂物破坏了金属结构的连续性，降低钢的力学性能，特别是塑性、韧性和疲劳强度。当氧的含量增加时，钢的抗冲击值大大降低，抗疲劳性能恶化，如帘线钢在拉拔过程中由于脆性氧化物的存在极易造成断丝。较高含量的氧使轴承钢的寿命缩短。汽车板等深冲钢在轧制成成品时，夹杂物脱落会严重影响板材表面质量。

1.3.7 氢在钢中的作用

氢是钢中的残存元素，它来源于锈蚀含水的炉料和高温熔入。氢在钢中通常被

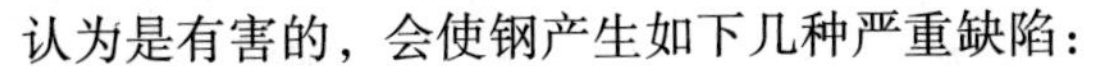

认为是有害的，会使钢产生如下几种严重缺陷：

（1）氢脆：使钢的强度、塑性急剧降低并产生脆断。

（2）白点：白点有时亦称发裂。它实际上是存在于钢坯或大锻件体内的小裂纹。具有白点的钢，在使用过程中将会造成严重的意外事故。

（3）点状偏析：它是杂质和夹杂在氢气所形成的气孔中的聚集，一般认为具有点状偏析的钢材质量极坏，不能使用。

（4）静载疲劳断裂：它是在超高强度钢中发现的一种失效现象，是由钢中含有较高的氢而引起的。

（5）表面凸泡：冷轧酸洗薄板和带钢，由于氢聚集于表皮之下并附有夹杂物，在薄板表面形成圆形或椭圆形的凸泡，致使该材料报废。

1.3.8 氮在钢中的作用

氮是钢中的常存元素，来源于炉料或钢液高温吸入。氮可以稳定奥氏体组织，显著提高钢在固溶处理之后的强度和韧性。氮可以改善高铬、高铬－镍钢的宏观组织，使之致密坚实，因而在不锈钢、耐热钢中以氮代镍有其重要的经济价值和发展前途。氮和钢中钛、铝等合金元素有很强的亲和力，与之化合形成非常稳定的氮化物，在晶界晶内弥散分布起沉淀强化作用；阻抑钢在高温下蠕变变形，提高蠕变和持久强度。借助表面渗入方法，如渗氮、碳－氮共渗，可使钢的表面形成氮化物、氰化物，从而增加钢表面层的硬度、强度、耐磨性及抗蚀性。

氮作为残存元素，其不利影响为：导致钢的宏观组织疏松，使低碳钢产生应变时效现象，使钢产生蓝脆，与钢中的钛、铌分别形成带棱角而性脆的氮化钛（TiN）、氮化铌（NbN）、氰化物（TiCN）等夹杂。

1.3.9 镍在钢中的作用

镍是钢和有色金属材料的主要合金成分，镍是冶炼不锈钢、耐热合金、耐蚀合金的主要原料。镍和铁能以任何比例互相溶解，是形成和稳定奥氏体的主要合金元素。镍固溶于 α 铁和 γ 铁中起固溶强化作用，并通过细化 α 相晶粒，改善钢的低温性能特别是韧性。镍可以降低钢的临界转变温度和各元素在钢中的扩散速度，提高钢的淬透性。钢中随着镍含量的增加，强度也提高，而且屈服强度比抗拉强度提高得快。镍还可以提高钢对疲劳的抗力和减小对缺口的敏感性。

普通钢中作为残余量的镍在0.25%以下，主要由废钢带入，不起合金元素作用。作为合金元素，镍在钢中的存在形式较简单，镍和碳不形成碳化物，而主要以固溶体形态存在，因此钢中的镍易溶于无机酸中。由于镍在钢中含量较高，所以其作用是十分明显的。镍的存在提高钢的强度、韧性、耐热性和机械加工性能，增加其导磁性、耐腐蚀性、耐酸性等。奥氏体钢中的镍量超过8%，具有良好的耐腐性和可焊性；耐热钢中镍量可达20%以上，含镍25%的钢具有抗熔融碱特性。不足之处是含镍钢容易形成带状组织和白点缺陷，在生产过程中必须严加注意，采用必要的措施加以防止。

1.3.10 铬在钢中的作用

铬是低合金钢、合金钢及合金铸铁中最重要的合金元素之一，同时又是非合金钢中常见的残余元素。铬是缩小γ相区的元素，在γ铁中的固溶度为20%，在α铁中的固溶量是无限的。一定量的铬固溶于奥氏体中，可以降低碳的扩散速度，铬的扩散速度也比较缓慢，因而降低了钢的临界冷却速度，增加了钢的淬透性，从而提高了钢的强度、硬度和韧性，使钢具有较好的综合性能。铬固溶于α铁中，有较好的固溶强化作用，同时铬和碳能形成各种碳化物，如$Cr_{23}C_6$、Cr_7C_3、Cr_3C_2、$(Cr, Fe)_{23}C_6$、$(Cr, Fe)_7C_3$，还可以取代一部分铁形成复合渗碳体——$(Cr, Fe)_3C$。这些碳化物具有阻止奥氏体晶粒长大、减少钢在加热时的过热敏感性、增加钢的抗回火稳定性的作用，可以提高钢的综合力学性能、表层耐磨性能、抗氧化性能，使钢具有很强的耐蚀性和耐热性。著名的不锈钢、耐热钢系列就是以铬或铬、镍为主要元素的合金钢。

铬在钢中也有如下不利影响，必须设法减少和消除：

（1）当钢中铬含量较高时，有可能出现硬而脆的金属间化合物。

（2）促进回火脆性。

（3）显著提高钢的脆性转变温度。

1.3.11 铝在钢中的作用

在黑色冶金中，铝是某些钢种的重要合金元素，同时在工艺过程中铝是良好的脱氧剂、脱气剂和致密剂。铝固溶于α铁和γ铁中，有较大的固溶强化作用，并具有比重小、比强度高的特点。铝和氧、氮有很大的亲和力，与氧化合生成Al_2O_3，与氮化合生成AlN，是炼钢过程中最为有效的脱氧定氮剂。AlN是一种细小且弥散分布的难溶化合物，能细化钢的晶粒，提高钢的综合性能，提高低温下的韧性。当钢中铝含量达一定数量时，可以使钢产生纯化现象，提高钢的抗氧化性。在钢材表面渗铝和镀铝可以增强其抗腐蚀能力。

铝在钢中的不利影响有：铝和氧化合生成的Al_2O_3系钢中夹杂，也可以与其他金属氧化物结合形成尖晶石型夹杂；降低钢的抗蠕变能力；过量使用会使钢产生反常组织并促进钢的石墨化倾向。

1.3.12 钨在钢中的作用

钨是钢中的重要合金元素之一，它增加钢的回火稳定性、红硬性、热强性和耐磨性。因此它主要用于高速钢和热锻模具钢，它是硬质合金的重要原料。钨的熔点高、密度大，可以显著提高钢的相变温度，增加钢的密度。钨固溶于α铁和γ铁中能显著增大钢的淬透性，提高钢淬火后的回火稳定性，提高钢的抗氧化能力。钨能增加铁的自扩散激活能，显著提高钢的再结晶温度，从而提高钢在高温时的抗蠕变能力。

钨在钢中主要以简单碳化物 WC、W_2C、W_3C 或复式碳化物 $Fe_2C \cdot W_2C$、$Fe_3C_3 \cdot WC$、$3W_2C \cdot 2FeC$ 等以及钨化铁 Fe_2W 等形式存在，部分钨熔入铁中以固溶体存在。这些碳化物都具有较高的熔点，在钢加热时能阻止晶粒长大和粗化，降低钢的过热敏感性，提高钢的强度和韧性，降低钢的回火脆性倾向。

1.3.13 钼在钢中的作用

钼是钢和耐热合金中重要的合金元素，它增加钢的强度而不降低其韧性和可塑性。钼固溶于铁素体、奥氏体中，起固溶强化和沉淀强化作用，提高奥氏体粗化温度和钢的淬透性，提高钢的高温强度、抗蠕变能力和抗腐蚀能力。

冶炼过程中钼不易被氧化，钼在钢中以固溶体和碳化物 Mo_2C、MoC、$(FeMo)_3C$、Fe_2MoC 等形式存在。特别是淬火钢在回火过程中，上述一些特殊碳化物的析出，可以增加钢对回火软化的抗力，降低回火脆性倾向。含钼碳化物的弥散分布，会使二次硬化现象产生，提高回火硬度和红硬性。

钼有使钢表面纯化的作用，提高钢在某些介质中的抗腐蚀性。钼在钢中还可以提高剩磁和矫顽力。含钼钢使用广泛，作用显著，但须指出：（1）高钼钢在加热时，钼易于挥发，产生脱钼现象。（2）钼增加钢的热强性的同时，会使钢的热加工变形抗力增大。

1.3.14 钒在钢中的作用

钒是钢中常见的合金元素，它提高钢的抗张强度和屈服点，特别提高其高温强度，使钢具有一些特殊的力学性能。钒能缩小 γ 相区，在 γ 铁中的固溶度为1.6%。当其高温溶于奥氏体，会增加钢的淬透性。钒在 α 铁中的固溶度则是无限的，可以与之形成连续固溶体，从而强化铁素体。一般低合金钢中含钒0.04%～0.2%，合金钢中含钒0.2%以上，而高速钢工具钢含钒可达4%，提高钢的耐磨性和使用寿命。

钢中钒主要以固溶体和碳化物形式存在。钒和碳有极强的亲和力，与之形成极稳定的碳化物 VC（V_4C_3、V_2C），能有效地固定钢中的碳、细化钢的组织和晶粒，提高钢的强度，并抑制普通低合金钢的时效作用，增加弹簧钢的弹性极限，提高晶粒粗化温度，降低过热敏感性和脱碳倾向。钒对提高钢的比例极限、屈强比的影响特别显著。钒增加钢淬火回火时的碳化弥散析出，可以提高钢的红硬性、耐磨性，并产生二次硬化效应。钒的碳化物在所有金属碳化物中是最硬和最耐磨的。钒与氧、氮的亲和力也很强，是炼钢过程中的一种良好的脱氧、固氮剂。

1.3.15 钛在钢中的作用

钛可以提高钢的强度、硬度、耐蚀性和抗磨性等力学性能。通常钛在钢中含量很少，当钛含量超过0.02%时，即被认为是钢中的合金元素。钛在钢中的用量也随碳含量而定，一般钢中钛和碳含量之比不超过4。钛以固溶状态存在于钢中，可以提高钢的淬透性，起固溶强化作用，特别是对铁素体的强化作用更为突出。在α铁中，当钛的含量达到一定值时，有金属间化合物 $TiFe_2$ 的弥散析出，可以产生沉淀硬化作用。

钛和碳、硫、氮都有很强的亲和力，并与之形成相应的稳定化合物。钛是固定碳、氮的有效元素，当它们以微粒存在时，可以改善钢的宏观组织，细化晶粒并阻止晶粒长大。由于钛的固碳作用，对于高铬、高铬镍不锈钢，可以消除铬在晶界处的贫化，从而减少或消除晶间腐蚀现象。钛和硫化物生成 TiS，可以避免钢的热脆性，改善钢的焊接性能。钛的氮化物 TiN、氰化物 TiCN，若以块状形态存在，多呈棱角形，被认为是钢中的非金属夹杂，它既破坏钢基的连续性，也特别容易引起应力集中。

1.3.16 铌和钽在钢中的作用

铌和钽的性质很相似，在矿床上一般总是共生，冶炼提取难以分离，因此作为钢中的合金总是同时加入的。但是，铌、钽合金中铌的含量都大于钽。铌、钽与钒在周期中系同族元素，在钢中的作用与钒、钛、锆都极其相似。

铌、钽以固溶状态存在，可以产生固溶强化作用，提高钢的淬透性和回火稳定性。在低碳钢、普通低合金钢和建筑用钢中，加入质量分数为0.005%～0.05%的铌、钽，能提高其屈服强度、冲击韧性和降低脆性转变温度。

铌和钽与碳、氮有极强的亲和力，对钢的有利作用主要为：细化晶粒，降低过热敏感性和回火脆性，提高热强性，防止和降低脆性，防止铬在晶界贫化，减少不锈钢晶间腐蚀现象。

铌和钽的不利影响在于使钢产生脆性倾向，降低高温塑性。

1.3.17 砷在钢中的作用

钢铁中的砷由冶炼原料带入，砷是钢中所谓五害元素之一。它的存在严重影响钢的力学性能、耐冲击性、可焊接性。因此对冶炼入炉的铁矿石、铁合金及其他原辅材料要严格控制砷的含量。然而某些钢中又允许含一定量的砷，以提高其抗腐蚀、抗氧化性等。在磁性材料（硅钢）中，适量砷可提高钢的电阻系数，降低铁损。砷在钢中主要固溶于 Fe_3C 等化合物中，也有以 Fe_2As、Fe_3As_2、FeAs 等形态存在的。钢中的砷极易偏析，冶炼过程中很难除去。

1.3.18 锆在钢中的作用

锆是稀有金属，是缩小γ相区的元素，作为钢中的合金元素，固溶于奥氏体中，对提高钢的淬透性有很明显的作用。

锆和氧、氮、硫有很强的亲和力，是强有力的脱氧剂，能使钢净化，与硫化合生成硫化锆 ZrS，可以有效地防止钢的热脆性的产生。对于易切削钢，可以显著改善其切削加工性能和高温可锻性。改善焊接金属的致密性，消除焊缝的多孔、疏松现象。提高钢的低温韧性。锆是强化碳、氮化合物形成的元素，与碳、氮分别形成稳定的化合物 ZrC、ZrN，其有利作用为：固定碳、氮，细化晶粒，改善钢的蓝脆性，防止晶界铬的贫化，减小或消除不锈钢的晶间腐蚀倾向。

1.3.19 铜在钢中的作用

铜通常是炉料带入的，在冶炼中无法去除，从而全部留在钢中。铜含量超过0.75%时，经固溶和时效处理后，对提高钢的屈服点特别有效，同时可以改善钢的耐磨、耐压和耐疲劳性能。含铜钢在腐蚀介质中，由于对不同元素的选择浸蚀，在含铜钢表面发生铜的富集现象。在腐蚀层和富集层之间会形成一层薄而致密的氧化铜中间层，减缓或阻抑腐蚀介质继续向内侵蚀。因此，少量的铜可以提高钢的抗大气腐蚀的作用。在不锈钢中加入质量分数为2%～3%的铜能改善钢对硫酸、盐酸等的抗腐蚀性及应力腐蚀的稳定性。

通常认为铜的存在降低钢的力学性能和焊接性能，在热加工时产生热脆、开裂而影响钢的质量。因此，一般钢对铜的含量有个允许限，合金钢对铜量控制更严格。

1.3.20 钴在钢中的作用

钴是非碳化形成元素。它主要固溶于奥氏体或铁素体中，强化钢的基体。钴可显著提高和改善钢的高温性能，增加钢在高温下的强度极限和蠕变极限，提高钢的抗氧化能力和耐腐蚀性。高速钢中加入5%～10%的钴可显著增加钢的红热硬度和切削力，可冶炼一系列超硬高速钢。

1.3.21 硼在钢中的作用

钢中硼含量一般不高，常在0.0005%～0.01%间，一些高硼钢可达0.03%～0.15%。钢中加入痕量的硼，可显著提高其淬火性、机械强度和可焊接性能，增加硬度和抗张力。由于硼具有吸收中子的良好物理性能，原子能反应堆常使用含0.1%～4.5%的高硼低碳钢。

硼以固溶状态存在于钢中，主要吸附于奥氏体晶界，降低晶界能量，阻抑或推迟奥氏体到铁素体或珠光体的转变，从而增加钢的淬透性。微量的硼还可以提高高温强度和蠕变强度。

硼对钢的不利影响主要有：增加钢的回火脆性倾向；在钢中质量分数超过0.007%时会导致热脆现象；在钢中与残留的氧、氮化合会形成稳定的非金属夹杂物并使硼丧失其有益的作用。

1.3.22 锡在钢中的作用

锡在钢铁中是有害的杂质元素。一定量的锡使钢水的流动性变差，从而影响其铸造性能。锡可增加钢的抗拉强度，但却降低其冲击性能和机械强度，产生热脆。此外，锡会降低铬、钼、钒的持久强度。适量的锡可显著提高含铜钢的耐酸腐蚀性，如在某些钢中添加不大于0.4%的锡。钢中残余的锡一般来源于废钢、矿石和添加剂。

1.3.23 锑在钢中的作用

锑在钢中的存在形式与作用和砷相似，与铁形成一些低熔点的化合物，有偏析倾向。锑降低钢的塑性和韧性，使钢产生高温脆性，对其强度和抗弯曲能力均有明显的不利影响。因此，通常将锑视为有害元素，一般控制其含量小于0.01%。但有时钢中加入一定量的锑可增加其抗腐蚀能力，在铸铁中加入少量锑可提高其强度和耐磨、耐蚀性。

1.3.24 铅在钢中的作用

钢中含少量的铅，可改善其切削加工性能，易切削钢含0.01%～0.1%的铅。但铅对钢的塑性有较大的影响，并使冲击韧性有较大降低，特别对高镍合金钢的塑性和冲击韧性有很坏的影响。在高强度钢中，铅对疲劳极限有下降作用。通常铅在钢铁及合金中是有害元素，各种合金钢，尤其是高温合金钢，需严格限制铅的含量。

1.3.25 锌在钢中的作用

在钢铁冶炼中，通常不特意添加锌作为合金元素，故其含量甚微。钢铁中的锌一般是由含锌矿石在冶炼过程中带入的。在高炉中，铁矿石中的锌被还原成金属锌，并侵蚀炉体的耐火材料。因而锌在矿石中是一个有害元素，对入炉的矿石要严格控制锌的含量。

1.3.26 稀土元素在钢中的作用

钢中加入少量稀土，除了对钢合金化外，其突出作用是净化钢液，改善钢的质量，提高钢的塑性和韧性，增强钢的抗氧化性、高温强度及蠕变强度。在不锈耐热钢中加入稀土可显著提高其耐腐蚀性和热加工性能。稀土元素加入钢中，可以增加钢液的流动性，显著细化铸态组织，改善钢锭表面质量。特别值得关注的是，稀土元素对氧、氮、磷、硫的亲和力都很强，和砷、铅、锑、铋、锡也都能形成较高熔点的化合物。因此，它是很好的脱氧、去硫和消除钢中其他有害杂质的加入剂，有显著的净化钢液的作用。同时，稀土元素加入钢中，会在钢中形成以稀土元素为主的非金属夹杂物，如稀土硫化合物、稀土硫氧化物和稀土氧化物，使钢中夹杂物的总量降低，夹杂物的尺寸减小，夹杂物的性质、形状发生改变，从而减小它们对钢的不利影响。

1.4 钢的主要热处理工艺

热处理是将金属工件放在一定的介质中加热到适宜的温度，并在此温度中保持一定时间后，又以不同速度冷却的一种工艺方法。金属热处理是机械制造中的重要工艺之一，与其他加工工艺相比，热处理一般不改变工件的形状和整体的化学成分，而是通过改变工件内部的显微组织，或改变工件表面的化学成分，赋予或改善工件的使用性能。其特点是改善工件的内在质量，而这一般不是肉眼所能看到的。钢铁是机械工业中应用最广的材料，钢铁显微组织复杂，可以通过热处理予以控制，所以钢铁的热处理是金属热处理的主要内容。

热处理工艺一般包括加热、保温、冷却三个过程，有时只有加热和冷却两个过程。这些过程互相衔接，不可间断。

加热是热处理的重要步骤之一。金属热处理的加热方法很多，最早是采用木炭和煤作为热源，进而应用液体和气体燃料。电的应用使加热易于控制，且无环境污染。利用这些热源可以直接加热，也可以通过熔融的盐或金属，以至浮动粒子进行间接加热。金属加热时，工件暴露在空气中，常常发生氧化、脱碳（即钢铁零件表面碳含量降低），这对于热处理后零件的表面性能有很不利的影响。因而金属通常应在可控气氛或保护气氛、熔融盐和真空中加热，也可用涂料或包装方法进行保护加热。

加热温度是热处理工艺的重要工艺参数之一，选择和控制加热温度是保证热处理质量的重要步骤。加热温度随被处理的金属材料和热处理的目的不同而异，但一般都是加热到相变温度以上，以获得需要的组织。另外转变需要一定的时间，因此当金属工件表面达到要求的加热温度时，还须在此温度保持一定时间，使内外温度一致，使显微组织转变完全，这段时间称为保温时间。采用高能密度加热和表面热处理时，加热速度极快，一般没有保温时间或保温时间很短，而化学热处理的保温时间往往较长。

冷却也是热处理工艺过程中不可缺少的步骤，冷却方法因工艺不同而不同，主要是控制冷却速度。一般退火的冷却速度最慢，正火的冷却速度较快，淬火的冷却速度更快。但还因钢种不同而有不同的要求，例如空硬钢就可以用正火一样的冷却速度进行淬硬。

钢铁是工业上应用最广的金属，而且钢铁显微组织也最为复杂，因此钢铁热处理工艺种类繁多。钢的热处理种类分为整体热处理和表面热处理两大类。常用的整体热处理有退火、正火、淬火和回火；表面热处理可分为表面淬火与化学热处理两类。

1.5 废钢铁的回收与利用

废钢铁的回收和利用由来已久，随着我国经济和房地产行业的高速发展，建筑钢材这一资源性的产品需求量不断增长，市场的供需矛盾日益突出，而回收废钢铁不但可以缓解我国钢铁生产原料的紧缺状况、弥补我国生产资源的不足，而且能最大限度地节约能源、保护自然资源，有力支持我国经济的高速发展。目前，我国进口废钢铁的量一直在增长，在进口废钢铁的过程中最重要的是要防止夹带国家禁止进口的废物或限制进口的夹杂物超标的现象，还要杜绝不法商人利用进口可做原料的废物中夹带正品进行走私的活动。因此，检验检疫机构作为政府职能部门需要加强对进口废物原料的检验把关，严格按照卫生检疫、动植物检疫和环保项目检验标准，要特别注意以下几个重点，提高进口废钢铁检验检疫把关力度和成效。

1.5.1 严格按照国家环控标准检验和放行

根据GB 16487.6—2005《进口可用作原料的固体废物环境控制标准 废钢铁》规定要求，国家对进口废钢铁环控要求主要体现在三个层次：第一层次为废钢铁中禁止混有的夹杂物，主要包括放射性废物、废弃炸弹及炮弹等爆炸性武器弹药、含多卤联苯废物、按GB 5085—2007标准鉴别为危险废物的物质和《国家危险废物名录》中的其他物质。第二层次为废钢铁中应严格限制的夹杂物，总重量不应超过进口废钢铁重量的0.01%。主要包括石棉废物或含石棉的废物，废感光材料、密闭容器和可以充分说明在进口废钢铁的生产、收集、包装和运输过程中难以避免混入的其他危险废物。第三层次为一般夹杂物，主要包括废木料、废纸、废玻璃、废塑料、废橡胶和剥离铁锈等废物，总重量不超过进口废钢铁质量的2%。

1.5.2 严格执行国家有关政策和法规

国家对进口废物原料的检验检疫工作实行四级管理措施，即国外供货企业注册登记制度、装运前检验制度、口岸检验检疫制度和国内收货人后续监管制度，有效阻截“洋垃圾”入境。

1.5.3 进口废钢铁中夹杂危险废物的检验鉴定

进口可用作原料的废钢铁是指生产、生活和其他活动过程中产生的丧失利用价值或未丧失利用价值但被抛弃或者放弃的钢铁和钢铁制品，包括铸铁废碎料、不锈钢废碎料和其他钢铁废料等。不锈钢废碎料在国家《限制进口类可用作原料的固体废物目录》中属于第九类限制进口废物。其他金属和金属合金废碎料属于《自动许可进口类可用作原料的固体废物目录》中第三类自动许可进口废物。在口岸进口废钢铁检验鉴定中要注意是否夹杂有国家禁止混入的废物，如废弃炸弹、炮弹和其他爆炸性武器弹药等，以及严格限制的夹杂物，如密闭废容器和禁止进口的冶炼钢铁产生的颗粒熔渣及其他矿灰残渣等。在现场检验中还要特别注意放射性污染源的检测和识别，按照SN/T 2570—2007《进口可用作原料的废物放射性污染检验规程》中废钢铁表面α、β放射性污染水平为：表面任何部分的300cm的最大检测水平的平均α不超过0.04Bq/cm，β不超过0.4Bq/cm。

参 考 文 献

[1] 王松青，应海松. 铁矿石取制样及物理检验 [M]. 北京：冶金工业出版社，2007.

［2］曹宏燕．冶金材料分析技术与应用［M］．北京：冶金工业出版社，2008.
［3］徐盘明，赵祥大．实用金属材料分析方法［M］．合肥：中国科学技术大学出版社，1990.
［4］王海舟．钢铁及合金分析［M］．北京：科学出版社，2004.
［5］王海舟．冶金物料分析［M］．北京：科学出版社，2007.
［6］陈平，尹继先．进口废钢铁检验检疫工作中需关注的重点问题［J］．中国检验检疫，2010，11：31－32.

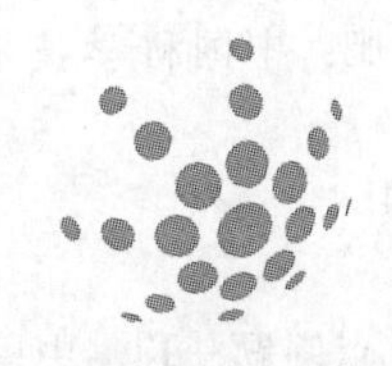

2　样品处理与分离富集技术

2.1　样品处理

样品从收集到其作为一个可进行分析的均一溶液，其中涉及样品干燥、浸提、萃取、基体消解、消解后处理、分析分离、溶剂蒸发、交换等过程，样品制备过程的关键是要求分析物无损失和无污染。

2.1.1　湿法消解

湿法消解是指以酸或碱作为溶剂溶解试样的分解方法。常用的酸、碱试剂以及分解方法分别介绍如下。

2.1.1.1　盐酸

盐酸（密度1.19g/mL，含量38%，浓度12mol/L，沸点110℃）。纯净的盐酸为无色，具有强酸性、还原性和配合性。在金属的电位序中，氢以前的金属或其合金都能溶于盐酸。除银、铅等少数金属外，多数金属的氯化物易溶于水，Cl^-与许多金属离子（如Fe^{3+}等）形成氯络离子（如$FeCl_4^-$等），能帮助溶解。盐酸对MnO_2、Fe_3O_4等有还原性，也能帮助溶解。

2.1.1.2　硝酸

硝酸（密度1.42g/mL，含量70%，浓度16mol/L，沸点122℃）。硝酸具有强酸性和强氧化性，除金和铂族金属外，绝大多数金属都能被硝酸溶解。几乎所有的硝酸盐都易溶于水，但钨、锡、锑等金属溶于硝酸时，则生成难溶性的钨酸（H_2WO_4）、锡酸（H_2SnO_3）和锑酸（$HSbO_3$）。由于其氧化性，使一些金属如铝、铬及含铬合金材料等在硝酸中形成氧化膜而钝化，阻止了溶解作用的进行，可滴加盐酸助溶。在钢铁分析中，常用硝酸分解碳化物。

用硝酸分解试样后，溶液中会有亚硝酸或氮的其他氧化物，常能破坏有机显色剂、有色化合物和指示剂，需要把溶液煮沸将其除掉。

1体积硝酸和3体积盐酸的混合溶剂称为王水，王水能溶解金、铂等贵重金属和不锈钢、高速钢等高合金钢。3体积硝酸与1体积盐酸的混合溶剂称为逆王水。

2.1.1.3　硫酸

硫酸（密度1.84g/mL，含量98%，浓度18mol/L，沸点339℃）。碱土金属、铅和一部分稀土金属的硫酸盐溶解度较小，其他硫酸盐的溶解度也常比相应的硝酸盐或氯化物小，高温加热时有强氧化性。浓硫酸有强脱水性，可分解有机物并吸收水分使碳析出。重量法测硅时，用作脱水剂。当HNO_3、HCl、HF等低沸点酸的阴离子对分析有干扰时，常加入硫酸，蒸发冒出 SO_3 白烟，此时低沸点酸都被赶走，但若将硫酸冒烟处理时，因时间过长，析出的焦硫酸盐往往难溶（如含铬钢、铬铁合金等），给分析造成困难，应予注意。

稀硫酸可溶解铁、钴、镍、锌、铬等金属及其合金。测定磷的试样不能单独使用硫酸分解样，因磷在硫酸溶液中易生成 PH_3 而损失。

2.1.1.4 磷酸

磷酸（密度 1.69g/mL，含量 85%，浓度 15mol/L，沸点 213℃）。纯净的磷酸为无色黏稠状液体。磷酸具有较强的络合能力，在容量法测定钢中锰、钒、铬等元素时，常加入磷酸，使之与铁生成无色的配合物，降低 Fe^{3+}/Fe^{2+} 氧化电位，有利于亚铁滴定和终点的观察。溶解含钨钢时加磷酸，使之与钨形成可溶性磷钨酸，避免了钨酸的沉淀，以便做其他元素的测定和比色法测定钨。在钢铁分析中，常用硫酸－磷酸混合溶液作为分解合金钢的溶剂，当试样用磷酸冒烟（213℃）处理时，因时间长，析出难溶的焦磷酸盐，给后续分析带来困难，应注意。

单独使用 H_3PO_4 在高温时对玻璃也有侵蚀作用，经磷酸冒烟的玻璃容器不宜再进行磷量的测定。用 H_3PO_4 溶解试样时，要时常摇动烧杯或锥形瓶。

2.1.1.5 高氯酸

高氯酸（密度 1.67g/mL，含量 70%，浓度 12mol/L，沸点 203℃）。高氯酸是强酸。热浓高氯酸是强氧化剂和脱水剂。除钾、铷、铯等少数离子外一般金属高氯酸盐均溶于水。

高氯酸分解不锈钢、耐热合金、铬铁矿、钨铁及氟矿石等，能把铬氧化为 $Cr_2O_7^{2-}$、钒氧化为 VO_3^-、硫氧化为 SO_4^{2-}。用高氯酸氧化铬为 $Cr_2O_7^{2-}$，再滴加盐酸（或 NaCl）时，能使 $Cr_2O_7^{2-}$ 转化为 CrO_2Cl_2（氯化铬酰）挥发除去。此外，As、Sb、Sn、Os、Ru、Re 等元素在 $HCl + HClO_4$ 或 $HBr + HClO_4$ 一起加热蒸发时产生挥发性物质。

高氯酸分解试样时，用它蒸发赶掉低沸点酸后，残渣易溶于水，而用硫酸蒸发后残渣则常不易溶解，这是使用高氯酸的优点。故重量法测硅时，用高氯酸脱水优于硫酸及盐酸，一次脱水即可，所得 SiO_2 比较纯。

金属铋遇高氯酸会发生爆炸。浓、热的高氯酸遇有机物时会发生激烈反应而引起爆炸，当试样含有有机物时需预先用硝酸破坏有机物，然后再加高氯酸处理。

2.1.1.6 氢氟酸

氢氟酸（密度 1.13g/mL，含量 40%，浓度 22mol/L）。它与其他酸（H_2SO_4、$HClO_3$、HNO_3 等）混合使用，能分解硅酸盐矿石、硅铁、铬铁矿、含硅高的合金及钨、铌、锆的合金钢和特殊合金（如镍基合金）等。

二氧化硅和硅酸盐与氢氟酸生成可挥发的 SiF_4，这一性质用于重量法测定硅和除去样品中的硅。

2.1.1.7 氢氧化钠溶液

30%～40%的氢氧化钠溶液能溶解铝、锌等有色金属及合金。反应可在银或聚乙烯塑料烧杯中进行。试样中的铁、锰、铜、镍和镁等形成金属残渣析出，铝、锌、锡和部分硅形成含氧酸根进入溶液中。可将溶液用 HNO_3、H_2SO_4 酸化并将金属残渣溶解，在所得溶液中测定各组分。

2.1.1.8　试样分析方法的选择

对钢铁及合金样品，常用的溶解酸有稀硝酸、不同比例的盐酸+硝酸、硝酸+高氯酸（冒烟）、盐酸+过氧化氢、稀硫酸（滴加硝酸氧化）、不同比例的硫磷混合酸（滴加硝酸氧化），必要时加氢氟酸助溶；对一些不溶于酸的氧化物（夹杂物），则过滤后的残渣用碱熔融回收。

钢铁中所含碳化物在溶解试样时以黑色或褐色的沉淀而沉降下来，但这种沉淀在有效酸作用下很易溶解，形成挥发性的碳。对试样中难分解的碳化物、氮化物等，则需用高氯酸、硫酸+磷酸（或再滴加硝酸）加热至冒烟，使其分解完全。如钢样中含的 Ti 和 Al，其中有的以金属钛、氮化钛（称酸溶钛）和金属铝、氮化铝（称酸溶铝）以及氧化钛（TiO_2）（称酸不溶钛）和氧化铝（Al_2O_3）（称酸不溶铝）等形式存在。当然，酸溶和酸不溶的区别很难有严格的界限，因为 Al、Ti 的氧化物不是绝对不溶于酸中，而 Al、Ti 的氮化物也未必完全溶于酸中，只能在特定条件下作相对的理解。

钢铁试样中碳化物的分解根据其稳定性一般可采用以下措施：

（1）硝酸加热直接分解试样。

（2）盐酸+过氧化氢溶解试样。

（3）试样用稀硫酸或硫磷混酸溶解，然后滴加浓硝酸使碳化物破坏，如对 Mn_3C、Cr_3C（碳、铬含量较低）。

（4）钢样内含有较为稳定的碳化物时，在用硝酸氧化前，先行蒸发至冒硫酸烟雾，使碳化物破坏。

（5）如果钢样中含有极稳定的碳化物，用上述方法不能全部分解时，可将钢样用王水处理，并使用高氯酸冒烟。

2.1.2　熔融技术

熔融法就是将试样与适合的熔剂混合，在高温下发生多相反应，使被测组分转变成可溶性化合物，然后再以水或酸浸出溶质。

2.1.2.1　焦硫酸钾

$K_2S_2O_7$ 是酸性溶剂，熔融时，$K_2S_2O_7$ 在300℃开始熔化，在420℃以上开始分解产生 SO_3。SO_3 可与碱性或中性氧化物作用，生成可溶性硫酸盐。

用 $K_2S_2O_7$ 熔融时，温度不宜过高，以免 $K_2S_2O_7$ 过快分解时生成 SO_3 来不及与被分解的物质反应就过早地挥发掉，使 $K_2S_2O_7$ 变为不起作用的 K_2SO_4；加热时间也不宜过长，以免使硫酸盐分解为难溶性氧化物或盐类（如含钛、锆、铬的试样）。

2.1.2.2　碳酸钠和四硼酸钠

碳酸钠，俗名纯碱，熔点851℃。四硼酸钠，常含有10个结晶水，俗名硼砂，

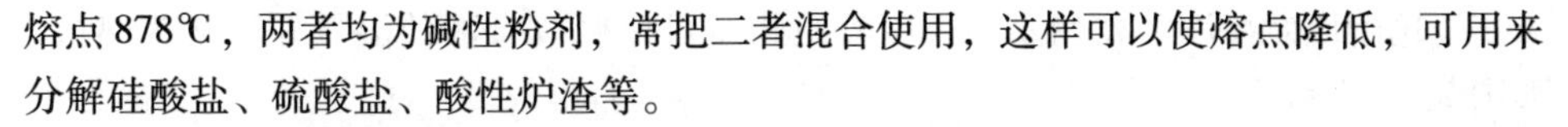

熔点878℃，两者均为碱性粉剂，常把二者混合使用，这样可以使熔点降低，可用来分解硅酸盐、硫酸盐、酸性炉渣等。

2.1.2.3 过氧化钠

Na_2O_2 是强氧化性、腐蚀性的碱性熔剂，能分解许多难溶物质，如铬铁、硅铁、铬铁矿、独居石、黑钨矿 $FeMnWO_4$、辉钼矿 MoS_2 和硅酸盐耐火材料等。Na_2O_2 对坩埚腐蚀严重，通常用铁坩埚在600℃左右熔融，也可用镍、刚玉坩埚，不能用铂坩埚。锆坩埚能抵抗 Na_2O_2 腐蚀。

2.1.3 微波消解

随着ICP－AES、ICP－MS、GC－MS及MS－MS等检测技术的发展和应用，定量分析技术已经进入到快速和高灵敏度的阶段，只需几分钟人们就可以得到样品中几十种分析物的含量，但是为了保证这些先进检测技术的准确性，必须要求样品制备的质量达到要求。由于微波辅助样品制备技术具有快速、密闭、高通量等优点，近年来微波消解技术已得到了广泛的应用。

2.1.3.1 样品微波制备技术概述

为了分析样品中的金属离子，样品消解技术必须能分解样品的基质让目标分析物完全释放和溶解出来，并且要以与分析技术相符合的状态。因此高效的样品消解技术是准确分析的前提。然而直到最近，样品的消解技术仍然局限于常规手段，如湿法消解、干法灰化和熔融技术。这些常规消解方法往往费时、引入污染、导致分析物损失，为了保证准确的结果，需要操作者具有一定的技巧和经验。所以样品制备是样品和检测之间的关键"桥梁"。

自从1975年Abu-Samra第一次报道用微波加热进行消解以来，微波消解技术作为一种高效的样品消解技术已经逐步被化学工作者们广泛接受。使用微波消解技术不仅可以使消解时间大大缩短，还具有降低污染、减少试剂用量、减少易挥发成分的损失且给操作者有效的安全保护等优点。

1989年有了第一台具有压力反馈控制功能的商用实验室微波消解仪，1992年第一台具有温度反馈控制的商用实验微波消解仪问世，使微波样品制备的过程控制更加可靠。随着微波消解仪器的发展，微波消解罐的技术也经历了几代发展，第一代微波反应罐为一体式特氟隆罐，最大耐受7atm（1atm＝101325Pa），使用寿命短。第二代微波反应罐采用内衬管加压力外套设计，压力外套管主要为聚醚材料。第三代微波反应罐在压力外套的材质上做了很大改进，采用了纤维增强陶瓷等材料，使反应罐的耐压提高到60～110atm。

2.1.3.2 微波消解的工作原理

电磁波中的微波区位于红外辐射和广播频率之间，相应波长为0.1～100cm（频率300MHz～300GHz），1cm和25cm之间的微波主要用于雷达发射，其他波长的微波主要用于通讯。为了避免对这些应用产生干扰，家用和工业用的微波加热器只能使用12.2cm（2450MHz）或33.3cm（900MHz）的微波。

不同物质对微波的作用不同，电介质物质可以吸收微波的能量并转化为热能，如图2－1所示。

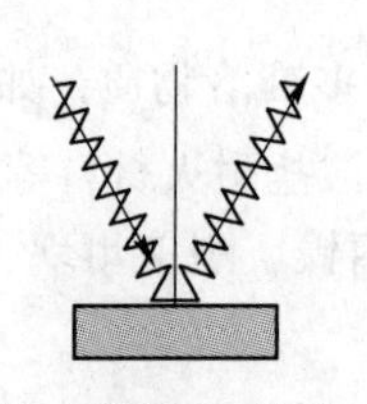
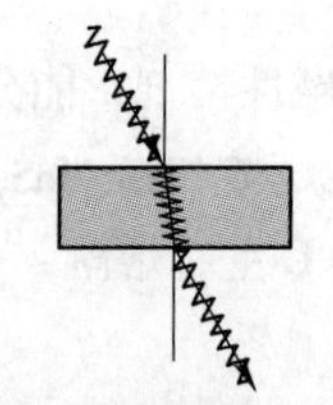
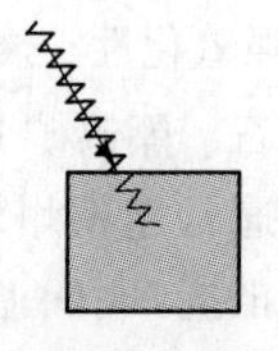

图2－1 微波在不同介质中的作用

微波对物质的加热原理一般认为有两种，一是极性分子在微波电磁场的作用下产生高速随机运动——分子偶极旋转；二是溶液中的离子在微波电磁场的作用下离子电流由于电阻产生加热现象——离子传导作用，如图2－2所示。

图2－2 微波加热原理

不同物质吸收微波能量进行加热的能力，可以用公式表示：

$$\tan d = e''/e'$$

式中 $\tan d$——耗散因子，加热效应直接与 $\tan d$ 成正比，决定温度；

e'——介电常数，阻挡微波能量通过的能力；

e''——介电损失，消耗微波能量产生热量的能力。

微波消解仪的工作原理也就是利用密闭反应罐中的溶液吸收微波后产生的加热效应，在密闭反应罐内产生高温高压，加速样品的消解过程，同时利用温度和压力传感器的控制，保证了反应过程处于安全可控的状态。

2.1.3.3 应用

微波技术在分析化学中的应用所涉及的领域主要包括原子吸收光谱分析、原子荧光分析、分光光度分析、波谱分析等。其中钢铁材料分析ICP－AES、AAS、ICP－MS样品前处理最为普遍，如表2－1所列。

表2－1 微波消解技术在钢铁材料分析中的应用

样　品	试　剂	被测成分	分析方法
钢铁	王水＋HF	Al	ICP－AES
	第1步：王水 第2步：$HClO_4$＋HCl	Al	FAAS
	王水＋HF	总铝、总硼	ICP－MS
合金钢	王　水	Co、Ni	ICP－AES
高铬铸铁	王　水	Cr、Ni、P、Mn、Cu	ICP－AES
钒钛磁铁矿	HNO_3＋H_2SO_4＋H_3PO_4	V	分光光度法

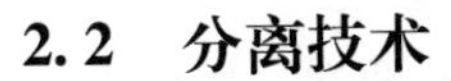

2.2 分离技术

在钢铁分析中，当试样组成比较简单时，测定组分含量相对较高时，将其处理成溶液后可直接进行测定。但在实际分析过程中，由于基体常常含有铁、铬、镍等共存元素，对其他测定元素常产生干扰，会引起测定误差，甚至于无法进行检测。因此，在钢铁分析过程中，特别是测定钢铁中微量元素时，必须选择适当的方法消除干扰。

将干扰元素分离及将待测元素富集是重要的前处理手段，常用的分离富集方法有沉淀法、萃取法、离子交换法、蒸馏和挥发法、电解法等。

2.2.1 沉淀分离法

沉淀分离法是利用沉淀反应进行分离的方法。在试液中加入适当的沉淀剂，使干扰组分沉淀除去，或将被测组分沉淀出来，从而达到分离的目的。在多数情况下，一种沉淀剂可能使几个组分同时产生沉淀。但只要两种沉淀的溶解度有一定差别，浓度积不同，仍可以控制适当的沉淀条件，借分步沉淀使两种组分得以分离。

沉淀分离法操作比较简单，容易掌握，缺点是操作费时较长，不能适应快速自动分离。沉淀分离法主要用于常量组分的分离，有时也利用共沉淀现象从大量基体成分中富集某些微量组分进行微量分析。

2.2.1.1 用无机沉淀剂进行常量组分的分离

将无机沉淀剂加入欲分离体系中，严格控制沉淀形成的条件，以达到不同组分分离的目的。经常采用的有氢氧化物、硫化物沉淀分离以及利用配合掩蔽、氧化还原反应配合的沉淀分离。

A 氢氧化物沉淀分离方法

在水溶液中，金属的氢氧化物如 $Fe(OH)_3$、$Al(OH)_3$、$Mg(OH)_2$ 或水合氧化物 $SiO_2 \cdot nH_2O$、$WO_3 \cdot nH_2O$、$Nb_2O_5 \cdot nH_2O$ 等的溶解度随着溶液酸度的不同而不同。因此，可以利用控制溶液酸度的方法使某些元素的氢氧化物溶解度不同，达到分离的目的。但利用氢氧化物沉淀来分离金属离子有一定局限性：首先是选择性并不高，在某一 pH 值范围内，往往有多种金属离子能同时生成氢氧化物沉淀。为克服这一缺点，还须结合某些掩蔽剂如 EDTA、三乙醇胺等，以提高分离的选择性。另外，由于氢氧化物是无定形沉淀，共沉淀现象比较严重，也影响分离效果。

常见金属离子生成氢氧化物的情况如下：

（1） +1 价金属离子：碱金属的氢氧化物可溶于水，Cu^+、Hg^+、Ag^+、Au^+ 能生成氢氧化物或氧化物沉淀。

（2） +2 价金属离子：除 Ca^{2+}、Ba^{2+}、Sr^{2+} 只能在很浓的 NaOH 溶液中生成氢氧化物沉淀外，其他都生成氢氧化物沉淀，其中 Pb^{2+}、Sn^{2+}、Be^{2+}、Zn^{2+} 具有明显的两性性质。

（3） +3 价金属离子：都能生成氢氧化物沉淀，甚至在微酸性溶液中就可以生成沉淀。其中 Al^{3+}、Cr^{3+}、Sb^{3+}、Ga^{3+}、In^{3+} 具有两性性质。

(4) +4 价金属离子：都能生成氢氧化物沉淀，其中 Sn^{4+} 具有两性，半导体元素 Si 在酸性溶液中生成硅酸沉淀，相当于 $Si(OH)_4$。

(5) +5 价金属离子：锑、铌、钽能生成氢氧化物(含氧酸)沉淀 $HSbO_3$、$HNbO_3$、$HTaO_3$，其他的以酸根形式存在于溶液中，如 AsO_4^{3-}、SbO_4^{3-}、BiO_3^-、VO_3^- 等。

(6) +6 价金属离子：在浓 HNO_3 中生成 H_2WO_4 沉淀，在微酸性溶液中生成 H_2MoO_4 沉淀。其他的以酸根形式存在于溶液中，如 CrO_4^{2-}、$Cr_2O_7^{2-}$、MoO_4^{2-} 等。

(7) +7 价金属离子：不生成氢氧化物沉淀的为 MnO_4^-。

可见金属离子形成氢氧化物的一般规律是：1~4 价的金属离子，价数越高，越容易生成氢氧化物沉淀。5 价以上的金属离子呈明显的酸性，常以氧酸根存在于溶液中。

常用的氢氧化物沉淀剂有以下几种：

(1) NaOH 溶液。常用于两性金属离子和非两性金属离子之间的分离。在用 NaOH 作沉淀剂分离时，根据需要，可在溶液中加入三乙醇胺、EDTA、H_2O_2、乙二胺等配合剂以改善分离效果。为避免无定形氢氧化物共沉淀吸附所造成的不良影响，可采用小体积沉淀分离法，即在尽量小的体积尽量大的浓度，同时又没有大量的干扰盐类情况下进行沉淀。其优点是减少吸附现象，提高分离效果。分离情况如表 2-2 所示。

表 2-2 NaOH 沉淀分离法的分离内容

定量沉淀的离子	部分沉淀的离子	溶液中存留的离子
Mg^{2+}、Cu^{2+}、Ag^+、Au^+、Cd^{2+}、Hg^{2+}、Ti^{4+}、Zr^{4+}、Hf^{4+}、Th^{4+}、Bi^{3+}、Fe^{3+}、Co^{2+}、Ni^{2+}、Mn^{4+}、稀土等	Ca^{2+}、Sr^{2+}、Ba^{2+}（碳酸盐）、Nb(Ⅴ)、Ta(Ⅴ)	AlO_2^-、CrO_2^-、ZnO_2^{2-}、PbO_2^{2-}、SnO_3^{2-}、GeO_3^{2-}、GaO_2^{2-}、BeO_2^{2-}、SiO_2^{2-}、WO_2^{2-}、MoO_2^{2-}、VO_3^- 等

(2) 氨水-铵盐溶液。铵盐存在下，用氨水调节溶液的 pH 值至 8~9，可使能形成氨配离子的 Ag^+、Cu^+、Ni^{2+}、Co^{2+}、Cd^{2+} 等同不能形成氨配离子的金属离子 Al^{3+}、Fe^{3+} 分离。分离情况如表 2-3 所示。

表 2-3 氨水沉淀分离法的分离内容

定量沉淀的离子	部分沉淀的离子	溶液中存留的离子
Hg^{2+}、Be^{2+}、Fe^{3+}、Al^{3+}、Cr^{3+}、Bi^{3+}、Sb^{3+}、Sn^{4+}、Ti^{4+}、Zr^{4+}、Hf^{4+}、Th^{4+}、Mn^{4+}、Nb(Ⅴ)、Ta(Ⅴ)、U(Ⅵ)、稀土等	Mn^{2+}、Fe^{2+}(有氧化剂存在时,可定量沉淀)、Pb^{2+}(有 Fe^{3+}、Al^{3+} 共存时被共沉淀)	$Ag(NH_3)_2^+$、$Cu(NH_3)_4^+$、$Cd(NH_3)_4^{2+}$、$Co(NH_3)_3^{3+}$、$Ni(NH_3)_6^{2+}$、$Zn(NH_3)_4^{2+}$、Ca^{2+}、Sr^{2+}、Ba^{2+}、Mg^{2+} 等

(3) 有机碱沉淀剂。某些有机碱如六次甲基胺、吡啶、苯肼等与其共轭酸组成的缓冲溶液，其 pH 值约 5~6。可使某些金属离子析出氢氧化物沉淀，常用来分离

Fe^{3+}、Al^{3+}、Cr^{3+}、Th^{4+}与Mn^{2+}、Co^{2+}、Ni^{2+}、Cu^{2+}、Zn^{2+}、Cd^{2+}，前者氢氧化物溶解度小，生成氢氧化物沉淀，而后者留在溶液中继续分离。

（4）ZnO 悬浊液沉淀剂。氧化锌是难溶性的弱碱，用水将 ZnO 调制成悬浊液，加到微酸性溶液中，ZnO 中和作用使溶液 pH 值在 5.5～6.5。这时，Fe^{3+}、Al^{3+}、Cr^{3+}、Bi^{3+}、Ti^{4+}、Zr^{4+}和Th^{4+}析出氢氧化物沉淀，而Mn^{2+}、Co^{2+}、Ni^{2+}、Zn^{2+}、碱金属、碱土金属离子留在溶液中。分离情况如表 2-4 所示。

表 2-4 ZnO 沉淀分离法的分离内容

定量沉淀的离子	部分沉淀的离子	溶液中存留的离子
Fe^{3+}、Cr^{3+}、Bi^{4+}、Ce^{4+}、Ti^{4+}、Zr^{4+}、Hf^{4+}、Sn^{4+}、V(Ⅳ)、U(Ⅳ)、Nb(Ⅴ)、Ta(Ⅴ)、W(Ⅵ)等	Ag^{+}、Be^{2+}、Cu^{2+}、Sn^{2+}、Hg^{2+}、Pb^{2+}、Sb^{3+}、Au^{3+}、V(Ⅳ)、U(Ⅳ)、Mo(Ⅵ)、稀土等	Ni^{2+}、Co^{2+}、Mn^{2+}、Mg^{2+}等

B 硫化物沉淀分离法

利用硫化物进行沉淀分离，特别是用以分离能生成溶解度很小的硫化物的重金属离子有一定实用价值。用硫化物沉淀分离时，所用沉淀剂为H_2S或其盐。硫离子的浓度与溶液酸度有密切关系，因此只要控制溶液酸度就可以控制硫离子浓度，从而使溶解度不同的硫化物分步沉淀达到分离目的。

根据硫化物的溶解度不同，可将离子分为 4 类：（1）在大约 0.3mol/L HCl 介质中以H_2S为沉淀剂，能生成沉淀的离子有：铜组——Cu^{2+}、Cd^{2+}、Bi^{3+}、Pb^{2+}、Ag^{+}、Hg^{2+}、Rh^{3+}、Ru^{3+}、Pt^{2+}、Os^{4+}；锡组——As^{3+}、Sb^{3+}、Sn^{4+}、Mo（Ⅵ）、W(Ⅵ)、V(Ⅴ)、Ge(Ⅳ)、Ir^{4+}、Pt^{4+}、Au^{3+}、Se(Ⅳ)、Te(Ⅳ)。（2）上述硫化物沉淀中，能溶于硫化钠溶液的有：砷、锑、锡、钒、锗、硒、碲、钼、钨、铱、铂和金。（3）在弱酸性溶液中，以H_2S为沉淀剂，生成硫化物沉淀的离子，除上述离子外，还有Zn^{2+}（pH2～3）、Co^{2+}和Ni^{2+}（pH5～6）、In^{3+}和Te^{3+}（近中性）。（4）在氨性溶液中，以$(NH_4)_2S$为沉淀剂，除锡组外，上述离子和Mn^{2+}、Fe^{2+}、Fe^{3+}都生成硫化物沉淀，其中Fe^{3+}绝大部分被还原为Fe^{2+}，析出 FeS 沉淀。

2.2.1.2 用有机沉淀剂进行常量组分的沉淀分离

用有机试剂作为沉淀剂进行沉淀分离的方法具有选择性较高、干扰小、生成的有机物沉淀溶解度小、分离效果高、沉淀颗粒大、易于过滤洗涤、共沉淀吸附少等优点，因此得到广泛的应用。有机沉淀剂种类很多，常用的有以下几种：

（1）铜试剂（DDTC）。化学名二乙基胺二硫代甲酸钠。铜试剂能与很多金属离子生成微溶性的螯合物沉淀，常用于沉淀除去重金属离子而与Al^{3+}、稀土和碱金属离子等分离。铜试剂不宜在酸度大的溶液中使用，因为铜试剂遇酸发生分解。

（2）铜铁试剂。化学名 N-亚硝基苯胲胺，在强酸性介质中，Cu^{2+}、Fe^{3+}、Zr^{4+}、Ti^{4+}、Ce^{4+}、Sn^{4+}、V(Ⅴ)、Nb(Ⅴ)、Ta(Ⅴ)等能定量析出沉淀。在微酸性介质中，除上述离子外，Al^{3+}、Zn^{2+}、Co^{2+}、Mn^{2+}、Th^{2+}、Be^{2+}、Ga^{3+}、In^{3+}、Tl^{3+}也能定量地析出沉淀。铜铁试剂主要用于：在（1+9）H_2SO_4介质中沉淀Fe^{3+}、Ti^{4+}、

V(Ⅴ)，而与 Al^{3+}、Cr^{2+}、Co^{2+}、Ni^{2+} 等分离，所得到的螯合物沉淀容易溶解于 $CHCl_3$ 等有机溶剂中。

(3) 8-羟基喹啉。它与镁、锌、铜、镉、铅、铝、铟、铁、铍、锗、钍、锆、钛、锰、钨和铀等多种金属离子生成难溶性螯合物。溶液酸度对沉淀反应的进行影响很大，必须严格控制。

(4) $H_2C_2O_4$。Ca^{2+}、Sr^{2+}、Ba^{2+}、Th^{4+}、稀土等能生成微溶性草酸盐沉淀，而 Fe^{3+}、Al^{3+}、Zr^{4+}、Nb(Ⅴ)、Ta(Ⅴ)等与 $C_2O_4^-$ 生成可溶性配合物，借此可利用沉淀法将它们分离。本法主要应用于 pH < 1 的 HCl 介质中，用 $H_2C_2O_4$ 沉淀 Th^{4+} 和稀土元素。

2.2.1.3 利用无机共沉淀剂分离富集微量组分

在进行沉淀反应时，由于表面吸附、吸留、生成混晶等，使某些可溶性杂质同时随沉淀生成而被沉淀析出的现象，称为共沉淀。在重量分析中，共沉淀现象造成沉淀不纯，影响分析结果的准确度，是一种不利因素，但是在分离方法中，可以利用共沉淀的产生将微量组分富集起来。例如，利用生成 CuS 沉淀的同时，可使至少 0.02μg 的 Hg^{2+} 从 1L 溶液中与 CuS 共沉淀出来。此处的 CuS 称为共沉淀剂或载体，这种方法称为共沉淀分离法。

应用无机共沉淀剂进行共沉淀主要有两种方法：

(1) 利用吸附作用进行共沉淀。对这类共沉淀剂要求其表面积大，吸附能力强，吸留和包藏倾向大，以利于提高富集效率。这种方法常用的沉淀剂为 $Fe(OH)_3$、$Al(OH)_3$、$MnO(OH)_2$ 等胶状沉淀以及一些微溶性硫化物。但必须指出，这种共沉淀方法的选择性不是太高。

(2) 利用生成混晶体进行共沉淀。当微量组分形成的化合物与常量组分的相应化合物属于同晶化合物，常量组分又呈粗大晶粒析出时，易形成混晶共沉淀。例如，Ra^{2+} 被 $BaSO_4$ 共沉淀即属于混晶共沉淀。形成混晶共沉淀的条件是要求常量组分和微量组分彼此是化学类似物，有相同的化学构型，相似的结晶构型。正因为如此，混晶共沉淀就有一定的选择性。常用的混晶共沉淀有：$BaSO_4-RaSO_4$、$BaSO_4-PbSO_4$、$MgNH_4PO_4-MgNH_4AsO_4$、$ZnHg(SCN)_4-CuHg(SCN)_4$ 等。

混晶共沉淀同样存在载体不易挥发，干扰微量组分的测定等问题。

表 2-5 列出了几种无机共沉淀剂的应用示例。

表 2-5 无机共沉淀剂的应用示例

共沉淀离子	载体	主要条件	备注
Fe^{3+}、TiO^{2+}	$Al(OH)_3$	NH_3+NH_4Cl	可富集 1L 溶液中微克量的 Fe^{3+}、TiO^{2+}
Sn^{4+}、Al^{3+}、Bi^{3+}、In^{3+}	$Fe(OH)_3$	NH_3+NH_4Cl	用于纯金属分析
Sb^{3+}	MnO_2	1∶10 HNO_3；$MnO_4^-+Mn^{2+}$	用于测定纯 Cu 中的 Sb
Se(Ⅳ)、Te(Ⅳ)	As	1∶1HCl，次亚磷酸钠	用于矿石及纯金属分析
Pb^{2+}	HgS	弱酸性溶液，H_2S	用于饮用水分析

续表 2 – 5

共沉淀离子	载体	主要条件	备注
稀土、Ca^{2+}	MgF_2	pH = 0.5 ~ 1	
稀土	CaC_2O_4	微酸性溶液	用于矿石中微量稀土的测定
稀土	$Mg(OH)_2$	NaOH 碱性溶液	加适当掩蔽剂，用于钢铁分析
Ra^{2+}	$BaSO_4$	微酸性溶液	Pb^{2+}、Sr^{2+} 也共沉淀

2.2.1.4 利用有机共沉淀分离富集微量组分

与无机共沉淀剂相比，利用有机共沉淀分离富集微量组分有许多优点：首先，作为有机共沉淀剂可借灼烧、挥发除去，不干扰以后的测定；其次，有机试剂一般是非极性或极性小的分子，其表面吸附能力小，选择性高，分离效果好；最后，有机沉淀剂的相对分子质量较大，体积大，形成的沉淀体积也就比较大，能在很稀的溶液中把微量组分共沉淀下来，有利于微量组分的分离和富集。

利用有机共沉淀剂进行分离和富集，大致可分为 3 种方法：

（1）利用胶体的凝聚作用进行共沉淀。常用的这类共沉淀剂有辛可宁、丹宁和动物胶，经常用于凝聚硅酸、钨酸、铌酸、钽酸等胶体。

（2）利用形成离子缔合物进行共沉淀。将被共沉淀的金属离子转化为疏水性的阴离子后，与分子量较大的有机阳离子形成难溶的离子缔合物。常用的这类沉淀剂有甲基紫和次甲基蓝等。

（3）利用“固体萃取剂”进行共沉淀。例如，U(Ⅵ)能与 1 – 亚硝基 – 2 – 萘酚生成微溶性的螯合，但 U(Ⅵ)量很低时，不能析出沉淀。若于溶液中加入 α – 萘酚或酚酞的乙醇溶液，由于 α – 萘酚或酚酞在水中的溶解度小，此时它们析出沉淀，并将上述的铀 – 1 – 亚硝基 – 2 – 萘酚螯合物共沉淀下来。这里，α – 萘酚或酚酞与 U(Ⅵ)及其螯合物都不发生反应，把这类载体称为“惰性共沉淀剂”。对于“惰性共沉淀剂”的作用，可理解为利用“固体萃取剂”进行共沉淀。

表 2 – 6 列出了几种有机共沉淀剂的应用示例。

表 2 – 6 有机共沉淀剂的应用示例

共沉淀组分	载体	备注
$Zn(SCN)_4^{2-}$	甲基紫	可富集 100mL 试液中 1μg 的 Zn^{2+}
$H_3P(Mo_3O_{10})_4$	α – 蒽醌磺酸钠 + 甲基紫	可富集 10^{-10} mol/L 的 PO_4^{3-}
H_2WO_4	丹宁 + 甲基紫	可富集 5×10^{-5} mol/L 的 WO_4^{2-}
$TlCl_4^-$	甲基橙 + 对二甲氨基偶氮苯	可富集 10^{-7} mol/L 的 Tl^{3+}
InI_4^-	甲基紫	可富集 20mL 溶液中的 1μg 的 In^{3+}
$NbO(SCN)_4^-$、$TaO(SCN)_4^-$	丹宁 + 甲基紫	

2.2.2 萃取分离法

萃取分离法是利用水与不溶的有机溶剂与试液一起振荡，放置分层，这时，某些组分溶解在溶剂中，另一些组分留在水溶液中，从而达到分离的目的。萃取分离法主要用于低含量组分的分离和富集，也适用于分离大量干扰元素。例如，在钢铁分析中，可在7~8mol/L盐酸溶液中，用甲基异丁酮萃取除去Fe^{3+}，然后在水溶液中进行其他元素的测定。

萃取分离法仪器设备简单，操作方便快速，适用范围广，在稀有元素及超纯物质的分析中应用较多。萃取分离法的缺点是：进行成批试样分析工作量大，萃取溶剂常是易挥发、易燃、有一定毒性；如不小心可能发生事故，操作不慎会影响健康。

2.2.2.1 萃取过程的基本原理

要弄清萃取过程的本质，首先要了解物质的亲水性、疏水性和相似相溶等基本概念。

亲水性物质易溶于水。例如，凡是离子型物质都是亲水性物质，物质中含有亲水基团—OH、—SO_3H、—COOH、—NH_2等越多，亲水性越强，即越易溶于水。

疏水性物质难溶于水易溶于有机溶剂，物质中含有疏水基团—CH_3、—C_2H_5、—RX、芳香基等越多，分子量越大，疏水性越强。

相似相溶原则：溶质和溶剂的分子组成和结构越相似，则这种溶质就越易溶于相似的溶剂中。

在无机分析中，欲测定的元素多数是以离子状态存在于水溶液中，它们是亲水性物质，因此，要利用疏水的有机溶剂把它们从水溶液中萃取出来，首先要使它们转化为疏水性的物质。如形成螯合物或离子缔合物，方能溶解在疏水的有机溶剂中。有时也可用反萃取方法即把已萃取溶解在有机相中的化合物，转化为亲水性物质，从有机相中返回到水溶液中。如：Ni^{2+}在水溶液中以$Ni(H_2O)_6^{2+}$形式存在，是亲水性的，要将它转化为疏水性，必须中和它的电荷，并用疏水基团取代水合离子中的水分子，形成疏水性的、易溶于有机溶剂的化合物。为此，可在pH≈9的氨性溶液中加入丁二酮肟，使之与Ni^{2+}形成螯合物。形成螯合物后，水合离子中的水分子已被置换出去，螯合物不带电荷，而且引入两个大的有机分子，带有许多疏水基团，因而具有疏水性。如此时加入$CHCl_3$振荡，Ni-丁二酮肟螯合物就被萃取入有机相中。

2.2.2.2 萃取剂和萃取溶剂

A 萃取剂

萃取剂是指与亲水性物质发生化学反应生成可以被萃取的疏水性物质的试剂。萃取剂可以是固体，也可以是液体。萃取剂一般是有机溶剂，最主要的萃取剂可分成两类：(1) 螯合萃取剂：如丁二酮肟、8-羟基喹啉、铜试剂、二硫腙。这类试剂与金属离子生成不带电荷的螯合物，可被有机溶剂萃取。(2) 离子缔合萃取剂：乙醚、甲基异丁酮、罗丹明B、甲基紫。这类试剂与金属离子生成可被萃取的离子缔合物。

B 萃取溶剂

萃取溶剂是构成有机相的、与水不相混溶的有机溶剂。有些萃取剂本身就是与水不相混溶的有机试剂。如乙醚、异丙醚、乙醚丙酮、甲基异丁酮等。因此，这类有机试剂既是萃取剂，又是萃取溶剂。

在选取萃取溶剂时，通常要求溶剂选择性高，与水的互溶性低，有合适的熔点、沸点和蒸气压；黏度低，不易乳化；与水溶液的密度有一定差值，便于两相分离；化学稳定性好，毒性小。为提高溶剂的萃取性能，也可用混合溶剂进行萃取，如醇和醚的混合溶剂可用以萃取硫氰酸盐溶液中的铁、钴等元素。

2.2.2.3 萃取体系

萃取过程是一种物理化学作用，同时又随萃取条件的不同而不同，常分为：螯合萃取体系、离子缔合萃取体系、协同萃取体系及无机共价化合物萃取体系。

A 螯合萃取体系

金属离子与萃取剂生成疏水性螯合物而被萃取的体系，广泛地用于萃取溶液中的金属离子。其作用机理为：金属阳离子在水中以水合离子形式存在，如 $Cu(H_2O)_4^{2+}$、$Co(H_2O)_4^{2+}$，这些离子都是亲水的，若要萃取这些离子，必须中和这些离子的电性，并用有机基团取代所配位的水分子，采用适当的螯合剂即可。

B 离子缔合萃取体系

在离子缔合萃取体系中，被萃取的物质是一种疏水性的离子缔合物。离子缔合物是配阳离子与配阴离子借静电引力结合而成的不带电的配合物，即离子缔合物。许多金属阳离子，金属阴离子以及某些酸根离子能形成疏水性的离子配合物而被萃取，离子的体积越大，电荷越低，越容易形成疏水性的离子配合物。

（1）金属阳离子的离子缔合物。水合金属阳离子与适当的配合剂作用，形成没有或很少配位水分子的配阳离子，然后与大体积的阴离子缔合，即可形成疏水性的离子缔合物。例如，Cu^{2+} 与新亚铜灵的螯合物带正电荷，能与 Cl^- 生成离子缔合物，可被氯仿萃取。

（2）金属阴离子或无机酸根的离子缔合物。有些元素以阴离子形式存在，如 $GaCl_4^-$、$TlBr_4^-$、$FeCl_4^-$ 等；也有一些以酸根形式存在，如 WO_4^{2-}、VO_3^-，还有一些是杂多酸的形式。为萃取这些离子，可利用一种大相对分子质量的有机阳离子和它们形成疏水性的离子缔合物而被苯、甲苯等惰性溶剂萃取出来。金属配阴离子还可与含氧的活性萃取溶剂乙醚、乙酸乙酯、甲基异丁酮、磷酸三丁酯等形成离子缔合物而又被这些溶剂所萃取。

C 其他萃取体系

除前面介绍的螯合物萃取体系和离子缔合物萃取体系外，还有以下几种萃取体系：

（1）溶剂化合物的萃取体系。某些溶剂分子通过它的配位原子与无机化合物中的金属离子相键合，形成溶剂化合物，从而可溶解在该有机溶剂中。

（2）无机共价化合物萃取体系。某些无机共价化合物如 I_2、Cl_2、Br_2、SnI_4、

AsI_3 等，在水溶液中以分子形式存在，不带电荷，可被 CCl_4、$CHCl_3$ 等惰性溶剂萃取。

(3) 协同萃取体系。两种或两种以上萃取剂（或萃取溶剂）的混合物同时萃取某一金属离子或化合物，分配比显著大于单一萃取剂（或萃取溶剂）时分配比之和的一种萃取体系，应用较多。

萃取分离的应用有：甲基异丁酮萃取分离铁，乙酸丁酯萃取磷钼杂多酸，乙酸丁酯萃取钼的硫氰酸盐光度法，萃取分离丁二酮肟光度法沉淀镍，钽试剂萃取光度法沉淀钒，三氯甲烷-新亚铜灵光度法测定铜，孔雀绿萃取光度法测定锑等。

2.2.3 离子交换分离

2.2.3.1 概述

离子交换分离法是利用离子交换剂本身结构中具有的离子与需要分离溶液中的离子发生交换作用来进行分离的方法。离子交换在分析化学中占有重要的地位，能够解决复杂物质的分析，同时又能使整个分析方法具有创新性。只要掌握离子交换分离的试验技巧，整个分析方法就能够具有实用价值和推广价值。

离子交换树脂是具有网状结构的复杂的有机高分子聚合物。网状结构部分十分稳定，在网状结构的骨架上具有许多可以被交换的阴离子或阳离子。具有可供阳离子交换的称阳离子交换树脂，具有可供阴离子交换的称阴离子交换树脂。

2.2.3.2 离子交换分离原理

离子交换分离法的主要原理是：让溶液通过离子交换树脂时，溶液中某些阳离子被交换到阳离子交换树脂上，阴离子被交换到阴离子交换树脂上，如果这些阴阳离子是杂质成分，经过这样交换后就达到了从溶液中分离除去的目的；如果被交换到树脂上去的阴阳离子是被测的成分，那就达到了富集的目的。因此，离子交换分离法的应用主要用于分离、富集。

A 阳离子交换树脂

含有酸性基团的树脂，酸性基团上的 H^+ 可与阳离子发生交换作用。例如，磺酸基—SO_3H、羧基—COOH、酚基—OH 上的 H^+ 均可被交换。按这些基团酸性强弱又可分为强酸性阳离子交换树脂（如含磺酸基的树脂 R—SO_3H）和弱酸性阳离子交换树脂（如 R—COOH、R—OH）。树脂上酸性基团中的 H^+ 能与溶液中的有关阳离子 (M^{n+}) 进行交换，使这些离子留在树脂上。这种交换过程是可逆的，当以上被交换上 M^{n+} 的树脂再用适当浓度的酸处理，交换作用可反向进行，即 H^+ 去交换 M^{n+} 的位置而使树脂恢复原状，此过程称为洗脱过程，也称为树脂再生过程。交换洗脱过程可以用下式表示：

$$nR\text{—}SO_3H + M^{n+} \underset{\text{洗脱过程}}{\overset{\text{交换过程}}{\rightleftharpoons}} (R\text{—}SO_3)nM + nH^+$$

B 阴离子交换树脂

阴离子交换树脂具有和阳离子交换树脂同样的网状骨架，但它含有碱性基团。

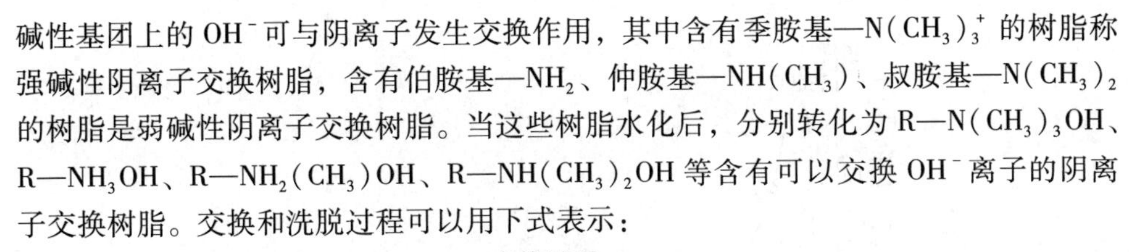

碱性基团上的 OH^- 可与阴离子发生交换作用，其中含有季胺基—$N(CH_3)_3^+$ 的树脂称强碱性阴离子交换树脂，含有伯胺基—NH_2、仲胺基—$NH(CH_3)$、叔胺基—$N(CH_3)_2$ 的树脂是弱碱性阴离子交换树脂。当这些树脂水化后，分别转化为 R—$N(CH_3)_3OH$、R—NH_3OH、R—$NH_2(CH_3)OH$、R—$NH(CH_3)_2OH$ 等含有可以交换 OH^- 离子的阴离子交换树脂。交换和洗脱过程可以用下式表示：

$$n\text{R—N}(\text{CH}_3)\text{OH} + \text{X}^{n-} \underset{\text{洗脱过程}}{\overset{\text{交换过程}}{\rightleftharpoons}} [\text{R—N}(\text{CH}_3)_3]_n\text{X} + n\text{OH}^-$$

式中，X^{n-} 表示被交换的阴离子。

C　离子交换的亲和力

离子在离子交换树脂上的交换能力称为离子交换树脂对离子的亲和力。不同离子在同一离子交换树脂上的亲和力不同，这也正是离子交换树脂能够分离不同性质离子的根本原因。实验证明，在常温下，在离子浓度不大的水溶液中，离子交换树脂对不同离子的亲和力的顺序有如下情况。

（1）强酸性离子交换树脂的亲和力顺序。

1）不同价的离子，电荷越多，亲和力越大：$Na^+ < Ca^{2+} < Al^{3+} < Th^{4+}$。

2）1 价阳离子的亲和力顺序：$Li^+ < H^+ < Na^+ < NH_4^+ < K^+ < Rb^+ < Cs^+ < Tl^+ < Ag^+$。这是因为亲和力随着水化离子半径增大而降低的缘故。

3）2 价阳离子亲和力顺序：$UO_2^{2+} < Mg^{2+} < Zn^{2+} < Co^{2+} < Cu^{2+} < Cd^{2+} < Ni^{2+} < Ca^{2+} < Sr^{2+} < Pb^{2+} < Ba^{2+}$。

4）稀土元素的亲和力随原子序数增大而减小：$La^{3+} > Ce^{3+} > Pr^{3+} > Nd^{3+} > Sm^{3+} > Eu^{3+} > Gd^{3+} > Tb^{3+} > Dy^{3+}$。

（2）弱酸性阳离子交换树脂的亲和力顺序：H^+ 的亲和力比其他阳离子大，其他阳离子的亲和力顺序与上述顺序相同。

（3）强碱性阴离子交换树脂的亲和力顺序：$F^- < OH^- < CH_3COO^- < HCOO^- < Cl^- < NO_2^- < CN^- < Br^- < CrO_4^{2-} < NO_3^- < HSO_4^- < I^- < SO_4^{2-}$。

（4）弱碱性阴离子交换树脂亲和力顺序：$F^- < Cl^- < Br^- < I^- = CH_3COO^- < MoO_4^{2-} < PO_4^{3-} < AsO_4^{3-} < NO_3^-$ < 酒石酸根 < 柠檬酸根 < $CrO_4^{2-} < SO_4^{2-} < OH^-$。

由于离子交换树脂对各种离子亲和力不同，在进行离子交换时，亲和力大的离子先被交换到树脂上，亲和力小的则后被洗脱，从而使各种不同的离子彼此分开。

D　离子交换柱条件与淋洗曲线关系

离子交换分离时，事实上 M^{2+} 与 N^{2+} 不必分离得很完全。无论是光谱法测定还是化学法测定，一般允许共存一定量的干扰元素，也就是说，没必要使干扰元素的淋洗曲线与测定元素的淋洗曲线绝对分开。而离子交换分离权威——S. W. E. Strelow 强调完全分离（如图 2 - 3 所示）。

2.2.3.3　离子交换分离的实验技巧及研究方法

使用离子交换分离法有如下优点：（1）树脂商品化数十年，质量可靠，费用小；（2）分离操作简便，采用小型离子交换柱进行分离，分离速度快；（3）不使用有毒

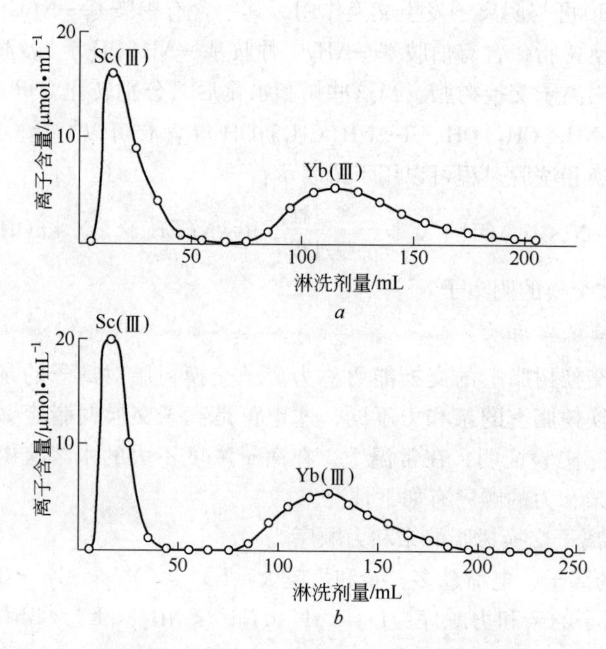

图2-3 Sc(Ⅲ)-Yb(Ⅲ)的淋洗曲线

a—分离1meq $Sc^{3+}-Yb^{3+}$，淋洗剂是2mol/L H_2SO_4，柱内树脂5.0g，100~200目，流速（2.0±0.2）mL/min；*b*—分离1meq $Sc^{3+}-Yb^{3+}$，淋洗剂是2mol/L H_2SO_4，柱内树脂5.0g，200~400目，流速（0.6±0.1）mL/min

有害的有机萃取剂及溶剂，环境污染小；（4）离子交换树脂性能稳定，可再生长期反复使用。

A 离子交换分离的实验方法

（1）树脂种类的选择。

1）阳离子交换树脂。用于阳离子与阴离子分离、阳离子与阳离子分离。最好又最常用的是Bio-Rad AG 50W-X8树脂。

2）阴离子交换树脂。阳离子与阴离子分离。最好又最常用的是Bio-Rad AG 1-X8树脂。

3）萃淋树脂。CL-TBP树脂（粒度80~100目），用于Fe^{3+}、UO_2^{2+}、Cr(Ⅵ)的分离。

4）螯合树脂。Chelex-100树脂是最有实用价值的螯合树脂，用于微量重金属的分离，尤其是碱和碱土金属中重金属的分离。pH≥6.5时，重金属吸附于树脂；pH≥12时，Ca^{2+}和Mg^{2+}吸附于树脂；pH<1.0时，重金属和Ca^{2+}、Mg^{2+}不吸附于树脂。

5）硼选择性树脂。最著名的品牌是Amberlite 743树脂，用于无硼去离子水的制备。pH≥5.0时，硼强吸附于树脂（K_d≥144）；pH<1.0时，硼不吸附于树脂（K_d

<2）。

6）LZ85 树脂（自制）。是与 Chelex－100 结构稍有不同的氨羧型树脂，用于制备高纯 $Co(NO_3)_2$ 或 $CoCl_2$，此时 Cu 与 Ni 强吸附，而 Co 弱吸附。

7）353E 树脂。由普通强碱性阴离子交换树脂稍加改进。在碱性氰化物介质中，选择性吸附 $Au(CN)_4^-$ 和 $Ag(CN)_4^-$，用于制备高纯金和银混合液。

8）活性氧化铝。是最有实用价值的无机阴离子交换剂，可从其他阴离子中分离 SO_4^{2-}、F^-、PO_4^{3-}，实用价值相当高。

建议不要用泡沫塑料、巯基棉和活性炭作为吸附剂，因为它们的吸附容量小、不易再生、性能不稳定。另外，因不同批次产品性能不稳定，不适用于标准方法中的分离。

（2）树脂粒度的选择。离子交换树脂颗粒的大小与分离效果及分离耗时有极大的关系。国外实验用的树脂通常过细，例如，国外文献有时用 200～400 目，则流速很慢；如果加上淋洗液体积大，则整个分离时间很费时，影响分析方法实用性。若试验用的树脂过粗（50～80 目），分离效果也差。

离子交换树脂选择应注意以下几点：

1）树脂的级别：若有可能，选用分析级，优点是粒度均匀、杂质少、灰分低。

2）树脂的颜色：选用浅色树脂，以便观察有色金属离子分离效果。

3）树脂的粒度：若自己研磨选 80～120 目；若商品树脂选 100～200 目。表 2－7 为树脂粒度与粒径对照表。

表 2－7　分析级树脂湿胶颗粒度（目数）与对应的颗粒直径

湿胶目数（US 标准）	16	20	40	50	80	100	140	200	270	325	400
颗粒直径/μm	1180	850	425	300	180	150	106	75	53	45	38

（3）树脂的预处理。商品化的树脂在使用前需进行预处理，例如，处理 100g 阳离子交换树脂：取 100g 市售阳离子树脂（经研磨后 80～100 目）或进口树脂（100～200 目）于 500mL 烧杯中，加 250mL 3mol · L^{-1} HCl（此时即可有效地洗去新树脂内的金属离子），搅拌，放置 2h。滤去液体，此时树脂内的金属离子基本上已经除去。用 300mL 去离子水洗去滞留在树脂颗粒间的 HCl，滤去液体，重复一次，不必洗到近中性，洗到 pH 值为 1～2 即可。一般来说，没有必要用有机溶剂处理树脂，也没有必要用≥4mol · L^{-1}的 HCl 溶液长期浸泡树脂。

（4）离子交换柱。用什么样的离子交换柱来实施离子交换分离涉及离子交换分离的实用价值问题。使用树脂量不同的离子交换柱，分离的效果差异则很大，即树脂用量（树脂层高度和体积）的确定是实施离子交换分离的核心问题之一。离子交换柱的设计，决定了分析方法的可靠性、实用性、可推广性、试剂用量和空白高低。

交换柱内树脂的量，应该用柱管的内径×树脂床的高度来表示，并说明树脂层体积。树脂层的规格有 1.2cm×15cm，1.2cm×10cm 及小型离子交换柱 0.6cm×6cm 等。

树脂层为0.6cm×6cm的小型离子交换柱，树脂层体积为1.7mL，树脂干重约为0.8g，主要用于样品中微量元素的富集分离。经验表明，90%以上的离子交换分离均可以用树脂量约为1.7mL的小型离子交换柱解决。小型离子交换柱的优点：树脂层体积小、淋洗体积小、操作方便、可缩短离子交换分离时间、空白低、样品回收率高。

较大离子交换柱：例如，树脂层为1.2cm×10cm，用于解决大量基体元素的分离问题，可用于0.2g钢中μg级14个稀土元素的分离。优点：柱体积较大，树脂层体积为13mL，可以吸附0.2g Fe^{3+}，而待测微量稀土元素快速通过柱而得以分离。

（5）离子交换柱的制备。小型离子交换柱通常用5mL（或10mL）酸滴定管加工而成，柱上部有5cm长的18mm广口，10mL酸滴定管加工的离子交换柱常用于萃淋树脂柱的分离。大型离子交换柱通常内径1.2cm、长30cm，其上部8cm是直径2.8cm的广口。为了有好的精密度，同一批交换柱的内径应尽可能相同。交换柱不使用时，树脂层上部应有一定量的水，且一定要把柱的活塞拧紧，以免滴漏使柱内液体流干（流干时会有气泡进入树脂层，从而影响层析效果）。

（6）离子交换柱的装柱及必备工具。柱的下部先装约0.5cm的腈纶纤维，以防止80～100目树脂漏出。腈纶纤维耐酸耐碱，可长期使用。装柱时在柱的下部决不能用玻璃纤维，因为在重新装柱时玻璃纤维容易破碎，并混入到离子交换树脂中，即在树脂中有了玻璃纤维杂质。

对于树脂粒度小于100目或装萃淋树脂（比重比普通树脂小）时，在树脂装柱后，树脂层上部应加0.5cm的脱脂棉，以防在加入样液上柱后和淋洗时树脂明显向上漂浮。

30cm的不锈钢焊条做成的小钩子是装柱的必备工具，其用途是在重新装柱时，钩出柱内的腈纶纤维。形状如图2－4所示。

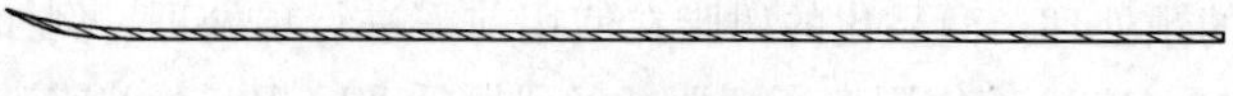

图2－4　不锈钢小钩

塑料直尺：测量树脂层高度。一批离子交换柱其内径应完全相同，树脂层高度相差不超过0.3cm，目的是使一批离子交换柱分离流速一致、分离效果一致。

秒表：测流速。如果采用80～100目的树脂，在分离时可将活塞开到最大，不必控制流速。同一批交换柱进行分离，若有装柱经验，流速必然基本一致。

5mL或10mL移液管。倒用移液管可吸出柱内过量的树脂，以及在加腈纶纤维和脱脂棉时将其稍稍压实。

（7）装柱方法。装柱以湿法装柱为好。所谓湿法装柱，即交换柱内已有水，而加入的树脂是与水混合的状态。具体方法：先将柱（用滴定管加工而成）内装满水，打开活塞，在水通过柱的同时排去活塞以下的气泡，再加腈纶纤维，用移液管的平头把腈纶纤维稍压紧。然后将离子交换树脂与水混匀，注入垂直放置的交换柱中，静置使其慢慢沉降至所需高度，这样制成的交换柱比较均匀，若加入树脂量过多，

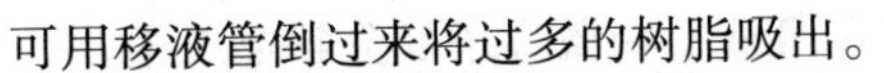

可用移液管倒过来将过多的树脂吸出。

装柱效果的检查：同一批离子交换柱，将活塞完全打开，其流速应非常接近。

B 离子交换分离条件的快速确定——K_d 及其应用

如何确定金属阳离子 M^{2+} 与 N^{2+}、金属阳离子 M^{2+} 与阴离子 Y^- 离子交换分离时的淋洗剂浓度，以及把 M^{2+}（或 N^{2+}）最后有效地从柱上洗下，并使离子交换柱有效且方便地再生是离子交换分离的核心问题。1960 年以来作出里程碑式贡献的是 1960 年 Strelow 首先在“Anal. Chem.”上发表了测定 40 多种金属离子在不同浓度 HCl 介质中的分配系数 K_d 值的论文。1976 年，周锦帆根据 Strelow 在不同酸体系中金属离子的 K_d 值与此时在离子交换柱上的行为，提出了 K_d40 法，随后又进一步提出了“淋洗剂浓度速查表”，在 1min 内即可知金属阳离子 M^{2+} 与 N^{2+} 分离的可能性及最合适淋洗剂浓度。

分配系数 K_d 在离子交换分离中有极其重要的意义，它是在某一条件下，金属在离子交换树脂上吸附能力的标志。K_d 的测定应采用 Strelow 的方法：取 2.5g 干树脂置于 500mL 烧杯中，加 230mL 某浓度的酸，加 0.25mg 的金属离子，加某浓度的酸到 250mL，搅拌 24h，过滤。测定滤液中金属离子的量，同时算出吸附在树脂上金属离子的量（或将树脂灰化后测定），由下式计算某浓度酸时金属离子的 K_d：

$$K_d = \frac{C_0 - C_{eq}}{C_{eq}} \cdot \frac{V}{G}$$

式中 C_0——溶液的初始浓度，μg/mL；

C_{eq}——吸附平衡时溶液的浓度，μg/mL；

V——溶液的体积，mL；

G——树脂的质量，g。

通过测定分配系数，然后再确定元素的分离条件，这是最科学、最简便的方法。K_d 值大，表示某介质某离子在该树脂上的吸附能力强，反之亦然。$K_d > 40$，强吸附于树脂；$K_d < 10$，不吸附于树脂。根据待分离元素和基体分配系数的差异，适当选择分离条件，可实现被测物与基体的有效分离。

由金属离子在不同酸介质得到的 K_d40 和 K_d10 而组成的淋洗剂浓度速查表可快速确定金属离子在阳离子交换树脂上的分离条件，即可知道 A 与 B 分离合适的淋洗剂浓度，从而简化了离子交换分离条件探索研究过程。

离子交换分离法是一种十分有实用价值的分离方法。它可用于微量组分的分离富集、阴阳离子分离以及相同电荷离子的分离等领域。掌握正确的离子交换分离研究方法及实验技巧，对于优化分离条件、提高分离工作效率、实现待分离元素与基体的有效分离具有重要的指导意义。

2.2.4 其他重要的分离方法

2.2.4.1 电解分离法

电解分离法实际上是沉淀分离的一种，通过电解，使金属离子还原为金属而沉积在阴极上或成为氧化物沉积在阳极上。只要在溶液中金属离子的分解电压相差得足够大，就能利用电解法将它们分离。如：汞阴极电解分离铁等基体金属（现在基本不用，但ASTM标准还保留该方法）；铜合金的电解分离重量法测定铜和铅；电解分离铜后的溶液中测定纯铜中的痕量元素。

2.2.4.2 蒸馏、挥发分离法

利用化合物易于挥发的性质进行分离的方法称蒸馏、挥发分离法。

（1）蒸馏分离法：指将欲测定成分挥发逸出，并收集起来进行测定的方法。如钢铁中氮的测定就是使氮的化合物在酸性溶液中生成铵盐，然后加过量的NaOH进行蒸馏使铵盐转化为氨气蒸馏出来，用已知浓度的酸吸收，根据被中和的酸量测得氮的含量。

（2）挥发分离法：指把干扰组分借助挥发而除去的分离方法。在很多情况下，是结合试样分解进行的。

上述两种方法相应的实例有：氢氟酸加热挥发分离硅；蒸馏分离除砷；砷钼蓝光度法测定砷；硼酸甲酯蒸馏分离硼；锌还原砷化氢蒸馏分离，铜试剂银盐光度法测定砷；氨蒸馏分离测定氮。

参考文献

[1] 徐盘明，赵祥大．实用金属材料分析方法［M］．合肥：中国科学技术大学出版社，1990.

[2] 杭州大学化学系分析化学教研室．分析化学手册［M］．北京：化学工业出版社，1997.

[3] 武汉大学．分析化学［M］．北京：高等教育出版社，1991.

[4] 阎军，胡文祥．分析样品制备［M］．北京：解放军出版社，2003.

[5] 王广珠，汪德良，崔焕芳．离子交换树脂使用及诊断技术［M］．北京：化学工业出版社，2005.

[6] 方晓明，刘崇华，周锦帆．有害物质分析——仪器及应用［M］．北京：化学工业出版社，2010.

[7] 刘珍．化验员读本［M］．北京：化学工业出版社，2004.

[8] 周锦帆，王慧，吴骋，等．离子交换分离的试验技巧及研究方法［J］．理化检验－化学分册，2010，46（8）：960－964.

[9] 周锦帆．小型离子交换柱及K_d40法在离子交换分离中的应用［J］．分析化学，1976，5（4）：353－356.

[10] 周锦帆．阳离子交换法分离金属离子时淋洗剂浓度的速查表［J］．分析化学，1985，4（13）：298－301.

[11] 许玉宇，周锦帆，王国新，等．铁铅砷镍和钴在Cl－TBP萃淋树脂分配系数的测定及应用［J］．理化检验－化学分册，2007，12（43）：1－5.

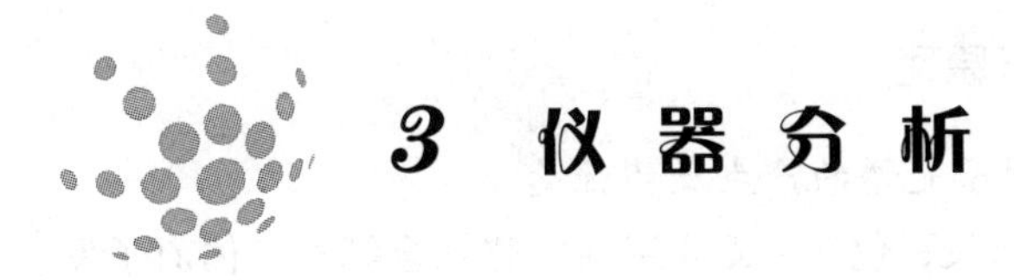

3 仪器分析

3.1 原子吸收光谱仪

3.1.1 概述

3.1.1.1 仪器发展历史

原子吸收光谱仪是基于原子吸收分光光度法（原子吸收光谱法）而进行分析的一种常用的分析仪器。早在1802年，伍朗斯顿在研究太阳连续光谱时，就发现了太阳连续光谱中出现的暗线，这是对原子吸收现象的发现，但当时尚不了解产生这些暗线的原因。1859年，克希荷夫与本生在研究碱金属和碱土金属的火焰光谱时，发现钠蒸气发出的光通过温度较低的钠蒸气时，会引起钠光的吸收，并将太阳连续光谱中的暗线解释为太阳外围大气圈中的原子对太阳光谱中的辐射吸收的结果。1955年，澳大利亚的瓦尔西发表了著名论文《原子吸收光谱在化学分析中的应用》，奠定了原子吸收光谱法的基础。1959年，苏联里沃夫发表了电热原子化技术的第一篇论文，开创了石墨炉电热原子吸收光谱法。

20世纪50年代末和60年代初，Hilger、Varian Techtron及Perkin-Elmer公司先后推出了原子吸收光谱商品仪器。到了20世纪60年代中期，原子吸收光谱开始进入迅速发展的时期。1970年，Perkin-Elmer公司生产了世界上第一台石墨炉原子吸收光谱商品仪器。

3.1.1.2 仪器的特点

原子吸收光谱仪有如下特点：

（1）选择性好，光谱干扰小。原子吸收是对特征谱线的吸收，不同元素的特征谱线不同，此外，光源也是待测元素单元素的锐线辐射，因而，受其他元素干扰和光谱干扰小。

（2）检出限低，灵敏度高。不少元素的火焰原子吸收法的检出限可达到μg/L级，而石墨炉原子吸收法的检出限可达到10^{-10} ~ 10^{-14}g。

（3）火焰原子吸收法分析精度好。测定中等和高含量元素的相对标准差可小于1%，其准确度已接近于经典化学方法。但石墨炉原子吸收法的分析精度相对较差，一般约为3%～5%。

（4）应用范围广。可直接测定绝大多数金属元素，达70多种。

（5）原子吸收光谱法的不足之处是通常情况下只能单元素分析，对火焰原子吸收法有相当一些元素的测定灵敏度还不能令人满意，而对石墨炉原子吸收法，分析速度和精度都不太令人满意。

3.1.2 仪器工作原理

3.1.2.1 原子光谱的产生及其种类

原子吸收光谱仪，包括后面介绍的电感耦合等离子体原子发射光谱仪和直读光谱仪，其测定基本原理都与原子光谱有关，因此，以下先介绍原子光谱的产生及其种类。

原子光谱是基于原子外层电子的能级跃迁而产生的。原子光谱的产生原理为：在热能、电能或光能的作用下，待测元素的基态原子吸收了能量，最外层的电子产生跃迁，从低能态跃迁到高能态，成为激发态原子，当它回到基态时，这些能量以光的形式辐射出来，产生原子发射光谱。原子吸收光谱是原子发射光谱的逆过程。基态原子只能吸收频率为 $\nu=(E_q-E_0)/h$ 的光，跃迁到高能态 E_q。一般原子光谱的波长范围在 190~900nm。

根据原子的激发方式和光的检测方式不同，原子光谱可分为原子发射光谱（AES）、原子吸收光谱（AAS）和原子荧光光谱（AFS）。

当气态原子所吸收的光源提供的电磁辐射能与该物质原子的两个能级间跃迁所需的能量满足 $\Delta E=h\nu$ 的关系时，该原子产生吸收光谱。利用原子吸收光谱来定量分析的方法称为原子吸收光谱法。基于原子吸收光谱法原理来进行分析的仪器叫原子吸收光谱仪。

3.1.2.2 原子吸收光谱的特征

A 原子吸收光谱的波长

只有当气态原子所吸收的光源提供的电磁辐射能与该物质原子的两个能级间跃迁所需的能量满足 $\Delta E=h\nu$ 的关系时，才能产生原子吸收。因此，原子吸收光谱的波长是特定的。由于每一种原子都有自身所特有的原子结构与能级，每种元素的原子都有自身的原子特征吸收波长。而且，原子吸收是原子发射的逆过程，因此，大多情况下，原子吸收光谱的波长与原子发射光谱的波长是相同的。但相对来说，原子吸收光谱比原子发射光谱谱线要少得多，此外，由于两者的轮廓也不完全相同，一些情况下，两者的中心波长并不一致，某些元素的最强原子吸收线也不一定是最强的发射谱线。绝大多数原子吸收光谱位于光谱的紫外区和可见区。

B 原子吸收光谱的轮廓

原子吸收光谱的谱线并非几何意义上的线，而是有一定的宽度。通常用其中心频率（中心波长）来代表其波长，而用最大吸收一半处的谱线轮廓上两点之间的频率（波长）差即谱线半宽来表示其宽度。

原子吸收光谱的谱线自身的宽度称为自然宽度，一般为 10^{-5}nm 量级，此外由于受原子热运动、原子碰撞、电磁场等影响使谱线变宽。

由于原子热运动引起的谱线变宽称为多普勒宽度。在原子吸收分析中，对于火焰和石墨炉原子吸收池，气态原子处于无序热运动中，相对于检测器而言，各发光原子有着不同的运动方向，即使每个原子发出的光是频率相同的单色光，但由于多普勒效应使检测器所接受的光则是频率略有不同的光，于是引起谱线的变宽。多普勒宽度一般为 $10^{-3}\sim10^{-4}$nm 量级，是原子吸收光谱谱线变宽的主要部分。

原子之间相互碰撞导致激发态原子平均寿命缩短，引起谱线变宽，称为碰撞变宽。碰撞变宽分为两种，即赫鲁兹马克变宽和洛伦茨变宽。被测元素激发态原子与基态原子相互碰撞引起的变宽，称为赫鲁兹马克变宽，又称共振变宽或压力变宽。当原子吸收区的原子浓度足够高时，碰撞变宽是不可忽略的。被测元素原子与其他元素的原子相互碰撞引起的变宽，称为洛伦茨变宽。在通常的原子吸收测定条件下，被测元素的原子浓度都很低，共振变宽效应可以不予考虑。洛伦茨变宽是主要的碰撞变宽，且随原子区内原子蒸气压力增大和温度升高而增大，碰撞变宽一般为 $10^{-3}\sim10^{-4}$nm 量级。

影响谱线变宽的是上述各种因素的综合。在通常的原子吸收分析实验条件下，吸收线的轮廓主要受多普勒和洛伦茨变宽的影响。在 2000 ~ 3000K 的温度范围内，原子吸收线的宽度约为 $10^{-3}\sim10^{-2}$nm。

3.1.2.3 定量原理

当空心阴极灯辐射出的待测元素的特征波长光通过火焰时，因被火焰或石墨炉中待测元素的基态原子吸收而减弱，由发射光谱被减弱的程度，进而可求得样品中待测元素的含量，它符合朗伯 - 比尔定律。

$$A=-\lg I/I_0=-\lg T=K\times N\times L$$

式中，I 为透射光强度；I_0 为发射光强度；T 为透射比；K 为常数；L 为光通过原子化器的光程；N 为待测元素基态原子的浓度。由于 L 是不变值，所以 $A=K\times N$。

在一定实验条件下，特征波长光强的变化与原子化系统中待测元素基态原子的浓度有定量关系，从而与试样中待测元素的浓度（C）有定量关系，即：

$$A=k\times C$$

式中 k——常数；

A——待测元素的吸光度。

这是原子吸收分析的定量依据。

3.1.3 仪器结构

原子吸收光谱仪主要由光源、原子化器系统、分光系统及检测系统 4 个主要部分组成（见图 3 - 1）。

3.1.3.1 光源

原子吸收光谱仪光源的作用是发射被测元素的特征共振辐射，用以提供原子由基态跃迁到相应的激发态的光能。空心阴极灯是原子吸收光谱仪中应用最广的一种光源，其结构如图 3 - 2 所示，包括一个空心圆筒形阴极和一个阳极，阴极由待测元素材料制成，阳极由钛、锆、钽或其他材料制作，阴极和阳极封闭在带有光学窗口的硬质玻璃管内（共振线波长在 350nm 以下应用石英材料），管内充有压强为 0.1 ~

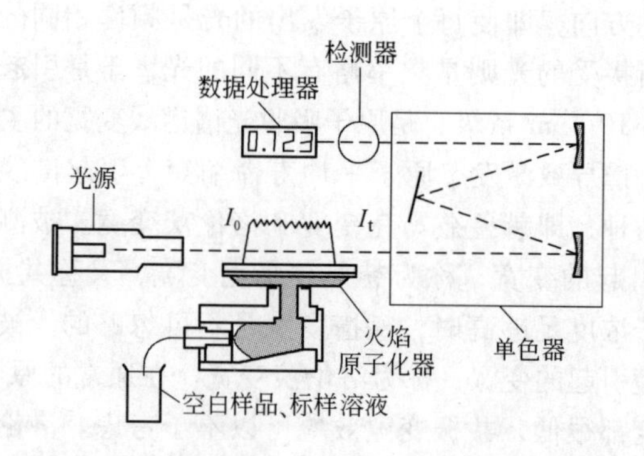

图 3-1 火焰原子吸收光谱仪结构示意图

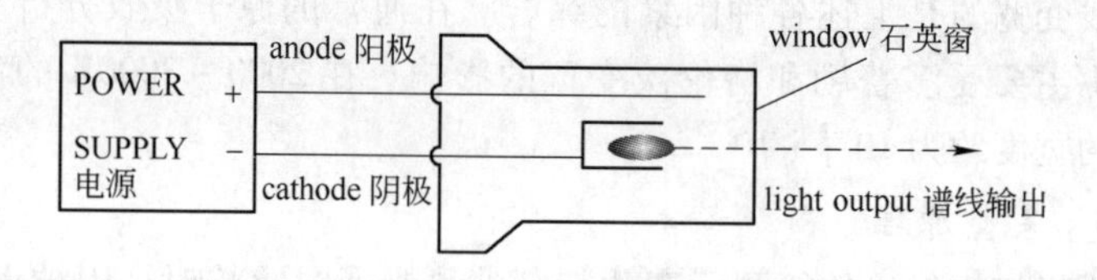

图 3-2 空心阴极灯结构示意图

0.7kPa 的惰性气体氖或氩。当两极间加上一定电压时，管内惰性气体首先电离，离子和电子在电场作用下分别向两极移动，如果气体阳离子的动能足以克服金属阴极表面的晶格能，当其撞击在阴极表面时，就可以将原子从晶格中溅射出来，因阴极表面溅射出来的待测金属原子被激发，便发射出该元素的特征光。这种特征光谱线宽度窄，干扰少，故称空心阴极灯发射的光源为锐线光源。

空心阴极灯常采用脉冲供电方式，以改善放电特性，同时便于使有用的原子吸收信号与火焰原子化器的直流发射信号区分开，称为光源调制。在实际工作中，应选择合适的工作电流。使用灯电流过小，放电不稳定；使用灯电流过大，溅射作用增加，原子蒸气密度增大，谱线变宽，甚至引起自吸收，导致测定灵敏度降低，灯寿命缩短。

由于原子吸收分析中每测一种元素需换一个灯，很不方便，现已制成多元素空心阴极灯，但发射强度低于单元素灯，且如果金属组合不当，易产生光谱干扰；而相对而言，目前的原子吸收光谱仪更换空心阴极灯越来越简便快速。因此，多元素空心阴极灯使用尚不普遍。对于砷、锑等易挥发元素的分析，亦常用无极放电灯做光源。

3.1.3.2 原子化器系统

原子化器的功能是提供能量，使试样干燥、蒸发和原子化。入射光束在这里被基态原子吸收，因此也可把它视为“吸收池”。常用的原子化器有火焰原子化器和非火焰原子化器，相应的两种仪器分别为火焰原子吸收光谱仪和石墨炉原子吸收光谱仪。

火焰原子化器由雾化器、雾化室和燃烧器3部分组成，其结构如图3-3所示。样品溶液从毛细管吸入并经雾化器喷雾形成雾粒，雾粒在雾化室中与气体（燃气与助燃气）均匀混合，除去大液滴后，再进入燃烧器形成火焰。在火焰中经过干燥、熔化、蒸发和离解等过程后，试液在火焰中产生原子蒸气。常用的火焰是空气-乙炔火焰。对用空气-乙炔火焰难以解离的元素，如Al、Be、V、Ti等，可用氧化亚氮-乙炔火焰（最高温度可达3300K）。

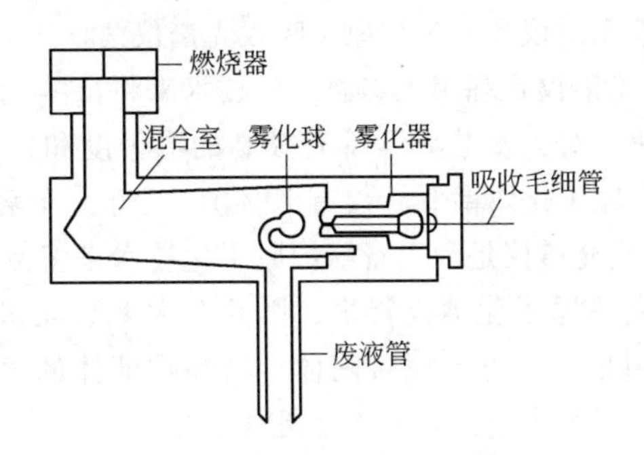

图3-3　预混合型火焰原子化器结构示意图

非火焰原子化器常用的是石墨炉原子化器。石墨炉的基本结构包括：石墨管、炉体（保护气系统）和电源。石墨炉原子化法的过程是将试样注入石墨管中间位置，用大电流通过石墨管以产生高达2000~3000℃的高温使试样干燥、蒸发和原子化。由于石墨炉原子化需快速降温，故需炉体周围有一金属套管供冷却水循环。惰性气体（氩气）通过管的末端流进石墨管，再从样品入口处逸出。这一气流保证了在灰化阶段所生成的基体组分的蒸气及时排出，大大降低了背景信号。石墨管两端的可卸石英窗可以防止空气进入，为了避免石墨管氧化，在金属套管左上方另通入惰性气体使它在石墨管的周围（在金属套管内）流动，保护石墨管。

3.1.3.3　分光系统

分光系统又称分光器，主要由色散元件如棱镜或光栅、凹面镜、入射和出射狭缝等组成，其作用是阻止来自原子化器内的所有不需要的辐射进入检测器，将所需要的共振吸收线分离出来。分光器的关键部件是色散元件即单色器，现在商品仪器都使用光栅。单色器的主要作用是将复合光分解成单色光或有一定宽度的谱带。其作用原理是光栅的色散作用。在原子吸收光谱仪中，单色器放在原子化系统之后，将待测元素的特征谱线与邻近谱线分开。相对于发射光谱，由于吸收线的数目比发射线少得多，谱线重叠的几率小，因此，原子吸收光谱仪对分光器的分辨率要求不高，通常采用较宽的狭缝，以得到较大的光强。

3.1.3.4　检测系统

检测系统由光电倍增管、放大器、对数转换器、指示器（表头、数显器、记录仪及打印机等）和自动调节、自动校准等部分组成，是将光信号转变成电信号并进行测量的装置。原子吸收光谱法中检测器通常使用光电倍增管（PMT）。一些新型的仪器也采用CCD作为检测器。有关CCD检测器的原理参见3.2节中电感耦合等离子体原子发射光谱仪一节相关内容。

3.1.4 原子吸收光谱仪的类型

原子吸收光谱仪按不同标准可分为多种类型。

（1）按原子化技术分类。按原子化系统采用的原子化技术的不同，可将原子光谱仪分为火焰原子吸收光谱仪和石墨炉原子吸收光谱仪两种。

1）火焰原子吸收光谱仪是利用火焰原子化技术来将待测元素原子化的，具有仪器相对简单、分析快速、对大多数元素都有较高的灵敏度和较低的检测限、应用最广等优点，但其缺点是原子化效率低（仅有10%），对部分元素灵敏度还不太高。

2）石墨炉原子吸收光谱仪是利用石墨炉原子化技术来将待测元素原子化的，这种仪器原子化效率比火焰原子化器高得多，因此对大多数元素都有较高的灵敏度，这种仪器还具有样品用量少，可实现对固体、高黏稠液体的直接进样分析的优点，但测定精密度比火焰原子化法差，分析速度相对较慢。

火焰原子吸收光谱仪和石墨炉原子吸收光谱仪各有优缺点，火焰和石墨炉原子化是原子吸收诸多元素测量手段的两个主要方面，近年来，国外的一些仪器厂将两者做成一体机，即火焰石墨炉原子吸收光谱仪，通常是火焰石墨炉原子吸收分析共用同一套光源和检测系统，原子化系统则通过切换实现不同分析，切换方式主要有手动机械和自动机械两种方式。

（2）按光学系统分类。按光学系统分类，目前原子吸收光谱仪主要有单光束型和双光束型两种。单光束原子吸收光谱仪结构简单、价格便宜，且具有较好的灵敏度，但同时具有容易产生基线漂移、稳定性差的缺点。双光束原子吸收光谱仪将光源辐射的特征光由旋转斩光器分成参比光束和测量光束，前者不通过火焰，光强不变；后者通过火焰，光强减弱。用半透半反射镜将两束光交替通过分光系统并送入检测系统测量，测定结果是两信号的比值，可大大减小光源强度变化的影响，克服了单光束型仪器因光源强度变化导致的基线漂移现象。但是，这种仪器结构复杂，外光路能量损失大，限制了广泛应用。此外，这种仪器仍然无法克服火焰波动带来的影响。

3.1.5 应用

原子吸收光谱分析法具有测定灵敏度高、选择性好、抗干扰能力强、稳定性好等特点，所以自从发明以来，已广泛应用在矿物、金属、陶瓷、水泥、化工产品、食品生物体等试样中的金属元素的分析，能测定的元素多达70余种。由于原子吸收光谱仪目前主要是单元素分析，因此其主要用于各类产品和材料中少数几个元素的分析，其中火焰原子吸收光谱仪主要是发挥其简便快速的优点而在灵敏度要求不特别高的情况下广泛应用，而石墨炉原子吸收光谱仪主要发挥其灵敏度高的优点而应用。原子吸收光谱仪在钢铁材料定量分析中的应用见表3-1。

表 3-1 原子吸收光谱仪在钢铁材料定量分析中的应用

检测项目	涉及产品和材料	涉及标准
镁、铜、镍、锰、钴、钒、钙	钢铁材料及合金	GB/T 223.46、GB/T 223.53、GB/T 223.54、GB/T 223.64、GB/T 223.65、GB/T 223.76、GB/T 223.77
银、铜、锌	钢铁材料及合金	GB/T 20127.1、GB/T 20127.4、GB/T 20127.12
铬、铅、镍	不锈钢餐具	GB/T 5009.81

3.2 电感耦合等离子体原子发射光谱仪

3.2.1 概述

3.2.1.1 仪器发展历史

电感耦合等离子体原子发射光谱仪是基于电感耦合等离子体原子发射光谱法（ICP-AES）而进行分析的一种常用分析仪器。它是一种由传统原子发射光谱法衍生出来的新型分析技术，该技术是以电感耦合等离子炬为激发光源的一类新型原子发射光谱分析方法。

早在 1884 年 Hittorf 就注意到，当高频电流通过感应线圈时，装在该线圈所环绕的真空管中的残留气体会发生辉光，这是电感耦合等离子体光源等离子放电的最初观察。1961 年 Reed 设计了一种从石英管的切向通入冷却气的较为合理的高频放电装置，Reed 把这种在大气压下所得到的外观类似火焰的稳定的高频无极放电称为电感耦合等离子炬（ICP）。Reed 的工作引起了 S. Greenfield、R. H. Wenat 和 Fassel 的极大兴趣，他们首先把 Reed 的 ICP 装置用于 AES，并分别于 1964 年和 1965 年发表了他们的研究成果，开创了 ICP 在原子光谱分析上的应用历史。

1975 年美国的 ARL（APPlied Research Laboratories）公司生产出了第一台商品 ICP-AES 多色仪，1977 年出现了顺序型（单道扫描）ICP 仪器，此后各种类型的商品仪器相继出现。至 20 世纪 90 年代 ICP 仪器的性能得到迅速提高，相继推出分析性能好、性价比高的商品仪器，使 ICP 分析技术成为元素分析常规手段。1991 年采用 Echelle 光栅及光学多道检测器的新一代 ICP 商品仪器，开始采用电荷注入器件（Charge Injection Device，CID）或电荷耦合器件（Charge Couple Device，CCD），代替传统的光电倍增管（PMT）检测器，ICP-AES 全谱直读型仪器问世。

3.2.1.2 仪器的特点

电感耦合等离子体原子发射光谱仪主要特点如下：

（1）样品范围广，分析元素多。电感耦合等离子体原子发射光谱仪可以对固态、液态及气态样品直接进行分析。应用最广泛也优先采用的是溶液雾化法（即液态进样），可以进行 70 多种元素的测定，不但可测金属元素，还可对很多样品中非金属元素硫、磷、氯等进行测定。

（2）分析速度快，多种元素同时测定。多种元素同时测定是 ICP-AES 法最显著的特点。在不改变分析条件的情况下，可同时进行或有顺序地进行各种不同浓度水平的多元素的测定。

（3）检出限低、准确度高、线性范围宽。电感耦合等离子体原子发射光谱仪对很多常见元素的检出限达到 μg/L ~ mg/L 水平；动态线性范围大于 10^6，与其他分析技术相比，显示了较强的竞争力。ICP – AES 法已迅速发展成为一种普遍和广泛适用的常规分析方法。

（4）定性及半定量分析。对于未知的样品，等离子体原子发射光谱仪可利用丰富的标准谱线库进行元素的谱线比对，形成样品中所有谱线的“指纹照片”，计算机通过自动检索，快速得到定性分析结果，再进一步可得到半定量的分析结果。

（5）等离子体原子发射光谱仪的不足之处是光谱干扰和背景干扰比较严重，对某些元素灵敏度还不太高。

3.2.2 仪器工作原理

3.2.2.1 原子发射光谱的产生

原子发射光谱是原子光谱的一种，有关原子光谱的产生及其种类参见原子吸收光谱仪有关内容。原子发射光谱是处于激发态的待测元素原子回到基态时发射的谱线（参见图 3 – 4）。原子发射光谱法包括了两个主要的过程，即激发过程和发射过程。

（1）激发过程。由光源提供能量使样品蒸发，形成气态原子，并进一步使气态原子激发至高能态。原子发射光谱中常用的光源有火焰、电弧、等离子炬等，其作用是使待测物质转化为气态原子，气态原子的外层电子激发过程获得能量，变为激发态原子。

（2）发射过程。处于高能态的原子十分不稳定，在很短时间内回到基态。当从原子激发态过渡到低能态或基态时产生特征发射光谱即为原子发射光谱。由于原子发射光谱与光源连续光谱混合在一起，且原子发射光谱本身也十分丰富，必须将光源发出的复合光经单色器分解成按波长顺序排列的谱线，形成可被检测器检测的光谱，仪器用检测器检测光谱中谱线的波长和强度。

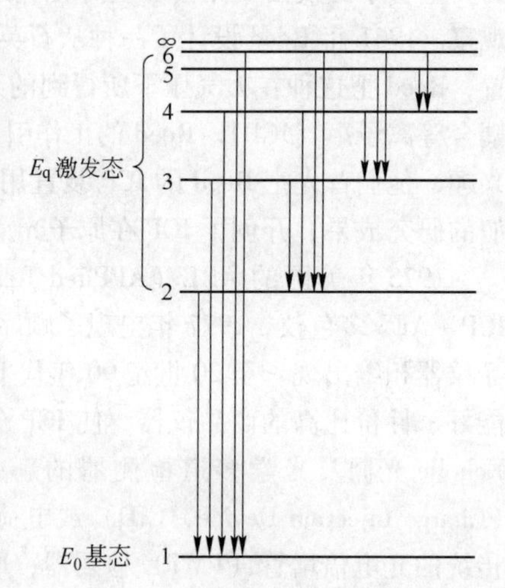

图 3 – 4 原子电子能级跃迁结构示意图

3.2.2.2 定性原理

由于不同元素的原子结构不同，所以一种元素的原子只能发射由其 E_0 与 E_q 决定的特定频率的光。这样，每一种元素都有其特征的光谱线。不过即使同一种元素的原子，它们的 E_q 也可以不同，也能产生不同的谱线。此外，某些离子也可能产生类似的光谱，因此在原子发射光谱条件下，对特定元素的原子或离子可产生一系列不同波长的特征光谱，通过识别待测元素的特征谱线存在与否进行定性分析。

3.2.2.3 定量原理

试样由载气带入雾化系统进行雾化，以气溶胶形式进入轴内通道，在高温和惰性氩气气氛中，气溶胶微粒被充分蒸发、原子化、激发和电离。被激发的原子和离子发射出很强的原子谱线和离子谱线。各元素发射的特征谱线及其强度经过分光、光电转换、检测和数据处理，最后由打印机输出各元素的含量。

由于在某个恒定的等离子体条件下，分配在各激发态和基态的原子数目 N_i 和 N_0 应遵循统计力学中麦克斯韦-玻耳兹曼分布定律，即：

$$N_i = N_0 \times g_i/g_0 \times e^{(-E_i/kT)}$$

式中，N_i 为单位体积内处于激发态的原子数；N_0 为单位体积内处于基态的原子数；g_i 和 g_0 为激发态和基态的统计权重；E_i 为激发电位；k 为玻耳兹曼常数；T 为激发温度。

i、j 两能级之间的跃迁所产生的谱线强度 I_{ij} 与激发态原子数目 N_i 成正比，即 $I_{ij} = K \times N_i$。因此，在一定的条件下，谱线强度 I_{ij} 与基态原子数目 N_0 成正比。而基态原子数与试样中该元素浓度成正比。因此，在一定的条件下谱线强度与被测元素浓度成正比，即 $I_{ij} = K \times C$，这是原子发射光谱定量分析的依据。

3.2.2.4 电感耦合等离子体的形成及工作原理

等离子体是指含有一定浓度阴离子和阳离子、能导电的气体混合物。等离子体是20世纪60年代发展起来的一类新型发射光谱分析用光源。通常用氩等离子体进行发射光谱分析，虽然也会存在少量试样产生的阳离子，但是氩离子和电子是主要导电物质。在等离子体中形成的氩离子能够从外光源吸收足够的能量，并将等离子体进一步离子化，一般温度可达10000K。目前，高温等离子体主要有3种：电感耦合等离子体（Inductively Coupled Plasma，简称ICP）；直流等离子体（Direct Current Plasma，简称DCP）；微波感生等离子体（Microwave Induced Plasma，简称MIP）。其中尤以电感耦合等离子体光源应用最广。

电感耦合高频等离子体的工作原理为：当有高频电流通过ICP装置中的线圈时，产生轴向磁场，这时若用高频点火装置产生火花，形成的载流子（离子与电子）在电磁场作用下，与原子碰撞并使之电离，形成更多的载流子，当载流子多到足以使气体（如氩气）有足够的电导率时，在垂直于磁场方向的截面上就会感生出流经闭合圆形路径的涡流，强大的电流产生高热又将气体加热，瞬间使气体形成最高温度可达10000K的稳定的等离子炬。感应线圈将能量耦合给等离子体，并维持等离子炬。

3.2.3 仪器结构

以电感耦合高频等离子体为光源的原子发射光谱装置称为电感耦合等离子体发射光谱仪，简称为ICP发射光谱仪或俗称ICP。ICP光谱仪一般包括4个基本单元：

等离子体光源系统、进样系统、光学系统、检测和数据处理系统。全谱直读 ICP 光谱仪构成如图 3 – 5 所示。

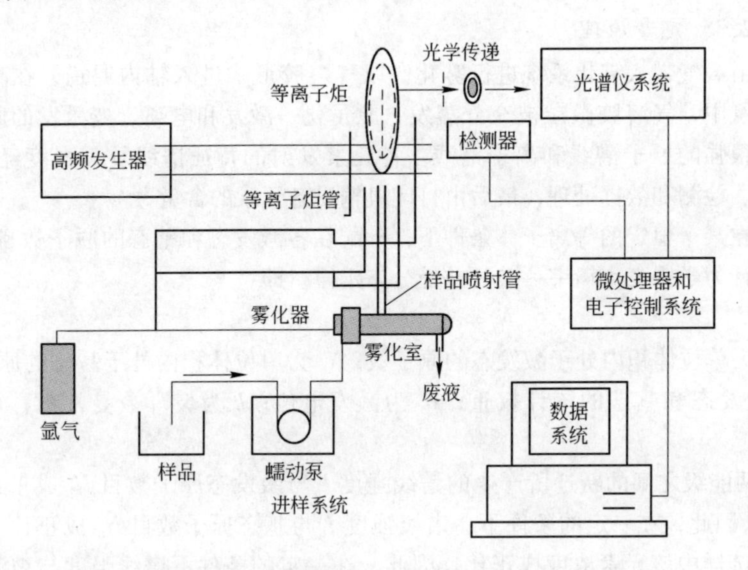

图 3 – 5　全谱直读 ICP 光谱仪结构示意图

（1）等离子体光源系统。早期的原子发射光谱仪采用电弧和电火花光源，然而，随着等离子体光源的问世，它已经成为目前原子发射光谱仪最广泛使用的激发光源。电感耦合等离子体是一种原子或分子大部分已电离的气体。它是电的良导体，因其中的正、负电荷密度几乎相等，所以从整体来看它是电中性的。等离子体光源系统由 RF 高频发生器、等离子炬管、气路系统等组成。

高频发生器是 ICP – OES 的基础核心部件，通过工作线圈给等离子体输送能量，并维持 ICP 光源稳定放电，要求其具有高度的稳定性并不受外界电磁场干扰。根据等离子体炬安装方向与光学系统观测方向的不同，ICP – AES 目前主要使用轴向、径向、双向观测方式 3 种。

等离子炬管是等离子体光源系统的重要部件，它由三层同心石英管组成，其结构示意见图 3 – 6。外管通冷却气 Ar 的目的是使等离子体离开外层石英管内壁，以避免它烧毁石英管。切向进气的目的是利用离心作用在炬管中心产生低气压通道，以利于进样。中层石英管出口做成喇叭形，通入 Ar 气维持等离子体，有时也可以不通 Ar 气。内层石英管内径约为 1 ~ 2mm，载气将试样气溶胶由内管注入等离子体内。试

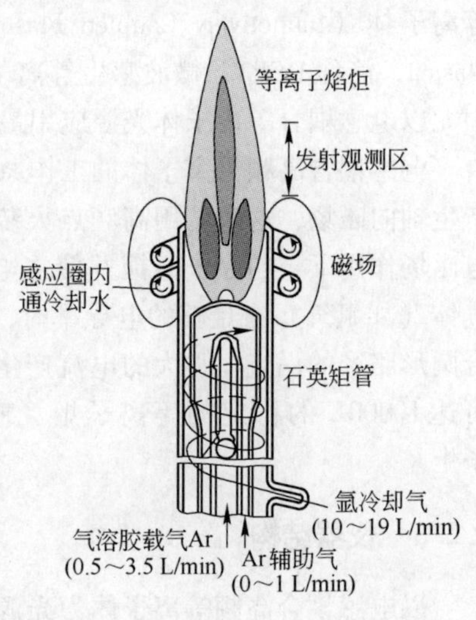

图 3 – 6　ICP 等离子炬管结构示意图

样气溶胶由气动雾化器或超声雾化器产生。当载气带着试样气溶胶通过等离子体时，被后者加热至6000～7000K，样品中的待测物质很快被蒸发、分解，产生大量的气态原子，气态原子还可进一步吸收能量而被激发至激发态，产生发射光谱。

（2）进样系统。目前，ICP 主要是溶液进样，ICP 进样系统由蠕动泵（图 3－7）、雾化系统（图 3－8）等组成，被测定的溶液首先经蠕动泵进入雾室，再经雾化器雾化转化成气溶胶，细微颗粒被氩气载入等离子体，另一部分较大的颗粒则被排出。随载气进入等离子体的气溶胶在高温作用下，经历蒸发、干燥、分解、原子化和电离的过程，所产生的原子和离子被激发，并发射出各种特定波长的光，产生发射光谱。ICP 常用的雾化器有同心（溶液和雾化同轴心方向）雾化器和交叉（溶液和雾化垂直方向）雾化器两种。其中，同心雾化器有较好的雾化效率，精密度较好，但容易发生堵塞，而交叉雾化器虽然雾化效率和精度稍低，但可耐高盐，不易发生堵塞，且不易损坏。

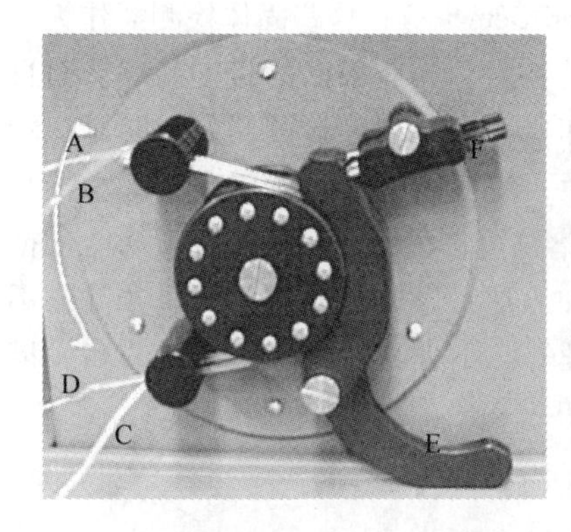

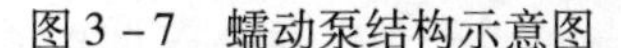

图 3－7 蠕动泵结构示意图

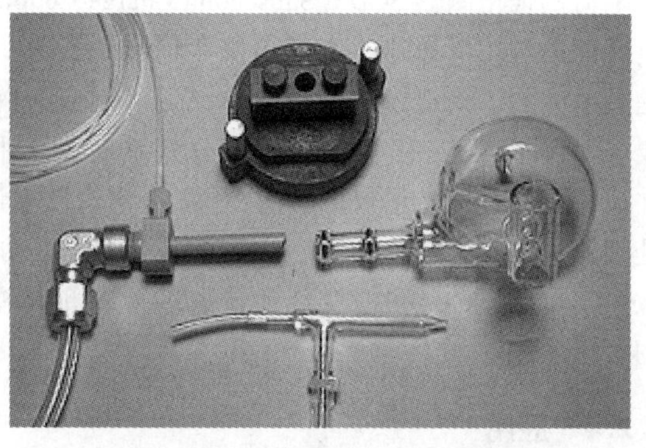

图 3－8 ICP 光谱仪雾化系统结构示意图

除了溶液进样，将固体样品直接引入原子光谱分析系统一直是原子发射光谱研究的热点。直接固体进样可有效地克服试样分解过程所带来的缺陷，如外来污染、转移损失、分析时间长及试剂和人力的消耗等。目前主要方法有激光烧蚀、电热蒸发（ETV）试样引入、悬浊液进样和把装有试样的棒头直接插入 ICP 等，但固体进样一般精密度较差。

（3）光学系统。电感耦合高频等离子体原子发射光谱的光学系统相对比较复杂，但其作用原理与其他光谱类似，即将复合光分解为单色光。原子发射光谱的分光系统（图 3－9）通常由狭缝、准直镜、色散元件、凹面镜等组成，其核心部件是色散元件，如棱镜或光栅。目前一般采用高分辨率的中阶梯光栅分光。中阶梯光栅光谱仪是采用较低色散的棱镜或其他色散元件作为辅助色散元件，安装在中阶梯光栅的前或后来形成交叉色散，获得二维色散图像。它主要依靠高

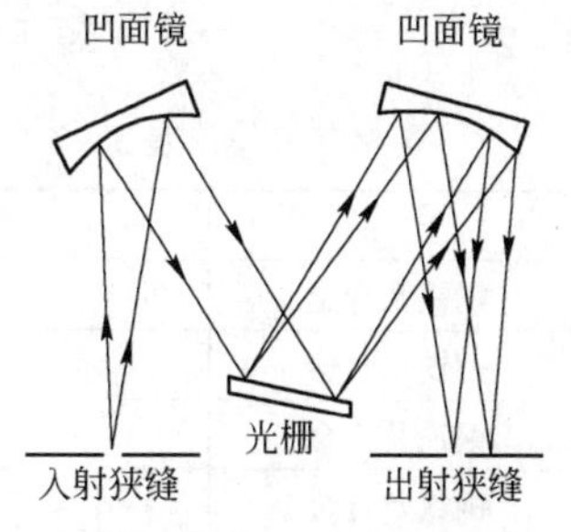

图 3－9 ICP 光谱仪平面反射光栅光学系统示意图

级次、大衍射角、更大的光栅宽度来获得高分辨率，这是目前较先进的光谱仪所用的分光系统，配合 CCD、SCD、CID 检测器可以实现“全谱”多元素“同时”分析。也有采用中阶梯光栅的顺序扫描的光谱仪。相对于平面光栅，中阶梯光栅有很高的分辨率和色散率，由于减少了机械转动不稳定性的影响，其重复性、稳定性有很大的提高。而相对于凹面光栅光谱仪，它在具备多元素分析能力的同时，可以灵活地选择分析元素和分析波长。目前各厂家的“全谱”仪器基本都采用此类型，只是光路设计和使用光学器件数量上略有不同。中阶梯光栅可通过增大闪耀角、光栅常数和光谱级次来提高分辨率。由于 ICP 有很强的激发能力，发射谱线丰富，谱线干扰也较为严重，因此，提高仪器分辨率有利于避开一些谱线干扰。

（4）检测和数据处理系统。ICP 检测器早期主要用光电倍增管（PMT）检测器，目前已逐步被固体检测器代替。商品仪器固体检测器主要有电荷耦合检测器 CCD（Charge-Coupled Detector），电荷注入式检测器 CID（Charge-Injection Detector），分段式电荷耦合检测器 SCD（Subsection Charge-Coupled Detector），这些固体检测器作为光电元件具有暗电流小、灵敏度高、信噪比较高的特点，具有很高的量子效率，而且是超小型的、大规模集成的元件，可以制成线阵式和面阵式的检测器，能同时记录成千上万条谱线，并大大缩短了分光系统的焦距，使多元素同时测定功能大为提高并成为全谱直读光谱仪。目前，ICP 全谱直读光谱仪可按设定的方法实现多功能数据处理，包括绘制工作曲线、进行内标法和标准加入法计算，自动进行背景扣除，不仅可实时计算，还可改变某些参数进行重新处理等。不少软件还带有独特的多元谱图校正功能。

3.2.4 应用

自 20 世纪 70 年代 ICP 仪器商品化以来，ICP 光谱广泛应用于无机样品分析各个领域，已成为实验室最常用的分析工具。早在 1975 年 Butler 等已报道用 ICP - AES 法测定钢铁及其合金中的 12 个元素。现在 ICP 光谱法已成为钢铁分析的常规手段。测定低含量样品时，精度可完全达到冶金产品的质量监控要求。国际标准化组织（ISO）和各国的国家标准机构都已不同程度地开展制订 ICP - AES 法测定钢铁及中低合金钢中低含量元素的标准方法。ICP - AES 在钢铁材料定量分析中的应用见表 3 - 2。

表 3 - 2 ICP - AES 在钢铁材料定量分析中的应用

产品	检测项目	标准
钢铁及合金	钙、镁、钡	GB/T 20127.3—2006
钢铁及合金	钪	GB/T 20127.9—2006
钢铁及合金	铟、铊	GB/T 20127.11—2006
钢铁及合金	镁、镧、铈	GB/T 24514—2009
镀锌板、镀铝锌板	铝、锌	GB/T 24514—2009
低合金钢	硅、锰、磷、镍、铬、钼、铜、钛、钒、钴、铝	GB/T 20125—2006

3.3 光电直读光谱仪

3.3.1 光电直读光谱仪的发展

光谱起源于17世纪，1666年物理学家Newton第一次进行了光的色散实验。他在暗室中引入一束太阳光，让它通过棱镜，在棱镜后面的白屏上，看到了红、橙、黄、绿、蓝、靛、紫7种颜色的光分散在不同位置上，这种现象被称作光谱。到1802年英国化学家Wollaston发现太阳光谱不是一道完美无缺的彩虹，而是被一些黑线所割裂。1814年德国光学仪器专家Fraunhofer研究太阳光谱中的黑斑的相对位置时，采用狭缝装置改进光谱的成像质量把那些主要黑线绘出光谱图。1825年Talbot研究钠盐、钾盐在酒精灯上的光谱时指出，钾盐的红色光谱和钠盐的黄色光谱都是这个元素的特性。到1859年Kirchoff和Bunsen为了研究金属的光谱，他们设计和制造了一种完善的分光装置，这个装置就是世界上第一台实用的光谱仪器，可研究火焰、电火花中各种金属的谱线，从而建立了光谱分析的初步基础。

从测定光谱线的绝对强度转到测量谱线的相对强度，为光谱分析方法从定性分析发展到定量分析奠定了基础，从而使光谱分析方法逐渐走出实验室，在工业部门中得以应用。1928年以后，由于光谱分析成了工业的分析方法，光谱仪器得到了迅速发展，在改善激发光源的稳定性和提高光谱仪器本身性能方面得到了进步。

最早的激发光源是火焰，后来又发展为应用简单的电弧和电火花为激发光源，在20世纪的三四十年代，采用改进的可控电弧和电火花为激发光源，提高了光谱分析的稳定性。工业生产的发展、光谱学的进步，促使光学仪器进一步得到改善，而后者又反作用于前者，促进了光谱学的发展和工业生产的发展。

20世纪60年代，随着计算机和电子技术的发展，光电直读光谱仪开始迅速发展。20世纪的70年代光谱仪器几乎100%地采用计算机控制，这不仅提高了分析精度和速度，而且实现了对分析结果的数据处理和分析过程自动化控制。

光电直读光谱分析是用电弧（或火花）的高温使样品中各元素从固态直接气化并被激发而发射出各元素的特征波长，用光栅分光后，成为按波长排列的光谱，这些元素的特征光谱线通过出射狭缝，射入各自的光电倍增管，光信号变成电信号，经仪器的控制测量系统将电信号积分并进行模/数转换，然后由计算机处理，并打印出各元素的百分含量。

从技术角度而言，可以说至今还没有比直读光谱能更有效地用于炉前快速分析的仪器。所以世界上冶炼、铸造以及其他金属加工企业均采用这类仪器，而使之成为了一种常规分析手段。

3.3.2 发射光谱分析的理论基础

光谱分析主要是指定性分析和定量分析。任何元素的原子都包含着一个小的结构紧密的原子核，原子核由质子和中子组成，核外分布着电子，氢原子玻尔模型如图3－10所示。

原子由原子核和电子组成，每个电子都处在一定的能级上，具有一定的能量，在正常状态下，原子处在稳定状态，它的能量最低，这种状态称基态。当物质受到外界能量（电能和热能）的作用时，核外电子就跃迁到高能级，处于高能态（激发态）的电子是不稳定的，激发态原子可存在的时间约为 10^{-8}s，它从高能态跃迁到基态或较低能态时，把多余的能量以光的形式释放出来，原子能级跃迁示意见图 3－11。释放出的能量 ΔE 与辐射出的光波长 λ 有如下关系：

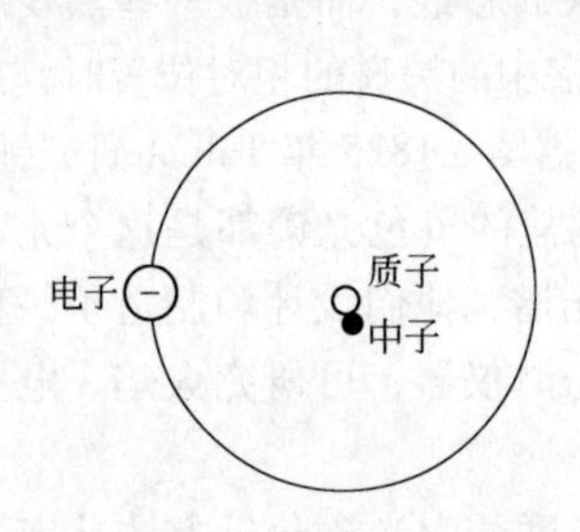

图 3－10 氢原子玻尔模型

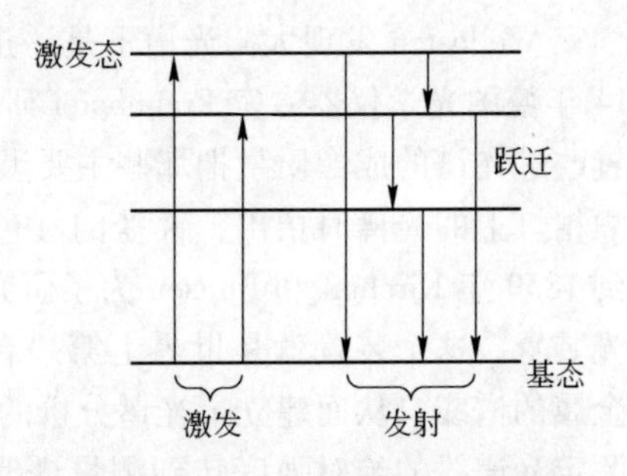

图 3－11 原子能级跃迁示意图

$$\Delta E = E_h - E_l = \frac{c \times h}{\lambda}$$

式中 ΔE——释放出的能量；

E_h——高能态的能量；

E_l——低能态的能量；

c——光速，3×10^8m/s；

h——普朗克常数；

λ——辐射光的波长。

每一种元素的基态是不相同的，激发态也是不一样的，所以每次跃迁发射出的光子能量是不一致的，波长也就不相同。依据波长 λ 可以确定是哪一种元素，这就是光谱的定性分析。另一方面谱线的强度是由发射该谱线的光子数目决定的，光子数目多则强度大，反之则弱，而光子的数目又由处于基态的原子数目所决定，基态原子数目又取决于某元素含量的多少，这样，根据谱线强度就可以得到某元素的含量，这就是光谱的定量分析。

3.3.3 仪器组成

光电直读光谱仪的工作流程如图 3－12 所示。电极电火花将样品直接从固态气化并激发而发射出各元素的特征谱线，用光栅分光后，成为按波长排列的光谱，这些元素的特征谱线通过出射狭缝，射入各自的光电倍增管，光信号变成电信号，经仪器的控制测量系统将电信号积分，然后由计算机通过与标准曲线进行比较处理后最终得到各元素的百分含量。

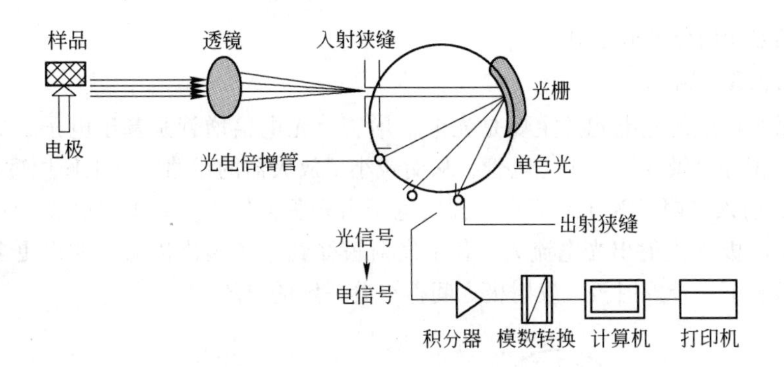

图 3－12 光电直读光谱仪原理图

3.3.3.1 激发光源

激发光源是光电直读光谱仪系统中重要的组成部分，它担负着包括物质的蒸发、解离和原子化以及激发等几个主要过程，实际上衡量分析方法好坏的几个主要技术指标，如光谱分析的检出限、精密度和准确度等，在很大程度上取决于激发光源。

激发光源都具有两个作用过程，即蒸发样品和激发原子产生光谱。这两种作用同时进行，共同决定光谱线的强度。试料中元素蒸发离解，与试样成分的物理及化学性质有关。而把蒸发出来的元素原子激发，与光源发生器的性质有关，更确切地说与发生器的电学特性有密切关系，可以说激发光源决定了光谱分析方法。

光电直读光谱分析方法中，由于用光电转换测量代替了感光板测量，测光误差不大于0.2%，而光源误差在1%左右，在总的光谱分析误差中起显著作用，所以用光电直读光谱分析时，采用性能良好的激发光源具有十分重要的意义。

光电激发光源采用上下两个电极，接通电流，电极之间就形成一个光源。在这光源中，电极之间的空气（或其他气体）一般处于大气压力。因此，放电是在充有气体的电极之间发生，是依靠电极间流过电流使气体发光，是建立在气体放电的基础上。

3.3.3.2 光栅

分光元件是把光源激发出来的复合光展开成光谱的一种元件，这种元件的主要作用是使复合光色散，使之成为各种不同波长的光。分光元件主要有棱镜和光栅及以棱镜为色散元件做成的分光仪，根据所用材质有水晶、玻璃、萤石分光仪之分。以光栅为色散元件的分光仪又有平面衍射光栅和凹面衍射光栅分光仪之分。由于光栅刻划和复制技术的进一步提高，光电直读光谱仪已广泛使用光栅为分光元件。光栅与棱镜相比具有一系列优点：棱镜的工作光谱区受到材料透过率的限制，在小于120nm真空紫外区和大于50μm的远红外区无法采用，而光栅不受材料透过率的限制，可以在整个光谱区中应用。图 3－13

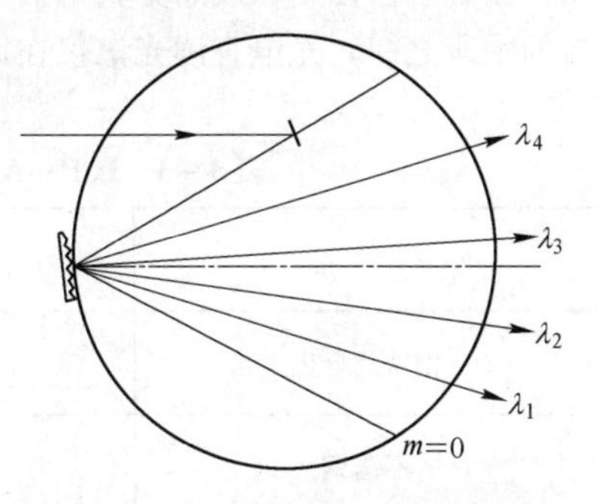

图 3－13 凹面衍射光栅 Paschen-Runge 分光示意图

为凹面衍射光栅分光示意图。

3.3.3.3 测光系统

测量光谱线的光电元件主要是光电倍增管。光电倍增管是基于电子二次发射原理，它的积分灵敏度远高于光电管，从而减小了放大器的线路。其工作原理如图3－14所示，射入光阴极K上的光束，促使电子由光阴极发出，轰击发射极d1，d2，d3…直至集电极A发射出光电流I_0，各个发射极受到电子轰出以后，放出更多的电子且继续轰发下一个发射极，发射极之间存在着一定的电压。

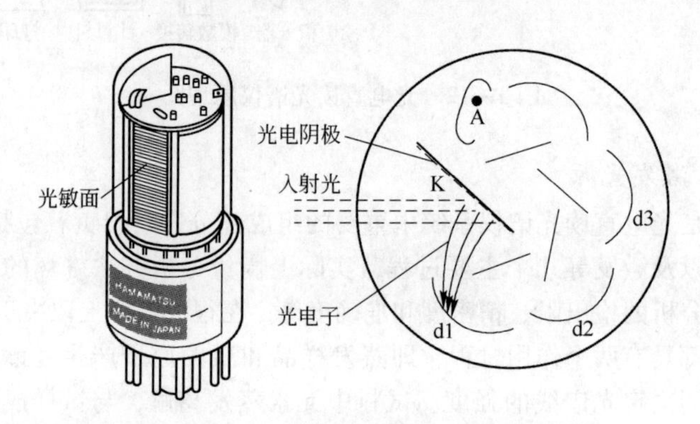

图3－14 光电倍增管外形及工作原理图

随着电子技术的发展，出现了新一代电荷转移器件，在原子发射光谱仪器中成功应用的有电荷注入器件（CID）和电荷耦合器件（CCD）。它是以半导体硅片为基材的光敏元件制成的多元阵列集成电路式焦平面检测器，主要优点是可以一次曝光同时摄取从紫外区至近红外区的全部光谱，大大提高了光谱仪的功能和分析速度。

3.3.4 应用

光电直读光谱仪自1950年开始应用于冶金分析，它在炼钢工业的在线分析、移动检测、工艺控制、成品分析等各个环节发挥了重要作用，现已成为冶金分析最主要的手段之一。光电直读光谱仪在钢铁材料定量分析中的应用见表3－3。

表3－3 ICP－AES在钢铁材料定量分析中的应用

产品	检测项目	标准
钢铁及合金	多元素	GB/T 4336—2002
不锈钢	多元素	GB/T 11170—2008
铸铁	多元素	GB/T 24234—2009

3.4 高频红外碳硫分析仪

3.4.1 概述

高频红外碳硫分析仪是根据高频加热使样品熔融，碳和硫以二氧化碳、二氧化硫的形式释放并运用红外吸收原理进行检测而设计的一种专门测定材料中碳、硫含量的仪器。红外线从发现到应用经历了一段时间。早在1800年就发现了红外线这种电磁波谱，但直到1859年才开始对气体和液体的红外吸收进行研究。红外线作为一门实用技术工程还是在第二次世界大战后，随着军事、医学、工业和科学领域的应用和发展而逐渐扩大了其应用领域。随着测定钢、铁、合金和其他材料中碳、硫含量的红外碳硫测定仪的技术水平的不断发展和提高，红外碳硫测定仪成为现代化冶金材料成分分析的一种不可缺少的仪器，具有快速、准确、操作简便的特点。

3.4.2 仪器组件及其原理

存在于钢铁及其他材料中的碳和硫，形态多样，含量范围宽。运用高频红外碳硫分析仪测定其中的碳、硫含量，其基本原理是：在富氧条件下，高温熔融使试样充分燃烧，样料中的碳和硫分别转化为二氧化碳、二氧化硫的形式，以氧为载气将两种气体带至红外检测池，并由红外检测器检测。供氧、熔样和检测是碳硫测定的三要素。

3.4.2.1 供氧

碳硫分析仪都须有高压氧气瓶供氧，其纯度需保证在99.5%以上。氧气的输出端（包括阀和接口）都须严格禁止污染。因此，为确保仪器的正常运转，所用氧气需有产品合格证书，确保其纯净。由于氧气还起到载气的作用，其中的杂质含量，特别是二氧化碳和水汽的含量对于测定影响巨大，因此商品化仪器中都带有进气净化装置，并保证流量稳定，以确保检测结果的准确。材料中的碳、硫元素同氧气发生如下反应：

$$MeC + O_2 \longrightarrow Me + CO_2 \uparrow$$

$$MeS + O_2 \longrightarrow Me + SO_2 \uparrow$$

3.4.2.2 熔样

高频炉是目前对金属材料加热效率最高、速度最快，低耗节能环保型的感应加热设备。高频大电流流向被绕制成环状或其他形状的加热线圈。由此在线圈内产生极性瞬间变化的强磁束，将金属等被加热物体放置在线圈内，磁束就会贯通整个被加热物体，在被加热物体的内部与加热电流相反的方向，便会产生相对应的很大的涡电流。由于被加热物体内存在着电阻，所以会产生很多的焦耳热，使物体自身的温度迅速上升。达到对所有金属材料加热的目的。在规定的参数条件下，使试样熔化，在通氧条件下，析出二氧化碳、二氧化硫。高频感应加热炉由整流器、振荡管、电容器和电感（加热线圈）组成。

3.4.2.3 检测

红外线是由英国天文学家赫歇耳于1800年观察太阳时，为寻找保护眼睛的方法而发现的，位于光谱红外端之外，故名红外线，用肉眼不能直接观察到，但它与可见光一样，同是一种电磁波。

试样中所含有的碳和硫，在通氧条件下，加热熔样情况下，均氧化成了二氧化碳、二氧化硫。二氧化碳、二氧化硫等极性分子具有永久电偶极矩，因而具有振动、转动等结构，按量子力学分成分裂的能级，可与入射的特征波长红外辐射耦合产生吸收，即二氧化碳在4.26μm、二氧化硫在7.40μm红外光处具有特征吸收光能的特性，通过吸收光强的能量，朗伯－比尔定律反映了此吸收规律：

$$I = I_0 e^{-KpL}$$

式中 I_0——入射光强；

I——出射光强；

K——吸收系数；

p——该气体的分压强；

L——分析池的长度。

测量经吸收后红外光的强度便能计算出相应气体的浓度，这便是红外气体分析的理论根据。为使用红外线吸收法进行定量分析，需建立红外能量吸收峰值与所测元素的对应值，用有证参考的标准物质校准仪器和测定方法，绘制标准曲线，求出校准系数 K。

$$K = \frac{M_0 \times C_0}{A - B}$$

式中 K——将测定值换算成碳、硫量的系数；

M_0——标准物质的碳、硫标称值，%；

C_0——标准物质的称取量，g；

A——标准物质测定的指示值（或积分面积）；

B——空白试验指示值（或积分面积）。

金属及无机材料中碳、硫的百分含量按下式计算：

$$w(\mathrm{C},\ \mathrm{S}) = \frac{K \times (A - B)}{W} \times 100\%$$

式中 K——将测定值换算成碳、硫量的系数；

W——试样的称取量，g；

A——试样测定的指示值（或积分面积）；

B——空白试验指示值（或积分面积）。

应用定型仪器，只要输入试样的称取量，调节校准系数，计算机就可直接显示测定结果。

3.4.2.4 红外线吸收定硫仪的装置

红外线吸收定硫仪的装置如图3－15所示。

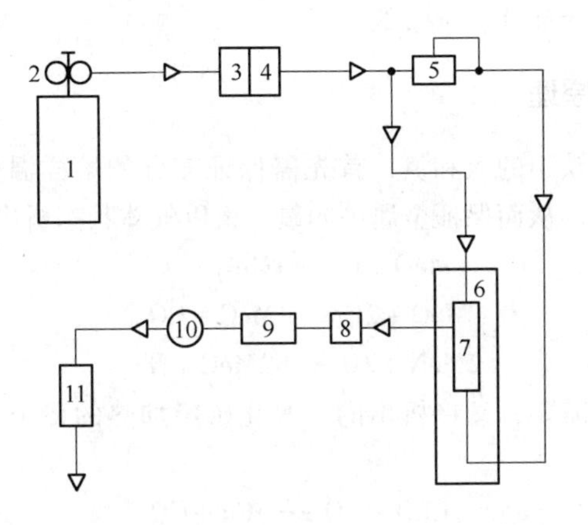

图 3－15 红外线吸收定硫仪装置图

1—氧气瓶；2—两级压力调节器；3—洗气瓶（内装碱石棉）；4，9—干燥管（内装高氯酸镁）；5—压力调节器；6—高频感应炉；7—燃烧管；8—除尘器；10—流量控制器；11—红外检测器

3.4.3 应用

碳、硫元素作为钢材中的主要元素，对产品的物理性能和化学性能影响很大，因此国内外碳、硫元素的分析方法发展也很快。其中高频燃烧红外法测定碳硫的方法快速、准确，现已成为钢铁企业碳硫分析的主要手段。高频红外碳硫仪在钢铁材料定量分析中的应用见表 3－4。

表 3－4 高频红外碳硫仪在钢铁材料定量分析中的应用

产 品	检测项目	标 准
钢 铁	总碳硫含量	GB/T 20123—2006
非合金钢	低碳含量	GB/T 20126—2006
钢 铁	碳含量	GB/T 223.86—2009
钢 铁	硫含量	GB/T 223.85—2009
钢 铁	高硫含量	GB/T 223.83—2009

3.5 氧氮联测仪

3.5.1 概述

金属及合金材料中的氧、氮成分对材料的物理和力学性能有很大影响，随着冶金工业的发展，材料研究、生产及使用的要求，需要对这些元素进行分析。金属中气体的分析始于 20 世纪 30 年代，目前应用最广的是惰气熔融法，此外还有气相色谱法、光谱法、质谱法等。惰气熔融法设备简单、操作方便、分析速度快，可单独或同时测定氧、氮含量，得到了广泛应用，随着相关技术的发展和进步，该法的检出下限一般可达 1μg/g 级或 0.1μg/g 级。

3.5.2 仪器组件及原理

应用仪器测定钢铁中的氧和氮，首先需保证充分的熔样温度，并由石墨坩埚供给熔样时的渗碳条件，从而保证金属中的氧、氮以气体状态析出，其反应如下：

$$MeO + C \longrightarrow Me + CO\uparrow$$

或

$$MeO + 2C \longrightarrow MeC + CO\uparrow$$

$$2MeN + 2C \longrightarrow 2MeC + N_2\uparrow$$

为了检测方法的需要，又将析出的一氧化碳经加热的稀土氧化铜转化为二氧化碳，即：

$$CuO + CO \longrightarrow Cu + CO_2$$

由于上述方法的要求，钢铁中氧、氮的测定变为测定二氧化碳和气态氮。

氧氮联测仪主要由载气系统、加热炉、检测系统、微机控制系统几部分构成。

3.5.2.1 载气系统

由于试样中的氧、氮含量较低，因此加热反应和仪器的检测部分均需在高纯气体的保护下进行，通常使用高纯氦或高纯氩作载气，并在气路中加入净化装置，以除去气体中的杂质。

3.5.2.2 加热炉

熔融试样所用加热炉一般有两种，即高频感应加热炉和脉冲加热炉。对钢铁中氧、氮的测定目前通常采用脉冲加热方式。脉冲炉亦称电极炉，以石墨坩埚作为电阻发热体，在设定功率下，以安全变压器的匝（绕组）数调至输出低电压（约 10V）、高电流（约 1000A），使两电极间的石墨坩埚达到瞬间加热，加热温度可达 3500℃。炉头由两个铜电极组成，石墨坩埚放置其间，以高电流进行加热，在高纯载气的气氛中，置于坩埚里的试样充分熔融，直至完全析出 CO 和 N_2。在氧、氮分析中，石墨坩埚既是样品的容器，又是供碳的来源，还是直接加热体。因此，它的材料质量、几何形状、加工精度对钢铁中气体的析出和测定的准确度都有直接影响；每种仪器和测定方法都对上述参数予以规定，不得随意改动。

3.5.2.3 红外检测器

金属中所含有的氧和氮，经加热的石墨坩埚熔融后，分别析出，经转化后分别变成 CO、N_2。这两种气体由红外检测器和热导检测器检测。红外检测器的部件有以下几个：

（1）光源。采用电阻丝加热，产生可吸收波段的红外线光源。光源可用镍铬丝、铂金丝或者新型陶瓷材料制成。

（2）切光马达。选定切光频率，将红外光转换成选定频率的光波，以选择最佳检测限。

（3）气室。或称吸收池，CO_2 的吸收池一般由内壁镀金的铜管制成，要求无死角，反射损失小，响应时间短。两端的红外线射入窗口镀以氟化物无机盐，根据 CO_2

特征吸收峰的灵敏度选定气室长度。

（4）检测器。目前仪器常用的检测器属于光检测器，用锑化铟（InSb）加工而成。此元件是具有光导性的半导体，没有红外光照射时为绝缘体，当有红外光照射时，光子会使 InSb 中电子发生移动，使其导电性能发生变化。这种变化与红外光强度变化保持一致。因此，根据 InSb 的电阻变化可以测出红外光吸收强度。该检测器具有检测效率高、信号响应快、稳定性能良好等特点。当前，定型分析仪器中大都采用光导检测器。

应用红外线吸收法测定钢铁中氧含量时，需建立红外吸收峰值与所测元素的对应值，即用有证标准物质校准仪器和分析方法。首先求出校准系数：

$$K_0 = \frac{M_0 \times C_0}{A_0 - B_0}$$

式中 K_0——金属中氧的校准系数，g/mm²；

M_0——标准物质氧含量，m/m；

C_0——标准物质的称取量，g；

A_0——标准测定指示值，积分面积显示值；

B_0——空白试验指示值，积分面积显示值。

钢铁中氧的百分含量按下式计算：

$$[\mathrm{O}]\% = \frac{K_0(A - B)}{G} \times 100$$

式中 K_0——校准系数；

A——试样测得指示值；

B——空白试验指示值；

G——试样称取量，g。

由于多数仪器直接显示百分含量，操作者可不进行此运算。

3.5.2.4 热导检测器

热导检测器主要由池体和热敏元件组成，池体由黄铜不锈钢制成，池体空穴内装热敏元件，热敏元件由铼钨丝制成，它具有电阻温度系数大、机械强度高、化学稳定性好的优点。热导池内装有的等阻值的电阻丝，组成惠斯通电桥，其中 R_1 为检测臂，R_2 为参考臂，R_3 和 R_4 为固定电阻。4 个相同阻值的铼钨丝组成电桥：$\frac{R_2}{R_1} = \frac{R_4}{R_3}$。

当钢铁中析出的氮气未进入热导池时，四臂组成的电桥处于平衡状态，无信号输出，这是由于在载气相同的情况下流经 4 个桥臂，电阻值无差异。而当检测臂带入分析气体（N_2）时，检测臂带走了热量，引起温度变低，电阻值变化，使电桥失去平衡，产生输出信号的改变，经数据处理系统计算出组分（N_2）的相应含量。

应用热导法测定钢铁中氮含量，需建立热导器输出峰值和所测元素的对应值。可用有证标准物质求出校准系数：

$$K_N = \frac{M_N \times C_N}{A_0 - B_0}$$

式中 K_N——金属中氮的校准系数，g/mm²；

M_N——标准物质的氮含量，m/m；

C_N——标准物质的称取量，g；

A_0——标准物质测定指示值，积分面积显示值；

B_0——空白试验指示值，积分面积显示值。

钢铁中氮的百分含量按下式计算：

$$w[N] = \frac{K_N(A - B)}{G} \times 100\%$$

式中 G——称取试样重量，g；

其余符号意义同前。

仪器分析直接显示百分含量，操作者可不进行此运算。

3.5.3 应用

随着对钢材质量的需求日益提高，对钢材中微量的气体元素的要求也更加严格，使得对氧氮元素的分析提出更高的要求。惰气熔融法氧氮检测仪由于其分析速度快、检出限低、准确度高等特点被广泛应用于冶金材料中氧氮元素含量的测定，其在钢铁材料定量分析中的应用见表3-5。

表3-5 氧氮仪在钢铁材料定量分析中的应用

产 品	检测项目	标 准
钢 铁	氮含量	GB/T 20124—2006
铬轴承钢	氧含量	GB/T 11261—2006

3.6 X射线荧光光谱仪

3.6.1 概述

3.6.1.1 仪器发展历史

X射线荧光光谱仪是基于X射线荧光光谱法而进行分析的一种常用的分析仪器。X射线（又称伦琴射线或X光）是一种波长范围在0.01～10nm之间的电磁辐射形式，是德国科学家伦琴在1895年进行阴极射线的研究时，发现的“一种新的射线”。随后，1896年，法国物理学家乔治（Georges S）发现X射线荧光。

1948年，Frudman和Briks应用盖格计数器研制出波长色散X射线荧光光谱仪。自此，X射线荧光光谱（XRF）分析进入了一个蓬勃发展的阶段。经过几代人的努力，现已由单一的波长色散型X射线荧光光谱仪发展成拥有波长色散、能量色散、全反射、同步辐射、质子X射线荧光光谱仪和X射线微荧光分析仪等的一个大家族。

当然，X射线荧光光谱分析的发展得益于微电子技术和计算机技术的发展以及为了满足科学技术对于分析的要求。

3.6.1.2 仪器的特点

波长色散X射线荧光光谱仪之所以如此迅速地发展，并广泛应用于冶金、矿产、建材等领域同该设备具有如下特点密不可分。

（1）可分析镀层和薄膜的组成和厚度。

（2）波长色散X射线荧光光谱仪对元素的检测范围宽，可达$10^{-5}\%$ ~100%，特别是针对常量物质的检测已可同传统的化学分析检测精度相媲美，而广泛用于矿物、水泥、金属等材料的检测。

（3）无标样分析。

（4）由于仪器光源的稳定，保证了长期稳定性，因此并不需要频繁地进行标准化即可保证分析数据的可靠性和分析结果的高精度。

（5）X射线荧光光谱是一种非破坏性分析方法，随其分析技术的发展已广泛用于文物、首饰的组分分析。

（6）高分辨率的波长色散X射线荧光光谱仪还可在许多情况下提供待测物质元素的价态、配位和键性能等化学态信息。

3.6.2 工作原理

3.6.2.1 X射线荧光光谱的产生

图3-16为X射线荧光的产生原理示意图。物质是由原子组成的，每个原子都有一个原子核（图中心圆球），原子核周围有若干电子（图外围圆球）绕其飞行。不同元素形成了原子核外不同的电子能级。在受到外力作用时，例如用X-光源照射，打掉其内层轨道上飞行的电子，这时该电子腾出后形成空穴，由于原子核引力的作用，需要从其较外电子层上吸引一个电子来补充，这时原子处于激发态，其相邻电子层上的电子补充到内层空穴后，本身产生的空穴由其外层上电子再补充，直至最外层上的电子从空间捕获一个自由电子，原子又回到稳定态（基态）。这种电子从外层向内层迁移的现象被称为电子跃迁。电子自发地由能量高的状态跃迁到能量低的状态的过程称为弛豫过程。弛豫过程既可以是非辐射跃迁，也可以是辐射跃迁。当较外层的电子跃迁到空穴时，所释放的能量随即在原子内部被吸收而逐出较外层的另一个次级光电子，此称为俄歇效应，亦称次级光电效应或无辐射效应，所逐出的次级光电子称为俄歇电子；如所释放的能量不在原子内被吸收，而是以辐射形式放出，便产生X射线荧光，其能量等于两能级之间的能量差。

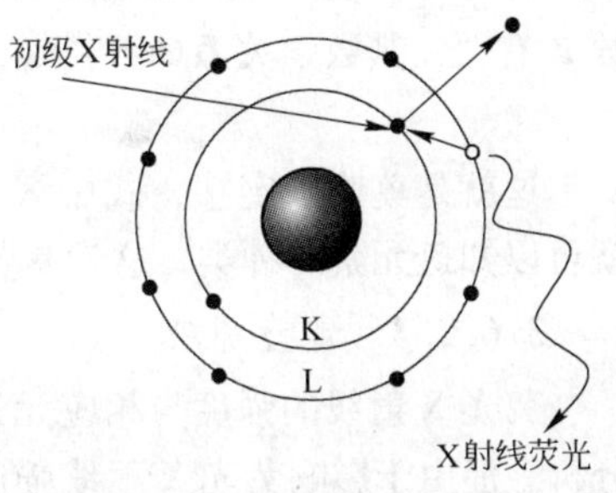

图3-16 X射线荧光的产生原理示意图

产生X射线的最简单的方法是用加速后的电子撞击金属靶。撞击过程中，电子突然减速，其损失的动能会以光子形式放出，形成X光光谱的连续部分，称之为韧致辐射（制动辐射）。通过加大加速电压，电子携带的能量增大，则有可能将金属原子的内层电子撞出。于是内层形成空穴，外层电子跃迁回内层填补空穴，同时放出波长在0.1nm左右的光子。由于外层电子跃迁放出的能量是量子化的，所以放出的光子的波长也集中在某些部分，形成了X光谱中的特征线，此称为特性辐射。

此外，放射性核素源、高强度的X射线亦可由同步加速器或自由电子雷射产生。放射性核素源具有良好的物理化学稳定性，射线能量单一、稳定，不受其他电磁辐射干扰，但射线能量无法调节，因而，仪器灵敏度较低，主要适合现场或在线分析。同步辐射光源具有高强度、连续波长、光束准直、极小的光束截面积并具有时间脉波性与偏振性，因而成为科学研究最佳X光光源，但其设备庞大，价格昂贵。

3.6.2.2 定性原理

因为每种元素原子的电子能级是特征的，它受到激发时产生的X荧光也是特征的。当高能粒子与原子发生碰撞时，如果能量足够大，可将该原子的某一个内层电子驱逐出来而出现一个空穴，使整个原子体系处于不稳定的激发态，激发态原子寿命约为$10^{-12}\sim10^{-14}$s，在极短时间内，外层电子向空穴跃迁，同时释放能量，因此，X射线荧光的能量或波长是特征性的，与元素有一一对应的关系。

K层电子被逐出后，其空穴可以被外层中任意一电子所填充，从而可产生一系列的谱线，称为K系谱线：由L层跃迁到K层辐射的X射线叫Kα射线，由M层跃迁到K层辐射的X射线叫Kβ射线。同样，L层电子被逐出可以产生L系辐射。

1913年，莫斯莱（H. G. Moseley）发现，荧光X射线的波长λ与元素的原子序数Z有关，其数学关系如下：

$$\lambda = K(Z-S)^{-2}$$

这就是莫斯莱定律，式中K和S是常数，因此，只要测出荧光X射线的波长，就可以知道元素的种类，这就是荧光X射线定性分析的基础。

3.6.2.3 定量原理

荧光X射线的强度与相应元素的含量有一定的关系，据此，可以进行元素定量分析。但由于影响荧光X射线强度的因素较多，除待测元素的浓度外，仪器校正因子、待测元素X射线荧光强度的测定误差、元素间吸收增强效应校正、样品的物理形态（如试样的均匀性、厚度、表面结构等）等都对定量结果产生影响。由于受样品的基体效应等影响较大，因此，对标准样品要求很严格，只有标准样品与实际样品基体和表面状态相似，才能保证定量结果的准确性。

3.6.3 仪器结构

3.6.3.1 仪器组成

X射线荧光光谱仪一般有两种基本类型：波长色散型（WD）和能量色散型（ED）。波长色散型是由色散元件将不同能量的特征X射线衍射到不同的角度上，探测器移动到相应的位置上来探测某一角度的射线的强度，根据角度确定元素种类，根据光强确定元素含量。波长色散型 X 射线荧光光谱仪一般包括下列几个基本单元：X 射线管、滤光片、通道面罩和准直器、分光晶体、探测器、测角仪和计算机数据处理系统。图 3－17 为波长色散 X 射线荧光光谱仪的结构示意图。

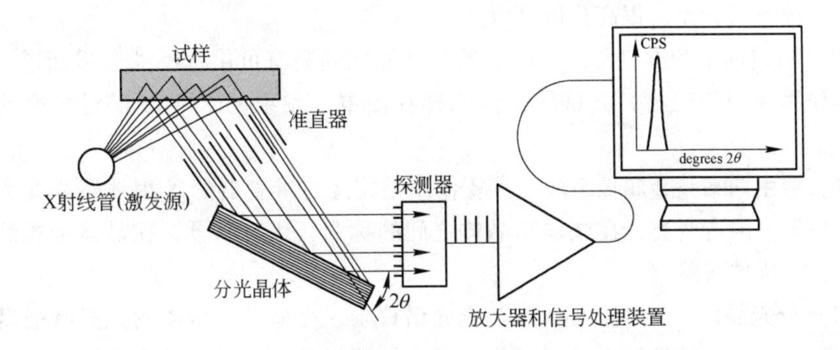

图 3－17　波长色散 X 射线荧光光谱仪结构示意图

（1）X 射线管。X 射线荧光光谱仪采用 X 射线管作为激发光源。图 3－18 是 X 射线管的结构示意图。其主要工作原理为：灯丝和靶极密封在抽成真空的金属罩内，灯丝和靶极之间加高压，灯丝发射的电子经高压电场加速撞击在靶极上，产生 X 射线。X 射线管产生的一次 X 射线作为激发 X 射线荧光的辐射源。如采用较大的功率，可以激发二次靶，即用 X 射线管产生的一次 X 射线照射到二次靶，二次靶产生的特征 X 射线也可用于激发样品中的待测元素，二次靶可降低背景、提高信背比，故一般可提高检出限。

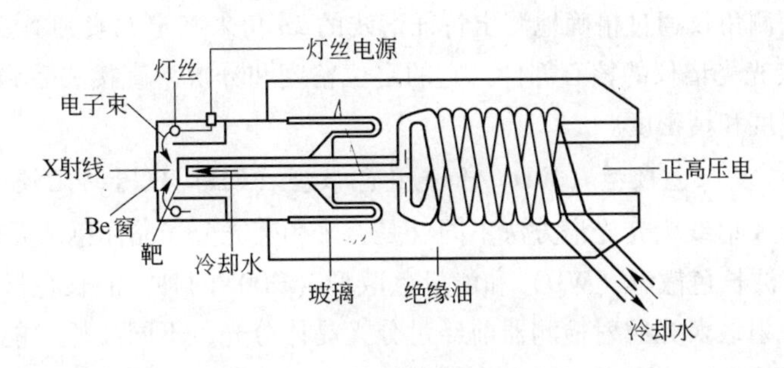

图 3－18　X 射线光管结构示意图

X 射线管的靶材和管工作电压决定了能有效激发受激元素的那部分一次 X 射线的强度。管的工作电压升高，短波长一次 X 射线比例增加，故产生的荧光 X 射线的强度也增强。但并不是说工作电压越高越好，因为入射 X 射线的荧光激发效率与其波长有关，越靠近被测元素吸收限波长，激发效率越高。

X 射线管产生的 X 射线透过铍窗入射到样品上，激发出样品元素的特征 X 射线，正常工作时，X 射线管所消耗功率的 0.2% 左右转变为 X 射线辐射，其余均变为热能使X射线管升温，因此较大功率的X射线管必须不断地通水冷却靶电极。

（2）滤光片。波长色散型X射线荧光光谱仪一般需要利用分光晶体将不同波长的荧光X射线分开并检测，得到荧光X射线光谱。使用滤光片的主要作用是消除或降低来自X射线管发射的原级X射线谱，尤其是靶材的特征X射线谱对待测元素的干扰，可改善信背比，提高分析灵敏度。

（3）通道面罩和准直器。在准直器和试样之间装有可供选择的通道面罩，通道面罩的作用相当于光栏，其目的是消除样杯面罩上发射的X射线谱对待测元素的干扰。

准直器由两平等金属板组成，主要作用是将经过准直器的X射线荧光变为平行光。准直器一般有两类，在试样和晶体之间的称为一级准直器，在晶体和探测器之间的称为二级准直器。

（4）分光晶体。在波长色散X荧光光谱仪中，晶体是获得待测元素特征谱线的核心部件，为了获得最佳的分析结果，晶体的选择是十分重要的。晶体选择的原则是：1）分辨率好，以利于减少谱线干扰；2）衍射强度高；3）衍射后所得特征谱线的峰背比大；4）最好不产生高次衍射线；5）晶体受温度、湿度影响小。

（5）探测器。波长色散X荧光光谱仪常用的探测器有三种：流气正比计数管、封闭式正比计数管和闪烁计数管。流气式正比计数管和封闭式充Xe气的正比计数管常串联使用，这样可提高Ti～Cu的K系线和La～W的L系线的灵敏度。闪烁计数管不与流气式正比计数管串联，而是装在流气式正比计数管旁边，缩短了它与晶体之间的距离达三倍，从而有效地提高了灵敏度。

（6）测角仪。波长色散型X荧光光谱仪通过分光晶体，将能量不同的元素特征谱线分开，而测角仪通过精确地测出特征谱线的2θ角来确定元素种类。因此测角仪为顺序式X荧光光谱仪的核心部件，它的定位精度和分辨率直接关系到X荧光光谱仪检测的准确度和精密度。

3.6.3.2 波长色散型（WD）和能量色散型（ED）仪器的比较

依据解析X射线荧光光谱方法不同（是否采用荧光分光晶体色散元件），X射线荧光光谱仪有波长色散型（WD）和能量色散型（ED）两种。波长色散型X射线荧光光谱仪在X射线荧光照射检测器前经过分光晶体分光，不同波长（能量）的X射线荧光被分开并逐一被检测。因此分辨率和精度相对较高。而能量色散型X射线荧光光谱仪（能谱仪）没有波长色散型X射线荧光光谱仪那么复杂的机械机构，因而工作稳定，仪器体积也小，价格低廉；另外，由于能谱仪对X射线的总检测效率比波谱高，因此可以使用小功率X光管激发荧光X射线。缺点是能量分辨率差，探测器必须在低温下保存，对轻元素灵敏度低，甚至无法测定。图3－19为能量色散X射线荧光光谱仪的结构示意图。

有关能量色散型（ED）和波长色散型（WD）X射线荧光光谱仪主要特点的比较见表3－6。

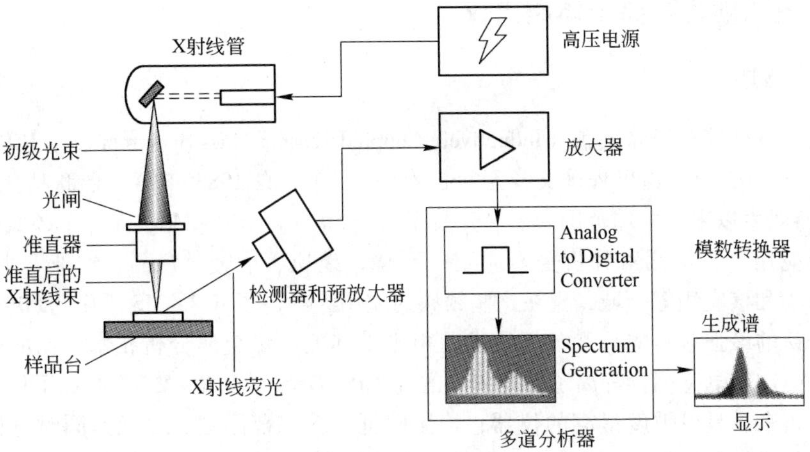

图 3 – 19 能量色散型 X 射线荧光光谱仪结构示意图

表 3 – 6 能量色散型（ED）和波长色散型（WD）X 射线荧光光谱仪主要特点的比较

仪器类型	能量色散型（ED）	波长色散型（WD）
分光晶体	无	有
分辨率	差，特别是在低能量 X 射线荧光区	好
对试样损失	相对小些	相对大些
总检测效率	高	较低
结 构	较简单，仪器体积一般较小	较复杂，仪器体积一般较大
价 格	相对较低	昂贵
探测器位置	离样品很近，接受辐射立体角大，因此，可使用小功率 X 射线光管为激发源	离样品较远，接受辐射立体角较小

3.6.4 应用

X 荧光光谱仪测定样品种类广泛，对样品要求简单，且能进行无损分析，可以同时测定样品中高低含量的几乎所有元素，广泛用于地质、冶金、化工、材料等诸多领域，已经成为一种强有力的定性和定量分析测试技术。

X 荧光光谱仪在钢铁材料定量分析中的应用见表 3 – 7。

表 3 – 7 X 荧光光谱仪在钢铁材料定量分析中的应用

产 品	检测项目	标 准
生铸铁、非合金钢、低合金钢	多元素	GB/T 223.79—2007
不锈钢	多元素	SN/T 2079—2008

3.7 电感耦合等离子体质谱仪

3.7.1 概述

电感耦合等离子体质谱（Inductively Coupled Plasma Mass Spectrometry，ICP－MS）从1980年发表第一篇里程碑文章至今已有30多年。自1983年第一台商品化ICP－MS仪器诞生以来，全球范围内已经安装了大约5000台ICP－MS，在各个领域中得到了广泛应用。痕量元素分析普遍应用于环境、地质、冶金、食品、农业、半导体、生物医学和核应用等领域，现在这些领域的应用大约占了ICP－MS应用的80%以上，成为公认的最强有力的元素分析技术。相比于其他痕量金属分析技术，比如原子吸收（AAS）和电感耦合等离子体发射光谱（ICP－OES），ICP－MS具有如下优点：对金属分析来讲是灵敏度最高的仪器，检出限低，动态范围宽，多元素同时分析以及可以进行同位素分析等。图3－20给出了目前原子光谱仪器（AA，ICP－OES，ICP－MS）的技术比较。

项目	火焰 AA	单元素 GFAA	多元素 GFAA	径向 ICP-OES	轴向 ICP-OES	ICP-MS
检出限	○	◉	◉	○	◉	●
精密度	◉	○	○	○	◉	●
浓度范围	◎	◍	◍	○	◉	◉
取样体积	○	●	●	○	○	○
分析元素范围	◎	◍	◎	○	●	◉
操作水平要求	●	◉	◉	○	○	◎
设备价格	●	◉	○	○	○	◎

●—优异　◉—良好　○—中等　◎—较差　◍—极差

图3－20　各原子光谱仪比较

3.7.2 仪器原理

图3－21为ICP－MS质谱仪结构示意图。

样品从引入到得到最终结果的流程如下：样品通常以液态形式以1mL/min的速率泵入雾化器，用大约1L/min的氩气将样品转变成细颗粒的气溶胶。气溶胶中细颗粒的雾滴仅占样品的1%～2%，通过雾室后，大颗粒的雾滴成为废液被排出。从雾室出口出来的细颗粒气溶胶通过样品喷射管被传输到等离子体炬中。

ICP－MS中等离子体炬的作用与ICP－OES中的作用有所不同。在铜线圈中输入高频（RF）电流产生强的磁场，同时在同心石英管（炬管）沿炬管切线方向输入流速大约为15L/min的气体（一般为氩气），磁场与气体的相互作用形成等离子体。当使用高电压电火花产生电子源时，这些电子就像种子一样会形成气体电离的效应，在炬管的开口端形成一个温度非常高（大约10000K）的等离子体放电。但是，ICP

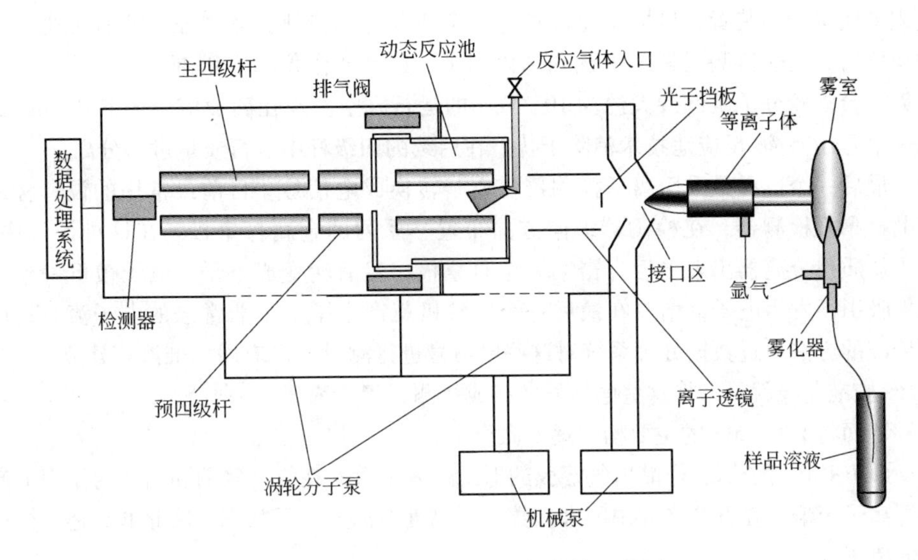

图 3-21 ICP-MS 质谱仪结构示意图

-MS 与 ICP-OES 的相似之处也仅此而已。在 ICP-OES 中，炬管通常是垂直放置的，等离子体激发基态原子的电子至较高能级，当较高能级的电子“落回”基态时，就会发射出某一待测元素的特定波长的光子。在 ICP-MS 中，等离子体炬管都是水平放置的，用于产生带正电荷的离子，而不是光子。实际上，ICP-MS 分析中要尽可能阻止光子到达检测器，因为光子会增加信号的噪声。正是大量离子的生成和检测使 ICP-MS 具备了独特的 ppt（十亿分之一）量级的检测能力，检出限大约优于 ICP-OES 技术 3~4 个数量级。

样品气溶胶在等离子体中经过去溶、蒸发、分解、离子化等步骤后变成一价正离子（$M \rightarrow M^+$），通过接口区直接引入质谱仪，用机械泵保持真空度为 1~2Torr（注：1Torr = 1/760atm = 1mmHg；1Torr = 133.322Pa）。接口锥由两个金属锥（通常为镍）组成，称为采样锥和截取锥，每一个锥上都有一个小的锥孔（孔径为 0.6~1.2mm），允许离子通过离子透镜被引入质谱装置。离子从等离子体中被提取出来，必须有效传输并且保持电的完整性。然而 RF 线圈和等离子体之间会发生电感耦合而产生几百伏的电位差。如果不消除这个电位差，在等离子体和采样锥之间会导致放电（称为二次放电或收缩效应）。这种放电会使干扰物质的形成比例增加，同时大大影响进入质谱仪离子的动能，使得离子透镜的优化很不稳定而且不可预知。因此，将 RF 线圈接地消除二次放电是极其关键的。

一旦离子被成功从接口区提取出来，则通过一系列称为离子透镜的静电透镜直接被引入主真空室。在这个区域用一台涡轮分子泵保持约为 10^{-3} Torr 的运行真空。离子透镜的主要作用是通过静电作用将离子束聚焦并引入质量分离装置，同时阻止光子、颗粒和中性物质到达检测器。

在离子束中含有所有的待测元素离子和基体离子，离开离子透镜后，离子束就进入了质量分离装置，目标是允许具有特定质荷比的待测元素离子进入检测器，并过滤掉所有的非待测元素、干扰和基体离子。这是质谱仪的心脏部分，在这一区域用第二台涡轮分子泵保持大约为 10^{-6}Torr 的运行真空。现在商业应用的 ICP - MS 设计通常是用碰撞/反应池技术消除干扰，在后续的四级杆中进行质量过滤分离。

最后一个过程是采用离子检测器将离子转换成电信号。目前最常用的设计称为离散打拿极检测器，在检测器纵向方向布置一系列的金属打拿极。在这种设计中，离子从质量分离器出来之后打击第一个打拿极，然后转变成电子。电子被下一个打拿极吸引，发生电子倍增，在最后一个打拿极就产生了一个非常强的电子流。然后用传统的方法通过数据处理系统对这些电信号进行测量，再应用标准溶液建立的 ICP - MS 校准曲线就可以将这些电信号转换成待测元素的浓度。

下面将 ICP - MS 的主要构件逐一做介绍：

(1) ICP 离子源。样品以气溶胶的形式进入炬管，在氩气氛围和高频的作用下产生等离子炬焰。在 ICP 光源中，大多数元素高度电离成离子状态，因此 ICP 是一个很好的离子源。

为方便质谱仪采用水平炬管位置，炬管是由三层石英管组成的装置，外管进冷却气，中管进辅助气，内管进载气，并加长了炬管外管的长度以防止空气进入接口部分。由于等离子体电位较高，为防止其因等离子体和采样锥之间放电，采取了几种方法予以减少：如 ICP - MS 多采用同心雾化器，低载气流量（0.5 ~ 0.9L/min）；增加去溶装置（如半导体冷却）除去气溶胶中的水分；采用三匝负载线圈，且负载线圈接近接口一端接地，防止二次放电。大小相等但极性相反的电压施加在线圈两端，任何一瞬间，从线圈一端到中心的正梯度电压被来自另一端的反向梯度电压所平衡，从而产生一个由射频耦合至等离子体的很小的偏压，使等离子体的参数变化仅引起等离子体电位上的很小变化。

(2) 射频（RF）发生器。射频发生器是为耦合线圈和等离子体提供射频能量的射频功率源。它的主要功能是产生能量足够强大的高频电能，并通过耦合线圈产生高频电磁场，从而输送稳定的高频电能给等离子炬，用以激发和维持氩或其他气体形成的高温等离子体。射频发生器实质上就是一个在所需频率下产生交变电流的振荡器。

(3) 样品进入系统。样品的进入系统是由蠕动泵、雾化器和雾化室组成。其功能是将不同形态（气、液、固）的样品直接或通过转化成为气态或气溶胶状态引入等离子炬。

(4) 离子提取系统。

要将等离子中产生的离子提取进真空系统，接口部件是关键。接口由一个冷却的采样锥和截取锥组成，均为由具有高导热和高导电性的金属（如镍、铜、铂）做成的圆锥体，锥尖顶有一小孔。采样锥（孔径约为 1mm）与等离子体表面接触，锥顶与炬管的距离约为 1cm，通常接地并用循环水冷却。截取锥孔径略小于采样锥孔径，但锥的角度更锐些，两锥尖之间抽低真空，安装距离为 6 ~ 7mm，两锥的中心孔与炬管的中心通道在同一轴心线上。电离气体经采样锥呈离子束穿过截取锥后，在进入高真空的离子透镜系统之前，安装了一个滑阀板，ICP 未点火工作时，滑阀呈关闭状态，上下采样锥和截取锥不影响真空压力，只有在 ICP 点火启动后，提取段到达仪器设置的电压时，滑阀板才会自动打开。

（5）多级真空系统。ICP－MS 需要很高的真空度，由于从 ICP 来的是一种高温高速离子流，所以保持离子在高真空系统下良好运行是影响 ICP－MS 质谱灵敏度的关键因素。ICP－MS 通常由三级真空系统工作来实现高真空度：第一级在两锥之间，用一个机械泵抽走大部分气体，抽空压力为 133Pa；第二级主要承担几个离子透镜的真空要求，经分离锥进来的离子聚焦成一个方向进入分离检测系统，这里真空度约为 10^{-4}mbar；第三级真空是离子分离和检出系统，要求真空度更低约为 10^{-6}mbar。第二、三级真空通常用扩散泵或分子涡轮泵来实现。

（6）离子透镜系统。离子通过接口系统，在进入质量分析器之前必须进行聚焦。这部分称为离子聚焦或离子透镜系统。离子透镜系统放置在截取锥和质谱分离装置之间，由一个或多个静电控制的透镜元件组成，通过一个涡轮分子泵保持操作真空大约为 10^{-3}Torr。这种透镜并不是传统的 ICP 发射或原子吸收所用的透镜，而是由一系列施加了一定电压的金属板、金属桶或金属圆桶组成的组件。离子透镜系统的作用是从环境恶劣的等离子体中以大气压提取离子，通过接口区，引入高真空的质量分析器。离子透镜系统不仅需要提取离子引入质量分析器，而且还必须防止非离子物质如颗粒、中性物质和光子进入质量分析器和检测器，可以采用某种物理屏蔽方法，或者将质量分析器放置在脱离粒子束轴心的位置，或者通过静电作用将离子以 90℃的偏角垂直等方式。设计优良的离子透镜系统在整个质量范围内产生平坦的信号响应，测定真实样品基体时能够获得低水平的背景、优异的检出限和稳定的信号。

（7）碰撞/反应池。Ar、溶剂和/或样品离子会产生多原子谱线干扰，这会使得传统的四极杆质量分析器测量一些元素的检测能力大大降低。虽然可以采取多种方法降低这些干扰，如校正方程、冷等离子体技术和基本分离，但这些干扰并不能完全消除。然而，近年来开发的一种新的方法称为碰撞/反应池技术，在进入质量分析器之前能够真正阻止这些有害物质的形成。碰撞/反应池基本上由桶状的池体构成，目前商业 ICP－MS 包括有四级杆、六级杆、八级杆的多级杆系统。

动态反应池（DRC）是内有一个四极杆系统的反应池。与中阶梯分光 ICP－OES 相似，DRC－ICP－MS 具有双四极杆质量分析器，即 ICP－MS－MS，DRC 部分进行化学反应并与主四极杆同步扫描实现离子初步选择和过滤，大大延长了 ICP－MS 主四级杆质量分析器的寿命，提高了 ICP－MS 的性能和灵活度。DRC 本身具有离子选择过滤的功能。例如分析 $^{56}Fe^{+}$ 时（见图 3－22），反应气 NH_3 与 ArO^{+} 发生反应产生 O 原子、Ar 原子及带正电的 NH_3^{+} 离子，由于 NH_3^{+} 离子的质量数（17）与 $^{56}Fe^{+}$ 相差较大，在产生的瞬间就在 DRC 的四极杆中强烈偏转而被消除，完全消除了其进一步反应产生其他离子的可能性。DRC 在彻底消除干扰的同时，分析物离子灵敏度基本不受影响。

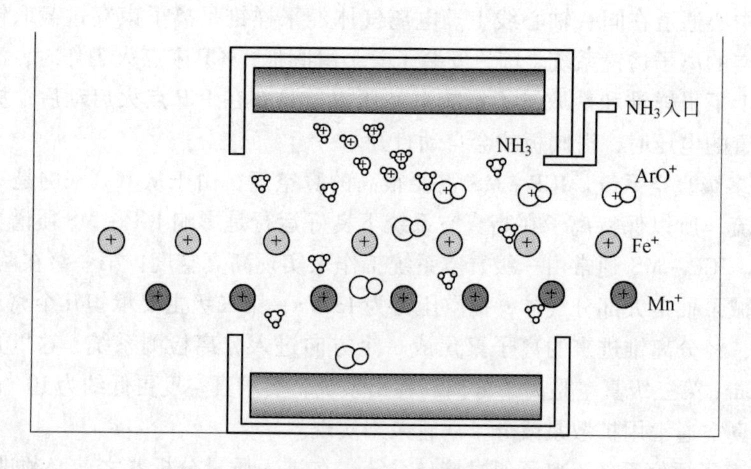

图3-22 动态反应池（DRC）技术原理

（8）质量分析器。质量分析器是质谱仪的主体，它是利用电磁学原理将来自离子源的离子按照质荷比（m/z）大小分开，并把相同质荷比（m/z）的离子聚焦在一起组成质谱。

质谱分析器根据原理不同，可分为不同类型，如四极杆质量分析器、扇形磁场分析器、飞行时间质量分析器等。这里主要介绍四极杆质量分析器。

四极杆质量分析器由两组平行对称的四根圆筒形电极杆组成，这些电极杆是由热膨胀系数极低的金属（比如特殊陶瓷杆表面上镀金）精密制造，表面光洁度要求很高。这四根电极杆必须精确平行、对称固定在刚玉陶瓷绝缘架的四个角上，为保证分辨率，加工公差应小于10μm。

四根电极杆交错地连接成堆，并把直流电压和射频交流电压叠加的电压分别施加在两对电极杆上，其相位差为180°。这四根电极杆围成空间的中心与离子透镜同轴，当包含不同质荷比（m/z）离子的离子束进入四极空间后，在行进过程中与施加在四极杆上的电压所产生的电磁场（四极场）相互作用，结果只允许某一质荷比（m/z）的离子不受阻碍地穿过四极杆，到达另一出口端设置的检测器。而其他质荷比的所有离子都会在四极杆作用下以渐开的螺旋式轨道行进，最终导致它们碰到四极杆而被吸收。由于这种由四极杆组成的质量分析器通过四极杆调制仅允许被选定的一种 m/z 的离子通过，而其他所有离子都被排除，这个过程如同“过滤”，故称它为四极杆质量过滤器。四极场作用于离子使它们按质荷比 m/z 产生不同状态的运动、从而实现了不同质量的“过滤”分离。

（9）检测器与数据处理系统。检测器就是在质量分析器分开的不同质荷比的离子流到达检测系统后，通过接收，测量及数据处理转换成电信号经放大、处理给出分析结果。当今大多数用于超痕量元素分析的ICP－MS系统使用的检测器基本上是活性膜或离散打拿极电子倍增器。以离散打拿极电子倍增器为例。检测器偏离轴心放置，减少了离子源中的杂散射线和中性物质形成的背景噪声。当离子从四极杆中

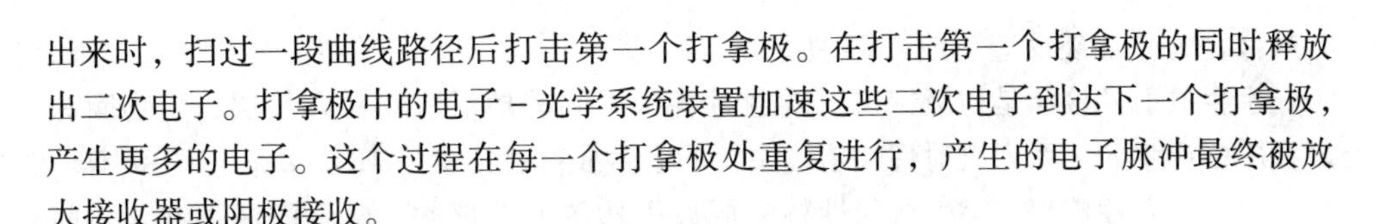

出来时，扫过一段曲线路径后打击第一个打拿极。在打击第一个打拿极的同时释放出二次电子。打拿极中的电子-光学系统装置加速这些二次电子到达下一个打拿极，产生更多的电子。这个过程在每一个打拿极处重复进行，产生的电子脉冲最终被放大接收器或阴极接收。

3.7.3 仪器主要性能

ICP-MS具有灵敏度高、检出限低、线性范围宽、谱线简单、干扰较少、操作方便等特点，不仅可进行快速的无机多元素半定量、定量分析，且可进行同位素比值测定。具体说明如下：

（1）灵敏度高、检出限极低。绝大部分金属元素的检测限低于0.01ng/mL，特别是在检测稀土元素方面ICP-MS具有其他仪器不可比的优势。

（2）可在质核比（m/z）2~240范围内，以10~100μs高速进行扫描，很方便地实现多元素、快速定性和定量分析。

（3）可测定各个元素的各种同位素，并用作同位素稀释法测定。测定同位素比值的能力为从事示踪和特殊研究提供检测手段。

（4）做半定量分析时可测定约80个元素，绝大多数元素的测定误差小于20%。

3.7.4 应用

钢铁中的痕量元素是在炼钢过程加入的，或者是来源于原材料的残余元素。有些痕量元素对钢材的质量和性能影响很大，例如，很低含量的硼就会影响钢铁的塑性、回火脆性等，又如铅、砷等元素对钢铁为有害元素。为了满足钢铁产品日益严格的质量需求，将钢铁产品中痕量元素的化学成分测定下限降低至μg/g级日显重要。

近年来，具有高灵敏度的电感耦合等离子体质谱法（ICP-MS）已经应用到地质、海洋等不同领域中的痕量元素分析。而直接用高分辨ICP-MS测定钢中的痕量元素的方法减少了样品前处理的时间，能够满足钢铁样品中μg/g级以及亚μg/g级痕量元素的测定。

3.8 放射性检测

3.8.1 放射性的来源

放射性的辐射源可分为天然辐射源和人工辐射源两类。天然辐射主要包括宇宙射线、宇生放射性核素和原生放射性核素产生的辐射三部分。

3.8.1.1 天然辐射源

宇宙射线主要来源于地球的外层空间，在宇宙空间充满着各种辐射，产生的辐射按其来源有捕获粒子辐射、银河宇宙辐射和太阳粒子辐射三类。宇宙射线有初级和次级之分，初级宇宙射线是指从外层空间射到地球大气层的高能辐射，次级宇宙射线是高能初级宇宙射线与大气作用的产物。初级宇宙射线进入大气时，具有极大能量的粒子与大气中的原子核发生剧烈的碰撞作用，致使原子核分裂，这类核反应一般称之为“散裂反应”或“碎裂反应”。

宇生放射性核素是初级宇宙射线通过各种不同的核反应，在大气层、生物圈和岩石层中产生的一系列放射性核素。主要的宇生放射性核素是^{3}H、^{7}Be、^{14}C和^{22}Na。

原生放射性核素与宇生放射性核素同属天然放射性核素，两者的区别在于，前者是从地球形成开始，迄今为止还存在于地壳中的那些放射性核素，因此被称为“原生”放射性核素，而后者是宇宙射线与大气原子核作用的产物。原生放射性核素的辐射形成3个天然放射性系：钍系（$4n$ 系）、铀系（$4n+2$ 系或称铀镭系）和锕系（$4n+3$ 系或称锕铀系）。

天然放射性核素品种很多，性质与状态也各不相同，它们在环境中的分布十分广泛。在岩石、土壤、空气、水、动植物、建筑材料、食品甚至人体内都有天然放射性核素的踪迹。地壳是天然放射性核素的重要贮存库，尤其是原生放射性核素。

3.8.1.2 人工辐射源

对公众造成自然条件下原本不存在的辐射的辐射源就是人工辐射源。来源主要包括核武器制造及核试验、核能生产、放射性同位素的生产和应用及核事故等。

核试验产生的放射性核素有核裂变产物和中子活化产物。核裂变产物包括200多种放射性核素，如^{135}Xe、^{133}Xe、^{133m}Xe、^{131m}Xe、^{85}Kr、^{89}Sr、^{90}Sr等一些重要放射性核素；中子活化产物是由核爆炸时所产生的中子与大气、土壤、岩石、建筑材料等发生核反应所形成的产物，如^{37}Ar、^{3}H、^{14}C、^{55}Fe、^{32}P等。

3.8.2 废旧钢铁金属中放射性的检测

3.8.2.1 概述

废钢铁是炼钢的重要原料，特别是电炉炼钢。废钢铁是一种可无限循环往复使用的特殊资源。从钢材→制品→使用→报废→回炉炼钢，每8~30年左右一个轮回不断积蓄，不断产生，无限循环使用，且自然耗损很低，利用率极高，所以废钢铁又是一种重要的战略资源。废钢铁也是一种载能资源。据研究，用废钢直接炼钢比用矿石炼铁后再炼钢相比可节约能源60%，节水40%。废钢铁也是一种环保资源，比用铁矿石炼钢可大大降低废气、废水、废渣的排放，可分别减少86%、76%和97%，有利于清洁生产。废钢铁的使用伴随着地球上原生的铁矿石资源的减少会越来越多，发展潜力巨大。

从20世纪末开始中国已成为世界第一产钢大国，我国钢铁工业不仅消耗掉世界铁矿石总产量的约1/3，同时也是全球废钢铁消耗大国，废钢铁进口大国。2008年消耗废钢铁总量7200万吨，拥有世界最大的废钢铁需求市场。出于减少对铁矿石资源的过度依赖以及节能降耗减排的需要，我国对废旧金属的进口量正在急剧增大。我国《钢铁产业发展政策》明确指出，要“逐步减少铁矿石比例和增加废钢比重”。少吃矿石、多吃废钢是必然发展趋势。在我国对废钢铁的需求越来越大，再生资源的回收、加工和利用已形成了雄厚的产业，各种再生资源公司和工业园区蓬勃发展。

许多废旧金属存在放射性污染，这类污染事件时有发生。2006年12月在宁波口岸检查到7个来自法国装有废紫铜的集装箱放射性严重超标，因此作出退运处理。乌鲁木齐海关所辖各大口岸每年都从进口废旧金属中检查出大量放射性超标废旧金属，退运放射性超标废钢达几万吨。

我国废钢铁的主要来源是生产返回、社会收购和进口废钢铁。生产返回废钢铁一般不涉及放射性问题，而社会收购和进口的废钢铁可能会含有放射性物质。社会收购废钢铁涉及范围非常广泛，它包含全国各行各业。随着核技术的发展以及放射性同位素的广泛应用，放射性物质进入废钢铁的机会也越来越大。

“911”事件发生后，全球范围内加强了对恐怖袭击事件的预防和响应。国际原子能机构认为，核攻击的可能性是不能排除的。美国于2007年开始实施“大港口”（Megaports Project）计划，在超过380个港口和入境口岸部署核辐射监测设备，对入境的集装箱、货物、交通工具、人员及行李进行严格的监测，用来监测和阻止非法核武器和核材料通过入境口岸进入美国。美国要求全球排名前一百名的大港口与其签订对输美集装箱进行放射性检测的承诺协议。英国等许多国家也在其出入境口岸安装了核辐射监测设备。

废钢铁中的放射性污染问题必须引起严密注意和重视。基于严峻的现实，建立起对于废旧钢铁金属中的放射性的监测能力是至关重要的，事关国家经济及安全大业。

3.8.2.2 检测标准简述

为了保证公众和环境的安全，国家制定了一系列放射防护标准。在《废钢铁》国家标准GB 4223—2004中规定：废钢铁中禁止夹杂放射性废物；废钢铁的放射性污染按以下要求控制：（1）废钢铁的外照射贯穿辐射剂量率不能高于0.46μSv/h；（2）废钢铁的表面放射性污染水平检测值不能超过0.04Bq/cm²；β表面放射性污染水平检测值不能超过0.4Bq/cm²；（3）废钢铁中放射性核素比活度禁止超过GB16487.6的规定。

有关废钢铁回收再利用的放射安全标准有GB13367《放射源和实践豁免管理原则》和关于核设施退役放射性材料回收再利用标准GB11850《反应堆退役辐射防护规定》。这两个标准与国际标准接轨。GB13367规定，钢材的β放射性表面污染不大于0.4Bq/cm²，α放射性表面污染不大于0.04Bq/cm²（在300cm²上的平均值），经过地方环保部门测量的批准，可以回收再利用。活化产物铁、钴、锰的β放射性比活度不大于1Bq/g（在1000kg中的平均值），可以回炉再利用或直接使用，在1～10Bq/g的范围内应进行模型评价。任何利用方案都应保证公众个人接受剂量小于10μSv/a。

GB11850对核设施退役的设备材料回收再利用作了规定。对β/γ辐射体的设备材料，在1000kg中的平均比活度小于1.5Bq/g或其表面固定性污染水平（300cm²上的平均值）小于0.8Bq/cm²，经辐射防护部门测量许可，可送往普通冶炼厂与其他非放射材料一起熔炼，熔炼后的金属可不受限制再利用。

在对废旧金属的放射性检测中，通道式核辐射监测系统发挥着主要作用。目前通道式核辐射监测系统普遍遵循国际原子能机构（IAEA）2006 年发布的文件《Technical and Functional Specifications for Border Monitoring Equipment》。该文件对监测系统提出了一些要求，如监测区域垂直 0 ~ 4m，水平 0 ~ 6m；误报警率在 10000 次测量中小于 1 次（优于 ANSI N42. 35 要求）；车速小于 8km/h 等。

3. 8. 2. 3　通道式核辐射监测系统

通道式核辐射监测系统的探测器采用大体积塑料闪烁体，其主要特点是：(1) 性能稳定、机械强度高、耐振动、抗冲击、耐潮湿、耐辐照性能好。(2) 发光衰减时间短（几个 ns），可快速准确地测量出 γ 剂量率及其较小的变化。(3) 具有极高的探测效率和探测灵敏度。(4) 可以高效廉价地制成大体积，制作成本比其他探测器低。

探测器安装在保护铝箱内，防晒防雨（室外保护等级 IP 65)，且与悬挂支架绝缘。除用作测量的一面外，其他五面均包有 3mm 厚的低本底铅板。各单元探测器的信号经独立处理后，整个系统的总计数可实时显示。各探测器也可分别独立工作，即使其中一个单元发生故障，整个系统仍然可以工作。

通道式辐射监测系统采用多个探测器，在车辆通道两侧对称安装，根据应用要求每一侧可采用 2 个或多个探测器呈高低排列布置，这样使得系统适用于对各种车辆进行监测，并确保对辐射具有良好的空间探测响应和探测效率。目前应用最广泛的是应用四个 25L 大体积塑料闪烁体探测器的监测系统。图 3 - 23 是通道式核辐射监测系统的现场图片。

图 3 - 23　通道式核辐射监测系统

3. 8. 2. 4　通道式核辐射监测技术

辐射监测工作中的最大难题就是在天然本底剧烈变化的条件下确保对人工放射性灵敏和有效的探测。一个非常重要的问题是车辆对环境本底的掩蔽作用。通道式辐射监测系统一般的测量方法是测量车辆的辐射水平及变化，根据预设的阈值确定是否报警。当车辆经过探测器时，由于车辆对环境本底的掩蔽导致探测器周边的环境本底水平降低，探测器会测到较低的本底。当车辆离开探测器后，掩蔽作用消失，环境本底恢复，这时系统将会产生误报警。

许多制造商应用了各种技术解决这个问题，如赛默飞世尔科技公司（原美国热电公司）在其通道式辐射监测系统产品中应用了 NBR 天然本底甄别专利技术（德国专利 DE 197 11 124 C2）。这项专利技术根本性地解决了这个问题，NBR 技术能够识别天然辐射与人工辐射，并快速而准确地探测人工 γ 辐射，NBR 技术可以在变化、涨落的天然辐射本底中，快速识别出 nSv/h 量级的人工辐射（100ms 到数秒）。这样就使得核辐射监测系统可以满足既提高探测灵敏度又降低误报警的测量要求，这在通道式核辐射监测以及寻找丢失辐射源和放射性材料方面显得尤其重要。NBR 技术适合于探测高度屏蔽的人工辐射源，即混在废钢铁里的放射源或被污染的废钢铁。有些公司则采用了能量窗技术。

NBR 技术是基于有机闪烁体的一种探测人工辐射的方法。γ 辐射与有机闪烁体作用时主要生成康普顿散射，天然 γ 辐射本底的脉冲幅度分布谱几乎不变，形成一种特征参考脉冲幅度分布，NBR 技术正是利用这个特征作为判断有无人工辐射源的参考参数。在实际测量中，若此参考参数明显偏离天然本底值，即可判为有人工 γ 辐射源存在。它通过上阈（S_0）和下阈（S_u）分别测量的脉冲幅度分布计算相应的积分计数率（R_0，R_u），并与参考计数率比值（$V_R = R_u/R_0$）比较。而 V_R 是由在相同阈值（S_0，S_u）条件下获得的天然辐射积分计数率（R_0，R_u）的特征脉冲幅度分布导出的。

3.8.3 便携式辐射测量仪表简介

在核测量的实际工作中经常要使用各种便携式辐射测量仪表，如现场和环境的放射性检测、对废旧金属货场或运输车辆进行放射性的精确检查和搜寻等。便携式辐射测量仪表发挥着重要作用，可以及时提供快速而灵敏可靠的探测，从而发现和拦截放射性材料、预防放射性污染事故和核恐怖事件的发生。便携式辐射测量仪表也起着保护辐射检测工作人员安全的重要作用。

便携式辐射测量仪表种类齐全，包括伽玛剂量率仪、中子剂量率仪、表面污染仪和便携式伽玛能谱仪等。为了利于测量，有些仪表可配置长达 4m 的伸缩杆。

3.8.3.1 便携式核辐射探测器

FH 40G 系列核辐射探测器具有优异的性能，已经在各个行业得到广泛的应用。其中的 FHZ 672E－10 探测器（图 3－24）采用独特的双探测器（塑料闪烁体和碘化钠）设计，应用了 NBR 专利技术，可甄别人工放射性，具有优良的辐射响应性能，测量范围下限可低至几个 nSv/h，是便携式伽玛剂量率仪中可测到测量范围下限最低的，具有极高的伽玛探测灵敏度的探测器，尤其适用于探测隐藏的辐射源以及测量环境剂量当量率 $H*(10)$。人工 γ 辐射的探测限小于天然剂量率典型值的 20%，通过红绿指示灯组合，可指示丰富的测量和报警信息。

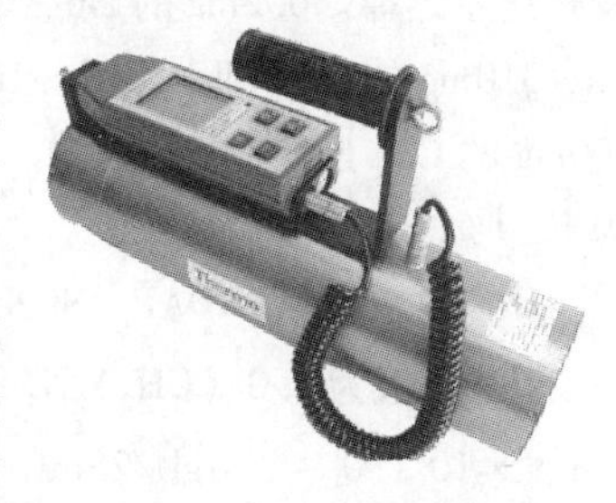

图 3－24 FH 40G NBR 系列中的 FHZ 672E－10 探测器

RadEye 是最先进的便携式多功能核辐射巡测仪

（图3－25），采用了ThermoFisher的NBR专利技术、ADF先进滤波技术和低功耗技术，具有优良的性能，可用于探测α、β、γ、X射线和中子辐射。可应用在工业、出入境、海关、核应急、反恐、安全保卫、核医学等诸多领域。RadEye PRD是高灵敏个人辐射探测器，性能优异，可用于放射源的搜寻和定位。

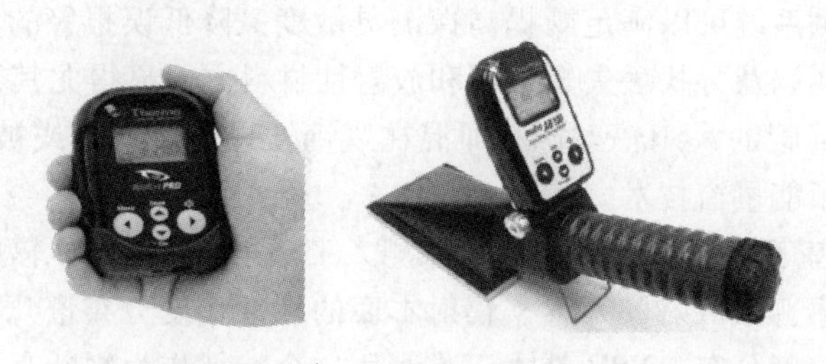

图3－25 RadEye PRD和RadEye AB100便携式辐射测量仪

3.8.3.2 便携式伽玛能谱仪

便携式伽玛能谱仪（图3－26）采用碘化钠（NaI（Tl））、氯化镧（$LaCl_3$）或者溴化镧（$LaBr_3$）探测器，配置多道谱仪，可以快速搜索、测量X、γ放射源，并进行能谱分析，核素识别。配置GM计数管用于测量伽玛剂量率。此外，可以选配He－3中子管探测器增加中子探测功能。

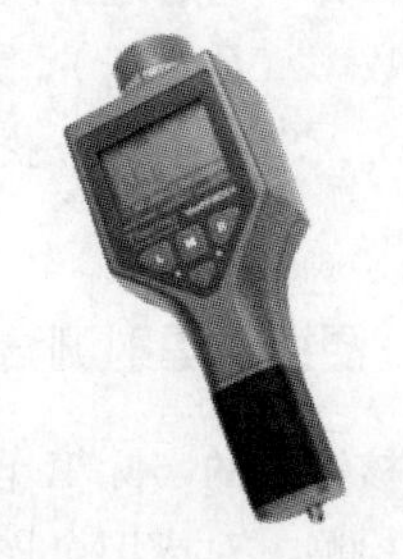

图3－26 identiFINDER型便携式伽玛能谱仪

3.8.4 铀的分光光度法分析及分离

3.8.4.1 光度法分析

微量铀的分光光度法测定方法较多，段群章和周锦帆曾对铀中分光光度分析进行了详细评述。现根据铀光度分析的实际情况仅介绍偶氮类显色剂。

A 吡啶偶氮试剂法

在pH8三乙醇胺缓冲介质中，以三辛基氧膦（TOPO）－石蜡进行铀的萃取和反萃取，以Br－PADAP为显色剂，30min后，于578nm测量吸光度，0.1～30μgU/25mL符合比尔定律。0.2mg的Nb、Cr(Ⅲ)、Ce、Bi、V(Ⅵ)、Co、Cu，1.0mg的Y、Se、Th，3.0mg的Fe(Ⅲ)、Al，10mg的Zr、Mo、In、SO_4^{2-}，20mg的Mg、Cl，以及100mg的Ca(Ⅱ)存在无影响。该法适用于测定地质样品中微量铀，相对标准偏差为12.1%。

U(Ⅵ)－Br－PADAP－SCN^-－十二烷基二甲胺基乙酸（Ⅰ）配合体系的研究表明，在pH值为4.0 $(CH_2)_6N_4$缓冲介质中，形成多元胶束配合物，$\lambda_{max}=590nm$，$\varepsilon=8.9\times10^4$，0～30μgU/25mL符合比尔定律。周锦帆和丁俐俐分别介绍了Br－PADAP测定铀，前者应用U(Ⅵ)－Br－PADAP－F^-－CPC四元配合物体系双波长等吸点法，使干扰组分在选取的两波长处的吸光度差等于零，从而消除了干扰组分对

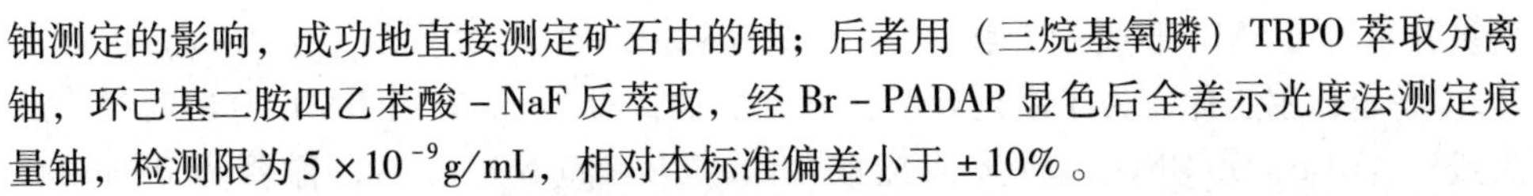

铀测定的影响，成功地直接测定矿石中的铀；后者用（三烷基氧膦）TRPO萃取分离铀，环己基二胺四乙苯酸－NaF反萃取，经Br－PADAP显色后全差示光度法测定痕量铀，检测限为5×10^{-9}g/mL，相对本标准偏差小于±10%。

为了克服U(Ⅳ)－杂偶氮染料配合物的难溶性和动力学不稳定性，Abe等借与芳羧酸类试剂生成三元配合物，其中以磺基水杨酸（I）为最好。该法在pH7.8介质中，U(Ⅳ)与I和2－（3，5－二溴－2－吡啶偶氮）－5－二乙氨基苯酚（3，5－di-Br－PADAP）形成可溶的稳定配合物，$\lambda_{max}=578$nm，$\varepsilon=8.4\times10^4$，0～2.5μgU/25mL符合比尔定律。

用三辛基氧膦萃取和光度法测定铀，即用甲苯溶液萃取铀和在有机相中分别用乙二醛双（乙－羟基缩苯胺）（Ⅰ）或PAN[1－(2－吡啶偶氮)－2－萘酚]（Ⅱ）的二甲替甲酰胺溶液显色，并于600nm（$\varepsilon=1.48\times10^4$）或550nm（$\varepsilon=2.61\times10^4$）分别测量吸光度。Ⅰ和Ⅱ的线性范围分别为0.6～10.5和0.3～6.0μg/mLU(Ⅵ)。用Ⅰ和Ⅱ测定100μgU(Ⅵ)时，相对标准偏差（$n=10$）分别为0.70%和0.75%。使用该萃取剂测定铀浓度为0.15%的标准矿石和模拟矿石中的铀，结果较准确。

在进行有机磷萃取剂的煤油溶液中铀的测定时，用Na_2CO_3从二（2－乙基己基）磷酸酯和三辛基氧膦的煤油中反萃取U（Ⅵ），再用PAR和Br－PADMAP处理含UO_2^{2+}的水层，并分别于530nm和578nm光度测定铀，其ε为4.7×10^4和8.2×10^4。该法已用于湿法磷酸提取过程中铀的测定。

B 噻唑偶氮试剂法

在pH6.2介质中，在TritonX－100存在下，U(Ⅵ)与TAN形成配合物，$\lambda_{max}=575$nm，$\varepsilon=3.36\times10^4$，0.4～6.4μgU(Ⅵ)/25mL符合比尔定律，Sandell灵敏度为7.0ng/cm^2，H_2O_2和PO_4^{3-}在任何含量时均有严重干扰，$S_2O_3^{2-}$和CN^-能消除某些阳离子的干扰，CyDTA存在时，显著增加某些金属离子的允许量。文献介绍了在磷酸体系中（pH6.5），U(Ⅵ)与2－(2－噻唑偶氮)－5－磺甲氨基苯酚（TASMAP）和CTMAB形成三元配合物，$\lambda_{max}=570$nm，$\varepsilon=3\times10^4$，10～60μgU/50mL符合比尔定律，相对标准偏差小于±5%。该法是直接测定矿石中U(Ⅵ)的简单、快速、选择性较好的方法。

C 偶氮氯膦试剂法

间三氟甲基偶氮氯膦（$CPAmCF_3$）与U(Ⅵ)的显色反应的研究表明，$CPAmCF_3$与U(Ⅵ)生成配合物在544nm和690nm有最大吸收，$\varepsilon=7.88\times10^4$和$1.15\times10^5$，用单波长和双波长法时，0～20和0～30μgU/10mL符合比尔定律。该法已用于铀矿样的分析。

在OP乳化剂存在下，用偶氮氯膦Ⅲ显色测定U(Ⅵ)。为了消除干扰，采用三正辛胺（TOA）萃取U(Ⅵ)，再用水反萃取。该法已用于岩石中铀的快速萃取光度测定。

D 偶氮胂试剂法

在pH5.5 $(CH_2)_6N_4$缓冲介质中，在二乙三胺五乙酸存在下（掩蔽Ti^{4+}和V^{5+}），偶氮胂Ⅲ与U(Ⅵ)形成配合物，$\lambda_{max}=640nm$，$\varepsilon=2\times10^4$，不大于100μgU(Ⅵ)/25mL符合比尔定律。为了测定磷酸盐岩中的铀，Kiriyama等用HNO_3分解岩样，最后残渣于1mol/L HNO_3，将溶液配成2.5mol/L $Mg(NO_3)_2$后，稀释为0.1mol/L HNO_3，转移于AmberliteCG-400阴离子交换树脂柱上，用2.5mol/L $Mg(NO_3)_2$-0.1mol/L HNO_3冲洗柱，以6.6mol/L HNO_3洗脱Mg，随后洗脱U，再用偶氮胂Ⅲ于665nm光度测定铀。

3.8.4.2 铀的分离

铀的分离，最有实用价值的是：

（1）萃取分离。在6mol/L HCl介质中，可用膦酸三丁酯（TBP）-煤油介质萃取铀，此时UO_2^{2+}与Cl^-形成阴离子配合物而被TBP萃取，但此时Fe^{3+}与UO_2^{2+}同时被萃取。若在5.5mol/L HNO_3介质中，则仅萃取UO_2^{2+}。

（2）阴离子交换。在6mol/L HCl介质，此时UO_2^{2+}与Cl^-形成阴离子配合物而被强碱性阴离子交换树脂（如Dowex1-X8）吸附，其他金属离子（除Fe^{3+}以外）均不被吸附。另外，在0.5mol/L H_2SO_4介质中UO_2^{2+}也能被Dowex1-X8阴离子交换树脂吸附。

至于用螯合树脂分离微量铀，可参阅综述。至于微量钍的分析，周锦帆曾作过较详细的综述。

参考文献

[1] 武汉大学化学系. 仪器分析 [M]. 北京：高等教育出版社，2001.

[2] 潘秀荣，贺锡蘅，等. 计量测试技术手册：第13卷（化学）[M]. 北京：中同计量出版社，1997.

[3] 柯以侃，董慧茹，等. 分析化学手册：第三分册 [M]. 2版. 北京：化学工业出版社，1998.

[4] 华中师范大学，陕西师范大学，东北师范大学. 分析化学 [M]. 北京：高等教育出版社，2000.

[5] 邓勃，何华焜. 原子吸收光谱分析 [M]. 北京：化学工业出版社，2004.

[6] 邱德仁. 原子光谱分析 [M]. 上海：复旦大学出版社，2002.

[7] PerkinElmer Inc AANALYST 800 Atomic Absorption Spectrometer User's guide.

[8] PerkinElmer Inc Burner System Atomic Absorption Spectrometer User's guide.

[9] 邱海欧，郑洪涛，汤志勇. 原子吸收及原子荧光光谱分析 [J]. 分析试验室，2003，22(1)：102.

[10] 仪器信息网. http：//www.instrument.com.cn

[11] GB/T 2009.81—2003《不锈钢食具容器卫生标准的分析方法》.

[12] 辛仁轩. 等离子体发射光谱分析 [M]. 北京：化学工业出版社，2005.

[13] PekinElmer Inc Optima7100，7200 and 7300 Series Hardware Guide.

[14] PekinElmer Inc Concepts, Instrumentation and Techniques in Inductively Coupled Plasma Optimal Emission Spectrometry.

[15] Varian Inc Varian700 - Es serics ICP Optical Emission Spectrometers Operation Manual.

[16] C C Bulter, R N Kinsely, V A Fassel. Anal. Chem. [J], 1975, 47 (6): 825 - 829.

[17] Vasili K. Karandashev, Alexander N. Truanov, et al. Mikrochim. Acta. [J] 1998, 130: 47 - 54.

[18] 罗立强，詹秀春，李国会. X 射线荧光光谱仪 [M]. 北京：化学工业出版社，2008.

[19] 吉昂，陶光仪，卓尚军，等. X 射线荧光光谱分析 [M]. 北京：科学出版社，2009.

[20] 段群章. 铀的分光光度测定 [J]. 铀矿冶，1995 (3)，27 - 32.

[21] 周锦帆. 钍的分光光度测定 [J]. 环境污染治理技术与设备，1983 (2)：33 - 35.

[22] 丁俐俐. 双波长分光光度法直接测定矿石中的铀 [J]. 分析化学，1987，15 (1)：71.

[23] 李光明. TRPO 萃取全差示光度法测定痕量铀 [J]. 环境科学与技术，1987 (1)：18.

[24] 周锦帆. 水冶工艺中铀的比色测定 [J]. 铀矿冶，1982 (2)：58 - 60.

[25] 周锦帆. 螯合铀的离子交换树脂评述 [J]. 核技术，1980 (6)：40 - 42.

[26] 周锦帆. 环境中天然放射性元素的分离 [J]. 环境科学与技术，1985 (2)：53 - 57.

[27] 姚继军，李金英. 阳离子交换色谱分离 ID - ICP - MS 测量铀中痕量硼 [J]. 质谱学报，2002，23 (3)：164 - 179.

[28] Chan Y - Y, Lo S. Analysis of Ling Zhi (Ganoderma lucidum) Using Dynamic Reaction Cell ICP - MS and ICP - AES [J]. J Anal Atom Spectrom, 2003, 18, (2): 146.

[29] Knopp M A, Chan F, Neubauer K R. Anaysis of Food Substances with Dynamic Reaction Cell ICP - MS [C]. PerkinElmer Field Application Report. 2004: 00710 - 01.

[30] Verstraeten D. Analysis of Beer by Dynamic Reaction Cell (DRC) ICP - MS [C]. PerkinElmer Field Application Report. 2006: 007503A - 01.

[31] Beres S L, Dionne K, Neubauer R. Thomas "Reducing the Impact of Spectral interences on the Determination of Precious Metals in Complex Geological Matrices Using DRC - ICP - MS". Current Trends in Mass Spectrom. 2005: 44.

[32] 聂玲清，纪红玲，陈英颖，等. 基体未分离高分辨电感耦合等离子体质谱法测定钢、镍基合金及锆锡合金中痕量元素 [J]. 冶金分析，2007，27 (2)：19 - 23.

[33] 汪尔康. 21 世纪的分析化学 [M]. 北京：科学出版社，1998.

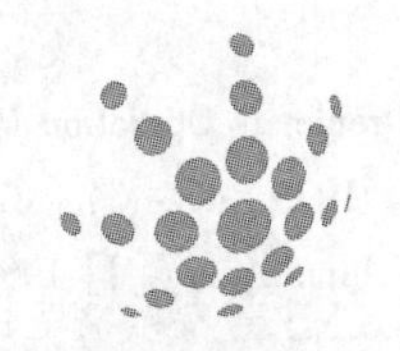

4 钢铁材料元素分析

4.1 碳、硫含量的测定

4.1.1 高频感应炉燃烧红外吸收法测定碳、硫含量

4.1.1.1 方法提要

试料在氧气流中通过高频感应炉加热燃烧，试料中的碳、硫分别转化成二氧化碳和二氧化硫，随氧气流经红外吸收池，分别测量二氧化碳和二氧化硫对特定波长红外线的吸收值，其吸收值与流经的二氧化碳和二氧化硫的量遵循朗伯-比尔定律，通过标准物质校准，计算碳和硫的质量分数。

本方法适用于钢铁材料中0.001%~4.5%碳含量和0.0005%~0.30%硫含量的测定。

4.1.1.2 试剂和材料

测定用试剂和材料主要有以下几种：

(1) 氧气：纯度大于99.95%。

(2) 动力气：氮气、氩气或不含有油和水的压缩气体。

(3) 助溶剂：钨粒、锡粒、纯铁、铜片、钨锡混合助熔剂等。

(4) 碳硫分析用陶瓷坩埚。

注意：为降低和控制陶瓷坩埚的空白，在超低碳分析时可使用已用过一次而未开裂的坩埚，再加入称取的试料和助熔剂进行分析。

(5) 无水高氯酸镁：用于吸收气流中的水分。

(6) 烧碱石棉：用于吸收气流中的二氧化碳。

(7) 铂硅胶：催化炉中将一氧化碳氧化至二氧化碳。

4.1.1.3 仪器装置

测定中所用仪器有：

(1) 高频感应炉加热红外碳硫吸收仪。高频感应炉加热红外碳硫吸收仪由气源、高频感应炉、控制和检测及数据处理系统组成。图4-1给出了测定碳、硫的流程示意图。试料燃烧生成的混合气体除尘后先通过二氧化硫红外吸收池检测，然后除硫，将一氧化碳转化成二氧化碳，再流经二氧化碳红外吸收池检测。

(2) 电子天平，感量0.1mg或1mg。

4.1.1.4 分析步骤

A 分析前的准备

将仪器接通电源，预热1h（或按仪器制造商推荐的稳定时间）。按仪器制造商要

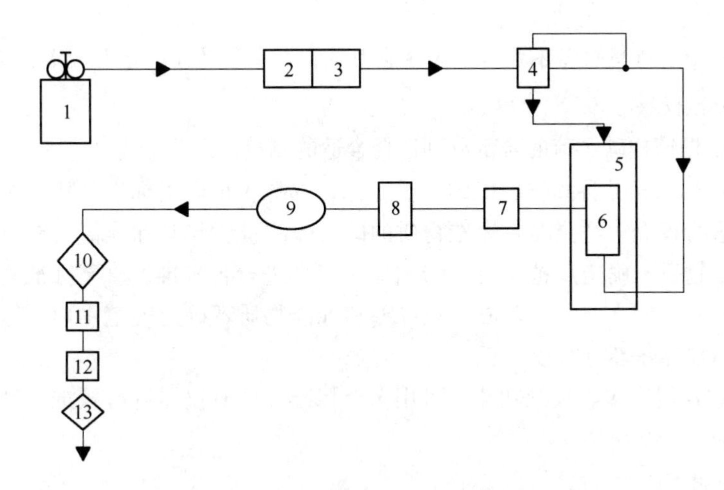

图 4-1 高频感应炉燃烧红外吸收法测定碳、硫的流程示意图

1—氧气瓶和两节压力调节器；2—烧碱石棉；3，9—高氯酸镁；4—压力调节器；
5—高频感应炉；6—燃烧管；7—除尘器；8—流量控制器；10—二氧化硫红外检测器；
11——氧化碳转化器；12—除硫器；13—二氧化碳红外检测器

求控制氧气压力，通气 30min。检查并确保燃烧单位和测量单位的气密性。按仪器说明书检查仪器各部位的测量参数，调节并保持在适当的范围内，选择最佳分析条件。

用与试样一致的数个样品或废样按分析步骤操作，以调整和稳定仪器。

将仪器调零，选择一个碳、硫含量接近测量样品最大值的标准物质，按 E 测量其碳、硫含量，并将仪器的读数调整至其标准值。

注意：这种调节应在仪器校准之前进行，不能代替或修正校准操作。

B 试料量

称取 0.5 ~ 1.0g 试样，精确至 0.1mg（或 1mg），试料置于陶瓷坩埚，加约 1.5g 钨粒，或 0.5g 锡粒和 1.5g 钨粒，或 1.5g 钨锡混合助熔剂，或其他混合助熔剂。称取的试料量仪器自动（或必要时手动）输入数据处理系统。

注意：(1) 对被污染的试样，应在称量前用适当的溶剂（如丙酮等）洗去表面的油脂，热风吹干。

(2) 对高硅低碳钢、高镍铬钢、高温合金除钨锡混合助熔剂外，补加 0.5g 纯铁助熔剂。

C 空白试验

试料分析前进行空白试验。称取已知碳、硫含量的低碳硫或超低碳硫标准物质于陶瓷坩埚中，加入与试料测量时一致的助熔剂，按仪器操作说明进行操作。多次测量的平均值减去标准物质碳、硫的标准值，即为空白。检查多次测量的空白值是否稳定和足够小。空白试验重复足够次数，记录最后 3 次稳定（并足够小）的空白值读数，取其平均值，按仪器操作说明输入空白值。在试料测定时仪器可自动扣除空白值。不同的测量通道应分别测定其空白值，当分析条件变化时应重新测定空白值。

注意：如果所用仪器不能自动扣除空白值，则在计算分析结果时减去空白值。

D 仪器校准

(1) 根据试样碳、硫的含量分别选择合适的测量通道。

(2) 根据试样品种和碳、硫的含量范围，选择3种同类标准物质，按仪器操作说明依次进行校准。经校准后标准物质的碳、硫测量值与其标准值之差应在方法允许差和标准物质不确定度范围内。否则应对仪器进行再校准，直至标准物质碳、硫测量值与其标准值之差稳定在方法允许差和标准物质不确定度范围内。当分析条件变化时应对仪器重新进行校准。

(3) 如仪器有多点校准功能，可用多个标准物质对仪器进行校准，校准曲线的相关系数应大于0.999。

E 测定

(1) 将盛有试料和助熔剂的陶瓷坩埚置于坩埚支架上，按仪器操作说明操作，分析结束后读取碳、硫的分析结果。

(2) 试料分析过程中和分析结束后应再对校准用的标准物质进行分析，如果标准物质的测量结果都在控制的允许差范围内，则试料分析结果有效。

(3) 分析完成后，对燃烧管进行手动或自动清扫，准备下一次分析。

4.1.1.5 注释

(1) 校准仪器用的标准物质的碳、硫含量尽可能与待测试样含量接近并略高一些。

(2) 对低碳和超低碳的测定要特别注意坩埚、助熔剂、环境和仪器可能对测量的污染。低碳硫分析时尽量采用低碳硫专用坩埚，坩埚应经高温灼烧4h或通氧灼烧，或使用二次坩埚。选择空白低、同一包装盒内的助熔剂，加入量要一致。分析时不要用手触摸坩埚、试样和助熔剂。

(3) 对制成的低碳和超低碳试样要防止可能的二次污染，试样应置于清洁的玻璃瓶中保存和传递，不应装在纸质样袋内，否则样袋中的纸纤维可严重影响痕量碳的测定。

(4) 试样不应有油、油脂及其他会使试样增碳的污染物。有沾污的试样应采用丙酮、环己烷或其他合适的溶剂洗涤，并于70~100℃烘干后使用。对低量和痕量的碳的测定，如有必要，亦可用此方法处理待测试样。

4.1.2 非化合碳含量的测定

4.1.2.1 方法提要

试料用硝酸分解，以氢氟酸助溶，破坏碳化物。用酸洗石棉滤取不被酸分解的碳，依次用碱洗、酸洗和水洗。滤取物烘干后视碳含量选择适当方法测定。

本方法适用于钢铁中0.03%~5.0%非化合碳含量的测定。

4.1.2.2 试剂和材料

（1）硝酸：1+1；

（2）盐酸：5+95；

（3）氢氧化钠溶液：50g/L；

（4）硝酸银溶液：10g/L；

（5）酸洗石棉：使用前将酸洗石棉置于瓷器中于900~1000℃高温炉中灼烧1h置于不涂油的干燥器中备用；

（6）瓷舟：97mm或88mm，预先在1000℃高温炉中灼烧1h以上，置于不涂油的干燥器中备用；

（7）古氏坩埚（20mL），或附有小孔瓷片的玻璃漏斗；

（8）减压过滤器。

4.1.2.3 分析步骤

A 试料称取

按表4-1称取试料。

表4-1 试料量和硝酸加入量

碳含量/%	试料量/g	硝酸（1+1）用量/mL
0.03~0.05	7.0，精确至0.01	80
0.05~0.20	4.0，精确至0.005	60
0.20~0.50	2.0，精确至0.001	40
0.50~1.00	1.0，精确至0.001	30
1.00~3.00	0.30，精确至0.0001	20
>3.00	0.20，精确至0.0001	20

B 试料分解

将试料置于250mL烧杯中，随同试料进行空白试验。按表4-1加相应量的硝酸（1+1）盖上表面皿。适当加热溶解，如溶解反应剧烈，将烧杯置于冷水浴中。溶解近完毕时，用水冲洗表面皿。加1~2mL氢氟酸，加热溶解，继续煮沸5min，加100mL热水，再煮沸10min。趁热用已铺有酸洗石棉的古氏坩埚减压过滤，先将上层清液倾注于石棉层上，用热水将烧杯中非化合碳用倾泻法洗涤5~6次，将烧杯中非化合碳用水全部移到石棉层上，停止抽气。加10mL氢氧化钠溶液（50g/L），保持4~5min后再抽滤，用盐酸（5+95）洗5~6次，再用热水洗涤非化合碳及石棉层至无氯离子（用10g/L硝酸银溶液检查）。

注意：也可将非化合碳在特殊的陶瓷坩埚中过滤，洗净。烘干后直接在红外碳硫吸收仪上测定。

C 测定

取下古氏坩埚，将载有非化合碳的石棉层全部转移至瓷舟中，附着于坩埚壁上的非化合碳可用小块石棉以玻璃棒、镊子将其擦净，合并于瓷舟中。将瓷舟置于

120~140℃烘箱中干燥30~45min，取出瓷舟。

根据非化合碳的含量选择适当的方法进行碳含量的测定（控制燃烧温度1000℃）。减去空白试验值，计算非化合碳的质量分数。

4.1.2.4 注释

（1）对生铁、铸铁试样注意取样、制样的均匀性和代表性。

（2）对片状或块状试样，溶样时需多加50%的硝酸（1+1），并不时用平头玻璃棒将粒状物碾碎。

（3）对难溶试样应不断加水以保持一定体积。

（4）过滤时所用酸洗石棉要适量。过少，非化合碳易透滤，过多则过滤慢，且瓷舟也装不下。过滤时亦可用带有小孔瓷片的玻璃漏斗代替古氏坩埚。

4.2 硅含量的测定

4.2.1 硅钼蓝光度法测定酸溶性硅和全硅含量

4.2.1.1 方法提要

试料以适宜比例的硫酸-硝酸或盐酸-硝酸溶解，用碳酸钠和硼酸混合熔剂熔融酸不溶残渣。在弱酸性溶液中，硅酸与钼酸盐生成氧化型硅钼酸盐（硅钼黄）。增加硫酸浓度，加入草酸消除磷、砷、钒的干扰，以抗坏血酸选择性将氧化型钼酸盐还原成还原型钼酸盐（硅钼蓝）。在波长810nm处，对蓝色的还原型硅钼酸进行分光光度测定。本方法用于钢铁中0.010%~1.00%酸溶性硅和全硅含量的测定。

4.2.1.2 试剂

（1）纯铁：硅含量小于0.004%并已知其准确含量；

（2）混合溶剂：2份碳酸钠和1份硼酸研磨至粒度小于0.2mm，混匀；

（3）硫酸：1+3、1+9；

（4）硫酸-硝酸混合酸：于500mL水中，小心加入35mL硫酸和45mL硝酸，冷却后，用水稀释至1000mL，混匀；

（5）盐酸-硝酸混合酸：于500mL水中，加入180mL盐酸和65mL硝酸，冷却后，用水稀释至1000mL，混匀；

（6）高锰酸钾溶液：22.5g/L；

（7）过氧化氢溶液：1+4；

（8）钼酸钠溶液：25g/L，

（9）草酸溶液：50g/L；

（10）抗坏血酸溶液：20g/L，用时配制；

（11）硅标准溶液：10.0μg/mL、4.0μg/mL，储于塑料瓶中。

4.2.1.3 分析步骤

A 试料量

（1）硅含量0.010%~0.050%时称取0.40g±0.01g试料（粉末或样屑），精确

至0.0001g；

（2）硅含量0.050%～0.25%时称取0.20g±0.01g试料（粉末或样屑），精确至0.0001g；

（3）硅含量0.25%～1.00%时称取0.10g±0.01g试料（粉末或样屑），精确至0.0001g。

B 铁基空白试验

称取与试料相同量的纯铁代替试料，用同样的试剂、按相同的分析步骤与试料平行操作，以此铁基空白试验溶液作底液绘制工作曲线。

C 试料分解和试液制备

a 酸溶性硅测定的试料分解和试液制备

将试料置于250mL聚丙烯或聚四氟乙烯烧杯中，称量为0.20g和0.10g时加入25mL硫酸－硝酸混合酸；称量为0.40g时加入30mL硫酸－硝酸混合酸，盖上盖子，微热溶解试料，溶解过程中不断补加水，保持溶液体积无明显减少。

或将试料置于250mL聚丙烯或聚四氟乙烯烧杯中，称量为0.20g和0.10g时加入15mL盐酸－硝酸混合酸；称量为0.40g时加入20mL盐酸－硝酸混合酸，盖上盖子，微热溶解试料，溶解过程中不断补加水，保持溶液体积无明显减少。

用水稀释至约60mL，小心将试液加热至沸，滴加高锰酸钾溶液（22.5g/L）至析出水合二氧化锰沉淀，保持微沸2min。滴加过氧化氢（1＋4）至二氧化锰沉淀刚好溶解，并加热微沸5min使过氧化氢分解。冷却，将试液转移至100mL单标线容量瓶中，用水稀释至刻度线，混匀。

b 全硅测定的试料分解和试液制备

将试料置于250mL聚丙烯或聚四氟乙烯烧杯中，称量为0.20g和0.10g时加入30mL硫酸－硝酸混合酸；称量为0.40g时加入35mL硫酸－硝酸混合酸，盖上盖子，微热溶解试料，溶解过程中不断补加水，保持溶液体积无明显减少。

或将试料置于250mL聚丙烯或聚四氟乙烯烧杯中，称量为0.20g和0.10g时加入20mL盐酸－硝酸混合酸；称量为0.40g时加入25mL盐酸－硝酸混合酸，盖上盖子，微热溶解试料，溶解过程中不断补加水，保持溶液体积无明显减少。

当溶液反应停止时，用低灰分慢速滤纸过滤溶液，滤液收集于250mL烧杯中。用30mL热水洗涤烧杯和滤纸，用带橡皮头的棒擦下黏附在杯壁上的颗粒并全部转移至滤纸上。

将滤纸及残渣置于铂坩埚中，干燥，灰化，在高温炉中于950℃熔融10min。冷却后，擦净坩埚外壁，将坩埚置于盛有滤液的250mL烧杯中，缓缓搅拌使熔融物溶解，用水洗净坩埚。

小心将试液加热煮沸，滴加高锰酸钾溶液（22.5g/L）至析出水合二氧化锰沉淀，保持微沸2min。滴加过氧化氢（1＋4）至二氧化锰沉淀恰好溶解，并加热微沸5min使过氧化氢分解。冷却，将试液转移至100mL单标线容量瓶中，用水稀释至刻度线，混匀。

D 显色

分取10.00mL由a或b得到的试液2份于2个50mL硼硅酸盐玻璃单标线容量瓶中，加10mL水。一份溶液制备显色液，另一份溶液制备参比液。在15~25℃温度的条件下，按下述方法处理每一种试液和参比液，用移液管加入所有试剂溶液。

显色液按下列顺序加入试剂溶液，每次加入一种溶液后都要摇动。

(1) 10.0mL钼酸钠溶液（25g/L），静置20min；

(2) 5.0mL硫酸（1+3）；

(3) 5.0mL草酸溶液（50g/L）；

(4) 立即加入5.0mL抗坏血酸溶液（20g/L）。

参比液按下列顺序加入试剂溶液，每次加入一种溶液后都要摇动。

(1) 5.0mL硫酸（1+3）；

(2) 5.0mL草酸溶液（50g/L）；

(3) 10.0mL钼酸钠溶液（25g/L）；

(4) 立即加入5.0mL抗坏血酸溶液（20g/L）。

用水稀释至刻度，混匀。每一种试液（试液溶液和空白液）及各自的参比液静置30min。

注意：在稀释时，含铌、钽试样溶液中会有细小的分散沉淀。待沉淀下沉后，用密滤纸干过滤上层清液于干燥容器中，弃去开始的几毫升滤液。

E 分光光度测定

用合适的吸收皿（见表4-2），于分光光度计波长810nm处，测量每份显色溶液对各自参比溶液的吸光度。

注意：除在810nm测量外，亦可在680nm或760nm波长处测量吸光度（并选择适当的吸收皿）。

F 校准曲线的建立

a 校准曲线溶液的制备

分取10.00mL铁基空白试验溶液7份于7个硼硅酸盐玻璃单标线50mL容量瓶中，按表4-2分别加入硅标准溶液（10.0μg/mL或4.0μg/mL），补加水至20mL。其中1份不加硅标准溶液的空白试验溶液按D制备参比溶液。另6份试液按D制备显色溶液。

表4-2 标准溶液加入量

硅的质量分数/%	硅标准溶液加入量/mL	硅标准溶液/$\mu g \cdot mL^{-1}$	吸收皿厚度/cm
0.010~0.050	0、0、1.00、2.00、3.00、4.00、5.00	4.0	2
0.050~0.25	0、0、1.00、2.00、3.00、4.00、5.00	10.0	1
0.25~1.00	0、0、2.00、4.00、6.00、8.00、10.00	10.0	1

b 分光光度测定

用合适的吸收皿（表4－2）于分光光度计波长810nm（或680nm、或760nm）处，测量各校准曲线显色溶液对参比溶液的吸光度。

c 校准曲线的绘制

以校准曲线溶液的吸光度为纵坐标，校准曲线溶液中加入的硅量与分取纯铁溶液中的硅量之和为横坐标，绘制校准曲线。

4.2.2 高氯酸脱水重量法测定硅含量

4.2.2.1 方法提要

试料以酸分解，加高氯酸蒸发冒烟，使硅酸脱水，经过滤洗涤后，灼烧成二氧化硅称量，再经硫酸－氢氟酸加热处理，使硅成四氟化硅挥发除去，由氢氟酸处理前后的质量差计算硅的质量分数。本方法适用于钢铁中0.1%以上硅含量的测定。

4.2.2.2 试剂

（1）盐酸：5＋95；

（2）硫酸：1＋1；

（3）盐酸－硝酸混合液：1＋1；

（4）硫氰酸铵溶液：50g/L。

4.2.2.3 分析步骤

A 试料量

按表4－3称取试样，精确至0.0001g。

表4－3 试料量及高氯酸量

硅的质量分数/%	试料量/g	高氯酸加入量/mL
0.10～0.50	4.0	55
＞0.50～1.0	3.0	45
＞1.0～2.0	2.0	35
＞2.0～4.0	1.0	25
＞4.0～6.0	0.50	20

B 试料处理

将试料置于300mL烧杯中，随同试料做空白试验。加入30～50mL盐酸－硝酸混合酸（1＋1），盖上表面皿，徐徐加热至试料完全溶解，稍冷，按表4－3加入高氯酸，加热蒸发至冒高氯酸烟，盖好表面皿，继续加热使高氯酸烟回流15～25min，取下稍冷。

C 沉淀分离

（1）加6mL盐酸润湿盐类，并使6价铬还原。加100mL热水，搅拌，使可溶解性盐类溶解。加少量滤纸浆，立即用中速滤纸加纸浆过滤。用淀帚将附着在烧杯壁上的硅胶仔细擦下，用热盐酸（5＋95）洗涤烧杯、沉淀及滤纸，洗至滤液无铁离子

(用50g/L硫氰酸铵溶液检查)，再以热水洗涤3次。

(2) 将滤纸和洗液移入原烧杯中，加10mL高氯酸，加热浓缩至冒高氯酸烟并回流15~25min，以下同(1)操作。

D 测量

将(1)和(2)所得沉淀连同滤纸置于铂坩埚中，加热烘干并将滤纸灰化后，移于1000~1050℃高温炉中灼烧30~40min，取出，稍冷，置于干燥器中冷却至室温，称量。反复灼烧至恒量。

将称量过的沉淀加4~5滴硫酸(1+1)润湿，加5mL氢氟酸，置于电热板上加热蒸发至冒尽硫酸烟，再移入1000~1050℃的高温炉中灼烧20min，取出，稍冷，置于干燥器中冷却至室温，称量。反复灼烧至恒重。

4.2.2.4 分析结果的计算

按下式计算硅的质量分数(%)：

$$w(\mathrm{Si})=\frac{[(m_1-m_2)-(m_3-m_4)]\times 0.4674}{m}\times 100\%$$

式中 m_1，m_3——氢氟酸处理前试料、空白试验沉淀和铂坩埚的质量，g；

m_2，m_4——氢氟酸处理后试料、空白试验残渣和铂坩埚的质量，g；

m——试料的质量，g；

0.4674——二氧化硅换算为硅的换算因数。

4.2.2.5 注释

(1) 可根据钢铁样品的品种选择合适的溶解酸。一般生铁、碳钢、硅钢和某些低合金钢可用硝酸(1+1或1+3)分解，低合金钢、高合金钢和高温合金可用王水或盐酸-过氧化氢分解。含铬高的试样可先用盐酸溶解，再加硝酸氧化。

(2) 试样含硼时对硅的沉淀有影响。一部分硼酸与硅酸共沉淀，灼烧时生成B_2O_3，而在氢氟酸处理时硼可生成三氟化硼挥发，使硅的结果偏高。当试样含硼大于1%或含硼大于0.01%而硅又小于1.0%时应采取除硼步骤：当溶解酸蒸发至10mL左右时，加40mL甲醇，低温蒸发，使硼成硼酸甲酯挥发除去，蒸发试液至10mL时，再加5mL硝酸，并按表4-3加高氯酸。

(3) 钨和钼的氧化物在高温下可升华挥发。含钨、钼试样在灼烧过程中，需取出铂坩埚，用铂丝搅碎沉淀，以加速其挥发。含钨试样在用氢氟酸挥硅后的灼烧温度不高于800℃，含钼试样挥硅后的灼烧温度不高于600℃。

(4) 含铌、钽、钛、锆的试样，在1000~1050℃灼烧，冷却，加1~1.5mL硫酸(1+1)，低温加热蒸发至冒尽硫酸烟。于800℃灼烧10min，冷却后称量，反复灼烧至恒重。沿坩埚壁加1mL硫酸(1+1)，5mL氢氟酸。低温加热冒尽硫酸烟，再在800℃灼烧至恒重。增加硫酸的量使铌、钽、钛、锆生成稳定的化合物。

(5) 灼烧温度不能低于1000℃，否则硅酸中少量水分不易除尽。

(6) 用氢氟酸处理二氧化硅沉淀时要加硫酸，其目的是防止氟化硅的水解，生成氟硅酸和硅酸，同时使硅酸中夹杂的金属氧化物生成硫酸盐，防止产生氟化物而挥发。而生成的硫酸盐在高温灼烧时又分解成氧化物，不影响测定。

4.3　磷含量的测定

4.3.1　氟化钠－氯化亚锡磷钼蓝光度法测定磷含量

4.3.1.1　方法提要

试料用稀硝酸分解，以高锰酸钾氧化磷成正磷酸，或以盐酸－过氧化氢分解试料、高氯酸冒烟氧化磷。磷酸与钼酸铵生成磷钼黄杂多酸，用酒石酸钾钠消除硅的干扰，用氟化钠配合铁等元素，加氯化亚锡将其还原为磷钼蓝，光度法测定，计算磷的质量分数。

本方法用于碳钢、低合金钢、高合金钢、生（铸）铁中磷含量的快速测定。砷量小于0.05%不干扰测定，多量砷可在硫酸介质中用硫代硫酸钠掩蔽。钨钢中的钨可在试样分解后用酒石酸掩蔽。由于溶液中有氟化物存在，1%以下的钛、铌、钽等不影响磷的测定。

4.3.1.2　试剂

（1）硝酸：1+1，2+3，1+3，1+4；

（2）盐酸－硝酸混合酸（3+1，王水）；

（3）硫酸：1+6，1+17；

（4）高锰酸钾溶液：40g/L；

（5）亚硝酸钠溶液：20g/L；

（6）亚硫酸钠溶液：100g/L；

（7）硫酸亚铁铵溶液：60g/L，270g/L，试剂配制时加数滴硫酸；

（8）钼酸铵溶液：50g/L；

（9）钼酸铵－酒石酸钾溶液：取等体积的钼酸铵溶液（200g/L）和酒石酸钾钠溶液（200g/L）均匀混合；

（10）氟化钠－氯化亚锡溶液：取24g氟化钠溶于1L热水中，冷却后加2g氯化亚锡，搅拌溶解，当天配制使用。氟化钠溶液可大量配制，使用时取部分溶液，加入相应量的氯化亚锡；

（11）酒石酸溶液：200g/L；

（12）氢氧化钠溶液：270g/L；

（13）硫代硫酸钠溶液：100g/L，每100mL溶液含0.2g碳酸钠，当日配制。

4.3.1.3　分析步骤

A　碳钢、低合金钢中磷含量的测定

准确称取30～50mg试样于干燥的150mL锥形瓶（或250mL高型烧杯）中，加10mL硝酸（1+3），加热溶解。滴加高锰酸钾溶液（40g/L）至稳定的红色，煮沸。当有水合二氧化锰沉淀析出后即滴加亚硝酸钠溶液（20g/L）至透明，继续煮沸10s驱尽氮氧化物。立即加入5mL钼酸铵－酒石酸钾钠溶液，摇动5～8s，加入20mL氟化钠－氯化亚锡溶液，混匀，放置2～3min，流水冷却。选择适当吸收皿，于波长660nm处，以水作参比测量吸光度，从工作曲线上计算磷的质量分数。

用同类标准物质按分析步骤操作，测量吸光度，绘制工作曲线。

B 低合金钢、合金钢、镍铬不锈钢中磷含量的测定

准确称取50～100mg试样于150mL干燥的锥形瓶中，加2～3mL盐酸－硝酸混合酸（王水），加热溶解，加2mL高氯酸，蒸发至冒烟2～3min。稍冷，加7mL硫酸（1+6），1.5mL亚硫酸钠溶液（100g/L）还原铬、钒，煮沸。取下，加10mL钼酸铵溶液（50g/L）20mL氟化钠－氯化亚锡溶液，混匀，放置2～3min流水冷却，移于50mL容量瓶中，以水稀释至刻度。用1～2cm吸收皿，在660～680nm处，以水为参比测量吸光度，从工作曲线上计算磷的质量分数。对高铬镍试样需制备自身空白液作参比：于剩余显色液中滴加高锰酸钾溶液（40g/L）至呈红色，放置1min以上，滴加亚硝酸钠溶液（20g/L）[或亚硫酸钠溶液（100g/L）] 至红色褪去。

用同类标准物质按分析步骤操作，测量吸光度，绘制工作曲线。

C 高碳、高硅钢、生（铸）铁中磷含量的测定

准确称取30～50mg试样于150mL锥形瓶中，加入2mL过氧化氢（或用适量王水溶解），加热溶解试样，加2mL高氯酸，加热蒸发冒烟至瓶口，保持片刻。稍冷，加10mL硝酸（1+4），加热至沸，混匀，加5mL钼酸铵－酒石酸钾钠溶液，以下同A中后续步骤操作。

用同类标准物质按分析步骤操作，测量吸光度，绘制工作曲线。

D 钨钢中磷含量的测定

准确称取40mg试样于150mL锥形瓶中，加2mL盐酸和2mL过氧化氢（或用适量王水溶解），加热溶解试样，加2mL高氯酸，加热蒸发冒高氯酸烟至瓶口并保持片刻，稍冷，加5mL酒石酸溶液（200g/L）、5mL氢氧化钠溶液（270g/L），混匀，加热煮沸使钨酸溶解。加10mL硝酸（2+3），混匀，煮沸片刻，取下，立即加入10mL钼酸铵－酒石酸钾钠溶液，摇动8～10s，立即加入40mL氟化钠－氯化亚锡溶液，混匀。选用适当吸收皿，于660nm处以水为参比测量吸光度。于余液中滴加高锰酸钾溶液（40g/L）至紫红色，再滴加硫酸亚铁溶液（100g/L）至红色消失，以此作为空白溶液测量吸光度。显色液的吸光度扣除空白溶液吸光度，在工作曲线上求得磷的质量分数。

用同类标准物质按分析步骤操作，测量吸光度，绘制工作曲线。

E 含砷钢（As大于0.05%）中磷含量的测定

准确称取40～50mg试样于150mL锥形瓶中，加盐酸和过氧化氢各1mL，加热溶解试料，加1mL高氯酸，加热蒸发冒烟至瓶口并保持10s。稍冷，加15mL硫酸（1+17），加热并滴加数滴硫酸亚铁铵（60g/L）还原铬，煮沸15s，加2～3滴硫代硫酸钠溶液（100g/L），加5mL钼酸铵－酒石酸钠溶液，摇动8～10s，加20mL氟化钠－氯化亚锡溶液，混匀。选择适当吸收皿，于660nm处以水为参比测量吸光度，从工作曲线上求得磷的质量分数。

用同类标准物质按分析步骤操作，测量吸光度，绘制工作曲线。

4.3.1.4 注释

（1）分析过程中所用器皿、试剂等要避免磷酸污染。曾用于冒磷酸烟的烧杯、锥形瓶等，由于杯壁形成 $SiO_2 \cdot P_2O_5$ 等化合物，不易洗净，不能用于磷含量的测定。

（2）钼酸铵溶液中加入酒石酸钾钠有利于消除硅和砷的干扰，酒石酸与钼酸根离子配合，降低钼酸铵的有效浓度，使钼酸铵难以与硅酸生成杂多酸。酒石酸在热溶液中能还原 $KMnO_4$ 或 MnO_2 沉淀，此情况下可不必加亚硝酸钠溶液还原高价锰。

（3）许多分析方法均采用高氯酸冒烟，其作用是：1）将磷氧化为正磷酸，对高锰试样，由于大量锰的存在，高锰酸钾氧化能力下降，需用高氯酸将磷氧化；2）有利于控制显色溶液的酸度；3）使硅酸脱水，消除高硅对磷显色的干扰；4）以高氯酸冒烟的氧化作用破坏试样中的碳化物，对高碳钢、高硅钢适当延长冒烟时间。不同的钢种可采用不同酸分解，再以高氯酸冒烟处理，可统一和规范下一步操作，该方法有很广的适用性。

（4）加氟化钠－氯化亚锡溶液显色后，不要立即用流水冷却，放置2min，自然降温，所得磷钼蓝的色泽可稳定较长时间。

（5）在盐酸介质中磷钼蓝的色泽不稳定。在配置氟化钠－氯化亚锡溶液时，直接将氯化亚锡溶解于氟化钠溶液中，而不能用盐酸配制氯化亚锡后再加入氟化钠溶液，否则多量的氯离子影响显色溶液的稳定性。

（6）作为快速分析方法，试剂加入后（不定容）直接显色，要求每个试料和其标准物质溶液的试剂加入量前后一致，以避免显色体积不一致引起误差。

4.3.2 铋磷钼蓝光度法测定磷含量

4.3.2.1 方法提要

试料经酸溶解后，冒高氯酸烟，使磷全部氧化为正磷酸并破坏碳化物。在硫酸介质中，磷和铋、钼酸铵形成黄色配合物，用抗坏血酸将铋磷钼黄还原为铋磷钼蓝，在分光光度计上于波长700nm处测量吸光度。计算磷的质量分数。

显色液中存在150μg钛、10mg锰、2mg钴、5mg铜、0.5mg钒、10mg镍、500μg铬（Ⅲ）、50μg铈、5mg锆、5μg铌、10μg钨，对测定无影响。砷对测定有严重干扰，可在处理试料时用氢溴酸除去。

4.3.2.2 试剂

（1）硫酸：1+1；

（2）盐酸－硝酸混合酸：2+1；

（3）氢溴酸－盐酸混合酸：1+2；

（4）抗坏血酸溶液：20g/L；

（5）钼酸铵溶液：30g/L；

（6）亚硝酸钠溶液：100g/L；

（7）硝酸铋溶液：10g/L；

（8）铁溶液：5mg/mL、1mg/mL；

（9）磷标准溶液：5.0μg/mL。

4.3.2.3 分析步骤

A 试料量

根据磷含量按表4－4称取试样，精确至0.0001g。

表4－4 试料量

磷的质量分数/%	试料量/g
0.005～0.050	0.50
>0.050～0.300	0.10

B 试料分解

将试料（A）置于150mL烧杯中，加10～15mL盐酸－硝酸混合酸（2+1），加热溶解，滴加氢氟酸，加入量视硅含量而定。待试样溶解后，加10mL高氯酸，加热至刚冒高氯酸烟，取下，稍冷。加10mL氢溴酸－盐酸混合液（1+2）除砷，加热至刚冒高氯酸烟，再加5mL氢溴酸－盐酸混合液（1+2）再次除砷，继续蒸发冒高氯酸烟（如试料中铬含量超过5mg，则将铬氧化至6价后，分次滴加盐酸除铬），至烧杯内部透明后回流3～4min（如试料中锰含量超过4mg，回流时间保持15～20min），蒸发至湿盐状，取下，冷却。

沿杯壁加入20mL硫酸（1+1），轻轻摇匀，加热至盐类全部溶解，滴加亚硝酸钠（100g/L）将铬还原至低价并过量1～2滴，煮沸驱尽氮氧化物，取下，冷却。移入100mL容量瓶中，用水稀释至刻度，混匀。

移取10.00mL上述试液2份，分别置于50mL容量瓶中。

C 显色

显色液：加2.5mL硝酸铋溶液（10g/L）、5mL钼酸铵溶液（30g/L）、每加一种试剂必须立即混匀。用水吹洗瓶口或瓶壁，使溶液体积约为30mL，混匀。加5mL抗坏血酸溶液（20g/L），用水稀释至刻度，混匀。

参比液：与显色液同样操作，但不加钼酸铵溶液，用水稀释至刻度，混匀。

在室温下放置10min。

D 测定

将部分溶液（C）移入合适的吸收皿中，以参比液为参比，于分光光度计700nm处测量吸光度。减去随同试料所做的空白试验的吸光度，从校准曲线上查出相应的磷含量。

E 校准曲线的绘制

a 校准溶液的制备

磷的质量分数小于0.050%时，移取0mL、0.50mL、1.00mL、2.00mL、3.00mL、5.00mL磷标准溶液（5.0μg/mL），分别置于6个50mL容量瓶中，各加入10.0mL铁溶液（5mg/mL）；磷的质量分数大于0.050%时，移取0mL、1.00mL、2.00mL、3.00mL、4.00mL、6.00mL磷标准溶液（5.0μg/mL），分别置于6个50mL容量瓶中，各加入10.0mL铁溶液（1mg/mL）。以下按C中显色液操作。

b 吸光度的测定

以零浓度校准液为参比，于分光光度计波长700nm处测量各校准溶液的吸光度。

以磷的质量分数为横坐标，吸光度为纵坐标，绘制标准曲线。

4.3.2.4 注释

（1）本方法亦可用锑磷钼蓝分光光度法测定钢铁中的磷含量。磷在硫酸介质中和锑、钼酸铵形成黄色配合物，用抗坏血酸将铋磷钼黄还原为铋磷钼蓝，在分光光度计上于波长700nm处测量吸光度。计算磷的质量分数。

（2）砷干扰磷的测定，亦可用酒石酸及酒石酸钾钠掩蔽。

4.4 锰含量的测定

4.4.1 过硫酸铵氧化光度法测定锰含量

4.4.1.1 方法提要

试料用硫酸－磷酸混合酸分解，以硝酸银为催化剂，用过硫酸铵氧化二价锰为紫色的高锰酸，在分光光度计上于波长525nm处测量其吸光度，计算锰的质量分数。

本方法用于钢铁及合金试样0.01%以上锰含量的沉淀。

4.4.1.2 试剂

（1）硫酸－磷酸混合酸：将150mL硫酸缓缓加入到700mL水中，边加边搅拌，稍冷，加150mL磷酸，混匀；

（2）硝酸银溶液：5g/L；

（3）过硫酸铵溶液：200g/L，用时配制；

（4）亚硝酸钠溶液：5g/L；

（5）锰标准溶液：500μg/mL，200μg/mL。

4.4.1.3 分析步骤

A 试料量

按试样中的锰含量，称取0.1000～0.5000g试样（控制试料中锰含量不超过2mg）。

B 试料分解

将试料置于150mL锥形瓶中，加20mL硫酸－磷酸混合酸（含高硅试样可滴加3～4滴氢氟酸），加热溶解后，滴加硝酸破坏碳化物，煮沸，驱尽氮氧化物，冷却。

C 氧化

加水稀释至溶液体积约为50mL，加5mL硝酸银溶液（5g/L）和10mL过硫酸铵溶液（200g/L），加热煮沸至有小气泡转为冒大气泡，取下，流水冷却至室温，移入100mL容量瓶中，用水稀释至刻度，混匀。

注意：含锰0.1%、铬10%以上的试样加10mL硝酸银溶液。含20%以上试样加20mL过硫酸铵溶液。

D 测定

取部分显色溶液置于合适的吸收皿中，向剩余的显色液中，边摇动边滴加亚硝酸钠溶液（5g/L）至紫红色刚好褪去，以此为参比，于分光光度计上波长525nm处测量吸光度。从工作曲线计算锰的质量分数。

E 工作曲线的绘制

分取不同量的锰标准溶液（200μg/mL或500μg/mL），分别置于数个150mL锥形瓶中，加20mL硫酸－磷酸混合酸，用水稀释至约50mL，以下按步骤C、D操作，测量吸光度，绘制工作曲线。

4.4.1.4 注释

（1）试料也可用硝酸－磷酸混合酸（20＋3＋100）分解，并直接加过硫酸铵溶液和硝酸银溶液煮沸氧化显色。显色酸度一般控制在 $c(H^{+})=2mol/L$ 左右。

（2）难溶于硫酸－磷酸混合酸的试样，可用盐酸－硝酸混合酸、盐酸－过氧化氢分解，再加硫酸－磷酸混合酸加热冒烟以除去氯离子。磷酸的存在有利于锰的氧化和高锰酸的稳定。

（3）亦可用高碘酸钾（钠）氧化光度法测定锰含量：试料经酸溶解后，在硫酸、磷酸介质中用高碘酸钾（钠）将锰氧化为紫色的高锰酸，于波长525nm处测量吸光度，计算锰的质量分数。

（4）过硫酸铵氧化速度比高碘酸钾氧化速度快，常用于快速和自动分析。

4.4.2 高氯酸氧化亚铁滴定法测定锰含量

4.4.2.1 方法提要

试料经硝酸、磷酸分解，在磷酸存在下以高氯酸将锰氧化至三价，以N－苯代邻氨基苯甲酸为指示剂，用亚铁标准滴定溶液滴定，由标准滴定溶液消耗量计算锰的质量分数。

钒、铈有干扰，1.0%的钒相当于1.08%的锰，0.1%的铈相当于0.039%的锰。可用系数法扣除。

4.4.2.2 试剂

（1）N－苯代邻氨基苯甲酸溶液：2g/L，每100mL溶液中含0.2g碳酸钠；

（2）硫酸亚铁铵标准滴定溶液：$c(Fe^{2+})=0.02mol/L$。

4.4.2.3 分析步骤

A 试料量

称取0.20g试样，精确至0.0001g。

B 试料分解

将试料置于250mL锥形瓶中，加15mL磷酸，5mL硝酸及2mL高氯酸，加热溶解试料，继续加热至高氯酸分解完全，此时小气泡停止发生，液面平静并有少量小液珠滚动，立即取下，稍等片刻，加70mL水，摇动溶解盐类后冷却至室温。

C 滴定

用硫酸亚铁铵标准滴定溶液滴定至浅红色，滴加2滴N－苯代邻氨基苯甲酸指示剂溶液（2g/L），继续用硫酸亚铁铵标准滴定溶液滴定至紫红色消失为终点。

4.4.2.4 分析结果的计算

（1）按下式计算不含钒、铈试样中锰的质量分数（%）：

$$w_{Mn}=\frac{c\times V\times 54.94}{m\times 10^3}\times 100\%$$

或
$$w_{Mn}=\frac{T\times V}{m}\times 100\%$$

（2）按下式计算含钒、铈试样中锰的质量分数（%）：

$$w_{Mn}=\frac{c\times V\times 54.94}{m\times 10^3}\times 100\%-1.08\times w_V-0.39\times w_{Ce}$$

或
$$w_{Mn}=\frac{T\times V}{m}\times 100\%-1.08\times w_V-0.39\times w_{Ce}$$

式中 w_{Mn}——锰的质量分数,%；

w_V——试样中钒的质量分数,%；

w_{Ce}——试样中铈的质量分数,%；

c——硫酸亚铁铵标准滴定溶液的浓度，mol/L；

T——硫酸亚铁铵标准滴定溶液对锰的滴定度，g/mL；

V——滴定消耗硫酸亚铁铵标准滴定溶液的体积，mL；

m——试料量，g；

54.94——锰的摩尔质量，g/mol。

4.4.2.5 注释

（1）本方法亦可用硝酸铵氧化亚铁滴定法测量锰含量。其方法关键是控制温度，所用电热板的温度要适中，不能太高。温度过低则氧化不完全，分析结果偏低，而温度过高则又有可能析出焦磷酸盐，亦使分析结果偏低。

（2）不论是硝酸铵氧化还是高氯酸氧化，磷酸的存在是必要的。在冒磷酸微烟时可驱除各种余酸，其温度约220℃，控制氧化的温度，如继续冒烟，则是生成焦磷酸烟而温度升高，结果又偏低。磷酸是三价锰很好的稳定剂，同时由于磷酸的存在，即使高氯酸冒烟铬亦不被氧化。此外，在随后滴定时，磷酸的存在亦提高了亚铁的还原能力。

（3）高氯酸氧化后，稍冷，加水，可利用生成的水蒸气将溶液中的氯赶出并溶解盐类。

（4）某些难溶解试样，如高碳钢、镍铬钢、耐热钢等可先用适当比例的盐酸、硝酸混合酸溶解，再加磷酸冒烟。生铁试样用硝酸（1+3）溶解，过滤、洗涤后加磷酸冒烟。磷酸用量在12~20mL无明显影响。

（5）滴定后的溶液可继续测定其中钒和铈的含量。

4.5 铬含量的测定

4.5.1 过硫酸铵银盐氧化－亚铁滴定法测定铬含量

4.5.1.1 方法提要

试料用酸分解。在硫酸－磷酸介质中，以硝酸银为催化剂，用过硫酸铵将铬氧化成6价，用硫酸亚铁铵标准滴定溶液滴定。根据硫酸亚铁铵标准滴定溶液消耗体积，计算铬的质量分数。

含钒的试料，以亚铁－邻二氮杂菲溶液为指示剂，加过量的硫酸亚铁铵标准溶液，以高锰酸钾溶液返滴定，或按钒含量扣除与之相当的铬含量计算铬的质量分数。

本方法适用于低合金钢、合金钢和合金中0.1%～40%铬含量的测定。

4.5.1.2 试剂

(1) 无水乙酸钠或结晶乙酸钠。

(2) 盐酸－硝酸混合酸：3＋1。

(3) 硫酸－磷酸混合酸：8＋2＋15。

(4) 硝酸银溶液：10g/L，滴加数滴硝酸，储于棕色瓶中。

(5) 过硫酸铵溶液：200g/L，当日配制。

(6) 硫酸锰溶液：40g/L。

(7) 铬标准溶液：2.00mg/mL、0.50mg/mL，用重铬酸钾基准试剂配制。

(8) 硫酸亚铁铵标准滴定溶液：$c(Fe^{2+})=0.010$mol/L、0.050mol/L。

(9) 高锰酸钾标准滴定溶液：$c(1/5KMnO_4)=0.010$mol/L、0.05mol/L。

(10) N－苯代邻氨基苯甲酸指示剂溶液：2g/L。

(11) 亚铁－邻二氮杂菲溶液。1) 配制：称取1.49g邻二氮杂菲、0.98g硫酸亚铁铵置于300mL烧杯中，加50mL水，加热溶解，冷却，用水稀释至100mL，混匀；2) 亚铁－邻二氮杂菲溶液要消耗高锰酸钾标准滴定溶液，应按以下步骤进行校正：在完成高锰酸钾标准滴定溶液标定后的两份溶液中，一份加10滴亚铁－邻二氮杂菲溶液，另一份加20滴，各用被标定的高锰酸钾标准滴定溶液滴定，两者消耗高锰酸钾标准滴定溶液的体积差为10滴亚铁－邻二氮杂菲溶液的校正值。此值应从滴定过量硫酸亚铁铵标准滴定溶液所消耗高锰酸钾标准滴定溶液的毫升数中减去。

4.5.1.3 分析步骤

A 试料量

根据试样铬含量称取约0.20～2.0g试样（控制试料量中的铬量在2～40mg，精确至0.0001g。称取的试样中钨含量、锰含量应不大于100mg，否则终点不易辨认）。

B 试料分解

将试料置于500mL烧杯中，随同试料做空白试验。加入50mL硫酸－磷酸混合酸，加热至试料完全溶解（难溶于硫酸－磷酸混合酸的试料，可先用适量的盐酸－磷酸混合酸溶解，再加硫酸－磷酸混合酸。高硅试料溶解时可滴加数滴氢氟酸），滴加硝酸氧化，直至激烈作用停止，继续加热蒸发冒硫酸烟（高碳、高铬及高铬钼试料，冒硫酸烟时滴加硝酸氧化至溶液清晰碳化物全部被破坏为止），冷却。

对含钒、钨的试料在溶样时应按表4－5补加磷酸，并加热蒸发至冒硫酸烟。

表4－5 补加磷酸和无水乙酸钠量

品 种	试 料	补加磷酸量/mL	加无水乙酸钠量/g
含钨不含钒	试料中钨量小于30mg	10	—
	试料中钨量30～100mg	20	—
含钒不含钨	试料小于1g	10	10
	试料1～2g	15	15
钨、钒共存	试料中钨量小于10mg	15～25	15～25
	试料中钨量10～100mg	25～30	25～30

C 氧化

用水稀释至200mL（生铁、铸铁试样用水稀释至100mL，以中速滤纸过滤，用水洗涤5～6次，并稀释至200mL），加5mL硝酸银溶液（10g/L）、20mL过硫酸铵溶液（200g/L），混匀。加热煮沸至溶液呈现稳定的紫红色（如试料中锰含量低，可加数滴40g/L硫酸锰溶液），继续煮沸5min并分解过量的过硫酸铵。取下，加5mL盐酸，煮沸至红色消失（若锰含量高，红色高锰酸钾未完全分解，再补加2～3mL盐酸，煮沸至红色消失），继续煮沸2～3min，使氯化银沉淀凝聚下沉。流水冷却至室温。

D 滴定

不含钒与含钒试液分两种方法滴定。

a 不含钒试液

用硫酸亚铁铵标准滴定溶液滴定至溶液呈淡黄色，加3滴N－苯代邻氨基苯甲酸指示剂溶液（2g/L），在不断搅拌下继续滴定至由玫瑰红色变为亮绿色为终点。硫酸亚铁铵标准滴定溶液消耗的毫升数加上3滴N－苯代邻氨基苯甲酸指示剂溶液的校正值（mL）。

b 含钒试液

用硫酸亚铁铵标准滴定溶液滴定至6价铬的黄色转变为亮绿色前，加5滴亚铁－邻二氮杂菲溶液，继续滴定至试液呈稳定的红色，并过量5mL。再加5滴亚铁－邻二氮杂菲溶液，以浓度相近的高锰酸钾标准滴定溶液返滴定至红色消失，按表4－5加入无水乙酸钠，待乙酸钠溶解后，继续以高锰酸钾标准滴定溶液缓慢滴定至淡蓝色（铬高价时为蓝绿色）为终点。高锰酸钾标准滴定溶液消耗的毫升数减去10滴亚铁－邻二氮杂菲溶液的校正值（mL）。

注意：如已知或已准确测定试样中钒的含量，推荐按a不含钒试料方法滴定，以钒含量按系数扣除法计算质量分数。

4.5.1.4 分析结果的计算

（1）按下式计算不含钒试料中铬的质量分数（%）：

$$w_{Cr}=\frac{c_1\times V_1\times 17.33}{m\times 10^3}\times 100\%$$

式中 c_1——硫酸亚铁铵标准滴定溶液的浓度，mol/L；

V_1——滴定所消耗硫酸亚铁铵标准滴定溶液体积（包括指示剂校正值），mL；

m——试料的质量，g；

17.33——1/3 铬的摩尔质量，g/mol。

（2）按下式计算含钒试料中铬的质量分数：

$$w_{Cr} = \frac{(c_1V_1 - c_2V_2) \times 17.33}{m \times 1000} \times 100\%$$

或

$$w_{Cr} = \frac{c_1(V_1 - kV_2) \times 17.33}{m \times 1000} \times 100\%$$

式中 c_2——高锰酸钾标准滴定溶液的浓度，mol/L；

V_2——返滴定消耗高锰酸钾标准滴定溶液的体积（包括指示剂校正值），mL；

k——高锰酸钾标准滴定溶液相当于硫酸亚铁铵标准滴定溶液的体积比；

其余符号意义同上。

含钒试料也可按不含钒试料进行滴定，按下式计算铬的质量分数：

$$w_{Cr} = \frac{c_1 \times V_1 \times 17.33}{m \times 10^3} \times 100\% - 0.34 \times w_V$$

式中 w_V——试样中钒的质量分数，%；

其余符号意义同上。

4.5.1.5 注释

（1）试料称取量与其铬含量和滴定用硫酸亚铁铵标准滴定溶液的浓度有关，为保证滴定的准确度和精度，根据硫酸亚铁铵标准滴定溶液的浓度，称取合适的试料量，控制消耗的滴定溶液在 20～50mL，对低含量的铬，滴定溶液不低于 10mL。例如，使用0.05mol/L 的标准滴定溶液，对 1% 的试样至少称取 2g，对 20% 的试样称取 0.2g；对低于 1% 的试样应采用 0.01mol/L 或 0.03mol/L 浓度的滴定溶液，使用 0.010mol/L 的滴定溶液时，0.1% 的试样应称取 2g。

（2）根据试样选择合适的溶解酸。一些低合金钢可用硝酸（1+3）溶解，高镍铬钢用盐酸－过氧化氢或盐酸－硝酸混合酸溶解，高硅试样可滴加数滴氢氟酸助溶，然后再加硫酸－磷酸混合酸，加热蒸发至冒硫酸烟。对高钨试样，在用盐酸－过氧化氢或盐酸－硝酸混合酸溶解时加 5mL 磷酸，加热溶解，使钨与磷酸配合，再加 7mL 硫酸，加热蒸发至冒烟。不论用哪种方法分解试料，应将试料中的碳化物分解完全，溶毕后试液应清亮透明，特别是碳化铬含量较高的高碳铬钢、高铬铸钢等试料。

（3）加盐酸（或氯化钠）煮沸至高锰酸钾红色消失，煮沸时间不能太长，退色后即流水冷却至室温，以免 6 价铬被还原。

（4）钒、铈在本测量条件下亦被过硫酸铵氧化，本方法加入过量的硫酸亚铁铵溶液将铬、钒、铈还原至低价，再以高锰酸钾滴定过量的硫酸亚铁铵，则钒、铈重新被氧化至高价，从而消除了它们的干扰。如果已测定了试样中钒、铈的含量，则可用系数扣除法计算，1% 的钒相当于 0.34% 的铬。0.1% 的铈相当于 0.0124% 的铬。

通常钢中铈的含量很低，其系数亦小，一般不考虑其影响。有试验指出，在该条件下9mg的铈不影响90mg铬的测定。

（5）本方法对含钒试样返滴定时采用亚铁－邻二氮杂菲为指示剂，变色敏锐。滴定时加入乙酸钠，降低溶液的酸度，以提高指示剂的氧化还原电位，使终点变色敏锐，乙酸钠的量随磷酸量的增加而增加。对含钨、钒的试样，补加一定量的磷酸，使钨与磷酸生成稳定的配合物，磷酸的加入亦与三价铁生成稳定的配合物，降低了Fe^{3+}/Fe^{2+}的氧化还原电位，相应提高了亚铁的还原能力。

（6）有些分析方法用高锰酸钾标准滴定溶液返滴定时，以过量高锰酸钾本身的微红色指示返滴定的终点。该方法对低铬的试样是适合的。但随着试液中铬含量增加，在3价铬的绿色溶液中观察高锰酸钾的微红色终点较难判断，试液由绿色开始转变为稳定的暗绿色时已到终点。对高铬试液，当观察到试液呈微红色时，实际高锰酸钾可能已过量，使结果偏低。曾有报道，在返滴定消耗高锰酸钾标准滴定溶液毫升数中减去一校正值V_0（mL，随铬含量增高而增加）。其校正值可用以下步骤求得：将返滴定至微红色的试液煮沸1min，取下，流水冷却至室温，再以高锰酸钾标准滴定溶液滴定到与返滴定时终点深浅相同的微红色，其消耗高锰酸钾标准滴定溶液的毫升数即为校正值V_0，例如对5%的铬，校正值V_0可达0.5mL（0.023mol/L）。

（7）试料分解后在硫酸－磷酸介质中，也可在煮沸的条件下，用高锰酸钾将铬氧化，再在尿素存在下以亚硝酸钠还原过量的高锰酸钾，用亚铁滴定铬。在此条件下钒、铈亦同时被氧化，可按系数扣除或用高锰酸钾标准滴定溶液回滴。基本分析步骤为：试料以40mL硫酸－磷酸混合酸（16+8+76）加热分解（或用盐酸－过氧化氢、盐酸－硝酸分解再以硫酸－磷酸加热冒烟），滴加硝酸助溶并破坏碳化物，煮沸驱尽氮氧化物。在煮沸条件下，滴加高锰酸钾溶液（40g/L）至稳定红色并保持40s，取下，冷却至室温。加20～40mL水，加20mL尿素溶液（100g/L），在摇动下滴加亚硝酸钠溶液（20g/L）至高锰酸钾的红色褪尽并过量2滴，放置1min，用亚铁标准滴定溶液滴定。

4.5.2 碳酸钠分离－二苯碳酰二肼光度法测定铬含量

4.5.2.1 方法提要

试料用酸分解，在硫酸溶液中以高锰酸钾氧化铬至6价，加过量碳酸钠溶液，铁、镍、钴等元素生成沉淀而与铬分离。分取部分滤液，在0.05～0.2mol/L的硫酸溶液中6价铬与二苯碳酰二肼生成紫红色化合物，于540nm测量吸光度，计算铬的质量分数。当共存400mg铁，60mg镍，40mg钴，2mg钼、铝，1mg铜、钒，12mg钨时，经分离后不影响铬含量的测定。本方法适用于纯铁、碳钢、低合金钢中0.005%～0.50%铬含量的测定。

4.5.2.2 试剂

（1）硝酸：1+3；

（2）硫酸：1+1，1+6；

（3）高锰酸钾溶液：10g/L；

（4）碳酸钠溶液：200g/L；

（5）二苯碳酰二肼溶液：2.5g/L；

（6）铬（6价）标准溶液：2.0μg/mL。

4.5.2.3 分析步骤

A 试料量

称取0.2000g或0.4000g试样。

B 试料分解

将试料置于150mL烧杯中，随同试料进行空白试验。加10mL硝酸（1+3），加热溶解。加5mL硫酸（1+1），加热至冒硫酸烟。冷却，加30mL水，加热溶解盐类。

C 沉淀分离

于试液中加2mL高锰酸钾溶液（10g/L），加热煮沸至二氧化锰沉淀完全，用水稀释至80~90mL。在搅拌下分次缓缓加入约30mL碳酸钠溶液（200g/L），待出现沉淀后，过量5mL（如30mL碳酸钠溶液不够，可多加）。冷却至室温，将试液移入250mL容量瓶中，用水稀释至刻度，混匀。

D 显色

用双层中速滤纸干过滤，弃去最初的滤液，分取滤液（铬含量小于0.01%时取50.00mL，铬含量在0.01%~0.10%时移取25mL，铬含量在0.1%~0.2%时移取10mL，铬含量大于0.2%时取5mL）于100mL容量瓶中，加4mL硫酸（1+6），加水稀释至约90mL。边摇动边加入3mL二苯碳酰二肼溶液（2.5g/L），混匀，用水稀释至刻度，混匀。

E 测量

将显色液移入适当的吸收皿中，以空白试验溶液为参比，于540nm处测量吸光度。在工作曲线上查取并计算铬的质量分数。

F 工作曲线的绘制

分取0mL、2.00mL、…、10mL铬标准溶液（2.0μg/mL）于数个100mL容量瓶中，加4mL硫酸（1+6），加水稀释至约90mL，边摇动边加入3mL二苯碳酰二肼溶液（2.5g/L），混匀，用水稀释至刻度，混匀。以试剂空白为参比，于540nm测量吸光度，绘制工作曲线。

4.5.2.4 注释

（1）试料亦可用稀王水、盐酸-过氧化氢加热分解。在用盐酸分解试料时，加热冒硫酸烟时应将盐酸驱尽。

（2）在用碳酸钠分离时，如试样含镍、钴量高时，应将沉淀试液煮沸2~3min。

（3）显色时，如干过滤滤液呈粉红色，表示尚有部分高锰酸钾未分解，可在加硫酸（1+6）后加5mL尿素溶液（200g/L），边摇动边滴加亚硝酸钠溶液（20g/L），还原至高锰酸钾红色褪去，再过量1滴。

4.6 镍含量的测定

4.6.1 丁二酮肟直接光度法测定镍含量

4.6.1.1 方法提要

试样经酸溶解，高氯酸冒烟氧化铬至6价，以酒石酸钠掩蔽铁，在强碱性介质中，以过硫酸铵为氧化剂，镍与丁二酮肟生成红色配合物，测量其吸光度。

显色液中锰量大于1.5mg、铜量大于0.2mg、钴量大于0.1mg会干扰测定。

4.6.1.2 试剂

(1) 硝酸：2+3；

(2) 盐酸-硝酸混合酸：将1份盐酸、1份硝酸和2份水相混合；

(3) 酒石酸钠溶液：300g/L；

(4) 氢氧化钠溶液：100g/L；

(5) 丁二酮肟溶液：10g/L，用乙醇配制；

(6) 过硫酸铵溶液：40g/L；

(7) 镍标准溶液：10.0μg/mL。

4.6.1.3 分析步骤

A 试料量

根据镍含量（质量分数）按表4-6称取试样，精确至0.0001g。

表4-6 试料量

镍的质量分数/%	试料量/g
0.03~0.10	0.50
>0.10~0.50	0.20
>0.50~2.00	0.10

B 测定

(1) 将试料置于150mL锥形瓶中，加5~10mL硝酸（2+3）或盐酸-硝酸混合酸（1+1+2），加热溶解后，加3~10mL高氯酸，蒸发至冒高氯酸烟氧化铬呈6价，稍冷。

(2) 加少量水使盐类溶解，冷却后移入100mL容量瓶中（镍的质量分数为0.03%~0.10%时，移入50mL容量瓶中），用水稀释至刻度，混匀。如有沉淀干过滤除去。

移取10.00mL（镍的质量分数为1.00%~2.00%时，移取5.00mL）试液2份，分别置于50mL容量瓶中，分别按1）和2）进行。

1）显色液：加10mL酒石酸钠溶液（300g/L）、10mL氢氧化钠溶液（100g/L）、2mL丁二酮肟溶液（10g/L）和5mL过硫酸铵溶液（40g/L），每加一种试剂后均要混匀，用水稀释至刻度，混匀。

2）参比液：加10mL酒石酸溶液（300g/L）、10mL氢氧化钠溶液（100g/L）、2mL乙醇、5mL过硫酸铵溶液（40g/L），用水稀释至刻度，混匀。

(3) 放置10~20min后将部分溶液移入2cm或3cm吸收皿中，以参比液为参比，在分光光度计上于波长530nm处，测量吸光度。减去空白试验的吸光度，从校准曲线上查出相应的镍质量（μg）。

（4）校准曲线的绘制。移取0、2.00mL、4.00mL、6.00mL、8.00mL、10.00mL镍标准溶液（10.0μg/mL），分别置于50mL容量瓶中，按B中（2）显色，以试剂空白为参比按B中（3）测量吸光度。以镍质量为横坐标，吸光度为纵坐标绘制标准曲线。

4.6.2 EDTA直接滴定法测定镍含量

4.6.2.1 方法提要

试料以盐酸、硝酸分解，高氯酸将铬氧化至6价。以三乙醇胺掩蔽铁、铝、钛等，在氢氧化钾的碱性溶液中加入过量的EDTA标准滴定溶液与镍配合，以钙黄绿素-百里酚酞为指示剂，用钙标准滴定溶液返滴定过量的EDTA，计算镍的质量分数。锰含量高时用氢氧化钾、过氧化氢氧化Mn^{2+}至Mn^{3+}，再以三乙醇胺掩蔽。钴量高时用过氧化氢氧化至Co^{3+}，再以氨水掩蔽。

本方法适用于不锈钢、合金钢中3%以下镍含量的快速测定。

4.6.2.2 试剂

（1）盐酸-硝酸混合酸：3+1；

（2）三乙醇胺：1+4；

（3）氢氧化钾溶液：200g/L；

（4）EDTA标准滴定溶液：0.02mol/L或0.01mol/L；

（5）钙标准滴定溶液：0.02mol/L或0.01mol/L；

（6）钙黄绿素-百里酚酞指示剂：称取1g钙黄绿素，0.1g百里酚酞混合100g硝酸钾，混合后研细，储于磨口瓶中。

4.6.2.3 分析步骤

称取0.05~0.10g（精确至0.0001g）试样于400mL烧杯中，加5mL盐酸-硝酸混合酸，加热至试料溶解。加3mL高氯酸，加热蒸发冒高氯酸烟至杯口，将铬氧化至6价。冷却至室温，沿杯壁加30mL水，温热摇动溶解盐类，加15mL三乙醇胺（1+4）、10mL氢氧化钾溶液（200g/L），搅拌片刻。当锰含量大于2%时，通氧1~2min以氧化锰。准确加入EDTA标准滴定溶液，并过量5mL。加水稀释至200mL，搅拌片刻，加少许钙黄绿素-百里酚酞指示剂，立即用钙标准滴定溶液滴定至黄绿色荧光30s不消失为终点。

4.6.2.4 分析结果的计算

按下式计算镍的质量分数（%）：

$$w_{Ni} = \frac{c \times (V_1 - kV_2) \times 58.70}{m \times 100} \times 100\%$$

或

$$w_{Ni} = \frac{T \times (V_1 - kV_2)}{m \times 100} \times 100\%$$

式中 c——EDTA标准滴定溶液的浓度，mol/L；

V_1——滴定加入 EDTA 标准滴定溶液的体积，mL；

V_2——返滴定消耗钙标准滴定溶液的体积，mL；

k——每毫升钙标准滴定溶液相当于 EDTA 标准滴定溶液的体积；

T——EDTA 标准滴定溶液对镍的滴定度，mg/mL；

m——试料量，g；

58.70——镍的摩尔质量，g/mol。

4.6.2.5 注释

（1）试料亦可采用稀硝酸、盐酸－过氧化氢等试剂分解，随后以高氯酸冒烟将钴氧化至6价。过量6价铬的黄色影响终点的观察，必要时可滴加盐酸将铬挥去。

（2）滴定在氢氧化钾碱性介质中进行，如在氢氧化钠溶液中由于钠盐存在会使荧光提前出现而干扰终点的观察。

（3）对高锰、高钴（大于15%）试样，可在加氢氧化钾溶液后加1mL过氧化氢、20mL氨水，充分搅拌2min，将锰、钴氧化和掩蔽，然后再加过量 EDTA 标准滴定溶液，用水稀释至350～400mL。按等物质的量计算，每毫克镍需加0.9mLEDTA 标准滴定溶液（0.02mol/L）。

（4）试料溶液的滴定亦可用偶氮胂Ⅲ指示滴定终点。溶液在加三乙醇胺和氢氧化钾溶液后加水稀释至200mL，加3～4滴偶氮胂Ⅲ指示剂溶液（2.5g/L），用 EDTA 标准滴定溶液滴定至溶液由蓝色变为微红色在1min 内不消失，再过量5mL。再加3～4滴偶氮胂Ⅲ指示剂溶液，用钙标准滴定溶液滴定至蓝色为终点。当试液有钴存在时，终点会返回，需反复滴定至蓝色。当钴量较高时，可采用下述方法操作：在加入过量 EDTA 标准滴定溶液后放置5～10min，加3～4滴偶氮胂Ⅲ指示剂溶液，用钙标准滴定溶液滴定至蓝色后再过量10mL，放置5～8min，再用 EDTA 标准滴定溶液滴定过量的钙至紫红色消失为终点。在此情况下，利用过量的钙标准滴定溶液破坏 EDTA－钴配合物。

4.7 铜含量的测定

4.7.1 双环己酮草酰二腙光度法测定铜含量

4.7.1.1 方法提要

试料以酸溶解，高氯酸冒烟并将铬氧化至6价。用柠檬酸配合铁、铝等金属离子，在 pH 值9.0～9.5的弱碱性溶液中，双环己酮草酰二腙（BCO）与二价铜生成蓝色配合物，于600nm 测量吸光度，于工作曲线上计算铜的质量分数。一定量的镍和钴对铜的显色有影响，加大 BCO 的用量，在显色液中允许2mg 镍、0.2mg 钴，有色离子的影响通过用试液本身参比消除。

本方法适用于钢铁中0.01%～1.0%铜含量的测定。

4.7.1.2 试剂

（1）盐酸－硝酸混合酸：1＋1；

（2）氨水：1+1；

（3）柠檬酸铵溶液：500g/L；

（4）双环己酮草酰二腙（BCO）乙醇溶液：1g/L，称取1.0gBCO置于500mL烧杯中，加80mL乙醇（1+1），在60℃以下温热溶解，冷却至室温，移入1000mL容量瓶中，用乙醇（1+1）稀释至刻度；

（5）中性红乙醇溶液：1g/L；

（6）缓冲溶液：pH值9.2，称取54g氯化铵置于500mL烧杯中，加200mL水溶解，加63mL氨水，用水稀释至1L，混匀；

（7）铜标准溶液：10μg/mL、20.0μg/mL。

4.7.1.3 分析步骤

A 试料量

按表4－7称取试料。

表4－7 试料量、试液分取量和标准溶液加入量

铜含量/%	0.01~0.10	0.10~0.50	>0.50
试料量/g	0.5000	0.2000	0.2000
试液分取量/mL	10.00	10.00	5.00
铜标准溶液/$\mu g \cdot mL^{-1}$	10.0	10.0	20.0
吸收皿厚度/cm	3	2	1

B 试料分解

将试料置于150mL烧杯（或锥形瓶）中，随同试料进行空白试验。加15mL盐酸－硝酸混合酸，加热至试料完全溶解。加5mL高氯酸，加热蒸发冒高氯酸烟2min（铬含量高时补加3mL高氯酸，冒烟至铬氧化，滴加盐酸将铬挥除）。稍冷，加20mL水，加热溶解盐类，冷却至室温，将试液移入100mL容量瓶中，以水稀释至刻度，混匀。

注意：如试验有石墨碳、钨酸等不溶物，用中速滤纸过滤于100mL容量瓶中，用水洗净。

C 显色

按表4－7分取10.00mL或5.00mL试液两份，分别置于两个50mL容量瓶中。

显色溶液：加2mL柠檬酸铵溶液（500g/L），混匀，加1~2滴中性红乙醇溶液，用氨水（1+1）调节试液由红色变为黄色并过量2~3滴，加10mL缓冲溶液（pH值9.2）。温度高时流水冷却至室温，加10mLBCO溶液（1g/L），每加一种试剂后均要混匀，用水稀释至刻度，混匀。放置3~5min。

参比溶液：按显色溶液操作，不加BCO溶液，用水稀释至刻度，混匀。

注意：含镍、钴试样加20mLBCO溶液。

D 测量

将显色溶液移入适当吸收皿中，在分光光度计上于600nm处测量吸光度，减去空白试验溶液的吸光度，在工作曲线上计算铜的质量分数。

E　工作曲线绘制

按表4-7分取0mL、1.00mL、…、5.00mL铜标准溶液（10.0μg/mL或20.0μg/mL）分别置于50mL容量瓶中，加水至约15mL，按C显色溶液操作，以试剂空白作参比，测量吸光度，绘制工作曲线。

或取数个与试样同类的标准物质按分析步骤操作绘制工作曲线。

4.7.1.4　注释

（1）高硅试样在溶解时可加适量氢氟酸或氟化铵。高钨试样先加10~20mL盐酸（1+1）加热溶解，滴加硝酸氧化，高氯酸冒烟。高铬试样冒高氯酸烟至铬氧化高价，滴加盐酸将铬生成氯化铬挥发除去。

（2）亦可用10mL硼砂缓冲溶液代替氨水-氯化铵缓冲溶液。硼砂缓冲溶液的配置：称取32.5g四硼酸钠（$Na_2B_4O_7 \cdot 10H_2O$）溶于300mL水中，加75mL盐酸（1+119），用水稀释至500mL，混匀。

（3）BCO与铜生成1∶2的蓝色水溶性配合物，有较高的灵敏度，摩尔吸光系数$1.6 \times 10^4 L/(mol \cdot cm)$。BCO与铜的配合物不甚稳定，BCO用量至少应是铜含量的25倍，过量的BCO不影响铜的显色。

（4）铜-BCO有色配合物的稳定性、显色速度与温度有关。温度升高，显色速度快，但稳定性降低。15~25℃时3~5min显色完全，稳定性较好；温度低于10℃，显色后需放置10~15min；温度高于28℃，应逐个显色，逐个测量吸光度。显色中和时试液发热，应冷却后再加BCO溶液。

（5）试液加柠檬酸后，应尽快中和至碱性。在酸性溶液中柠檬酸可还原铜和6价铬。

（6）镍、钴是本方法的主要干扰元素，镍、钴不仅与BCO生成配合物，同时使铜-BCO配合物的稳定性大大降低。增加BCO用量，相应增加镍、钴的允许量和显色液的稳定性。在此条件下，加入20mLBCO溶液，显色液中可允许2mg镍和0.2mg钴（工作曲线各点也加20mLBCO溶液）。有资料介绍，在pH值小于8.5的溶液中，镍、钴不与BCO生成配合物，而铜仍与BCO生成稳定的有色配合物，在此pH值条件下显色，允许较大量镍和钴的存在。

4.7.2　硫代硫酸钠沉淀分离碘量法测定铜含量

4.7.2.1　方法提要

试料用酸分解后在硫酸介质中铜与硫代硫酸钠作用生成硫化亚铜沉淀，而与基体元素分离。沉淀过滤并灼烧成氧化铜，用焦硫酸钾熔融。熔融物浸出后在乙酸介质中用碘化钾还原铜并析出等物质量的碘，用硫代硫酸钠标准滴定溶液滴定，计算铜的质量分数。

本方法适用于铁、低合金钢、合金钢中0.1%以上铜含量的测定。

4.7.2.2　试剂

（1）硫酸－磷酸混合酸：1+2+4；

（2）硫酸：1+1；

（3）氨水：1+1；

（4）硫代硫酸钠溶液：500g/L；

（5）淀粉溶液：10g/L；

（6）硫氰酸铵溶液：200g/L；

（7）铜标准溶液：1.00mg/mL；

（8）硫代硫酸钠标准滴定溶液：$c(Na_2S_2O_3)=0.01mol/L$。

4.7.2.3　分析步骤

A　试料量

铜含量小于0.50%，称取3.0g试样；铜含量大于0.50%，称取0.50～2.0g试样，精确至0.0001g，控制试料中铜含量为10～20mg。

B　试料分解

将试料置于500mL烧杯中，随同试料进行空白试验。加50～70mL硫酸－磷酸混合酸，加热至试料溶解（高硅试样加0.5～1g氟化铵），滴加硝酸破坏碳化物，加热至冒硫酸烟。如有必要在冒烟时继续滴加硝酸使碳化物破坏完全，冷却。

C　沉淀分离

加250～300mL水，加热溶解盐类。在不断搅拌下加50～70mL硫代硫酸钠溶液（500g/L），煮沸10min，使沉淀凝聚，溶液澄清。

中速滤纸过滤，用热水将沉淀全部转移至滤纸上，洗净烧杯，洗沉淀5～7次。将沉淀与滤纸置于瓷坩埚中，干燥，灰化，于600℃灼烧15min。冷却，加4g焦硫酸钾，在600℃高温炉中熔融至透明。冷却，将坩埚置于300mL烧杯中，加20mL水，加几滴硫酸（1+1），加热浸取熔块，用水洗出坩埚，冷却。

D　滴定

于试液中加0.5g氟化铵，滴加氨水（1+1）至呈现稳定的蓝色，再滴加冰乙酸至溶液蓝色褪去并过量1mL。加3g碘化钾，混匀，盖上表面皿。将烧杯置于暗处放置2min后，立即用硫代硫酸钠标准滴定溶液滴定至试液呈淡黄色，加5mL淀粉溶液（10g/L），5mL硫氰酸铵溶液（200g/L），继续用硫代硫酸钠标准滴定溶液滴定至溶液由淡蓝色转变为乳白色为终点。

4.7.2.4　分析结果的计算

按下式计算铜的质量分数（%）：

$$w_{Cu}=\frac{T\times(V-V_0)}{m\times1000}\times100\%$$

式中　T——硫代硫酸钠标准滴定溶液对铜的滴定度，mg/mL；

V，V_0——滴定试液和空白试验溶液消耗硫代硫酸钠标准滴定溶液的体积，mL；

m——试料量，g。

4.7.2.5 注释

（1）难溶于硫酸－磷酸混合酸的样品可用30mL王水加热溶解，高硅试样加0.5～1g氟化铵助溶，再加20mL磷酸和10mL硫酸，继续加热至冒硫酸烟。

（2）钒对铜的滴定有干扰，钒亦可被碘化钾还原析出碘，使铜的结果偏高。含钒试样分解时，一定要使钒的碳化物分解完全。否则在硫代硫酸钠分离时，钒的碳化物与硫化亚铜一起析出，影响铜的测定。硫酸冒烟时滴加硝酸，使钒的碳化物分解完全，用硫代硫酸钠将铜和钒分离。钼能与硫化亚铜共沉淀，对50mg的钼在焦硫酸钾熔融浸取后可见黄色的MoO_3，用氨水中和至出现蓝色铜氨配离子，稍加热，三氧化钼溶解，100mg的钼不影响铜的测定。

（3）滴定前加入少量氟化铵以掩蔽随硫化铜共沉淀的少量铁等离子，消除其干扰。

（4）硫化铜沉淀的灼烧温度控制在800℃以下（一般在500～700℃），否则灼烧成的氧化铜在高温下可侵蚀坩埚，不易浸取，使铜的结果偏低。

（5）硫代硫酸钠分离铜，在生成硫化亚铜沉淀的同时硫代硫酸钠被还原析出大量单质硫，沉淀灼烧时生成刺激性的氧化亚硫气体，注意环境通风。其反应为：

$$2CuSO_4 + 2Na_2S_2O_3 + 2H_2O = Cu_2S\downarrow + S\downarrow + 2H_2SO_4 + 2Na_2SO_4$$

$$S + O_2 = SO_2\uparrow$$

（6）坩埚中灼烧生成的氧化铜也可在坩埚中用HNO_3加热溶解，再滴加H_2SO_4或$HClO_4$加热冒烟驱除硝酸，但其效果不如用焦硫酸钾熔融。

（7）试液加碘化钾后应低温、避光放置，时间不应太长，以防析出的碘挥发。建议使用带玻璃塞的碘量瓶。另一方面，应以较快速度滴定，以防空气中的氧与KI反应析出I_2，而使结果偏高：

$$4H^+ + 4I^- + O_2 = 2I_2 + 2H_2O$$

（8）作为指示剂的淀粉不宜过早地加入，否则大量游离的碘与淀粉生成蓝色缔合物，影响与滴定剂硫代硫酸钠的作用。近终点时加入硫氰酸铵溶液，它使Cu_2I_2沉淀转化为溶解度小的$Cu_2(SCN)_2$沉淀，铜沉淀更完全，使吸附在淀粉表面的I_2释放，滴定反应进行完全。

（9）快速分析中可不经硫代硫酸钠分离，以氟化物掩蔽铁离子，直接用碘量法测定：准确称取0.2～0.5g试样（控制铜含量5～15mg）于250mL锥形瓶中，加15mL硝酸（1+3），硅高或难溶试样滴加氢氟酸，加热溶解并蒸发至干。稍冷，用水冲洗瓶壁，摇动，稍加热溶解盐类。冷却至室温，用氨水（1+1）中和至氢氧化铁沉淀出现，加3mL冰乙酸（1+1），加15mL氟化氢铵溶液（250g/L），摇动使沉淀溶解，冷却。加3g碘化钾，摇动后置于暗处放置3min，用硫代硫酸钠标准溶液滴定至浅黄色，加5mL淀粉溶液（10g/L）和5mL硫氰酸铵溶液（200g/L），继续滴定试液至蓝色消失为乳白色终点。对含钒试样在加氟化氢铵溶液后加5mL酒石酸溶液（250g/L），煮沸1min以还原钒，冷却，以下按分析步骤操作。

4.8 钒含量的测定

4.8.1 过硫酸铵氧化－亚铁滴定法测定钒（和铬）含量

4.8.1.1 方法提要

试料以盐酸－硝酸分解，在硫酸－磷酸介质中用过硫酸铵将钒氧化至高价，以N－苯代邻氨基苯甲酸为指示剂，用硫酸亚铁铵标准滴定溶液滴定，计算钒的质量分数。

本方法适用于钢铁中0.10%以上钒含量的测定。

4.8.1.2 试剂

（1）过硫酸铵溶液：200g/L，用时配制；

（2）亚硝酸钠溶液：2g/L；

（3）亚砷酸钠溶液：10g/L；

（4）N－苯代邻氨基苯甲酸指示剂溶液，2g/L；

（5）硫酸亚铁铵标准滴定溶液，0.005mol/L、0.01mol/L、0.05mol/L。

4.8.1.3 分析步骤

A 试料量

称取约0.50g试样，精确至0.0001g。

B 试样处理

将试料置于300mL锥形瓶中，加10～20mL适宜比例的盐酸、硝酸混合酸，加热使试样溶解，加15mL硫酸、10mL磷酸，继续加热蒸发至冒硫酸烟，将碳化物分解完全。

注意：对于高碳试样，应在冒硫酸烟时小心滴加硝酸继续破坏钒的碳化物，至溶液清亮。

C 氧化和滴定

稍冷，加约50mL水，2mL硫酸亚铁铵溶液（0.005mol/L），混匀。加10mL过硫酸铵溶液（200g/L），加热煮沸至冒大气泡破坏过量的过硫酸铵，冷却至室温，加2滴N－苯代邻氨基苯甲酸指示剂溶液，用硫酸亚铁铵标准滴定溶液（0.005mol/L或0.01mol/L）滴定至溶液由紫红色变为黄绿色即为终点。

D 铬、钒联合滴定

将C滴定后的溶液加热至沸至红色褪去，滴加高锰酸钾溶液（40g/L）至稳定的红色，煮沸1min。冷却至室温，加30mL水，加2g尿素，混匀，滴加亚硝酸钠溶液（20g/L）至红色褪去，并过量1滴，放置30s。加2～3滴指示剂溶液，用硫酸亚铁铵标准滴定溶液（0.01mol/L或0.05mol/L）滴定至亮绿色为终点。

注意：如试样铬含量高，可选用浓度较高的硫酸亚铁铵标准滴定溶液（如0.05mol/L）。

4.8.1.4 分析结果的计算

（1）按下式计算钒的质量分数（%）：

$$w_{\mathrm{V}}=\frac{c\times V\times 50.94}{m\times 10^{3}}\times 100\% \quad 或 \quad w_{\mathrm{V}}=\frac{T\times V}{m\times 10^{3}}\times 100\%$$

式中 w_{V}——钒的质量分数,%；

c——硫酸亚铁铵标准滴定溶液浓度，mol/L；

T——硫酸亚铁铵标准滴定溶液对钒的滴定度，mg/mL；

V——滴定试液所消耗硫酸亚铁铵标准滴定溶液的体积，mL；

m——试料质量，g；

50.94——钒的摩尔质量，g/mol。

（2）按下式计算铬的质量分数（%）：

$$w_{\mathrm{Cr}}=\frac{(c_2V_2-cV)\times 17.34}{m\times 10^{3}}\times 100\%$$

或

$$w_{\mathrm{Cr}}=\frac{c_2V_2\times 17.34}{m\times 10^{3}}\times 100\%-0.34\times w_{\mathrm{V}}$$

式中 c_2，V_2——滴定铬、钒合量时硫酸亚铁铵标准滴定溶液的浓度和所消耗的体积（mL）；

17.34——铬（1/3Cr）的摩尔质量，g/mol；

其余符号意义同上。

4.8.1.5 注释

（1）在 $c(H_2SO_4)$ 约为 3mol/L 的酸度条件下，过硫酸铵可将钒定量氧化为 V(V)。酸度过低，铬、锰有干扰，而酸度过高，则钒氧化不完全。在此条件过硫酸铵亦可将铈定量氧化，应予以校正，0.1%的铈相当于0.036%的钒。

（2）过硫酸铵氧化前加 2mL 硫酸亚铁铵标准滴定溶液，以还原试料分解和冒烟时可能被氧化的铬和锰（如 Mn^{3+}）。

（3）当铬、锰大于 2mg 时，为防止其氧化，可在滴定前加 5mL 亚砷酸钠溶液（10g/L），加 2g 尿素，再加 1～3 滴亚硝酸钠溶液（20g/L），充分混匀，放置 1min 后再滴定。

（4）精确分析时应进行指示剂校正，参见过硫酸铵银盐氧化－亚铁滴定法测定铬含量分析方法。

4.8.2 3，5－二溴－PADAP 过氧化氢光度法测定钒含量

4.8.2.1 方法提要

试样用酸分解，在磷酸介质中，钒与3，5－二溴－PADAP 和过氧化氢形成三元配合物，以不加过氧化氢的自身溶液为参比，于分光光度计上 613nm 处测量吸光度，显色液在至少含有 200mg 铁、9mg 镁、5mg 镍、2.5mg 铬、0.35mg 铜、0.4mg 钴、0.6mg 钼等杂质条件下，并不影响钒的显色效果。

本方法适用于纯铁、生铁、低合金钢中0.0002%~0.20%钒含量的测定。

4.8.2.2 试剂

(1) 盐酸-硝酸混合酸：3+1+4；

(2) 亚硫酸：ρ约为1.03g/mL；

(3) 过氧化氢：1+30，当日配制；

(4) 3，5-二溴-PADAP［2-(3，5-二溴-2-吡啶偶氮)-5-二乙胺基苯酚］乙醇溶液：0.2g/L，称取0.02g试剂溶于100mL无水乙醇中；

(5) 钒标准溶液：1.0μg/mL、2.0μg/mL。

4.8.2.3 分析步骤

A 试料量

根据试样钒含量按表4-8称取试样。

表4-8 试料量、分取量和磷酸加入量

钒含量/%	试料量/g	稀释体积和分取量/mL·mL^{-1}	补加磷酸(1+1)量/mL
>0.10	0.1000	5/100	4.0
0.02~0.10	0.1000	10/100	3.0
0.005~0.02	0.500	10/100	3.0
0.001~0.005	0.500	10/50	1.0
0.0002~0.001	1.000	10/50	1.0

B 试料分解

将试料置于150mL锥形瓶中，随同试料做空白试验。加10mL盐酸-硝酸混合酸溶液，加热溶解，加10mL磷酸、1mL硫酸，继续加热至冒硫酸烟1~2min（如有碳化物，仔细滴加硝酸氧化，再冒烟）。稍冷，加30mL水溶解盐类，煮沸，滴加亚硫酸还原铬、锰，煮沸至冒大泡，继续煮沸1~2min。冷却至室温，按表4-8移入适当容量瓶中，用水稀释至刻度，混匀（如有沉淀需干过滤）。

C 显色

按表4-8移取两份试液分别置于两个25mL容量瓶中，补加磷酸（1+1）使溶液中磷酸量为2.5mL。

显色液：加1.0mL3，5-二溴-PADAP乙醇溶液（2.0g/L）、2mL过氧化氢溶液（1+30），以水稀释至刻度，混匀。置于50~70℃水浴中保温10min，冷却至室温。

参比液：除不加过氧化氢外，其他操作同显色液。

D 测量

选用适当吸收皿，于分光光度计上613nm处测量显色液吸光度。从工作曲线上计算钒的质量分数。

E 工作曲线的绘制

移取与试液分取量一致的空白试验溶液数份于一组25mL容量瓶中，分别加入

0mL、0.50mL、1.00mL、…、5.00mL 钒标准溶液（1.0μg/mL 或 2.0μg/mL），补加磷酸（1+1）使溶液中磷酸量为 2.5mL，以下按显色液操作，以一份不加过氧化氢的溶液为参比，测量吸光度，绘制工作曲线。

4.8.2.4 注释

钒与过氧化氢和 3，5－二溴－PADAP 生成 1∶1∶1 的三元配合物，λ_{max} = 613nm，$\varepsilon = 5.7 \times 10^4 L/(mol \cdot cm)$，由于大量铁不影响测定，采用多称样小体积显色，可测定小于 0.001% 的钒。

4.9 钼含量的测定

4.9.1 硫氰酸盐氯化亚锡还原光度法测定钼含量

4.9.1.1 方法提要

试料用酸分解，在硫酸－高氯酸介质中，用氯化亚锡还原铁和钼，钼与硫氰酸盐生成橙红色配合物，测量吸光度，计算钼的质量分数。显色液中，铜小于 0.2mg、钒小于 0.05mg、钴小于 0.8mg、铌小于 0.8mg、铬小于 2.4mg、钨小于 1.5mg 对测定无影响。

本方法适用于中低合金钢中 0.05%～2.50% 钼含量的测定。

4.9.1.2 试剂

（1）纯铁：钼含量小于 0.0002%；

（2）硫酸：1+1、5+95；

（3）硫酸－磷酸混合酸：于 600mL 水中，缓慢加入 150mL 硫酸，稍冷，加入 150mL 磷酸，用水稀释至 1L；

（4）高氯酸：1+5；

（5）氯化亚锡溶液：100g/L；

（6）硫氰酸钠溶液：100g/L；

（7）钼标准溶液：50.0μg/mL。

4.9.1.3 分析步骤

A 试料量

试样含钼 0.05%～0.50%，称取 0.5000g；含钼 0.50%～1.0%，称取 0.2000g；含钼大于 1.0%，称取 0.1000g。当试料不足 0.30g 时，补加纯铁至 0.30g。

B 试料分解

将试料置于 250mL 锥形瓶，加 40mL 硫酸－磷酸混合酸，加热溶解，滴加硝酸破坏碳化物（或用适当比例的盐酸－硝酸混合酸溶解，然后加入 40mL 硫酸－磷酸混合酸）。继续加热至冒硫酸烟 2～3min，稍冷，加 20mL 水，加热溶解盐类。冷却，移入 100mL 容量瓶中，用水稀释至刻度，混匀。

C 显色

分取 10.00mL 试液两份置于两个 50mL 容量瓶中。

显色液：加4mL硫酸（1+1）、10mL高氯酸（1+5），混匀。加入10mL硫氰酸钠溶液（100g/L），充分混匀，边摇动边加入10mL氯化亚锡溶液（100g/L），用硫酸（5+95）稀释至刻度，混匀，放置10~15min。

参比液：除不加硫氰酸钠溶液外，其他同显色液操作。

D 测量

将显色溶液置于合适的吸收皿中，在分光光度计上于波长470nm处测量吸光度，在工作曲线上计算钼的质量分数。

E 工作曲线的绘制

称取与试料相同量（含补加的铁量）的纯铁，按B操作制备铁基溶液，分取10.0mL铁基溶液数份于一组50mL容量瓶中，分别加入0.50mL、1.00mL、2.00mL、3.00mL、4.00mL、5.00mL钼标准溶液（50.0μg/mL），按C显色液操作，另取一份铁基溶液按C制备参比液，测量吸光度，绘制工作曲线。获取数个不同钼含量的同类标准物质按分析步骤操作，绘制工作曲线。

4.9.1.4 注释

（1）硫氰酸盐直接光度法测定钼存在灵敏度不高、显色液稳定性差等问题。硫氰酸盐配合物可被乙酸乙酯、乙酸丁酯、异戊醇等含氧有机溶剂萃取，测量有机相的吸光度，提高硫氰酸盐光度法的灵敏度和选择性。最常用的萃取剂是乙酸丁酯：试料以硝酸溶解，在硫酸介质中，用氯化亚锡还原铁和钼，钼与硫氰酸盐生成橙红色配合物，用乙酸丁酯萃取，测量有机相吸光度，计算钼的质量分数。钨对钼的测量有影响，一定量的钨可用磷酸或酒石酸掩蔽，铜可用硫脲掩蔽，当锑含量大于0.15mg时，对此方法有干扰。此方法可测定钢铁中0.001%~0.25%的钼含量。

（2）在直接光度法中，大量铁离子在还原褪色过程中对显色产生一定的影响，这是造成显色溶液不稳定的因素。但在萃取光度法中氯化亚锡溶液分两次加入，第一次加氯化亚锡是保证将钼和铁还原，加入的氯化亚锡要与萃取的试样量匹配，铁量多，加入的氯化亚锡量相应增多。而第二次加入的氯化亚锡溶液用于洗涤有机相，将可能被共萃取于有机相的少量Fe^{3+}还原并返萃取于水相，显著提高了方法的稳定性和选择性。

（3）钨对钼的测定有干扰，而且是使钼的结果无规则偏低。这主要是试样分解高氯酸冒烟时，析出的钨酸吸附钼所致。当试样中钨量小于5mg时可在溶样时加5mL磷酸配合钨，而大于5mg时，加酒石酸溶液，将试液用氢氧化钠调节至碱性，使钨酸溶解并与酒石酸配合，然后再酸化。铬对痕量钼的测定有影响，使结果偏高，可在冒高氯酸烟时滴加盐酸使其生成氯化铬挥发除去。

4.9.2 α-安息香肟重量法测定钼含量

4.9.2.1 方法提要

试样以酸分解，在冷的酸性介质中，用α-安息香肟沉淀钼，经过滤洗涤，将沉淀灼烧成三氧化钼，称量。以氨水溶解不纯的三氧化钼，过滤，将不溶物灼烧称量，从前后两次质量差计算钼的质量分数。

钨、铌、硅须预先水解，脱水分离。铌酸中夹带沉淀的钼以光度法校正。含铬、钒的试样，沉淀前预先将其还原至低价消除干扰。

本方法适用于低合金钢、合金钢中1.0% ~9.0%的钼含量的测定。

4.9.2.2 试剂

（1）硫酸亚铁（或硫酸亚铁铵）：固体；焦硫酸钾：固体；

（2）饱和溴水；

（3）盐酸：2+1、1+1、1+99；

（4）硫酸：1+2、1+4、2+98、1+99；

（5）高氯酸、亚硫酸；

（6）氨水：1+99；

（7）高氯酸－硝酸混合酸：高氯酸+硝酸+水=3+1+1；

（8）氢氧化钠溶液：50g/L；

（9）柠檬酸溶液：500g/L；

（10）硫酸铜溶液：10g/L；

（11）硫氰酸钾溶液：500g/L；

（12）硫脲溶液：50g/L；

（13）α－安息香肟溶液：20g/L；

（14）α－安息香肟洗液：移取40mL α－安息香肟溶液（20g/L），用硫酸（1+99）稀释至1000mL，混匀，用时配制，并冷却至10℃以下；

（15）辛可宁溶液：125g/L，用盐酸（1+1）配制；

（16）三氧化钼标准溶液：150μg/mL。

4.9.2.3 分析步骤

A 试料量

按钼含量称取试样。钼含量在1.0% ~3.0%时，称取2.00 ~1.00g；钼含量在3.0% ~6.0%时，称取1.00 ~0.50g；钼含量大于6.0%时，称取0.50 ~0.25g，精确至0.0001g。

B 测定

a 不含钨、铌试样

（1）试料分解和处理。将试料置于400mL烧杯中，随同试料做空白试验。

加入60mL硫酸（1+4），盖上表面皿，加热至试料溶解。滴加硝酸，加热破坏碳化物并氧化铁和钼至反应停止，煮沸除去氮氧化物，继续加热蒸发至冒硫酸烟。稍冷，加50mL水，煮沸溶解盐类。用中速滤纸将试液过滤于400mL烧杯中，以温热硫酸（2+98）充分洗净沉淀，用水稀释至约100mL，保留滤液。

如试料难溶于硫酸，可用适当比例的盐酸、硝酸混合酸溶解，加30mL高氯酸，加热蒸发至冒高氯酸烟，将铬氧化至6价。稍冷，加50mL水，温热溶解盐类，加适量的亚硫酸，使铬和钒还原至低价，煮沸除去二氧化硫。用中速滤纸将试液过滤于

400mL 烧杯中，以温热硫酸（2+98）充分洗净沉淀，用水稀释至约 100mL，保留滤液。

（2）沉淀分离。将试液冷却至 10℃以下，加少许纸浆，在不断搅拌下加入 10mL α－安息香肟溶液（20g/L），并根据钼含量，每 10mg 钼再过量 5mL，然后边搅拌边加入饱和溴水至试液呈淡黄色，再加 4～6mL α－安息香肟溶液（20g/L），在 10℃以下放置 10min，并不时搅拌。沉淀用中速滤纸过滤，如最初 50mL 滤液呈现浑浊，须重新过滤。用约 200mL α－安息香肟洗液充分洗涤沉淀（若滤液放置时析出针状结晶，说明 α－安息香肟溶液已够）。

（3）称量。将沉淀连同滤纸移入瓷坩埚中，加热烘干，在 500℃以下灰化（勿使其着火），将坩埚置于 500～525℃高温炉中灼烧 30min（半开炉门，灼烧至无黑色物质），取出，稍冷，置于干燥器中冷却至室温，称量，并灼烧至恒重。于称量过的瓷坩埚中加入约 5mL 氨水，小心加热溶解三氧化钼。用加有少许纸浆的中速滤纸过滤，以氨水（1+99）洗涤坩埚和残渣 5～7 次。将残渣连同滤纸移于原坩埚中，以下按上述相同条件灰化、灼烧、称量，并灼烧至恒重。

b 含钨试样

（1）试料分解和钨酸的分离。将试料置于 250mL 烧杯中，加入 20mL 盐酸，缓慢加热 10～15min，加 5mL 硝酸，加热至试料溶解，继续加热蒸发至呈糖浆状，再滴加 1～2mL 硝酸，蒸发至糖浆状，并重复处理一次。加 30mL 盐酸（1+1），加热溶解盐类，用水稀释至 100mL。加 5mL 辛可宁溶液（125g/L），混匀，放置过夜使钨酸沉淀完全。钨酸沉淀用加有少量纸浆的慢速滤纸过滤，以盐酸（1+99）洗涤。将滤液和洗液合并作主液保存。

将沉淀连同滤纸置于瓷坩埚中，在 500℃以下的温度灰化，再置于 500～525℃的高温炉中灼烧。冷却，加 3～4g 焦硫酸钾，缓慢升温至 600℃熔融，冷却。

（2）钨酸中钼含量的测定。将瓷坩埚和熔融物置于 250mL 烧杯中，加入 100mL 氢氧化钠（50g/L）溶液，加热浸取熔块，以热水洗净坩埚。用加有少量纸浆的快速滤纸过滤于 250mL 容量瓶中，用热水洗涤沉淀及滤纸数次。冷却至室温，用水稀释至刻度，混匀。

移取 10.00mL 溶液于 50mL 容量瓶中，加 2mL 柠檬酸溶液（500g/L），8mL 硫酸（1+2），2mL 硫酸铜溶液（10g/L）和 10mL 硫脲溶液（50g/L），混匀，加 4mL 硫氰酸钾溶液（500g/L），用水稀释至刻度，混匀，放置 15min。

将部分显色溶液移入 2cm 吸收皿中，以随同操作的空白试验溶液为参比，于分光光度计波长 470nm 处测量吸光度。在工作曲线上查取三氧化钼质量，并计算钨酸中夹带的三氧化钼质量。

（3）沉淀分离和测量。于（1）的主液中加入 0.5～0.8g 硫酸亚铁（或硫酸亚铁铵），搅拌溶解，以还原高价的铬和钒。将溶液稀释至约 200mL，冷却至 10℃以下。以下按不含钨、铌试样的（1）和（2）操作，以测得不纯三氧化钼含量和残渣量。

c 含铌试样

（1）试料分解和铌酸的分离。将试料置于400mL烧杯中，加入40mL高氯酸-硝酸混合酸，加热溶解，继续加热冒高氯酸烟使铬氧化成高价，稍冷，加50mL水，加热溶解盐类。

在溶液中加适量的亚硫酸以还原高价的铬和钒，煮沸除去二氧化硫。铌酸沉淀用慢速滤纸过滤，以温热盐酸（1+99）洗涤沉淀和滤纸，将滤液和洗液合并作主液保存。

（2）钼的沉淀和测定。将（1）的主液加水至约100mL，以下按不含钨、铌试样的（1）和（2）操作，以测得不纯三氧化钼含量和残渣量。

（3）铌酸中钼含量的测定。将（1）的沉淀和滤纸置于瓷坩埚中，在500℃以下灰化，将坩埚置于500~525℃的高温炉中灼烧。冷却，加3~4g焦硫酸钾，缓慢升温至600℃熔融，冷却。以下按钨酸中钼含量的测定操作，测得铌酸中夹带的三氧化钼质量。

C 三氧化钼含量工作曲线的绘制

移取0mL、1.00mL、2.00mL、3.00mL、4.00mL、5.00mL三氧化钼标准溶液（150μg/mL）分别置于一组50mL容量瓶中，用水稀释至约10mL，加2mL柠檬酸溶液（500g/L），8mL硫酸（1+2），2mL硫酸铜溶液（10g/L）和10mL硫脲溶液（50g/L），混匀。加4mL硫氰酸钾溶液（500g/L），用水稀释至刻度，混匀，放置15min。将部分显色溶液移入2cm吸收皿中，以试剂空白溶液为参比，于分光光度计波长470nm处测量吸光度。以三氧化钼的质量为横坐标，吸光度为纵坐标，绘制工作曲线。

4.9.2.4 分析结果的计算

（1）按下式计算不含钨、铌试样中钼的含量，以质量分数表示：

$$w_{Mo}=\frac{m_1-m_2-m_3}{m}\times 0.6665\times 100\%$$

式中 w_{Mo}——钼的质量分数，%；

m_1——坩埚和不纯三氧化钼的质量，g；

m_2——坩埚和残渣的质量，g；

m_3——随同试料操作空白试验的质量，g；

m——试料的质量，g；

0.6665——三氧化钼换算为钼的换算因数。

（2）按下式计算含钨、铌试样中钼的含量，以质量分数表示：

$$w_{Mo}=\frac{m_1-m_2+m_3-m_4}{m}\times 0.6665\times 100\%$$

式中 m_3——钨酸、铌酸中夹带三氧化钼的质量，g；

m_4——随同试料操作空白试验的质量，g；

其余符号意义同上。

4.9.2.5 注释

（1）α-安息香肟沉淀钼一般在硫酸或盐酸溶液中进行，酸度控制在10%~

20%之间。沉淀温度要低，通常要求冷却至10℃以下。温度高，结果偏低，温度达到30℃时可能偏低1%以上。

（2）沉淀放置10min即可过滤，放置时间过长有可能增加对共存离子（如Fe^{3+}）的吸附，同时也会使少量沉淀重新溶解。

4.10 钛含量的测定

4.10.1 二安替比林甲烷分光光度法

4.10.1.1 方法提要

试料用盐酸、硝酸、硫酸分解，硫酸氢钾熔融残渣。钛与4，4'-二安替比林甲烷形成黄色配合物。在波长385nm处测定其吸光度。

本方法适用于碳钢、低合金钢、合金钢中0.002%~0.80%钛含量的测定。

4.10.1.2 试剂

（1）高纯铁：钛含量小于2μg/mL；

（2）硫酸氢钾、无水碳酸钠；

（3）盐酸：1+1，1+3；

（4）硫酸：1+1；

（5）酒石酸溶液：100g/L；

（6）抗坏血酸溶液：100g/L，用时现配；

（7）草酸铵溶液：30g/L；

（8）铁溶液：12.5g/L；

（9）二安替比林甲烷溶液：40g/L；

（10）钛标准溶液：50μg/mL；

（11）试剂空白溶液，用与试料分析同样量的试剂但不加铁，与试料分析平行，制备试剂空白溶液。按B和C的步骤进行，用水稀释至100mL。

4.10.1.3 分析步骤

A 试料

根据钛含量，称取试料，精确至0.5mg。钛含量（质量分数）在0.002%~0.125%，试料量为1.00g；钛含量（质量分数）在0.125%~0.80%，试料量为0.50g。

B 试料分解

将试料置于250mL烧杯中，加入20mL盐酸，盖上表面皿，低温（70~90℃）溶解，待溶液反应停止后，加5mL硝酸，煮沸至溶液体积约10mL。取下冷却，加20mL硫酸（1+1），加热至三氯化硫烟出现。要起烟之前，固体开始形成，应缓慢加热以避免喷溅。一旦开始冒烟，混合物趋于稳定，应在高温下短暂冒烟。避免过度冒烟，尤其是含铬合金，因为沉淀的铬盐很难再溶解。取下冷却，加20mL盐酸（1+3）加热溶解盐类。用低灰分中速滤纸过滤，热水洗涤。用10mL盐酸（1+1）冲洗烧杯和滤纸后再用热水洗涤。保留滤液。

C 不溶残渣的处理

将滤纸与残渣置于坩埚中，干燥并低温灰化除去所有的含碳物质，然后在700℃灼烧至少15min。冷却，加几滴硫酸（1+1）和2mL氢氟酸，蒸发至干，并在700℃灼烧。

用1.0g硫酸氢钾在喷灯上熔融残渣并冷却。用10mL酒石酸浸取，加热溶解后合并于原滤液中，按表4-9移入100mL或200mL单标线容量瓶中，用水稀释至刻度，混匀。

D 显色

按表4-9移取两份试液，分别置于50mL单标线容量瓶中，制备显色液和参比液。用滴定管或移液管加入下列试剂，每加一种试剂后均要摇匀，如需要则补加铁溶液（50μg/mL）和试剂空白溶液（见表4-9）。

显色液：加入2.0mL草酸铵溶液，6.0mL盐酸（1+1），8.0mL抗坏血酸溶液，放置5min。加入10.0mL二安替比林甲烷溶液。

参比液：加入2.0mL草酸铵溶液，8.0mL盐酸（1+1），8.0mL抗坏血酸溶液，放置5min。

用水稀释至刻度，混匀。室温20~30℃放置30min。如室温在15~20℃，放置60min。

E 分光光度计测定

将分光光度计的波长设定为约385nm处。将盛有水的吸收皿放入分光光度计，设定仪器吸光度为零。采用合适的、能覆盖测量范围的吸收皿（见表4-9）。当改变吸收皿的大小，应用新的吸收皿重新校正分光光度计的零点。以水为参比，测量试样和空白试验的显色液和参比液的吸光度。对每一对吸光度读数，从显色液的吸光度减去参比液的吸光度为净吸光度。

表4-9 试料量、分取量和吸收皿的选择

钛含量（质量分数）/%	试料量（m）/g	试液的稀释体积（V_0）/mL	移取试液的体积（V_1）/mL	加入铁溶液的体积/mL	加入试液空白溶液的体积/mL	吸收皿厚度/cm
0.002~0.050	1.0	100	10.0	—	—	2
0.050~0.125	1.0	100	10.0	—	—	1
0.125~0.50	0.5	200	10.0	6.0	5.0	1
0.50~0.80	0.5	200	5.0	7.0	7.5	1

4.10.1.4 校准曲线的绘制

A 校准溶液的准备

称取数份1.000g纯铁，分别置于一系列250mL烧杯中，按表4-10加入钛标准溶液（50μg/mL），以下按B进行。

在每份滤液中加入10mL盐酸（1+1），1.0g硫酸氢钾、10mL酒石酸溶液，混匀并溶解。冷却后分别移入一系列100mL单标线容量瓶中，用水稀释至刻度，混匀。

表4-10 标准溶液移取量

钛含量（质量分数）/%	钛标准溶液/mL	显色的校准溶液中钛的含量/μg·mL^{-1}	试料中相应的钛含量（质量分数）/%
0.002~0.050	0①	0	0
	1	0.1	0.005
	3	0.3	0.015
	5	0.5	0.025
	7	0.7	0.035
	10	1.0	0.050
0.050~0.125	0①	0	0
	5	0.5	0.025
	10	1.0	0.050
	15	1.5	0.075
	20	2.0	0.100
	25	2.5	0.125
0.125~0.50	0①	0	0
	5	0.5	0.100
	10	1.0	0.200
	15	1.5	0.300
	20	2.0	0.400
	25	2.5	0.500
0.50~0.80	0①	0	0
	5	0.5	0.20
	10	1.0	0.40
	15	1.5	0.60
	20	2.0	0.80

① 零点。

移取10.0mL各校准溶液分别置于50mL单标线容量瓶中，按4.10.1.3节中D进行显色。不需加入铁溶液和试剂空白溶液。

注意：各校准溶液不需制备参比液，仅对零点制备参比液，用它来补偿每一个校准溶液。

B 分光光度测定

按4.10.1.3中E对每个溶液进行分光光度测量。对钛质量分数在0.050%以下的，用2cm的吸收皿；钛质量分数大于0.050%的，用1cm的吸收皿。

C 校准曲线的绘制

以净吸光度对测量溶液中的钛含量（μg/mL）绘制校准曲线。

4.10.1.5 结果计算

用校准曲线将试液和空白液的净吸光度转化为钛的浓度（μg/mL）。按下式计算钛含量 w_{Ti}，以质量分数表示：

$$w_{Ti} = (\rho_{Ti,1} - \rho_{Ti,0}) \times \frac{1}{10^6} \times \frac{V_0}{V_1} \times \frac{V_t}{m} \times 100\% = \frac{V_0(\rho_{Ti,1} - \rho_{Ti,0})}{200mV_1}$$

式中 $\rho_{Ti,0}$——空白试液中钛的浓度（经参比液校正后），μg/mL；

$\rho_{Ti,1}$——试液中钛的浓度（经参比液校正后），μg/mL；

V_0——试液的体积（见4.10.1.3节中C及表4-9），mL；

V_1——分取试液的体积（见表4-9），mL；

V_t——显色溶液的体积（4.10.1.3节中D），mL；

m——试料量（4.10.1.3节中A），g。

4.10.2 MIBK萃取分离-邻硝基苯基荧光酮光度法测定钛含量

4.10.2.1 方法提要

试料以盐酸、硝酸溶解，高氯酸冒烟，于盐酸介质中以甲基异丁基酮（MIBK）萃取分离基体铁，此时试液中大部分高价铬、钒、钼及锑、锡等同时被MIBK萃取除去。将水相加热蒸发破坏有机物，在硫酸介质中钛与邻硝基苯基荧光酮及曲通X-100生成有色三元缔合物，于541nm处测量吸光度，计算钛的质量分数。

本方法适用于碳素钢、低合金钢、纯铁中0.0005%~0.01%钛含量的测定。

4.10.2.2 试剂

（1）甲基异丁基酮（MIBK）；

（2）盐酸（高纯）：7+5；

（3）硝酸（高纯）；

（4）高氯酸（高纯）；

（5）硫酸（高纯）：0.5mol/L；

（6）邻硝基苯基荧光酮溶液（o-NPF）：2×10^{-3}mol/L，称取0.073g邻硝基苯基荧光酮试剂，加15mL乙醇溶解，加0.5mL硫酸并搅拌至溶清，用乙醇稀释至100mL，混匀；

（7）曲通X-100溶液（Triton X-100）：3+9；

（8）抗坏血酸溶液：10g/L，用时配制；

（9）钛标准溶液：2.0μg/mL，母液用0.5mol/L的硫酸稀释配制。

4.10.2.3 分析步骤

A 试料量

称取0.1000~0.2500g试样。

B 试料分解

将试料置于50mL石英杯中，随同试料做空白试验。加3.0mL盐酸和1.0mL硝酸溶解试样，加3mL高氯酸，继续加热至冒高氯酸烟，将试料中铬、钒等氧化至高价，蒸发试液至近干。

C 萃取分离

以15.0mL盐酸（7+5）溶解盐类，并将试液转移至60mL的分液漏斗中，加25mL MIBK，振荡2min，待试液分层后将水相放入原烧杯中，有机相用5mL盐酸（7+5）洗涤，合并水相。水相加热蒸发并滴加1.0mL硝酸破坏有机相，加1.0mL硫酸（0.5mol/L）继续蒸至冒硫酸烟。取下，加4.0mL硫酸（0.5mol/L）溶解盐类，移入10mL容量瓶中，以水稀释至刻度，混匀。

D 显色

准确吸取4.00mL试液于原石英杯（洗净、烘干）中，加5.0mL抗坏血酸溶液（10g/L），混匀。加1.0mL o-NPF溶液（2×10^{-3}mol/L），混匀。加5.0mL曲通X-100溶液（3+97），混匀，放置10min。

E 测量

将显色溶液置于适当吸收皿中，在分光光度计上于波长541nm处，以空白试验溶液为参比测量吸光度，在工作曲线上计算钛的质量分数。

F 工作曲线绘制

分别取0mL、0.25mL、0.50mL、1.00mL、1.50mL、2.00mL的钛标准溶液（2.0μg/mL）于6个小石英杯中，分别补加2.00mL、1.75mL、1.50mL、1.00mL、0.50mL、0.00mL硫酸溶液（0.5mol/L），并各补加2.00mL水，混匀。以下按D显色，以试剂空白为参比，测量吸光度，绘制工作曲线。

4.10.2.4 注释

（1）在表面活性剂存在下，苯基荧光酮类试剂与钛、钼、锡、钨、锑等高价金属离子生成的有色化合物有很高的显色灵敏度。钛与o-NPF及曲通X-100的三元显色体系的$\lambda_{max}=541$nm，$\varepsilon=2\times10^5$L/(mol·cm)。经萃取分离后可测定钢铁材料中0.000*x*%的钛。

（2）钛与o-NPF及曲通X-100三元显色体系相对于其他苯基荧光酮有较好的选择性。在显色条件下，10mg铁，2mg铬、镍、钴、铜，1mg硅、锰，0.1mg钒、钨、钼对1.0μg钛测定的相对误差不超过5%。对痕量钛的测定，在盐酸（7+5）介质中用MIBK萃取，可分离99.9%的铁（Ⅲ）、98%的铬（Ⅵ）、96%的钼（Ⅵ）、80%的钒（Ⅴ）、93%的锡（Ⅳ）、69%的锑（Ⅴ）和88%的砷（Ⅴ）等元素。

（3）方法采用非定容显色，在各试液和工作曲线溶液显色时每种加入量需准确而一致。

4.11 铝含量的测定

4.11.1 锌-EDTA掩蔽铬天青S光度法测定铝含量

4.11.1.1 方法提要

试样以酸溶解，用锌-EDTA掩蔽铁、镍、铜等离子，在pH值为5.3~5.9的弱酸性介质中，铝与铬天青S生成紫红色配合物，测量吸光度，计算铝的质量分数。在显色液中铬、钒已氧化至高价不干扰测定，300μg/mL钛可用0.15g甘露醇掩蔽。

本方法适用于碳钢、低合金钢、合金钢中0.01%～1.0%酸溶铝量的测定。

4.11.1.2 试剂

（1）纯铁：不含铝或已知铝含量；

（2）盐酸：5+95；

（3）甘露醇溶液：50g/L，储于塑料瓶中；

（4）甲基四胺溶液：400g/L，储于塑料瓶中；

（5）铵溶液：5g/L，储于塑料瓶中；

（6）铬天青S溶液：0.5g/L，用乙醇（1+9）配制；

（7）乙二胺四乙酸二钠（Zn－EDTA）溶液：称取8.1g氧化锌置于200mL烧杯中，加入40mL盐酸（1+1）加热溶解。另称取37.2g EDTA二钠盐（含两个结晶水）置于600mL烧杯中，加400mL水，加入30mL氨水（1+1），温热溶解。将两种溶液合并，混匀，用氨水（1+1）与盐酸（1+1）调节溶液至pH值为4～6，用水稀释至1L，混匀；

（8）铝标准溶液：4.0μg/mL。

4.11.1.3 分析步骤

A 试料量

称取0.1000g试样。

B 空白试验

称取与试样相同量的纯铁（不含铝或已知残余铝含量），随同试料做空白试验。

C 试料分解

将试料置于石英烧杯中，加5mL盐酸、1mL硝酸，加热溶解（难溶试样可适当补加盐酸或硝酸溶解）。加3mL高氯酸，加热蒸发至冒高氯酸白烟，用水冲洗烧杯壁，继续冒高氯酸烟至近干，冷却。加1mL高氯酸，加约30mL水，加热溶解盐类。冷却，将试液移入100mL容量瓶中，用水稀释至刻度，混匀。

注意：（1）高铬试样加5mL高氯酸，加热蒸发至冒高氯酸烟，使铬氧化至高价，滴加盐酸将铬挥除，继续加热蒸发至残余铬全部氧化至高价，并冒高氯酸烟至近干，冷却，加1mL高氯酸。

（2）铝含量大于0.4%时，补加1.5mL高氯酸，试液移入250mL容量瓶。

D 显色

分别取5.00mL或10.00mL试液（控制铝含量不大于20μg）两份于两个50mL容量瓶中。

显色液：加5.00mL甘露醇溶液（50g/L）（不含钛的试样可不加），550mL盐酸（5+95），按分取试液量加5.0mL或10.0mL Zn－EDTA（加入体积与分取试液体积相同），加4.0mL铬天青S溶液（0.5g/L）、5mL六次甲基四胺溶液（400g/L），每加入一种试剂须混匀后再加第二种试剂，用水稀释至刻度，混匀，放置20min。

参比液：加10滴氟化铵溶液（5g/L），混匀，以下按显色液操作，用水稀释至刻度，混匀。

注意：铝含量大于0.4%时，于250mL容量瓶中分取10.00mL或5.00mL试液显色，并分别加4.0mL或2.0mL Zn－EDTA溶液。

E　测量

将显色液和参比液分别置于合适的吸收皿中，在分光光度计上于波长545nm处测量吸光度，在工作曲线上查取并计算铝的质量分数。

F　工作曲线绘制

分取与试液分取量相同的铁基空白试验溶液8份于一组50mL容量瓶中，于7个容量瓶中分别加入0mL、0.50mL、1.00mL、2.00mL、3.00mL、4.00mL、5.00mL铝标准溶液（4.0μg/mL），按D显色液操作，另一个容量瓶的溶液按D参比液操作，测量吸光度，绘制工作曲线。工作曲线的铝含量的同类标准物质按分析步骤操作，绘制工作曲线。

4.11.1.4　注释

（1）本方法利用EDTA与金属离子配合物稳定性的差别对干扰离子掩蔽。铁、镍、铜等离子与EDTA配合物的稳定性高于Zn－EDTA配合物的稳定性，而Zn－EDTA配合物的稳定性又稍大于Al－EDTA配合物的稳定性，因此可用铁、镍、铜等离子取代Zn－EDTA配合物中的Zn形成与EDTA的配合物，而不再与铬天青S作用，达到掩蔽的目的。这里Zn－EDTA起到配合缓冲剂的作用。Cr、V在高氯酸冒烟时已氧化至高价，不再与铬天青S反应。经试验，对10mL Zn－EDTA溶液（0.1mol/L），铁量在6～10mg间变化对铝的显色影响不大。根据显色液中铁量不同，Zn－EDTA溶液的加入量亦不同，显色液中含2.0mg、5.0mg、10.0mg的铁基，分别加2mL、5mL、10mL的Zn－EDTA溶液。

（2）Zn－EDTA溶液配制时要注意锌和EDTA量间的比例。控制在1.0∶1.0，锌量太多将影响到对铁的掩蔽效果。EDTA量过多，有可能（特别铁量低时）过量的EDTA掩蔽铁后进一步配合铝，而使铝不与CAS显色。

（3）本方法在氧化性介质中显色，铬、钒已氧化至不干扰的高价状态，钛的干扰用甘露醇掩蔽，5mL甘露醇溶液（50g/L）可掩蔽300μg钛。

（4）在本显色体系中，Al－铬天青S配合物的稳定性好于用抗坏血酸还原掩蔽介质的稳定性，在30℃时显色液至少稳定90min。

4.11.2　铬天青S光度法测定酸不溶铝含量

4.11.2.1　方法提要

试料用盐酸－硝酸混合酸分解，高氯酸冒烟。试液过滤，酸不溶铝留在滤纸上，滤纸灰化、灼烧，残渣用焦硫酸钾熔融，浸取试液，以抗坏血酸还原残余铁，铬天青S与铝生成紫红色的配合物，测量吸光度。

本方法适用于碳钢、低合金钢、合金钢中0.0005%～0.01%酸不溶铝量的测定。

4.11.2.2 试剂

(1) 硝酸：1+3、1+20；

(2) 盐酸：1+3、5+95；

(3) 硫酸：1+1；

(4) 氨水：1+1、1+9；

(5) 2，4-二硝基酚溶液：10g/L；

(6) 抗坏血酸溶液：5g/L，用时配制；

(7) 铬天青S溶液：1g/L，用乙醇（1+1）配制；

(8) 六次甲基四胺溶液：250g/L，pH值7.5，储于塑料瓶中；

(9) 氟化铵溶液：5g/L，储于塑料瓶中；

(10) 铝标准溶液：4.0μg/mL，1L溶液含5mL盐酸（1+1）。

4.11.2.3 分析步骤

A 试料量

分别称取2.000g和0.100g试样，将0.100g试料做空白试验。

B 试料分解

将试料和空白试料分别置于两个150mL石英烧杯中。加40mL硝酸（1+3）或适当比例的盐酸-硝酸混合酸，加热溶解。加15mL高氯酸，加热蒸发冒高氯酸白烟5min。稍冷，加约100mL水，加热溶解盐类，煮沸。

注意：含铬高的试样，在氧化铬至6价后滴加盐酸将铬挥除。

C 酸不溶残渣的处理

加少许纸浆，用慢速滤纸过滤，分别用热盐酸（5+95）和热水洗涤残渣和滤纸至无氯离子。将酸不溶物和滤纸置于铂坩埚，低温灰化，于600℃灼烧，冷却。于铂坩埚中加数滴硫酸（1+1），2mL氢氟酸，加热蒸发至干，再次于600℃灼烧。加1g焦硫酸钾于铂坩埚中，盖上铂坩埚盖，在600～650℃熔融至透明。冷却，将铂坩埚置于原烧杯中，加5mL盐酸（1+1）浸出溶块，用水洗出铂坩埚，温热使溶块完全溶解后，冷至室温，移入100mL容量瓶中，用水稀释至刻度，混匀。

D 显色

分取10.00mL或20.00mL试液两份于两个50mL容量瓶中。

显色液：加2滴2，4-二硝基酚溶液（10g/L），滴加氨水（先用1+1后用1+9）至试液恰成黄色，立即滴加硝酸（1+20）至黄色消失并过量2.0mL。加2mL抗坏血酸溶液（5g/L），放置2min，立即加2.0mL铬天青S溶液（1g/L）、2.0mL六次甲基四胺溶液（250g/L），每加入一种试剂均必须混匀后再加第二种试剂，以水稀释至刻度，混匀，放置5min。

参比液：同显色液操作，唯在加铬天青S溶液前滴加5滴氟化铵溶液（5g/L）。

E 测量

将显色液与参比液分别放置于2～3cm吸收皿中，于波长545nm处，测量吸光度，减去空白试验的吸光度，在工作曲线上查取并计算酸不溶铝的质量分数（计算时试料量为2.000g）。

F 工作曲线的绘制

分取0mL、0.50mL、1.00mL、2.00mL、3.00mL、4.00mL、5.00mL铝标准溶液（4.0μg/mL）于一组50mL容量瓶中，按本节D显色液操作。以试剂空白为参比，测量吸光度，绘制工作曲线。

4.11.2.4 注释

抗坏血酸的存在可降低铝与铬天青S配合物的稳定性，工作曲线中亦加相同量的抗坏血酸。当室温高于30℃时需在15min内测量吸光度。

4.12 钨含量的测定——硫氰酸盐光度法

4.12.1 方法提要

试料以硫酸-磷酸混合酸分解，硝酸氧化，加热冒硫酸烟。在盐酸介质中用氯化亚锡和三氯化钛还原铁、钨等元素，5价钨于硫氰酸盐生成黄色配合物，测量吸光度，计算钨的质量分数。

钒的干扰可用校正系数法扣除，或在绘制工作曲线时加入相应量的钒校正。显色液中铌含量大于0.1mg时加氢氟酸掩蔽，钼含量大于1.5mg时增加氯化亚锡消除干扰。

本方法适用于低合金钢、合金钢中0.05%~2.5%钨含量的测定。

4.12.2 试剂

（1）纯铁：钨含量小于0.0002%；

（2）硫酸-磷酸混合酸：于500mL水中，缓慢加入150mL硫酸，稍冷，加入300mL磷酸，冷却，用水稀释至1L；

（3）氯化亚锡溶液：10g/L；

（4）三氯化钛溶液：1+9；

（5）硫氰酸铵溶液：250g/L；

（6）钨标准溶液：0.50mg/mL。

4.12.3 分析步骤

4.12.3.1 试料量

根据试样中的钨含量称取试样。钨含量小于0.50%，称取0.5000g；钨含量0.50%~1.0%，称取0.2500g；钨含量大于1.0%，称取0.1000g。

4.12.3.2 试料分解

将试料置于150mL锥形瓶中，加20mL硫酸-磷酸混合酸，加热溶解，滴加硝酸氧化，继续加热蒸发至冒硫酸烟2min。冷却，加20mL水，加热溶解盐类。冷却，移

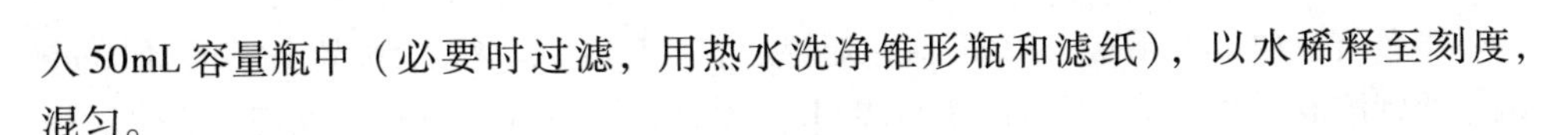

入50mL容量瓶中（必要时过滤，用热水洗净锥形瓶和滤纸），以水稀释至刻度，混匀。

4.12.3.3 显色

分取5.00mL试液两份于两个50mL容量瓶中。

显色液：加30mL氯化亚锡溶液（10g/L），混匀，加3.0mL硫氰酸铵溶液（250g/L），混匀，加1.0mL三氯化钛溶液（1+9），用氯化亚锡溶液（10g/L）稀释至刻度，混匀，放置10min。

参比液：用氯化亚锡溶液（10g/L）稀释至刻度，混匀。

4.12.3.4 测量

将显色液置于合适的吸收皿中，在分光光度计上于波长400nm处测量吸光度，在工作曲线上查取并计算钨的质量分数。试样中钼含量高于钨含量0.5倍时，在450nm处测量吸光度。

4.12.3.5 工作曲线绘制

称取与试料相同量的纯铁数份置于一组150mL锥形瓶中，分别加入0mL、1.00mL、2.00mL、3.00mL、4.00mL、5.00mL钨标准溶液（0.50mg/mL），以下按4.12.3.2~4.12.3.4节操作，测量吸光度，绘制工作曲线，或称取不同钨含量的同类标准物质按分析步骤操作绘制工作曲线。

4.12.4 注释

（1）用硫酸－磷酸混合酸难以分解的试料，可用硝酸或适当比例的盐酸－硝酸混合酸分解，为防止洗出钨酸沉淀，在加溶解酸时同时加入磷酸。对不锈钢可加盐酸、过氧化氢和磷酸溶解，再加硫酸加热至冒烟。

（2）显色时钒被还原为4价，生成浅黄色的化合物而干扰钨的测定。其干扰量与测量波长有关，通常在420nm测量，1%的钒相当于0.19%~0.20%的钨。为校正钒的影响，可在绘制工作曲线时加入与试料相当量的钒校正。或在测量条件下，以纯铁打底，分别加入钨和钒的标准溶液，按分析步骤操作，绘制钨和钒的工作曲线，两工作曲线的斜率即为钒的校正系数。

（3）钼和铌有一定的干扰。本方法用氯化亚锡和三氯化钛还原铁、钨和钼，由于三氯化钛还原能力强于氯化亚锡，可将5价钼进一步还原至3价，从而消除一定量钼的影响。显色液中钼的含量大于1.5mg、铌含量大于0.1mg时，在加入硫氰酸铵溶液前加1~3滴氢氟酸（参比液同样加入），并将氯化亚锡溶液浓度由10g/L改成50g/L。如果只含铌或钼含量小于1.5mg时，不改变氯化亚锡溶液浓度。

（4）采取少称样方法可用于高钨钢中钨含量的测定：称取0.0500~0.2000g试样于150mL锥形瓶中，加5mL王水、40mL硫酸－磷酸混合酸，加热溶解，继续加热至冒烟，维持3min（如有碳化物未分解完全，需在冒烟情况下滴加硝酸氧化，并驱尽氮氧化物）。冷却，加30mL水，加热溶解盐类，冷却，移入100mL容量瓶中，用水稀释至刻度，混匀。移取5.00mL试液两份于两个50mL容量瓶中。

显色液：加6mL磷酸，32mL氯化亚锡溶液（5g/L），混匀，放置10min，加3mL硫氰酸钾溶液（30g/L），混匀，加1.0mL三氯化钛溶液（1+14），混匀，氯化亚锡溶液（5g/L）稀释至刻度，混匀。选择适当的吸收皿于410nm处测量吸光度。

工作曲线的绘制：称取与试料相同的纯铁份数，分别加入0mL、2.00mL、4.00mL、6.00mL、8.00mL、10.00mL钨标准溶液（1.0mg/mL），以下同试料操作，测量吸光度，绘制工作曲线。或称取数个不同钨含量的同类标准物质，按分析步骤操作，绘制工作曲线。

4.13 钴含量的测定——5-Cl-PADAB光度法

4.13.1 方法提要

试料以酸溶解，在pH值7~8柠檬酸铵的热溶液中，加入5-Cl-PADAB与钴等离子生成有色化合物，经硫酸酸化，破坏镍、铜、铁等离子的有色化合物，呈现钴与5-Cl-PADAB配合物稳定的紫红色，测量吸光度，计算钴的质量分数。

本方法适用于碳素钢、低合金钢、合金钢中0.005%~0.5%钴含量的测定。

4.13.2 试剂

（1）硫酸：1+3；

（2）硫酸-磷酸混合酸：15+15+70；

（3）氨水：1+1；

（4）无水乙酸钠：500g/L；

（5）柠檬酸铵溶液：100g/L；

（6）4-[(5-氯-2吡啶)偶氮]-1，3二氨基苯（5-Cl-PADAB）溶液：0.5g/L；

（7）钴标准溶液：2.0μg/mL、5.0μg/mL。

4.13.3 分析步骤

4.13.3.1 试料量

称取0.1000g试样。

4.13.3.2 试料分解

将试料置于100mL烧杯中，加适当比例的盐酸-硝酸混合酸，盖上表面皿，加热至试料溶解。加10mL硫酸-磷酸混合酸，加热蒸发至冒硫酸烟。取下冷却，加20mL水，加热溶解盐类，冷却至室温，移入50mL容量瓶中（当钴含量大于0.050%，移入100mL容量瓶中）以水稀释至刻度，混匀。

4.13.3.3 显色

分取10.00mL试液两份（钴含量大于0.20%时，分取5.00mL）于两个50mL容量瓶中，各加5mL柠檬酸铵溶液（100g/L）。

显色液：在不断摇动下，以氨水（1+1）调节溶液至pH值7~8，加入5mL无水乙酸钠溶液（500g/L），2.0mL 5-Cl-PADAB溶液（0.5g/L），在沸水浴中保温5min，取出，流水冷却至室温，加20mL硫酸（1+3），以水稀释至刻度，混匀。

参比液：加入与显色液调节pH值至7~8所用的相近量的氨水（1+1），加5mL无水乙酸钠溶液（500g/L），20mL硫酸（1+3），2.0mL 5-Cl-PADAB溶液（0.5g/L），以水稀释至刻度，混匀。

4.13.3.4 测量

将显色液和参比液置于合适的吸收皿中，在分光光度计上于波长570nm处，测量吸光度，在工作曲线上计算钴的质量分数。

4.13.3.5 工作曲线绘制

移取0mL、0.50mL、1.00mL、2.00mL、4.00mL、6.00mL钴标准溶液（2.0μg/mL或5.0μg/mL），分别置于50mL容量瓶中，各加入5mL柠檬酸铵溶液（100g/L），按显色液操作，不加钴标准溶液的一份按参比液操作，测量吸光度。以钴的质量为横坐标，吸光度为纵坐标，绘制工作曲线。或取数个不同钴含量的同类标准物质按分析步骤操作，绘制工作曲线。

4.13.4 注释

（1）钴与5-Cl-PADAB的配合物有很高的灵敏度和选择性，摩尔吸光系数为1.13×10^5L/(mol·cm)。在pH值7~8的溶液中，钴与5-Cl-PADAB生成的配合物在用硫酸或磷酸酸化后仍有极高的稳定性，有色配合物可稳定30h以上。铜、镍、铁亦与试剂生成有色配合物，但其络合物酸化时被破坏，而溶液中有磷酸存在，显色前与铁配合，且酸化时配合物被破坏，从而消除其干扰。

（2）调节溶液的酸度时亦可加2滴对硝基酚指示剂溶液（1g/L），滴加氨水（1+1）或适当浓度的氢氧化钠溶液至试液呈黄色（pH值7.4），再加无水乙酸钠溶液，按分析步骤操作。

（3）高镍铬钢可用3mL盐酸和3mL过氧化氢加热分解，加5mL高氯酸，加热蒸发至冒高氯酸烟，滴加盐酸将铬挥去，蒸发至近干。加水溶解盐类，定容于100mL容量瓶中。分取5.00mL试液两份于两个25mL容量瓶中。

显色液：用氢氧化钠溶液（240g/L）中和至生成大量沉淀，再加5mL磷酸盐缓冲溶液（pH值7~7.2），加1.0mL 5-Cl-PADAB溶液（0.5g/L），混匀，在沸水浴上加热5min，钴与5-Cl-PADAB生成有色配合物，流水冷却，加10mL磷酸（2+3），用水稀释至刻度，混匀。

参比液：加10mL磷酸（2+3），加1.0mL 5-Cl-PADAB溶液（0.5g/L），用水稀释至刻度，混匀。

磷酸盐缓冲溶液（pH值7~7.2）的配制：取47.3g磷酸氢二钠（Na_2HPO_4）和17.0g磷酸二氢钾（KH_2PO_4），溶解于500mL水中。

（4）与5-Cl-PADAB结构类似的5-Cl-PADAP、5-Br-PADAP、3，5-二

氯－PADAT等试剂都能与钴生成稳定的有色配合物，摩尔吸光系数在10^5L/(mol·cm)以上，可用于钢铁、镍合金、矿石中钴含量的测定。

（5）测定合金钢中低含量的钴，可采用氧化锌分离－亚硝基R盐光度法，按以下基本步骤操作：称取0.2500～0.5000g试样，加适当比例盐酸－硝酸混合酸（或盐酸－过氧化氢），加热溶解（如高铬试样，加高氯酸冒烟，滴加盐酸去铬），蒸发至近干。加水溶解盐类，在不断摇动下加入氧化锌悬浊溶液至沉淀凝聚并在瓶底有少量白色氧化锌，移入100mL容量瓶中，以水稀释至刻度，混匀，静止5min，干过滤。移取10.00mL滤液两份于两个25mL容量瓶中。

显色液：加2mL柠檬酸铵溶液（50g/L），5.0mL亚硝基R盐溶液（3g/L），在沸水浴上加热20s，加5mL硫酸（1+4），流水冷却至室温，以水稀释至刻度，混匀。

参比液：同显色液操作，仅先加硫酸（1+4）再加亚硝基R盐溶液。以下同分析步骤测量吸光度。

氧化锌沉淀分离是均相氢氧化物沉淀体系，此时氧化锌沉淀和溶液中的锌离子形成一个缓冲体系，可控制溶液pH值5.5～6.5。在此酸度下，铁、钛、锆、锡（Ⅳ）、铬（Ⅲ）、铌、钽、钨等元素定量沉淀，此时铜、钼、钒等部分沉淀，钴、镍、锰、镁留在溶液中。但当铁高钴低时，由于钴被吸附，宜将氧化锌沉淀用盐酸溶解，再分离一次。氧化锌分离宜在温热条件下进行，防止沉淀对微量钴的吸附。

（6）测定高含量的钴亦可用电位滴定法测定，按以下步骤操作：

根据钴含量的不同，称取不同质量的试样，加入10～20mL适宜比例的盐酸和硝酸混合酸，加热至试料完全溶解。加入10mL磷酸、5mL高氯酸，加热至冒高氯酸烟，直至高氯酸气泡刚消失，刚冒磷酸烟时，立即取下，加50mL水，摇动溶解盐类，冷却至室温。此为待滴定溶液。

在500mL烧杯中加入25mL硫酸铵溶液（250g/L）、50mL柠檬酸铵溶液（300g/L）。准确加入一定量的铁氰化钾标准滴定溶液（11g/L或5.5g/L，视溶液中含钴量而定，过量5～10mL），再加入90mL氨水。在不断搅拌下沿杯壁慢慢倒入待滴定溶液，用水洗净锥形瓶，并稀释至约400mL，冷却至25℃以下，放置时间不超过2h。

将试液置于电磁搅拌器上，插入电极，以硫酸钴标准滴定溶液（5g/L或2.5g/L）滴定。记录滴定的毫升数及相对应的电位值绘制滴定曲线，直至出现电位突越后，过量1～2mL。以滴定的毫升数及相对应的电位值绘制滴定曲线，确定终点电位和消耗的硫酸钴标准滴定溶液的体积。

4.14 铌含量的测定——氯磺酚S光度法

4.14.1 方法提要

试料以酸溶解，用硫酸－磷酸混合酸冒烟并破坏碳化物。加酒石酸配合铌，在1～3mol/L的盐酸介质中，铌与氯磺酚S显色形成蓝色配合物，加乙醇或丙醇加速显色反应，于650nm处测量吸光度，计算铌的质量分数。试验溶液中存在20mg钨、铬、镍、锰，10mg铜，60μg钽，25μg钼时不干扰测定。

本方法适用于碳钢、低合金钢中0.01% ~1.0%铌含量的测定。

4.14.2 试剂

(1) 氢氟酸：1+3，储于塑料瓶中；

(2) 硫酸-磷酸混合酸：16+8+76；

(3) 酒石酸溶液：300g/L；

(4) 乙二胺四乙酸二钠（EDTA）溶液：10g/L；

(5) 氯磺酚S溶液：0.5g/L；

(6) 铌标准溶液：100μg/mL。

4.14.3 分析步骤

4.14.3.1 试料量

试样中铌含量小于0.1%时称取0.5000g，铌含量大于0.1%时称取0.2000g试样，铌含量大于0.5%时称取0.1000g。

4.14.3.2 试料分解

将试料置于150mL锥形瓶中，加入10mL盐酸、3mL硝酸，加热使试样溶解，加25mL硫酸-磷酸混合酸，继续加热至冒烟约30s，取下稍冷。

沿杯壁加入20mL酒石酸溶液（300g/L），加热煮沸至盐类全部溶解，取下，冷却。将试液移入100mL容量瓶中，以水稀释至刻度，混匀。

注意：不含钨试样可不加磷酸，在试料分解后加10mL硫酸（1+1），加热至冒硫酸烟，必要时滴加硝酸将碳化物破坏完全。

4.14.3.3 显色

移取5.00mL试液置于50mL容量瓶中，加入5mL EDTA溶液（10g/L）、20mL盐酸（1+1）、5mL乙醇、3.0mL氯磺酚S溶液（0.5g/L），以水稀释至刻度，混匀。在高于20℃室温时放置40min，室温低于20℃时置于40℃水浴中保温10min。

4.14.3.4 测量

将部分显色液移入2~3cm吸收皿中，在剩余的显色液中（剩余溶液体积应控制一致，约30mL），用塑料管滴加0.5mL（约10滴）氢氟酸（1+3），充分混匀，至蓝色配合物褪色后移入另一2~3cm吸收皿，此为参比液。在分光光度计上于波长650nm处测量吸光度，在工作曲线上查取并计算铌的质量分数。

4.14.3.5 工作曲线的绘制

移取与试料量相同量的纯铁数份于数个150mL容量瓶中，按4.14.3.2节操作，将纯铁溶液移入100mL容量瓶中，分别移取0mL、0.50mL、1.00mL、2.00mL、3.00mL、4.00mL、5.00mL铌标准溶液（100.0μg/mL，当铌含量大于0.1%时，移取0mL、2.00mL、4.00mL、6.00mL、8mL、10mL铌标准溶液）于容量瓶中，用水稀释至刻度，混匀。以下按4.14.3.3节及4.14.4.4节操作，测量吸光度，绘制工作曲线。或数个不同铌含量的同类标准物质按分析步骤操作，绘制工作曲线。

4.14.4 注释

（1）试料亦可直接用硫酸－磷酸混合酸溶解，滴加硝酸破坏碳化物，再继续加热至冒硫酸烟。对一些含碳化物高的试样，需在冒硫酸烟时再滴加硝酸将碳化物破坏完全。高硅试料可加数滴氢氟酸（1+3）助溶，并在冒烟时将氟驱尽。

（2）过量的磷酸对显色有影响，一般不超过2mL磷酸。

（3）在1~3mol/L的盐酸介质中铌与氯磺酚S生成1:1的蓝色配合物，乙醇或丙醇可加速显色反应。在显色体系中，用氢氟酸褪色的自身溶液做参比，铬、镍、钨、钒、锰、铜等不干扰测定。铌与氯磺酚S的显色在盐酸介质中进行，有较高的灵敏度，硫酸中灵敏度较低，不允许有硝酸存在。

（4）用EDTA可掩蔽钛、锆及其他阳离子。钽干扰铌的测定，但一般钢中钽量远小于铌量，可忽略其影响。

（5）显色液中25μg的钼对测定有影响，可在绘制工作曲线时加入等量的钼。也有方法在加EDTA溶液后加5mL硫酸肼溶液（20g/L），沸水浴加热2min将钼还原并与EDTA配合；或加2mL抗坏血酸溶液（2.5%）于沸水中加热1min，取出立即以流水冷却至室温，以下按4.14.3.3节后续步骤进行。对高钼低铌试样，可在氢氟酸介质中采用强碱性阴离子交换树脂将铌与基体元素和钼、钽、锆、钛、钨等分离。

（6）由于铌的水解特性，通常用水解沉淀或采用有机沉淀剂将铌与其他元素分离。当煮沸铌的无机酸溶液，或在含酒石酸配合物的溶液中加无机酸煮沸，铌则水解析出。在含草酸配合物的溶液中加入氨水，或将焦硫酸盐熔块用水浸出时，铌亦水解析出。铌酸沉淀同时夹杂磷、硅、钛、钨、锆、锡、锑等杂质。水解沉淀可用于铌与铁基的初步分离，但不适合低含量铌的分离。

（7）有方法介绍，以盐酸－硝酸混合酸并滴加氢氟酸分解试样，加高氯酸冒烟驱氟至近干。稍冷，即加酒石酸溶液煮沸，使铌成可溶性配合物，随后定容分液，在盐酸溶液中加EDTA溶液，用氯磺酚S显色测定铌。

4.15 锆含量的测定——对－溴苦杏仁酸沉淀分离－偶氮胂Ⅲ光度法

4.15.1 方法提要

试料以盐酸、硝酸分解，高氯酸冒烟，以钨酸钠为载体，以对－溴苦杏仁酸使锆沉淀，而与铁、铝、钒、钛、钼和稀土元素等分离。在6mol/L的硝酸介质中锆与偶氮胂Ⅲ生成蓝绿色配合物，进行光度法测定，计算锆的质量分数。

本方法适用于碳钢、低合金钢、合金钢中0.005%~0.40%锆含量的测定。

4.15.2 试剂

（1）硝酸：1+3；

（2）盐酸－硝酸混合酸：1+1+1；

（3）钨酸钠溶液：12.5mg/mL；

（4）对－溴苦杏仁酸溶液：50g/L；

（5）酒石酸溶液：500g/L；

（6）尿素溶液：150g/L，用时配制；

（7）过氧化氢：1+9；

（8）偶氮胂Ⅲ溶液：2g/L；

（9）锆标准溶液：5.0μg/mL，母液用硝酸（1+3）稀释。

4.15.3　分析步骤

4.15.3.1　试料量

按锆的含量称取试样：锆含量小于0.04%，称取0.5000g；锆含量为0.04%～0.10%时，称取0.2500g；锆含量大于0.10%，称取0.1000g。

4.15.3.2　试料分解

将试料置于250mL烧杯中，加20mL盐酸－硝酸混合酸，加热使试料溶解。加5～6mL高氯酸，1mL钨酸钠溶液（如试料中已含有12.5mg的钨，则不加钨酸钠，如不足则补加至12.5mg）。加热蒸发至冒高氯酸烟至杯口，冷却。

4.15.3.3　沉淀分离

加13mL水溶解盐类，加约12mL对－溴苦杏仁酸（50g/L），加热至刚沸，取下，放置60min。

用中速滤纸过滤，将沉淀全部转移到滤纸上，用洗涤液洗涤烧杯和沉淀8～10次，黏附在烧杯壁的沉淀用蘸有氨水的小片滤纸擦净，滤纸片置于沉淀上。

将滤纸及沉淀移入50mL瓷坩埚中，小心灰化，于750℃高温炉中灼烧20min，冷却。加1.5g焦硫酸钾，于升温至650℃的高温炉中熔融至清亮，冷却。加20mL酒石酸溶液（500g/L），缓慢加热至熔块溶清，稍冷，将溶液移入盛有3mL硝酸的100mL容量瓶中，用水洗净坩埚，冷却至室温，用水稀释至刻度，混匀。

4.15.3.4　空白试验溶液的制备

称取1.5g焦硫酸钾于250mL烧杯中，加30mL水、3mL硝酸，加热溶解。加20mL酒石酸溶液（500g/L），冷却，移入100mL容量瓶中，用水稀释至刻度，混匀。

4.15.3.5　显色

显色液：分取5.00mL（或10.00mL）试液于50mL容量瓶中，加2mL过氧化氢（1+9），加2mL尿素溶液（150g/L）、20mL硝酸，混匀，冷却至室温。加2.00mL偶氮胂Ⅲ溶液（2g/L），以水稀释至刻度，混匀。

参比液：分取5.00mL（或10.00mL）空白试验溶液于50mL容量瓶中，以下同显色液操作。

4.15.3.6　测量

将显色液置于适当的吸收皿中，在分光光度计上于波长660nm处，测量吸光度，在工作曲线上计算锆的质量分数。

4.15.3.7 工作曲线绘制

移取5.0mL（或10.00mL）空白溶液数份于一组50mL容量瓶中，分别加入0mL、0.50mL、1.00mL、…、4.00mL锆标准溶液（5.0μg/mL），加2mL过氧化氢（1+9）、2mL尿素溶液（150g/L）、20mL硝酸，混匀，冷却至室温。加2.00mL偶氮胂Ⅲ溶液（2g/L），以水稀释至刻度，混匀。以试剂空白作参比，按4.15.3.6节测量吸光度，绘制工作曲线。

4.15.4 注释

（1）如试样含铌、钽，则铌、钽与锆一起沉淀，显色液中铌含量小于0.6mg，钽含量小于0.2mg时，用过氧化氢掩蔽。

（2）偶氮胂Ⅲ能与许多离子生成有色配合物，但在高酸度下仅高价锆（Ⅳ）、钍（Ⅳ）、铀（Ⅳ）、铪（Ⅳ）显色，钢铁材料中一般不含钍、铀，而铪含量相对于锆含量可忽略，因而对锆的测定有较高的选择性。

（3）锆与偶氮胂Ⅲ在酸性介质中形成1∶1的蓝绿色配合物，在7mol/L的硝酸介质中，$\lambda_{665}=1.45\times10^{5}L/(mol\cdot cm)$，有很高的灵敏度。锆与偶氮胂Ⅲ可在硫酸、硝酸、盐酸介质中显色。由于硫酸与锆有配合作用，其显色灵敏度下降，通常在盐酸或硝酸介质中显色。盐酸介质中，配合物较稳定，在9mol/L酸度下灵敏度最高，但盐酸的浓度对显色影响较大，同时由于盐酸的挥发性，操作不便。在硝酸介质中，配合物的色泽随硝酸浓度升高而增强，但比盐酸受酸度的影响小，在6～8mol/L硝酸介质中配合物吸光度最高，且变化不大，通常在7.0mol/L硝酸中显色。硝酸中的氧化亚氮会影响偶氮胂Ⅲ的稳定性，显色时加尿素溶液予以消除其影响。

（4）铬、钒、钨、铌对锆的显色有影响。低价铬和钒对显色钨有影响，而高价铬和钒使锆与偶氮胂Ⅲ有色配合物色泽减弱，方法中用过氧化氢将其还原至低价消除其影响。钨、铌由于水解时溶液浑浊，吸附锆而影响测定，方法中用酒石酸将其配合。钨量高时可采用氢氧化铵分离将其除去。少量铁对测定没有干扰，显色液可允许10mg以下的铁存在。多余10mg使配合物吸光度下降。

（5）钢中锆多以碳化物、氮化物、氧化物等形态存在，不同的酸对其分解能力是不一样的。为使试样中不同形态的锆全部分解，需将不溶性残渣用焦硫酸钾熔融处理，采用高氯酸－氢氟酸分解也可将各形态的锆分解。

4.16 稀土总量的测定——偶氮氯膦mA光度法

4.16.1 方法提要

试料用酸分解，在pH值0.5～2.0的酸性溶液中稀土元素与偶氮氯膦mA生成蓝色配合物，光度法测定。

样品中基体铁用草酸掩蔽，钛量高时用草酸－过氧化氢联合掩蔽。铬高时用高氯酸冒烟，滴加盐酸法去铬。试料中V(1%)、Mo(2%)、Ti(1%)、W(1%)、Zr(1%)、

Cu(1%)、Cr(1%)、Mn(5%)、Ni(2.5%) 等元素不干扰测定。

本方法适用于铸铁、低合金钢中0.005% ~0.20%稀土总量的测定。

4.16.2 试剂

(1) 硝酸：1+3；

(2) 草酸溶液：50g/L；

(3) 偶氮氯膦mA溶液：0.40g/L；

(4) 稀土标准溶液：4.0μg/mL，标准溶液用混合稀土氧化物配制。

4.16.3 分析步骤

4.16.3.1 试料量

稀土量小于0.10%时称取0.2000g，大于0.10%时称取0.1000g试样。

4.16.3.2 空白试验

称取与试料相同量的纯铁进行空白试验。

4.16.3.3 试料分解

将试料置于150mL锥形瓶中，加10mL硝酸（1+3)，加热至试料溶解。冷却，将试液移入50mL容量瓶中（铸铁试样过滤于50mL容量瓶中，用热水洗涤)，用水稀释至刻度，混匀。

4.16.3.4 显色

分取5.00mL试液于25mL容量瓶中，加7mL草酸溶液（50g/L)、2.0mL偶氮氯膦mA溶液（0.40g/L)，混匀，用水稀释至刻度，混匀。

4.16.3.5 测量

选用2~3cm吸收皿，以纯铁空白试验溶液为参比，于660nm处测量吸光度。从工作曲线上计算稀土总量的质量分数。

4.16.3.6 工作曲线的绘制

分取5.0mL纯铁空白试验溶液数份于数个25mL容量瓶中，分别加入0mL、0.50mL、1.00mL、…、5.00mL稀土标准溶液（4.0μg/mL)，按分析步骤显色，以不加稀土的空白试验溶液为参比，测量吸光度，绘制工作曲线，或取数个不同稀土含量的同类标准物质按分析步骤操作，绘制工作曲线。

4.16.4 注释

(1) 含铬试样或硝酸难以分解试样，可用适当比例的盐酸硝酸溶解，加4~5mL高氯酸，加热冒高氯酸烟至瓶口，铬含量大于1%时滴加盐酸除铬数次，再蒸发冒烟至瓶口。

(2) 含钛试样显色时在试液中加1~2滴过氧化氢溶液，再加草酸溶液，以联合掩蔽钛。

4.17 砷含量的测定——次磷酸钠还原－碘量法

4.17.1 方法提要

试样用氧化性酸溶解后，高氯酸冒烟驱除硝酸。在盐酸介质中，用氯化亚锡还原三价铁，以铜为催化剂，用次磷酸钠将砷还原为元素砷。在弱酸性介质中，用碘溶液将砷溶解，过量的碘用亚砷酸钠标准溶液回滴，计算砷的百分含量。

钨、铌、钛、钒、钼、锆等的干扰，可加入磷酸掩蔽；硒、碲的干扰在稀盐酸中用硫酸肼和氯化亚锡还原沉淀分离。

本方法适用于生铁、碳钢及合金钢中0.010%～3.00%砷含量的测定。

4.17.2 试剂

（1）盐酸：1＋1；

（2）盐酸：1＋3；

（3）王水；

（4）盐酸－硝酸混合酸：1＋1；

（5）硫酸：1＋1；

（6）氯化亚锡溶液：40%；

（7）氯化亚锡溶液：10%；

（8）氯化铜溶液：10%；

（9）次磷酸钠－盐酸洗液：5g次磷酸钠溶于1000mL盐酸（1＋3）中；

（10）氯化铵溶液：5%；

（11）淀粉溶液：1%；

（12）碳酸氢钠饱和溶液；

（13）硫酸肼溶液：10%，试剂溶于热水，用时配制；

（14）亚砷酸钠标准溶液：$c\left(\frac{1}{2}Na_3AsO_3\right)=0.01000mol/L$，$c\left(\frac{1}{2}Na_3AsO_3\right)=0.02000mol/L$；

（15）碘标准溶液、$c\left(\frac{1}{2}I_2\right)=0.01000mol/L$，$c\left(\frac{1}{2}I_2\right)=0.02000mol/L$。

4.17.3 分析步骤

4.17.3.1 试料量

按表4－11称取试样。

表4－11 试料量

含砷量/%	试样量/g	含砷量/%	试样量/g
0.010～0.050	2.000	>0.50～1.00	0.5000
>0.050～0.50	1.000	>1.00～3.00	0.1000

4.17.3.2　测定

A　试样的溶解

a　不含钨、钼、钒、钛、铌钢

将试样（4.17.3.1）置于250mL锥形瓶中，加入10～30mL王水，低温加热溶解后，加入3～7mL高氯酸（试样含硅量大于10mg时，多加3～5mL高氯酸，加热冒烟至近干，加入30mL盐酸（1+1）溶解盐类，用脱脂棉过滤于另一250mL锥形瓶中，用50mL盐酸（1+1）分数次洗净锥形瓶和脱脂棉），继续加热冒烟至近干，取下稍冷，加入70mL盐酸（1+1），微热使盐类溶解。

b　含钨、钼、钒、钛、铌钢及高铬镍钢

将试样（4.17.3.1）置于250mL聚四氟乙烯烧杯中，加10～30mL盐酸-硝酸混合酸，微热溶解后用水吹洗杯壁。加入2～5mL氢氟酸、20mL磷酸、5mL硫酸（1+1），加热蒸发至冒白烟2～3min，取下稍冷，用水吹洗杯壁，再加热至冒白烟2～3min，取下冷却，加入25mL盐酸（1+1），加热溶解盐类，冷却，移入250mL锥形瓶中，用50mL盐酸（1+1）分数次洗涤烧杯，洗液并入锥形瓶中。

c　不含钨、钼、钒、钛、铌的含硒、碲钢

将试样（4.17.3.1）置于250mL烧杯中，加入10～20mL王水或盐酸-硝酸混合酸，待溶解完后，加入3～7mL高氯酸，加热冒高氯酸白烟至近干，取下稍冷，加入30mL盐酸（1+3），加热至约60℃使盐类溶解，加入20～40mL硫酸肼溶液，混匀。在30～40min内，慢慢升温至80～90℃，使硒、碲完全析出沉淀（此期间，升温不能太快或太高，否则沉淀吸附砷，使砷的结果偏低；如升温过慢或温度低，硒、碲沉淀不完全，使砷的结果偏高），取下冷却。加入10mL氯化亚锡溶液（10%），放置20min，用垫有适量脱脂棉并加纸浆的漏斗过滤入250mL锥形瓶中，用盐酸（1+1）洗涤5～6次，于滤液中加50mL盐酸。

B　砷的还原

a　不含钨、钼、钒、钛、铌钢或不含钨、钼、钒、钛、铌的含硒、碲钢

于A中a和A中c的溶液中滴加氯化亚锡溶液（40%）还原铁至黄色消失，加1mL氯化铜溶液（10%）（含锆试样加入10mL磷酸），加入6g次磷酸钠，摇动使其溶解，然后于锥形瓶口塞上插有ϕ6～8mm、长500～600mm的玻璃管的胶塞，加热微沸30min，取下，流水冷却至室温。取下胶塞，用次磷酸钠-盐酸洗液洗涤玻璃管的胶塞，用垫有适量脱脂棉并加有纸浆的漏斗过滤，用次磷酸钠-盐酸洗液洗涤锥形瓶及沉淀6～7次，再用氯化铵溶液洗涤锥形瓶及沉淀12～14次（洗出液pH值为5～6）。

b　含钨、钼、钒、钛、铌及高铬镍钢

在A中b的溶液中，加1mL氯化铜溶液，按试样量加入不同量的次磷酸钠（2g试样加12g，1g试样加8g，小于1g试样加6g），摇动使其溶解。以下按C进行。

C　滴定

将B中a和B中b所得的沉淀，连同纸浆脱脂棉移入原锥形瓶中，用15mL碳酸

氢钠饱和溶液洗涤漏斗，洗液并入锥形瓶中，用一小片滤纸将漏斗及锥形瓶口擦净，滤纸片放入锥形瓶内，振摇使纸浆及脱脂棉散开后，在摇动下加入碘标准溶液（含砷量小于0.10%，用0.02000mol/L；含砷量大于0.10%，用0.02000mol/L）至黄色不褪，并过量3~5mL，用少量水吹洗瓶壁，放置数分钟，使砷完全溶解。加水至约70mL，用亚砷酸钠标准溶液（含砷量小于0.10%，用0.01000mol/L；含砷量大于0.10%，用0.01000mol/L）滴定至无色，并过量数毫升，加入2mL淀粉溶液，再用碘标准溶液（含砷量小于0.10%，用0.02000mol/L；含砷量大于0.10%，用0.02000mol/L）滴定至淡蓝色为终点。

必须在2h内完成过滤、洗涤和滴定等步骤，否则将使砷结果偏低。

4.17.4 分析结果的计算

按下式计算砷的百分含量：

$$w(\mathrm{As})=\frac{[(V_1K-V_2)-(V_3K-V_4)]\times c\times 0.01498}{m}\times 100\%$$

式中 V_1——加入及滴定所消耗碘标准溶液体积，mL；

V_2——滴定所消耗亚砷酸钠标准溶液体积，mL；

V_3——随同试样空白试验加入及滴定所消耗碘标准溶液体积，mL；

V_4——随同试样空白试验滴定所消耗亚砷酸钠标准溶液体积，mL；

K——碘标准溶液相当于亚砷酸钠标准溶液的体积比；

c——亚砷酸钠标准溶液的浓度 $c\left(\frac{1}{2}\mathrm{Na_3AsO_3}\right)$，mol/L；

m——试样量，g；

0.01498——1.00mL 亚砷酸钠标准溶液 $\left[c\left(\frac{1}{2}\mathrm{Na_3AsO_3}\right)=1.000\mathrm{mol/L}\right]$ 相当的砷的质量，g。

4.18 镁含量的测定——铜试剂分离-二甲苯胺蓝Ⅱ光度法

4.18.1 方法提要

试料用酸分解，高氯酸冒烟，在pH值大于6.5的溶液中用铜试剂沉淀分离铁、铝、铬、铜等元素。在氨性介质中镁与二甲苯胺蓝Ⅱ（或铬变酸2R、铬黑T等）生成有色配合物，测量吸光度，计算镁的质量分数。溶液中残余离子用三乙醇胺掩蔽。

本方法用于铸铁、低合金钢中0.005%以上镁含量的测定。

4.18.2 试剂

（1）硝酸：1+4；

（2）铜试剂（DDTC）溶液：100g/L，用时配制；

（3）三乙醇胺：1+1；

(4) 缓冲溶液：1L溶液中含7g氯化钠和500mL氨水（ρ 约为0.90 g/mL），储于塑料瓶中；

(5) 二甲苯胺蓝Ⅱ乙醇溶液：0.07g/L；

(6) 镁标准溶液：2.0μg/mL。

4.18.3 分析步骤

4.18.3.1 试料量

称取0.1000g试样。

4.18.3.2 试料分解

将试料置于150mL锥形瓶中，随同试料进行空白试验。加8mL硝酸（1+4），加热溶解，加1mL高氯酸，加热蒸发冒高氯酸烟至近干。稍冷，沿瓶壁加25.0mL水，温热溶解盐类（约40℃），在不断摇动下加入25.0mL铜试剂溶液（100g/L），放置5~10min（含锰量大于2%时放置15min）。用中速定量滤纸干过滤，弃去最初数毫升滤液。

4.18.3.3 显色和测量

移取5.00mL滤液于25mL容量瓶中，加2mL三乙醇胺(1+1)，混匀，加5mL缓冲溶液，10mL二甲苯胺蓝Ⅱ乙醇溶液(0.07g/L)，以水稀释至刻度，混匀，放置10min。

将显色液移入2cm吸收皿中，以空白试验溶液做参比，于515nm处测量吸光度，从工作曲线上计算镁的质量分数。

4.18.3.4 工作曲线的绘制

在数个25mL容量瓶中分别加入0mL、0.50mL、1.00mL、2.00mL、…、5.00mL，镁标准溶液（2.0μg/mL），用水补加至5mL，加2mL三乙醇胺（1+1），混匀，以下按4.18.3.3节后续步骤操作，以不加镁标准溶液作为参比，测量吸光度，绘制工作曲线。

4.18.4 注释

(1) 冒高氯酸烟时随时转动锥形瓶，防止局部干涸。

(2) 干过滤时如滤液浑浊，可将其倒回锥形瓶中用原滤纸反复过滤至清亮。试样锰含量大于2%时，用慢速定量滤纸干过滤。

(3) 显色时如室温低于15℃，显色液放置时间至15~25min。

(4) 考虑到铸铁样品可能的偏析，可称取0.5000g试样，用酸分解后定容于50mL容量瓶中，再分取10.00mL溶液，加1mL高氯酸，加热冒烟至近干，以下按分析步骤进行铜试剂分离等操作。

(5) 铜试剂分离后的滤液亦可用铬变酸2R或铬黑T显色测定镁量，操作如下：

1) 铬变酸2R光度法：分取10.00mL（或20.00mL）滤液于50mL容量瓶中，加2mL三乙醇胺（3+7），4mL缓冲溶液（1L溶液中含10.7g氯化铵，500mL氨水），混匀，加15mL乙醇，5mL铬变酸2R溶液（2g/L），用水稀释至刻度，混匀，放置

20min。显色液移入1cm吸收皿中，余液加2~3滴EDTA溶液（50g/L），摇动至镁配合物褪色，以此作参比液，于570nm处测量吸光度，减去空白试验溶液的吸光度，从工作曲线上计算镁的质量分数。工作曲线的绘制参照二甲苯胺蓝Ⅱ光度法，各点测得的吸光度减去补加镁标准溶液的吸光度，绘制工作曲线。

2）铬黑T光度法：分取10.00mL（或20.00mL）滤液于50mL容量瓶中，加5mL三乙醇胺（3+7），5mL缓冲溶液（1L溶液中含21g氯化铵，500mL氨水），混匀，加5.0mL铬黑T乙醇溶液（0.6g/L），用水稀释至刻度，混匀。显色液移入1cm吸收皿中，余液加2~3滴EDTA溶液（50g/L），以此作参比液，于530nm处测量吸光度，减去空白试验溶液的吸光度，从工作曲线上计算镁的质量分数。工作曲线的绘制参照二甲苯胺蓝Ⅱ光度法，各点测得的吸光度减去补加镁标准溶液的吸光度，绘制工作曲线。铬黑T乙醇溶液（0.6g/L）的配置：称取0.30g研细的铬黑T、2.5g盐酸羟胺，溶解于乙醇中，用乙醇稀释至500mL。贮于棕色瓶中，放置一昼夜，过滤后备用。

4.19 锡含量的测定——苯基荧光酮-CTMAB光度法

4.19.1 方法提要

试料以盐酸、硝酸溶解，在稀硫酸介质中，锡（Ⅳ）与苯基荧光酮、溴化十六烷基三甲基胺（CTMAB）生成稳定的红色配合物，光度法测定，计算锡的质量分数。显色液中，小于10μg的钨、钼、钛，小于5μg的铌，小于2μg的钽不干扰测定。

本方法适用于碳素钢、低合金钢、纯铁中0.005%以上锡含量的测定。

4.19.2 试剂

（1）硝酸：1+3；

（2）盐酸：1+1；

（3）硫酸：1+1、1+2、1+7；

（4）草酸溶液：10g/L；

（5）氢氧化钠溶液：500g/L，储于塑料瓶中；

（6）高锰酸钾溶液：5g/L；

（7）抗坏血酸溶液：150g/L，用时配制；

（8）对硝基酚溶液：1g/L；

（9）溴化十六烷基三甲基胺（CTMAB）溶液：0.44g/L；

（10）苯基荧光酮：0.096g/L；

（11）铁溶液：50mg/mL、20 mg/mL；

（12）锡标准溶液：4.0μg/mL，母液用硫酸（1+7）稀释。

4.19.3 分析步骤

4.19.3.1 试料量

根据表4-12称取试样。

表 4－12 试料量

锡含量/%	0.005～0.02	0.02～0.05	0.05～0.20
试料量/g	1.000	0.5000	0.1000

4.19.3.2 试料分解

将试料置于150mL烧杯中，称取与试料量相同量的纯铁随同做空白试验。加10～20mL盐酸（1＋1），温热溶解，滴加硝酸氧化，加热至试料完全溶解（试料亦可用适当比例的盐酸－硝酸加热溶解）。加14mL硫酸（1＋1），称取1g试料时加28mL硫酸（1＋1），加热蒸发至冒硫酸烟。冷却，加入少量水，加热溶解盐类，冷却后移入100mL容量瓶中，用水稀释至刻度。

注意：铸铁等含石墨碳锆的试样和高硅试样用快速滤纸过滤于100mL容量瓶中，用10mL硫酸（1＋7）分4次洗涤残渣和滤纸，再用水洗几次，用水稀释至刻度，混匀。

4.19.3.3 显色

分取10.00mL试液于50mL容量瓶中。滴加氢氧化钠溶液（500g/L）至出现棕红色氢氧化铁不再溶解，再滴加硫酸（1＋2）至氢氧化铁沉淀刚刚溶解，稍放置。加入1.5mL硫酸（1＋1），再滴加高锰酸钾溶液（5g/L）至紫红色30s不退，加入2mL抗坏血酸溶液（150g/L），混匀，放置30s。加入1mL草酸溶液（10g/L），混匀，再加入2mL CTMAB溶液（0.44g/L），混匀。边摇动边加入2.00mL苯基荧光酮溶液（0.096g/L），用水稀释体积约25mL，用水稀释至刻度，混匀，于室温放置20min。

4.19.3.4 测量

将显色液置于合适的吸收皿中，以水为参比，在分光光度计上于波长540nm处测量吸光度，减去空白试验溶液的吸光度，在工作曲线上计算锡的质量分数。

4.19.3.5 工作曲线的绘制

移取0mL、1.00mL、1.50mL、2.00mL、2.50mL、3.00mL、4.00mL锡标准溶液（4.0μg/mL），分别置于7个50mL容量瓶中，再加入与分取试液中含铁量相近的铁溶液（50 mg/mL或20 mg/mL），用水调节溶液体积至10mL，按4.19.3.3节、4.19.3.4节操作，以试剂空白为参比，测量吸光度，绘制工作曲线。

4.20 硼含量的测定——姜黄素直接光度法

4.20.1 方法提要

试料用硫酸－磷酸和过氧化氢分解，加热冒硫酸烟。在硫酸－冰乙酸的非水介质中，于40℃硼与姜黄素生成紫红色配合物，在乙酸－乙酸铵缓冲溶液中测量吸光度，计算硼的质量分数。

本方法适用于低合金钢、合金钢、高温合金中0.0005%以上硼含量的测定。

4.20.2 试剂

（1）硫酸－磷酸混合酸（Ⅰ）：5＋3＋12；

（2）硫酸－磷酸混合酸（Ⅱ）：20＋12＋68；

（3）冰乙酸：ρ 约 1.05g/mL；

（4）过氧化氢：ρ 约 1.10g/mL；

（5）乙酸丁酯；

（6）酸试剂：硫酸与冰乙酸等体积混合，在冷却情况下，边搅拌边将硫酸倒入等体积的冰乙酸中，混匀，冷却后储于石英瓶或塑料瓶中；

（7）氟化钠溶液：10g/L，储于塑料瓶中；

（8）姜黄素溶液：1.5g/L，用冰乙酸配制；

（9）乙酸－乙酸铵缓冲溶液，取 180g 乙酸铵加水溶解，加 135mL 冰乙酸、100mL 乙醇，用水稀释至 1L；

（10）硼标准溶液：0.50μg/mL，储于塑料瓶中。

4.20.3 分析步骤

4.20.3.1 试料量

按表 4－13 称取试样。

表 4－13 试料量和试液分取量

锡含量/%	<0.005	0.005～0.025	0.025～0.050	0.050～0.10
试料量/g	0.2500	0.1000	0.1000	0.0500
分取量/mL	2.00	2.00	1.00	1.00

4.20.3.2 试料分解

将试料置于 150mL 石英烧杯中（或石英锥形瓶中，随同试料进行空白试验）。加 20mL 硫酸－磷酸混合酸（Ⅰ），加热溶解，加 4mL 过氧化氢，加热至试样完全溶解。将试液于中温电炉上加热蒸发至冒烟，稍冷用水冲洗瓶壁，继续加热至硫酸烟与液面分层。稍冷，加 15mL 冰乙酸，于低温加热至盐类溶解。冷却至室温，将试液移入 25mL 容量瓶中，用冰乙酸稀释至刻度，混匀。

4.20.3.3 显色

按表 4－13 分取 2.00mL 或 1.00mL 试液两份置于两个干燥的 150mL 石英锥形瓶中（分取 1.00mL 时补加 1.00mL 空白试验）。

显色液：加 2.5mL 酸试剂，1.0mL 乙酸丁酯，混匀。将锥形瓶置于（40±1）℃的恒温水浴（或恒温烘箱）中保温 1min。取出，加 4.0mL 姜黄素溶液（1.5g/L），混匀，继续以（40±1）℃保温 45min。取出，加 15.0mL 缓冲溶液，混匀，放置 10min。

参比液：加 2.5mL 酸试剂，4 滴氟化钠溶液（10g/L），1.0mL 乙酸丁酯，以下

按显色液操作。

4.20.3.4 测量

将显色液和参比液分别置于适当吸收皿中，于分光光度计545nm处测量吸光度，减去空白试验溶液吸光度后从工作曲线上计算硼的质量分数。

4.20.3.5 工作曲线绘制

移取0mL、0.50mL、1.00mL、2.00mL、3.00mL、4.00mL硼标准溶液（0.50μg/mL）于数个小石英锥形瓶（或小石英烧杯）中，加2.0mL硫酸-磷酸混合酸（Ⅱ），在低温处蒸发，再于中温处蒸发冒硫酸烟20s。冷却，加1.5mL冰乙酸、2.5mL酸试剂、1.0mL乙酸丁酯，以下按4.20.3.3节显色液步骤操作，以不加硼标准溶液的显色液为参比，测量吸光度，绘制工作曲线。

或取数个不同硼含量的同类标准物质按分析步骤操作，测量吸光度，绘制工作曲线。

4.20.4 注释

（1）试料亦可以用盐酸、硝酸分解，再加硫酸-磷酸混合酸加热冒烟处理。

（2）显色反应要求在非水介质中进行，所用容量瓶、石英锥形瓶（或石英烧杯）、移液管、吸收皿等均应预先干燥，不得沾有水珠。显色保温时要防止水蒸气的影响。操作时严格控制实验条件一致。

（3）硫酸可能会有较高的空白，可用此法纯化：300mL硬质烧杯中加50mL水，加200mL硫酸，冷却后放入铂皿中，加氢氟酸（每50mL硫酸加5mL氢氟酸，边加边搅拌），于垫有石棉板的电路上加热蒸发，继续加热至冒硫酸烟30min，驱尽硼和氟，冷却后储于石英瓶中。

（4）在乙酸-乙酸铵介质中显色，可允许少量水存在（小于0.8mL）。基本操作步骤为：称取0.1000~0.5000g试样于石英锥形瓶中，加30mL硫酸磷酸混合酸（1+2+2）、10mL硝酸，加热溶解，继续加热至冒浓厚白烟3~5min，冷却。用少量水溶解盐类，并定容于50mL容量瓶中，混匀。分取1.00mL试液于干燥的50mL石英烧杯（或瓷坩埚）中，加5mL酸试剂、3mL姜黄素溶液（1.5g/L），混匀。加盖后置于烘箱中（40±2）℃保温30min。取出，加10mL乙醇，2min后加10mL乙酸-乙酸铵缓冲溶液，混匀。加盖放置10min后于分光光度计上波长545nm处，以空白试验溶液为参比测量吸光度。以无硼纯铁加硼标准溶液或含硼标准样品按分析步骤操作绘制工作曲线。

（5）GB 223.78—2000《姜黄素直接光度法测定硼含量》（等同采用ISO 10153—1997）方法中采用在室温放置2.5h使姜黄素与硼显色的方法。基本操作为：

称取1.000g或0.500g试样于石英烧杯中，加10mL盐酸和5mL硝酸，缓缓分解试样，加10mL磷酸和5mL硫酸，加热冒硫酸烟，于290℃电热板上冒烟30min。用30mL水稀释，温热搅拌，加5mL盐酸，加3g一水次磷酸钠（$NaH_2PO_2 \cdot H_2O$），小心微沸15min。将溶液移入50mL聚丙烯容量瓶中，用水稀释至刻度，混匀。

取1.00mL试液于100mL干燥的聚丙烯容量瓶中，加6.0mL酸试剂，6.0mL姜黄素冰乙酸溶液（0.125g/L），塞上容量瓶塞，混匀。放置25h以上以完全生成有色配合物。加1.0mL磷酸，以稳定色泽，放置30min。加30.0mL乙酸缓冲溶液（225g乙酸铵溶于400mL水，加300mL冰乙酸，过滤于聚丙烯容量瓶中，用水稀释至1L），混匀，溶液呈橘黄色，放置15min。同时取1.00mL试液，加0.2mL氟化钠溶液（40g/L），混匀，放置1h，以下同显色液操作，此为参比液。于分光光度计波长543nm处测量吸光度。随同试样做空白试验。工作曲线以纯铁加硼标准溶液（2.0μg/mL）按分析方法操作。

4.21 锑含量的测定——载体沉淀-钼蓝光度法

4.21.1 方法提要

在硝酸介质中，以二氧化锰为载体沉淀锑，与大量铁、铬、镍、铅、铝、铜等分离，在硫酸溶液下，锑与磷钼杂多酸形成配合物，用乙酸丁酯萃取，测量其吸光度，计算锑的质量分数。

钨预先过滤除去，铌、钛有干扰，在硫酸溶液中，有酒石酸存在下，用甲基异丁基酮萃取，锑与碘离子形成配合物，而与铌、钛等分离。

本方法适用于碳素钢、低合金钢、硅钢、纯铁中质量分数为0.0003%～0.100%的锑含量的测定。

4.21.2 试剂

(1) 硝酸：1+4；

(2) 氨水：1+1，1+9；

(3) 抗坏血酸溶液：10g/L，用时配制；

(4) 高锰酸钾溶液：40g/L，储于棕色瓶中；

(5) 硫酸锰溶液：50g/L；

(6) 酒石酸钾钠溶液：20g/L；

(7) 亚硫酸钠溶液：100g/L；

(8) 甲基橙溶液：1g/L；

(9) 显色剂溶液：称取0.055g磷酸二氢钾和3.61g钼酸钠（$Na_2MoO_4 \cdot 2H_2O$），溶于水中并稀释至1000mL，混匀；

(10) 锑标准溶液：10.0μg/mL，锑标准溶液以酒石酸锑钾配制。

4.21.3 分析步骤

4.21.3.1 试料量

锑含量小于0.001%时，称取1.000g试样；锑含量小于0.0005%时，称取2.000g试样；锑含量在0.001%～0.005%时，称取0.5000g试样；锑含量在0.005%～0.010%时，称取0.2000g试样；锑含量在0.01%～0.10%时，称取0.1000g试样。

4.21.3.2 试料分解

将试料置于500mL烧杯中，随同试料做空白试验。

A 碳钢、低合金钢试样

加20mL硝酸（1+1），低温加热分解，用中速滤纸过滤除去游离碳，滤液收集于500mL烧杯中，以水洗涤3~5次。加水至溶液体积约120mL。

注意：称取1.0g和2.0g试料时，分别加25mL和30mL硝酸（1+1）加热分解。

B 生铸铁、硅钢试样

加硝酸（1+4），低温加热分解，含高硅低锑试样，可加约0.5mL氢氟酸，用中速滤纸过滤去除游离碳，以水洗涤3~5次。加水至溶液体积约120mL。

注意：称取0.10g和0.20g、0.50g、1.0g试料，分别加入40mL、50mL、60mL、90mL硝酸（1+4）。

C 合金钢试样

加5mL硝酸和适量盐酸，盖上表面皿，低温加热溶解，煮沸除去氮氧化物。加水至溶液体积约120mL，加3mL硝酸。

D 含钨钢试样

加5mL硝酸和15mL盐酸，加热分解（注意不要加水），用慢速滤纸过滤除去钨酸和碳化物，滤液收集于500mL烧杯中，用15mL硝酸（1+3）洗涤沉淀和滤纸。加水至溶液体积约120mL。

4.21.3.3 共沉淀分离

加入5mL硫酸锰溶液（50g/L），煮沸，滴加高锰酸钾溶液（40g/L）至出现红色并产生稳定的沉淀后，过量3~5mL，煮沸1min，再加入5mL高锰酸钾溶液（40g/L），煮沸5min（注意保持原有体积）。取下静置，使沉淀下沉，用中速滤纸过滤，用热水洗涤烧杯及沉淀3~5次。用10mL盐酸（1+1）和2mL过氧化氢混合液从滤纸上溶解沉淀于原烧杯中，用少量水洗涤滤纸3~5次，将烧杯置于电热板上煮沸，分解过氧化氢。

加水稀释至120mL，加入5mL硝酸，重复用高锰酸钾溶液（40g/L）沉淀一次，过滤等。如称取0.1g试样可省去重复沉淀的操作。

4.21.3.4 显色

冷却至室温（如称取试样中含锑超过30μg时，则移入50mL容量瓶中，用水稀释至刻度，混匀，分取10~20mL），加入1g碘化铵，溶解后，滴加亚硫酸钠溶液（100g/L）还原析出碘，并过量1~2滴；加入1mL酒石酸钾钠溶液（20g/L），滴1滴甲基橙溶液（1g/L），用氨水（1+1和1+9）中和至黄色，再用硫酸（1+9）中和至红色，加入2mL硫酸（1+9），冷却。将试液稀释至约25mL，加入1.5mL抗坏血酸溶液（10g/L），混匀，加入5mL显色剂溶液，混匀，移入125mL分液漏斗中，放置20min（室温低于20℃，放置30~40min），加入10.0mL乙酸丁酯，振荡萃取1min，静置分层后，弃去水相，滴加0.5mL无水乙醇，轻轻晃动至清亮。

4.21.3.5 测量

分液漏斗尾端塞上少许脱脂棉，将有机相的显色溶液经脱脂棉移入3cm吸收皿中，在分光光度计上于波长660nm处以乙酸丁酯为参比测量吸光度，减去空白试验溶液的吸光度，从工作曲线上计算锑的质量分数。

4.21.3.6 工作曲线的绘制

称取0mL、0.50mL、1.00mL、1.50mL、2.00mL、2.50mL、3.00mL锑标准溶液(10.0μg/mL)，分别置于150mL烧杯中，加1g碘化铵，以下按4.21.3.4节后续步骤进行，测量其吸光度，减去试剂空白的吸光度，绘制工作曲线。

4.22 氮含量的测定——脉冲加热惰性气体熔融热导法

4.22.1 方法提要

试料用脉冲炉于石墨坩埚中加热，高温熔融，氮以分子形式被抽取在氦气流中。熔融过程中同时生成的一氧化碳和氢经氧化铜氧化成二氧化碳和水，被碱石棉和无水高氯酸镁吸收，经色谱分离用热导法检测氦气流中的氮，在校准曲线上计算氮的质量分数。

本方法适用于碳素钢、低合金钢、合金钢中0.0005%以上氮含量的测定。

4.22.2 试剂

(1) 氦气：高纯；

(2) 动力气：氩气或压缩空气；

(3) 氧化铜：粒状；

(4) 无水高氯酸镁：粒度1.2~2.0mm，或无水硫酸钙，粒度0.60~0.85mm；

(5) 碱石棉：粒度0.7~1.2mm；

(6) 丙酮或四氯化碳：用于清洗带有油脂或污染物的试料。

4.22.3 仪器和材料

(1) 脉冲加热惰性气体熔融型氮分析仪或氧氮分析仪，仪器具有熔融试料、分离和测量氮的装置，分析时按仪器的说明书进行操作。

(2) 电子天平，感量0.1mg或1mg。电子天平连接于氮分析仪或氧氮分析仪，其称量值可自动（或必要时手动）输入仪器的检测和数据处理系统。

(3) 石墨坩埚，适合于仪器电极炉的高纯石墨坩埚，一次性使用。

(4) 坩埚钳。

(5) 玻璃棉，用于铺垫气体过滤装置。

(6) 同类标准物质/标准样品，其氮含量覆盖待测定样品的氮量。试样测量的准确度在很大程度上取决于标准物质的均匀性和定值的准确度，所用的标准物质应该是经权威机构认可的有证标准物质。

4.22.4 分析步骤

4.22.4.1 分析前的准备

将仪器接通电源，预热2h，通气30min。检查并确保燃烧单元和测量单元的气密性。按仪器说明书检查仪器各部位的测量参数，调节并保持在适当的范围内，选择最佳分析条件。

4.22.4.2 试料的预处理

用丙酮或四氯化碳清洗样品表面上可能污染的油脂或污物，用热风吹干样品上的溶剂。

4.22.4.3 试料量

氮含量小于0.10%时，称取约1.0g试样，精确至0.001g；氮含量大于0.10%时，称取0.5g试样。如果仪器有特殊要求，按仪器说明书称取试料量。

4.22.4.4 空白试验

试料分析前进行空白试验，将石墨坩埚放在加热炉下电极上，在高于2200℃条件下脱气，按照仪器说明书测定空白值。空白值应稳定和足够小（小于10μg）。空白试验重复足够次数，记录最后三次稳定（并足够小）的空白值读数，取其平均值，按仪器操作说明输入空白值。在试料测定时仪器可自动扣除空白值。如果空白值异常的高，需要找出污染源并加以消除。

有些仪器有空白校正程序，可以直接按照说明书校正空白。当分析条件变化时应重新测定空白值。

4.22.4.5 仪器校准

（1）根据试样品种和氮含量范围，选择两个与试样同类标准物质，按仪器操作说明依次进行校准。通常用于校准的标准物质氮含量应稍高于待测定样品的氮含量。经校准后标准物质的氮测量值与其标准值之差应在方法允许差和标准物质不确定度范围内。否则应对仪器进行再校准，直至标准物质测量值与其标准值之差稳定在方法允许差和标准物质不确定度范围内。

注意：当分析条件变化或更换试剂和玻璃棉时，应先用一些样品进行测量操作，使仪器达到稳定状态，并对仪器重新进行校准。

（2）如仪器有多点校准功能，可用多个标准物质对仪器进行校准，多个标准物质的氮含量应有一定的梯度分布，并覆盖待测样品的氮含量，校准曲线的相关系数应大于0.999。

4.22.4.6 测定

（1）石墨坩埚放置于炉子的下电极上，在高于2200℃下进行脱气操作。通过加料器加试料于石墨坩埚中，按仪器说明书进行操作。分析结束后读取氮的分析结果。

（2）样品分析完成后推出石墨坩埚，用特制金属刷清洗上下电极，并更换新坩埚，准备下一次分析。

（3）试料分析过程中和分析结束后应再对校准用的标准物质进行分析，如果标准物质的测量结果都在控制的允许差范围内，则试料分析结果有效。

4.23 氧和氢的测定

4.23.1 脉冲加热惰性气体熔融红外吸收法测定氧含量

4.23.1.1 方法提要

试料用脉冲炉于石墨坩埚中加热，在氦气（或氩气）流中高温熔融，试料中的氧与石墨坩埚中的碳生成一氧化碳气体（或经400℃的稀土氧化铜炉转化成二氧化碳），流经碳红外吸收池，根据一氧化碳（或二氧化碳）对特定红外能的吸收，在校准曲线上计算氧的质量分数。

本方法适用于碳素钢、低合金钢、合金钢中0.0005%以上氧含量的测定。

4.23.1.2 试剂与材料

（1）氦气或氩气：高纯；

（2）动力气：氩气、氮气或压缩空气，当进行氧氮联测时不使用氮气；

（3）丙酮、乙醚、石油醚或四氯化碳：用于清洗带有油脂或污染物的试料；

（4）磷酸－硝酸－冰醋酸溶液：28＋10＋62；

（5）磷酸－过氧化氢溶液：1＋3；

（6）稀土氧化铜：粒状；

（7）无水高氯酸镁：粒度1.2～2.0mm；

（8）碱石棉：粒度0.7～1.2mm。

4.23.1.3 仪器和材料

（1）脉冲加热惰性气体熔融型氧分析仪或氧氮分析仪。仪器具有熔融试料的脉冲加热炉和红外吸收测量氧的装置，分析时按仪器的说明书进行操作。脉冲炉加热功率不低于6.6kW（炉温不低于2500℃），仪器系统空白值小于0.00005%，仪器显示灵敏度为0.00001%；

（2）电子天平，感量0.1mg或1mg；

（3）石墨坩埚，适合于仪器电极炉加热的高纯石墨坩埚，一次性使用；

（4）坩埚钳；

（5）玻璃棉，用于铺垫气体过滤装置；

（6）其他专用试剂，根据仪器制造商推荐使用；

（7）同类标准物质/标准样品，试样测量的准确度在很大程度上取决于标准物质的均匀性和定值的准确度，所用的标准物质应该是经权威机构认可的有证标准物质。

4.23.1.4 分析步骤

A 制样

将试样加工成约ϕ5mm、长度大于30mm的圆柱棒，表面粗糙度Ra为3.2μm。所取的试样不应有裂缝（缝隙）、气孔和缩孔。

B 试料的预处理

加工后的试样需进行物理抛光或化学抛光，以尽可能除去存在于试样表面的氧化物。

C 抛光

a 物理抛光

将试样在仪表车床上用低于800r/min的转速用碳化硅砂布（砂纸）和麂皮进行抛光，抛光纸粗糙度 Ra 为1.6μm。或用锉刀搓掉表面的氧化层，出现新的表面层。将加工后的圆柱棒用剪线钳剪去端部，剪成所需的长度（3～6mm），在超声波清洗器中用四氯化碳或丙酮清洗5～6min，取出，保存在盛有丙酮或无水乙醇的小瓶中。分析时取出，用自然风吹干，待用。

b 化学抛光

在某些情况下，加工成的样品可用化学清洗液来处理，将钳剪后的试样浸泡于盛有磷酸－过氧化氢溶液（1+3）或盛有磷酸－硝酸－冰醋酸溶液（28+10+62）的小烧杯中，低温加热至沸腾。取出，保存在盛有丙酮或无水乙醇的小瓶中。分析时取出，用自然风吹干，待用。

注意：(1) 经加工、清洗后的试样用干净镊子夹取，不能用手触摸。

(2) 车刀和剪线钳预先用丙酮（或四氯化碳）擦洗。

D 试料量

称取经预处理的试样，精确至0.001g。

E 分析前的准备

将仪器接通电源，预热2h，通气30min。检查并确保燃烧单元和测量单元的气密性。按仪器说明书检查仪器各部位的分析参数，调节并保持在适当的范围中，选择最佳分析条件。

F 空白试验

试料分析前进行空白试验，将原空白值置零。将石墨坩埚放在加热炉下电极上，在高于2100℃下脱气，按照仪器说明书测定空白值，并求出空白平均值。空白值应稳定和足够小。空白试验重复足够次数，记录最后三次稳定（并足够小）的空白值读数，取其平均值，按仪器操作说明输入空白值。在试料测定时仪器可自动扣除空白值。测定氧含量小于0.0030%时，空白值应小于0.00005%。如果空白值异常的高，需要找出污染源并加以消除。

有些仪器有空白校正程序，可以直接按照说明书校正空白。当分析条件变化时应重新测定空白值。

G 仪器校准

(1) 根据试样品种和氧含量范围，选择3个与试样同类标准物质，按仪器操作说明依次进行校准。通常用于校准的标准物质氧含量应稍高于待测定样品的氧含量。经校准后测量另两个标准物质的氧含量与其标准值之差应在方法允许差和标准物质不确定度范围内。否则应对仪器进行再校准，直至标准物质测量值与其标准值之差稳定在方法允许差和标准物质不确定度范围内。当分析条件变化时应对仪器重新进行校准。

（2）如仪器有多点校准功能，可用多个标准物质对仪器进行校准，多个标准物质的氧含量应有一定的梯度分布，并覆盖待测定样品的氧含量，校准曲线的相关系数应大于0.999。

H 测定

（1）将石墨坩埚放置于熔融炉的下电极上，合上电极，在高于2100℃下进行脱气操作。于投料器中将试料加于石墨坩埚中，按仪器说明书进行操作，分析结束后读取氧的分析结果。

（2）样品分析完后取出石墨坩埚，用特制金属刷清洗上下电极，并更换石墨坩埚，准备下一次分析。

（3）试料分析过程中和分析结束后应再对校准用的标准物质进行分析，如果标准物质的测量结果都在控制的允许差范围内，则试料分析结果有效。

4.23.1.5 注释

（1）分析参数的设定与使用的仪器、仪器的状态、样品的材质等多种因素有关。分析者可根据样品材质，由仪器生产商推荐的参数设定分析条件。例如，TC436、TC600、TCH600测定钢、高温合金中氧，可选择脱气温度2000~2200℃（脱气功率5.5~6kW），分析功率4.5~5.5kW。

（2）下述实验条件供参考：脱气电流1100A，试样分析电流950~1050A，分析时间20~30s，脱气气流速度1000mL/min，试样分析气流速度300mL/min。

（3）氧是非常活泼的元素，容易与金属形成氧化物。特别是低含量氧的测定，样品的加工和预处理直接影响到分析结果的准确度。

4.23.2 脉冲加热惰性气体熔融热导法（或红外法）测定氢含量

4.23.2.1 方法提要

试料用脉冲炉于石墨坩埚中加热，在氩气（或氮气）流中高温熔融，试料析出的氢经色谱柱与其他气体分离，通过热导池测量热导率的变化；或氢被转化成水，通过红外吸收池测量水的吸光度，在校准曲线上计算氢的质量分数。

本方法适用于钢铁中0.2~30μg/g氢含量的测定。

4.23.2.2 试剂与材料

（1）高纯载气（99.99%）：可以使用氩气或氮气；

（2）动力气：氩气、氮气或空气，油和水含量小于0.5%，禁用可燃性气体；

（3）丙酮、乙醚或四氯化碳：用于清洗带有油脂或污染物的试料；

（4）无水高氯酸镁：粒度1.2~2.0mm；

（5）分子筛：其性能满足测试要求；

（6）Schutze试剂；

（7）石墨坩埚：适合于仪器电极炉加热的高纯石墨坩埚；

（8）坩埚钳；

（9）其他专用试剂：根据仪器制造商推荐使用；

（10）同类标准物质/标准样品：用于校准仪器的标准物质的氢含量应接近或稍大于待测试样氢含量。试样测量的准确度在很大程度上取决于标准物质的均匀性和定值的准确度，所用的标准物质应该是经权威机构认可的有证标准物质。

4.23.2.3 仪器和材料

（1）氢分析仪。仪器具有熔融试料脉冲加热炉、热导池或红外吸收测量系统、气流净化系统。

注意：仪器推荐分析条件：脱气功率3000W或电流850A；分析功率2500W或电流700A；分析时间，60s。

（2）电子天平，感量0.1mg或1mg。电子天平连接于氢分析仪，其称量值可自动（或必要时手动）输入仪器的检测和数据处理系统。

4.23.2.4 取样与制样

在取样、样品保存和制样过程中必须避免氢的损失和受环境的污染。氢的损失与样品温度、环境氢分压、样品保存时间有较大关系。

（1）炉前取样需使用特制的取样装置，并使用必要的急冷措施。如取得的试样不立即分析，则需保存在干冰或液氮中，以避免氢的逸散。

（2）在钢锭或型材上取样时，试样加工温度应低于50℃。

（3）试样可用车床加工，边车边用乙醇冷却。也可缓慢打磨试样表面，除去污垢层。截取合适尺寸的条状试料，试料的质量在0.5～2.5g间。加工好的试样用丙酮、乙醚或四氯化碳清洗，自然风干或冷风吹干，保存在干燥器中备用。

注意：经加工清洗后的试样用干净镊子夹取，切不可用手触摸。

4.23.2.5 分析步骤

A 分析前的准备

将仪器电源接通，预热2h，通气30min。检查并确保燃烧单元和测量单元的气密性。按仪器说明书检查仪器各部位的分析参数，调节并保持在适当的范围中，选择最佳分析条件。

B 试料量

称取0.5～2.5g经预处理的样品，精确至0.001g。

C 空白试验

试料分析前进行空白试验，将原空白值置零。将石墨坩埚放在加热炉下电极上，按照仪器说明书所述测定空白值，并求出空白平均值。空白值应稳定和足够小。空白试验重复足够次数，记录最后3次稳定（不超过空白值的10%）的空白值读数，取其平均值，按仪器操作说明输入空白值。在试料测定时仪器可自动扣除空白值。如果空白值异常高，需要找出污染源并加以消除。

当分析条件变化时应重新测定空白值。

D 仪器校准

（1）根据试样品种和氢含量的范围，选择3个与试样同类标准物质，按仪器操作说明依次进行校准。通常用于校准的标准物质氢含量应稍高于待测定样品的含量。经校准后测量另两个标准物质的氢含量，测量值与其标准值之差应在方法允许差和标准物质不确定度范围内。否则应对仪器进行再校准，直至标准物质测量值与其标准值之差稳定在方法允许差和标准物质不确定度范围内。当分析条件变化时应对仪器重新进行校准。

（2）如仪器有多点校准功能，可用多个标准物质对仪器进行校准，多个标准物质的氢含量应有一定的梯度分布，并覆盖待测定样品的氢含量，校准曲线的相关系数应大于0.999。

E 测定

（1）将石墨坩埚置于熔融炉的下电极上，合上电极，按仪器说明书进行脱气操作。于投料器中将试料加入石墨坩埚中，按仪器说明书进行测量。分析结束后读取氢的分析结果。

（2）样品分析完成后退出石墨坩埚，用特制金属刷清洗上下电极，并更换石墨坩埚，准备下一次分析。

（3）试料分析过程中和分析结束后应再对校准用的标准物质进行分析，如果标准物质的测量结果都在控制的允许差范围内，则试料分析结果有效。

4.24 铟和铊含量的测定——电感耦合等离子体质谱法

4.24.1 方法提要

试料经适宜比例的盐酸、硝酸溶解，添加铑作为内标元素以校正仪器的信号漂移并消除基体效应的影响，通过优化仪器获得最佳的测量条件，采用雾化进样，测定各同位素的信号强度（计数），以基体匹配的标准加入法绘制工作曲线。

本方法适用于高温合金中质量分数为0.000010%～0.010%铟含量、质量分数为0.000010%～0.010%铊含量的测定。

4.24.2 试剂

（1）铟标准溶液：100μg/mL。

（2）铊标准溶液：100μg/mL。

（3）铑标准溶液：100μg/mL。

（4）混合标准溶液：1.00μg/mL。分别移取10.00mL铟标准溶液和铊标准溶液于1000mL容量瓶中，加50mL王水，以水稀释至刻度，混匀。此溶液1mL含1.00μg铟，1.00μg铊。

（5）铑内标溶液，1.00μg/mL。移取10.00mL铊标准溶液置于1000mL容量瓶中，加50mL王水，以水稀释至刻度，混匀。此溶液1mL含1.00μg铑。

4.24.3 仪器与设备

电感耦合等离子体质谱仪配备雾化进样系统，仪器经优化后应满足：

（1）测定10.0ng/mL的铟标准溶液的灵敏度优于5×10^4cps；

（2）连续测定10.0ng/mL的铟标准溶液10次的相对标准偏差不超过2%。

4.24.4 分析步骤

4.24.4.1 试样量

称取0.10g试料，精确至0.1mg。

4.24.4.2 空白试验

随同试料作空白试验。

4.24.4.3 测定

A 试样处理

将试料置于50mL烧杯中，加入5mL适宜比例的盐酸与硝酸的混合酸，加热溶解后，冷却至室温，转移至100mL容量瓶中，加入1.00mL铑内标溶液（1.00μg/mL），用水稀释至刻度，混匀。

B 测量

按照仪器说明书使仪器最优化，待仪器稳定后，选择In（115）和Tl（205）质量数，并选择Rh（103）作为内标元素，按照编制好的分析程序同时测定试液中待测元素的信号强度，减去空白试验溶液的强度即为净强度，由工作曲线查得待测元素的质量。

4.24.4.4 工作曲线的绘制

称取0.1000g与试样基体组分相近且待测元素含量相对较低的试样6份，分别置于50mL烧杯中，加入5mL适宜比例的盐酸与硝酸的混合酸，加热溶解后，冷却至室温，转移至100mL容量瓶中，加入1.00mL铑内标溶液，分别加入0mL、0.50mL、1.00mL、2.50mL、5.00mL、10.00mL混合标准液，用水稀释至刻度，混匀。测量标准溶液的强度，减去零浓度校准溶液的强度即为净强度。以待测元素的质量（μg）为横坐标，待测元素相应的净强度为纵坐标，绘制工作曲线。

4.24.5 结果计算

待测元素的含量以质量分数w_M计，数值以%表示，按下式计算：

$$w_M = \frac{m_1 \times 10^{-4}}{m} \times 100\%$$

式中 m_1——从工作曲线上查得的待测元素质量的数值，μg；

m——试料的质量的数值，g。

计算结果保留2位有效数字。

4.25 铋和砷含量的测定——氢化物发生－原子荧光光谱法

4.25.1 方法提要

试料用盐酸、硝酸溶解，加入硫代氨基脲抑制基体元素的干扰，用磷酸配合钨等易水解元素，用抗坏血酸溶液将砷（Ⅴ）还原为砷（Ⅲ）。用硼氢化钾作为还原剂，还原生成铋、砷的氢化物，由载气（氩气）带入石英原子化器中原子化，在专用铋、砷空心阴极灯的发射光激发下产生原子荧光，测定其原子荧光强度。

本方法适用于钢铁及镍基合金中铋和砷含量的测定。铋测定质量分数范围：0.00005%～0.01%；砷测定质量分数范围：0.00005%～0.01%。

4.25.2 试剂

除非另有说明，在分析中仪器用优级纯的试剂和二次蒸馏水或相当纯度的水。

（1）硫酸－磷酸混合酸：硫酸＋磷酸＋水＝1＋1＋2；

（2）硫代氨基脲－抗坏血酸混合溶液：分别称取25g硫代氨基脲及25g抗坏血酸，溶于500mL盐酸（1＋4）中，当日配制；

（3）硼氢化钾溶液：15g/L；

（4）载流溶液：（5＋95）盐酸；

（5）铋、砷混合标准溶液：10.00μg/mL、1.00μg/mL；

（6）铁溶液：20.0mg/mL；

（7）镍溶液：20mg/mL。

4.25.3 仪器

原子荧光光谱仪，备有氢化物发生器及进样装置，专用铋、砷空心阴极灯。所用原子荧光光谱仪应达到下列指标：

（1）稳定性：仪器稳定后，30min内零漂≤5%；

（2）检出限：≤0.1μg/L（空白溶液测量11次，3δ）；

（3）校准曲线的线性：校准曲线在0～0.1μg/mL范围内，线性相关系数应≥0.997；

（4）烧杯：所用烧杯中砷含量应很低或不含有砷，以免造成低砷测量污染，或者使用全氟塑料烧杯。

4.25.4 分析步骤

4.25.4.1 试料

按表4－14称取试料，精确至0.0001g。

表4－14 称样量

铋、砷的质量分数/%	试料量/g
0.000050～0.001	0.200
＞0.001～0.010	0.100

4.25.4.2 测定

A 试料处理

将试料置于100mL烧杯中，加10mL适当比例的盐酸、硝酸混合酸，于低温电炉上加热溶解。待试料溶解完全后取下稍冷，加入5mL硫酸－磷酸混合酸（1＋1＋2），加热蒸发至冒磷酸白烟约5min，取下冷却至室温，吹少量水，低温加热溶解盐类。

B 试液分取及试剂的加入

a 铋、砷含量小于0.003%

将试液（A）用水转移至50mL容量瓶中，加入5mL盐酸，25mL硫代氨基脲－抗坏血酸混合溶液，混匀（若加硫代氨基脲－抗坏血酸混合溶液后有沉淀产生，要振荡1～2min，放置待溶液澄清后，测量上层清液）。室温放置30min（室温小于15℃时，置于30℃水浴中保温20min），用水稀释至刻度，混匀。

b 铋、砷含量大于0.003%

将试液（A）用水转移至50mL容量瓶中，加入5mL盐酸，冷却至室温，用水稀释至刻度，混匀。分取10.00mL试液置于50mL容量瓶中，加4mL盐酸，混匀，4mL硫酸－磷酸混合酸（1＋1＋2），混匀，加25mL硫代氨基脲－抗坏血酸混合溶液，混匀（若加硫代氨基脲－抗坏血酸混合溶液后有沉淀产生，要振荡1～2min，放置待溶液澄清后，测量上层清液）。室温放置30min（室温小于15℃时，置于30℃水浴中保温20min），用水稀释至刻度，混匀。

C 荧光强度测定

开机，设定灯电流、负高压，在测量前预热至少20min，按照仪器说明书使仪器最优化，按照仪器使用说明书准备好还原剂、载流溶液和试液（a或b）。按照设定的程序测定试样溶液中铋、砷的原子荧光强度，减去空白溶液中铋、砷的原子荧光强度即为净荧光强度，在校准曲线上查出相应的铋、砷质量或通过校准曲线的方程式计算出铋、砷质量。

4.25.4.3 校准曲线的绘制

分别移取铁溶液（20mg/mL）、镍溶液（20mg/mL）1.0mL置于6个100mL烧杯中，分别加入铋砷混合标准溶液（1.00μg/mL）0mL、0.10mL、0.50mL、1.00mL、2.00mL、3.00mL，分别加入5mL硫酸－磷酸混合酸（1＋1＋2）加热蒸发至冒硫酸白烟，取下稍冷，吹少量水，低温加热溶解盐类。分别加入5mL盐酸，用水转移至50mL容量瓶中，分别加入25mL硫代氨基脲－抗坏血酸混合溶液，混匀（若加硫代氨基脲－抗坏血酸混合溶液后有沉淀产生，要振荡1～2min，放置待溶液澄清后，测量上层清液）。室温放置30min（室温小于15℃时，置于30℃水浴中保温20min），用水稀释至刻度，混匀。

按C由低到高测定标准溶液中铋、砷的原子荧光强度，分别减去零校准溶液中铋、砷的原子荧光强度得净原子荧光强度。以铋、砷的质量（μg）为横坐标，以净原子荧光强度为纵坐标绘制校准曲线。

铋或砷含量以质量分数w_M计，数值以%表示，按下式计算：

$$w_M = \frac{m_1 \times f \times 10^{-6}}{m} \times 100\%$$

式中 m_1——由校准曲线查得的或校准曲线方程式计算得到的铋或砷质量的数值，μg；

m——称取试料的质量的数值，g；

f——稀释倍数。

4.26 硒含量的测定——氢化物发生-原子荧光光谱法

4.26.1 方法提要

试料用盐酸、硝酸分解。加入氟化氨溶液配合钨、钼、铌、钽等易水解元素，加柠檬酸溶液抑制铁、镍、铬、钴等元素的干扰。用硼氢化钾作还原剂，还原生成硒化氢，由载气（氩气）带入石英原子化器中原子化，在特制硒空心阴极灯的发射光激发下产生原子荧光，测量其原子荧光强度。

本方法适用于高温合金中质量分数为0.00005%～0.010%的硒含量的测定。

4.26.2 试剂

除非另有说明，在分析中仪器用优级纯的试剂和二次蒸馏水或相当纯度的水。

(1) 硝酸：1+1；

(2) 柠檬酸溶液：500g/L；

(3) 氟化氨溶液：200g/L；

(4) 硼氢化钾溶液：5g/L、20g/L；

(5) 硒标准溶液：10.00μg/mL、1.00μg/mL、0.10μg/mL。

4.26.3 仪器

非色散原子荧光光谱仪，配有氢化物发生器，流动注射进样装置，锑特制空心阴极灯。所用非色散原子荧光光谱仪应达到下列指标：

(1) 稳定性：30min内零漂≤5%，瞬间噪声RSD≤3%；

(2) 检出限：检出限≤0.5ng/mL；

(3) 工作曲线的线性：工作曲线在0～0.1μg/mL范围内，相关系数应≥0.995。

4.26.4 分析步骤

4.26.4.1 试料量

按表4-15规定称取试料量，精确至0.1mg。

表4-15 称取试料量和锑标准溶液浓度

锑的质量分数/%	试料量/g	锑标准溶液浓度/μg·mL^{-1}
0.00005～0.00050	0.50	0.1
>0.00050～0.005	0.50	1
>0.005～0.010	0.25	1

4.26.4.2 测定

A 试料处理

将试料置于100mL烧杯中，加10mL盐酸及2mL硝酸，于低温电炉上加热溶解。待试样溶解后，取下稍冷，加5mL柠檬酸溶液（500g/L），混匀，高温加热煮沸5~10min赶尽氮氧化物，取下，趁热加5mL氟化氨溶液（200g/L），摇动烧杯溶解水解析出物。冷却至室温，转移至50mL容量瓶中，用水稀释至刻度，混匀。

B 试料溶液的分取及试剂的加入

分取10mL试液（A）置于50mL容量瓶中，加25mL盐酸、5mL柠檬酸溶液（500g/L）、5mL氟化氨溶液（200g/L），混匀，用水稀释至刻度，混匀。

C 荧光强度测定

开机后预热至少20min，按照仪器说明书使仪器最优化，设定灯电流、负高压，使仪器满足4.26.3节中的性能要求，适于测量。将试液和还原剂溶液导入氢化物发生器的反应池中，依次测量空白溶液及试样溶液中硒的原子荧光强度。试样溶液中硒的原子荧光强度减去空白溶液中硒的原子荧光强度即为净荧光强度，在校准曲线上查出硒的质量。

4.26.4.3 校准曲线的绘制

A 基体溶液的制备

按表4-15规定称取2倍的试料量，分别置于100mL烧杯中，加20mL盐酸及4mL硝酸，于低温电炉上加热溶解。待试料溶解完全后，加10mL氟化氨溶液（200g/L），加热蒸发至近干。取下稍冷，用少量水吹洗表面皿及杯壁，加入10mL盐酸及10mL氢溴酸，混匀，加热至近干。用少量水吹洗表面皿及杯壁，加入10mL盐酸，继续加热蒸发近干，取下稍冷，加20mL盐酸及4mL硝酸，加10mL柠檬酸溶液（500g/L），混匀，加热煮沸5~10min，赶尽氮氧化物。取下，冷却至室温，移入100mL容量瓶中，用水稀释至刻度，混匀。

B 校准曲线

按表4-15加入0mL，0.50mL，1.00mL，2.00mL，3.00mL，4.00mL，5.00mL硒标准溶液（1μg/mL或0.1μg/mL）于7个50mL容量瓶中，分别加入10.00mL基体溶液（本节中A），加25mL盐酸、5mL柠檬酸溶液（500g/L）、5mL氟化氨溶液（200g/L），混匀，用水稀释至刻度，混匀。

按4.26.4.2节中C由低到高测定标准溶液中硒的原子荧光强度，分别减去零校准溶液中硒的原子荧光强度得净原子荧光强度。以硒量（μg）为横坐标，以净原子荧光强度为纵坐标绘制校准曲线。

4.26.5 结果计算

硒含量以质量分数 w_{Se} 计，数值以%表示，按下式计算：

$$w_{Se} = \frac{m_1 \times V \times 10^{-6}}{m_0 \times V_1} \times 100\%$$

式中 V_1——分取试液体积的数值，mL；

V——试液总体积的数值，mL；

m_1——由工作曲线查得的硒的质量的数值，μg；

m_0——试料的质量的数值，g。

分析结果保留2位有效数字。

4.27 银含量的测定——石墨炉原子吸收光谱法

4.27.1 方法提要

试料用适宜比例的盐酸和硝酸的混合酸溶解，蒸干，用硝酸溶解盐类。将溶液引入电热原子化器，使用背景校正，用原子吸收光谱仪于328.1nm波长处测量银的吸光度。

本方法适用于高温合金中质量分数为0.0001%～0.001%银含量的测定。

4.27.2 试剂

除非另有说明，在分析中仅使用优级纯的试剂和二次蒸馏水或相当纯度的水。

（1）银标准溶液：100.0μg/mL，10.00μg/mL，1.00μg/mL；

（2）纯镍：银的质量分数小于0.0001%；

（3）纯铁：银的质量分数小于0.0001%；

（4）纯钴：银的质量分数小于0.0001%。

4.27.3 仪器与设备

（1）原子吸收光谱仪及电热原子化器配有自动进样器（5～200μL）、背景校正系统和高速记录仪或联机读取装置；

（2）微量取样器200～1000μL。

4.27.4 分析步骤

4.27.4.1 试料量

根据试样中银的含量称取试样，精确至0.1mg。银含量在0.0001%～0.0005%，称取0.20g；银含量在0.0005%～0.001%，称取0.10g。

4.27.4.2 测定

A 试样溶液的制备

将试料（4.27.4.1节）置于100mL烧杯中，加入5mL适宜比例的盐酸和硝酸的混合酸，盖上表面皿，加热溶解。试料完全溶解后，继续加热蒸干，稍冷，加5mL硝酸加热溶解盐类，取下，冷却至室温，转移至50mL容量瓶中，用水稀释至刻度，混匀。

<u>注意</u>：考虑到不同仪器的灵敏度差异，为适应校准曲线线性，试液定容体积可

扩大1倍。

B 校准溶液的制备

a 银含量在0.0001%~0.0005%范围内的校准溶液

在6个100mL烧杯中分别称取0.2000g纯镍，按表4-16用微量取样器分别加入银标准溶液（1.00μg/mL），按照A进行处理。

b 银含量在0.0005%~0.001%范围内的校准溶液

在6个100mL烧杯中分别称取0.1000g纯镍，按表4-16用微量取样器分别加入银标准溶液（1.00μg/mL），按照A进行处理。

表4-16 标准溶液移取量

溶液名称	加入银标准溶液（1.00μg/mL）体积/μL	银标准溶液浓度/ng·mL^{-1}	相当于银质量/ng	
			进样体积10μL	进样体积50μL
S1	0	0	0	0
S2	100	2	0.02	0.10
S3	250	5	0.05	0.25
S4	500	10	0.10	0.50
S5	750	15	0.15	0.75
S6	1000	20	0.20	1.00

注意：若样品为镍基合金，采用纯镍作校准溶液的基体；若样品为铁基合金，采用纯铁作校准溶液的基体；若样品为钴基合金，采用纯钴作校准溶液的基体。

C 测量

使用自动进样器，根据仪器响应值向原子化器中注入一定体积的试液和校准溶液。

注意：注入原子化器中的溶液体积根据灵敏度、基体干扰及线性范围确定，在10~50μL之间。

每份溶液测3次，使用背景校正方式。用峰高方式或峰面积方式记录吸光度读数。根据数值大小依次排列（$X1 < X2 < X3$），用Dixon方式检验最小值$X1$与最大值$X3$之间是否离群，即（$X3 - X2$）/（$X3 - X1$）或（$X2 - X1$）/（$X3 - X1$）。若比值低于0.970，取3次测定的平均值。若比值高于0.970，舍去离群值，取剩余两数的平均值。

在测量完高含量样品后运行空烧程序，检查仪器是否有记忆效应。若有必要，重新设置零点基线。以试样溶液和空白试验溶液的吸光度差值，在银的校准曲线上查出银的浓度。

D 校准曲线的绘制

每份校准溶液（溶液S）重复3次测定，计算平均值。以银浓度（μg/mL）为横坐标，以校准溶液吸光度平均值和零校准溶液吸光度的平均值的差值为纵坐标绘制校准曲线。

4.27.5 结果计算

银含量以质量分数w_{Ag}计，数值以%表示，按下式计算：

$$w_{Ag} = \frac{\rho_{Ag} \times V \times 10^{-9}}{m} \times 100\%$$

式中 ρ_{Ag}——在校准曲线上查得的试液中银的浓度的数值，ng/mL；

V——试液体积的数值，mL；

m——试料的质量的数值，g。

计算结果保留2位有效数字。

4.28 原子吸收光谱法、原子荧光光谱法、火花放电原子发射光谱法、ICP－AES法、X荧光光谱法等分析方法

4.28.1 原子吸收光谱法测定锰、镍、铜、钴含量

4.28.1.1 方法提要

试料用盐酸、硝酸分解，高氯酸冒烟，用盐酸溶解盐类并定容。溶液喷入空气－乙炔火焰中，分别用锰、镍、铜、钴空心阴极灯做光源，于原子吸收光谱仪相应波长处测量吸光度，在工作曲线上计算锰、镍、铜、钴的质量分数。

本方法适用于铸铁、碳素钢、低合金钢中0.005%以上锰、镍、铜、钴含量的测定。

4.28.1.2 试剂

（1）纯铁溶液：100mg/mL；

（2）锰、镍、铜、钴标准溶液：100.0μg/mL，或它们的混合标准溶液。

4.28.1.3 仪器

原子吸收光谱仪，备有空气－乙炔燃烧器，锰、镍、铜、钴空心阴极灯。仪器应满足火焰原子吸收光谱法（AAS）通则的要求。

4.28.1.4 分析步骤

A 试料量

根据待测元素含量，按表4－17称取试样。

表4－17 试料量

待测元素含量/%	0.01~0.10	0.10~0.50	>0.50
试料量/g	0.5000	0.2000	0.1000

B　试料处理

将试料置于100mL烧杯中，随同试料做空白试验。加10mL盐酸（1+1）、2mL硝酸，加热溶解。加2~5mL高氯酸，加热冒高氯酸烟至近干，冷却。加10mL盐酸（1+1）溶解盐类，移入100mL容量瓶，用水稀释至刻度，混匀。

注意：(1) 试料亦可用盐酸（1+1）和过氧化氢加热分解，生铁、铸铁试料用15mL硝酸（1+2）加热分解，加高氯酸冒烟。

(2) 若有游离碳或较多硅凝胶沉淀，过滤于100mL容量瓶中，用水洗净烧杯、滤纸，弃去残渣，滤液用水稀释至刻度，混匀。或将试液进行干过滤。

试样中待测元素超过工作曲线范围时，用水稀释至5~10倍后测定，或适当偏转燃烧器进行测定。

注意：偏转燃烧器后其吸光度不应低于原吸光度的二分之一。

C　测量

在原子吸收光谱仪上，以空气－乙炔火焰，用相应的元素空心阴极灯，以水调零，分别于波长279.5nm处测量锰、232.0nm处测量镍、324.7nm处测量铜、240.7nm处测量钴的吸光度，减去空白试验溶液的吸光度，分别从工作曲线上查取并计算锰、镍、铜、钴的浓度。

D　工作曲线的绘制

分取0mL、0.50mL、1.00mL、2.00mL、3.00mL、4.00mL、5.00mL或0mL、2.00mL、4.00mL、6.00mL、8.00mL、10.00mL待测元素标准溶液（100μg/mL，或它们的混合标准溶液）于一组100mL容量瓶中，加入10mL盐酸（1+1）、1mL高氯酸，加入铁溶液（100mg/mL）使其铁量与分析溶液中的铁量一致，用水稀释至刻度，混匀。按C测量吸光度。每一溶液的吸光度减去零浓度溶液的吸光度为净吸光度，以净吸光度为纵坐标，元素浓度为横坐标，绘制工作曲线。或称取不同含量的同类标准物质按分析步骤操作，测量吸光度，绘制工作曲线。

注意：(1) 当试液稀释时，工作曲线中铁量和酸度相应按稀释倍数减少，使其保持与被测试液一致。

(2) 亦可称取与试料相同量的纯铁数份，按B操作，在定容前加入相应量待测元素标准溶液，用水稀释至刻度，混匀。

4.28.1.5　分析结果计算

按下式计算锰、镍、铜、钴的质量分数（%）：

$$w_{M} = \frac{(c_1 - c_2) \times V \times f}{m \times 10^6} \times 100\%$$

式中　c_1——从工作曲线上查得的试液中待测元素的浓度，μg/mL；

c_2——从工作曲线上查得的空白试验溶液中待测元素的浓度，μg/mL；

V——测量试液的体积，mL；

f——稀释倍数；

m——试料量，g。

4.28.2 火焰原子吸收光谱法测定钒量

4.28.2.1 方法提要

试样以盐酸、硝酸溶解，高氯酸冒烟，加入铝作为干扰抑制剂，吸喷溶液到氧化亚氮－乙炔火焰中，用钒空心阴极灯作光源，于原子吸收光谱仪318.4nm波长处，测量其吸光度。称取试样中钨量应小于10mg，钛量应小于5mg。

4.28.2.2 试剂

（1）纯铁：含钒量小于0.0005%或更低的含钒量；

（2）盐酸：2＋100；

（3）铝溶液：20mg/mL；

（4）钒标准溶液：80μg/mL。

4.28.2.3 仪器

原子吸收光谱仪，备有氧化亚氮－乙炔燃烧器，钒空心阴极灯。氧化亚氮气体和乙炔气体要足够纯净，不含水分、油和钒，能够提供稳定、清亮的火焰。所用原子吸收光谱仪应达到下列指标：

（1）精密度的最低要求。测量10次浓度最大的校准溶液，其吸收值的标准偏差不得超过该溶液的平均吸收值的1.0%；测量10次浓度最小的校准溶液（不是零校准溶液），其吸收值的标准偏差不得高于浓度最大的校准溶液平均吸收值的0.5%；

（2）特征浓度。在与最终实验溶液基体一致的溶液中，其特征浓度要优于1.0μg/mL；

（3）检出限。本方法钒的检出限要优于0.3μg/mL；

（4）校准曲线的线性。校准曲线上端20%浓度范围内的斜率（表示为吸光度的变化量）与下端20%浓度范围内斜率的比值不应小于0.7。

4.28.2.4 分析步骤

A 试样量

按表4－18称取试样。

表4－18 称样量

试样中含钒量/%	称样量/g
0.005～0.20	1.0000
>0.20～1.00	0.2000

B 测量数量

称取两份试样进行测定，取其平均值。

C 测定

a 试液制备

将试样（本节A）置于250mL烧杯中，加入10mL盐酸（ρ约1.19g/mL）和4mL硝酸（ρ约1.42g/mL），加热溶解，起泡停止以后加入10mL高氯酸（ρ约1.67g/mL），继续溶解试样，蒸发溶液至冒高氯酸烟，保持5～6min。取下冷却，加水20mL，加热溶解盐类，过滤到100mL容量瓶中，用热盐酸（2＋100）洗涤几次滤纸，冷却，加入10.0mL铝溶液（20mg/mL），用水稀释至刻度，混匀。

b 校准溶液的配置

按表4－19称取纯铁7份分别置于250mL烧杯中，分别加入0mL、1.00mL、2.00mL、4.00mL、6.00mL、8.00mL、10.00mL钒标准溶液（80μg/mL），以下按a操作进行。

表4－19 纯铁称取量

试样中含钒量/%	称取纯铁量/g
0.005～0.20	1.0000
>0.20～1.00	0.2000

c 测量

（1）将试样溶液在原子吸收光谱仪上，于波长318.4nm处，以氧化亚氮－乙炔火焰，用水调零，测量其吸光度。从校准曲线上查出钒的浓度。

（2）同时喷测标准曲线溶液及试样空白溶液。以钒浓度为横坐标，吸光度为纵坐标，绘制校准曲线。

（3）试样中含钒量超出校准曲线浓度范围时，采用稀释办法使钒量在最佳范围内，保持干扰抑制剂和基体量与校正曲线一致。

4.28.2.5 分析结果

按下式计算钒的质量分数：

$$w_V = \frac{(c_2 - c_1) \times V}{m \times 10^6} \times 100\% + c_3$$

式中 c_2——从校准曲线上查得的试液中钒的浓度，μg/mL；

c_1——从校准曲线上查得的空白溶液中钒的浓度，μg/mL；

V——被测试液体积，mL；

c_3——配制校准溶液使用的纯铁中钒的含量，%；

m——试样量，g。

4.28.3 氢化物发生－原子荧光光谱法测定锑含量

4.28.3.1 方法提要

试料用盐酸、硝酸分解，加入柠檬酸抑制基体元素的干扰，加入硫脲－抗坏血酸溶液将锑（Ⅴ）还原为锑（Ⅲ）。用硼氢化钾作为还原剂，还原生成锑化氢，由载气（氩气）带入石英原子化器中原子化，在特制锑空心阴极灯的发射光激发下产生原子荧光，测量其原子荧光强度。

本方法适用于高温合金中质量分数为0.00005%～0.010%的锑含量的测定。

4.28.3.2 试剂

除非另有说明，在分析中仪器用优级纯的试剂和二次蒸馏水或相当纯度的水。

（1）柠檬酸溶液：400g/L；

（2）硫脲－抗坏血酸溶液：100g/L；

（3）硼氢化钾溶液：20g/L；

（4）载流溶液（5%盐酸）：移取25mL盐酸稀释至500mL；

（5）锑标准溶液：10μg/mL、1μg/mL，0.1μg/mL、母液用盐酸（1＋9）稀释，用时配制。

4.28.3.3 仪器

非色散原子荧光光谱仪，配有氢化物发生器，流动注射进样装置，锑特制空心阴极灯。所用非色散原子荧光光谱仪应达到下列指标：

（1）稳定性：30min 内零漂≤5%，瞬间噪声 RSD≤3%；

（2）检出限：检出限≤0.5ng/mL；

（3）工作曲线的线性：工作曲线在 0～0.2μg/mL 范围内，相关系数应≥0.995。

4.28.3.4 分析步骤

A 试料量

按表 4－20 规定称取试料量，精确至 0.1mg。

表 4－20 称取试料量、锑标准溶液浓度

锑的质量分数/%	试料量/g	锑标准溶液浓度/$\mu g \cdot mL^{-1}$
0.00005～0.00050	0.50	0.1
>0.00050～0.005	0.50	1
>0.005～0.010	0.20	1

B 测定

a 试料处理

将试料置于 100mL 烧杯中，加 10mL 盐酸及 1～3mL 硝酸，于低温电炉上加热溶解。待试样溶解后，取下稍冷，加 10mL 柠檬酸溶液（400g/L），混匀，高温加热煮沸赶尽氮氧化物，取下冷却至室温，转移至 50mL 容量瓶中，用水稀释至刻度，混匀。

b 试料溶液的分取及试剂的加入

分取 10.00mL 试液（本节 B 中 a）置于 50mL 容量瓶中，加 20mL 盐酸，混匀。加 10mL 硫脲－抗坏血酸混合溶液（100g/L），混匀。室温放置 30min（室温小于 15℃时，置于 30℃水浴中保温 20min），用水稀释至刻度，混匀。

c 荧光强度测定

开机后预热至少 20min，按照仪器说明书使仪器最优化，设定灯电流、负高压，使仪器满足 4.28.3.3 节性能要求，适于测量。将试液和还原剂溶液导入氢化物发生器的反应池中，载流溶液和试液交替导入，依次测量空白溶液及试样溶液中锑的原子荧光强度。试样溶液中锑的原子荧光强度减去空白溶液中锑的原子荧光强度即为净荧光强度，在校准曲线上查出锑的质量。

C 校准曲线的绘制

a 基体溶液的制备

按照表 4－20，称取 2 倍的试料量置于 100mL 烧杯中，加 20mL 盐酸及 2～6mL 硝酸，于低温电炉上加热溶解。待试样溶解后，取下稍冷，加 20mL 柠檬酸溶液（400g/L），混匀，高温加热煮沸赶尽氮氧化物，取下冷却至室温，转移至 100mL 容量瓶中，用水稀释至刻度，混匀。

b 校准曲线

按表4－20加入0mL、0.50mL、1.00mL、2.00mL、3.00mL、4.00mL、5.00mL锑标准溶液（1μg/mL或0.1μg/mL）于7个50mL容量瓶中，分别加入10.00mL基体溶液（本节C中a），分别加入20mL盐酸、10mL硫脲－抗坏血酸混合溶液（100g/L），混匀。室温放置30min（室温小于15℃时，置于30℃水浴中保温20min），用水稀释至刻度，混匀。

按本节B中c由低到高测定标准溶液中锑的原子荧光强度，分别减去零校准溶液中锑的原子荧光强度得净原子荧光强度。以锑加入量（μg）为横坐标，以净原子荧光强度为纵坐标绘制校准曲线。

4.28.3.5 结果计算

锑含量以质量分数w_{Sb}计，数值以%表示，按下式计算：

$$w_{Sb} = \frac{m_1 \times V \times 10^{-4}}{m_0 \times V_1} \times 100\%$$

式中 V_1——分取试液体积的数值，mL；

V——试液总体积的数值，mL；

m_1——由工作曲线查得的锑的质量的数值，μg；

m_0——试料的质量的数值，g。

分析结果保留2位有效数字。

4.28.4 火花放电原子发射光谱法测定碳素钢、低合金钢、铸铁及不锈钢中多元素含量

4.28.4.1 方法提要

将制备好的块状样品作为一个电极，用火花源发生器使样品与对电极之间激发发光，并将该光束引入分光室，通过色散元件将光谱色散后，对选定的分析线和内标线的强度进行测量，根据标准物质制作的校准曲线，计算分析样品中待测元素的含量。

本方法适用于碳素钢和低合金钢（包括转炉、电炉、感应炉、电渣炉等铸态或锻轧低合金钢样品）、铸铁及不锈钢中各元素的分析。测量元素及测定范围见表4－21。

表4－21 元素测定范围

元 素	测定范围/%		
	碳素钢、低合金钢	铸 铁	不锈钢
C	0.005～1.20	2.0～4.5	0.010～0.30
Si	0.005～3.50	0.1～4.0	0.1～2.0
Mn	0.003～2.00	0.1～2.0	0.1～11.0

续表 4-21

元素	测定范围/%		
	碳素钢、低合金钢	铸铁	不锈钢
P	0.003～0.15	0.03～0.8	0.004～0.050
S	0.002～0.070	0.005～0.2	0.005～0.050
Cr	0.001～2.50	0.03～2.0	7.0～28.0
Ni	0.001～5.00	0.05～2.0	0.10～24.0
Cu	0.005～1.0	0.03～2.0	0.04～6.0
Mo	0.005～1.20	0.01～1.0	0.06～3.50
V	0.005～0.70	0.005～0.60	0.04～0.50
Ti	0.001～0.90	0.008～0.3	0.030～1.10
W	0.005～2.00	0.008～0.08	0.050～0.80
Al	0.001～1.50	0.01～0.40	0.02～2.0
Nb	0.005～0.50	0.001～0.08	0.03～2.50
Co	0.005～0.40	—	0.01～0.50
B	0.0005～0.010	0.001～0.02	0.0015～0.02
Zr	0.002～0.16	—	—
As	0.002～0.30	0.002～0.08	0.002～0.03
Pb	—	0.005～0.2	0.005～0.020
Sn	0.002～0.30	0.001～0.4	0.005～0.055
Mg	—	0.005～0.07	—
La	—	0.001～0.1	—
Ce	—	0.001～0.1	—
Sb	—	0.01～0.15	—
Bi	—	0.001～0.02	—

4.28.4.2 仪器

火花源原子发射光谱仪。

4.28.4.3 取样和样品制备

A 取样

a 碳素钢和低合金钢

分析样品应保证均匀、无缩孔和裂纹。铸态样品的制取应将钢水注入规定的模具中，用铝脱氧时，脱氧剂含量不应超过0.3%。钢材取样应选取具有代表性的部位。

b 铸铁

分析样品应保证制成白口化铸铁，样品应均匀、无物理缺陷。现场取样时需将铁水注入以紫铜为材料的特殊制样模中，以制取白口化样品。

c 不锈钢

取样模具宜选用铸铁或铸钢材料，其规格一般为：模深70mm，顶部直径40～45mm，底部直径25～35mm，壁厚10～30mm。所取样品表面能保证不重叠激发两点，样品厚度不小于3mm。

分析样品应保证均匀、无缩孔和裂纹，铸态样品应将钢水注入规定的模具中，用脱氧剂时，脱氧剂含量不应超过0.3%。钢材取样应选取具有代表性部位。

B 样品的制备

从模具中取出的样品，一般在高度方向的下端1/3处截取样品，未经切割的样品，其表面必须去掉1mm的厚度。切割设备采用装有树脂切割片的切割机。

通常要求分析样品的直径大于16mm、厚度大于2mm，并保持样品表面平整、洁净。研磨设备可采用砂轮机、砂纸磨盘或砂带研磨机，亦可采用铣床等加工。

标准物质、控制样品和分析样品应在同一条件下研磨，不能过热，并保证加工表面平整、洁净。

注意：选择不同的研磨材料可能对相关的痕量元素检测带来影响。

C 标准物质（标准样品）和控制样品

a 标准物质（标准样品）

标准物质（标准样品）是日常分析绘制标准曲线所需的有证参比物质。所选用标准物质中各元素含量需有适当的梯度。所选标准物质与被测样品（再校准样品，高低标）。该样品必须是非常均匀的，且被校准元素含量分别取每个元素校准曲线上限和下限附近的含量。它可以从标准物质中选出，也可以专门冶炼。

b 控制样品

控制样品应与分析样品组成相近，应与分析样品有相同的冶炼过程，并与分析样品在相同条件下制样。控制样品可以是市售的标准物质，也可以是自制的样品，用可靠的分析方法确定其化学成分含量，它用于检查测量结果是否可靠，测量过程是否在受控状态。

D 分析条件

本方法推荐的分析条件见表4-22，分析线与内标线列入表4-23中。

表4-22 分析条件

项 目	分析条件	项 目	分析条件
分析间隙/mm	3～6	预燃时间/s	2～20
火花室控制气氛	氩气，纯度不低于99.99%	积分时间/s	2～20
氩气流量/L·min^{-1}	冲洗：6～15；积分：2.5～7（铸铁试样2.5～15）；静止：0.5～1	放电形式	预燃期高能放电，积分期低能放电

表 4－23 推荐的内标线和分析线

元素	波长（mm）和可能干扰的元素		
	碳素钢、低合金钢	铸铁	不锈钢
Fe	271.4（内标线） 187.7（内标线）	271.4（内标线） 187.7（内标线）	271.4（内标线） 187.7（内标线） 273.0（内标线） 281.3（内标线） 287.2（内标线） 322.7（内标线） 360.8（内标线） 371.9（内标线） 373.0（内标线）
C	193.09 165.81	193.09	133.57 156.14（Si） 165.81 193.09（Al、Mo、Co）
P	177.49（Cu、Mn、Ni） 178.28（Ni、Cr、Al）	177.49（Cu、Mn、Ni） 178.28（Ni、Cr、Al）	178.28（Ni、Cr、Al）
S	181.73（Ni、Mn）	181.73（Ni、Mn）	181.73（Ni、Mn）
Si	181.69（Ti、V、Mo） 212.41（C、Nb） 251.61（Ti、V、Mo） 288.16（Mo、Cr、W、Al）	206.54（Mo） 251.61（Ti、V、Mo） 288.16（Mo、Cr、W、Al） 390.55	212.41 251.61（Ti、V、Mo） 288.16（Mo、Cr、W、Al）
Mn	192.12 293.30（Cr、Si）	192.12 293.30（Cr、Si）	263.81 293.30（Cr、Si）
Ni	218.49 231.60（Cr）	218.49 231.60（Cr）	218.49 231.60 341.47 376.94
Cr	206.54 267.71 286.25（Si） 298.91	206.54 267.71 286.25（Si） 298.91	267.71 286.25 298.91 597.83
Mo	202.03 277.53（Mn、Ni） 281.61（Mn） 386.41	202.03 277.53（Mn、Ni） 281.61（Mn） 386.41	202.03 277.53（Mn、Ni） 281.61（Mn） 317.05
V	214.09 290.88 311.07（Al） 311.67 310.22	214.09 290.88 311.07（Al） 311.67 310.22	310.22 311.07 437.92 622.14
Ti	190.86 324.19 334.90 337.28	190.86 324.19 334.90 337.28	324.19 337.28

续表 4－23

元素	波长（mm）和可能干扰的元素		
	碳素钢、低合金钢	铸　铁	不锈钢
Al	186.27 199.05 308.21（Mo） 396.15	186.27 199.05 308.21（Mo） 394.4 396.15	308.21 309.28 394.40 396.15
Cu	211.20（Cr、Ni） 224.26 327.39	211.20（Cr、Ni） 224.26 223.01 327.39	223.01 224.26 324.75 327.39 510.55
W	202.99 209.86 220.44（Ni） 400.87	202.99 207.91 209.86（Ni） 220.44 400.87	209.86 220.44 400.87
B	182.59 182.64（S）	182.59 182.64（S）	182.59 182.64（S）
Co	228.61 258.03 345.35		228.61 258.03 345.35
Nb	210.94 319.49	210.94 319.49	313.08 319.49
Zr	179.00 339.19 343.82		
As	197.26 228.81 234.98	197.26 228.81 234.98	189.04 197.26
Sn	189.99 317.50 326.23	189.99 317.50 326.23	189.99 317.50
Pb		405.78	405.78
Mg		280.27	
La		408.67	
Ce		413.75	

4.28.4.4 分析步骤

（1）样品分析前，先激发一块样品2～5次，确保仪器稳定，使仪器处于最佳工作状态。

(2) 校准曲线的制作：在所选定的工作条件下，激发一系列标准物质，每个样品至少激发3次，以每个待测元素相对强度平均值和标准物质中该元素的浓度值绘制校准曲线。

(3) 定期用标准化样品（再校准样品）对仪器进行再校准，再校准的间隔时间取决于仪器的稳定性。并用控制样品检查分析结果的可靠性。

(4) 按选定的工作条件激发标准物质和分析样品，每个样品至少激发2~3次，由仪器计算机给出测量值和测量平均值等测量参数。

4.28.5 电感耦合等离子体发射光谱法测定低合金钢中多元素含量

4.28.5.1 方法提要

试料用盐酸和硝酸的混合酸溶解，并稀释至一定体积。如需要，加钇作内标。将雾化溶液引入电感耦合等离子体发射光谱仪，测定各元素分析线的发射光强度，或同时在371.03nm处测定钇的发射光强度，计算各元素的发射光强度比。

本方法规定了等离子体发射光谱法可测定的低合金钢成分范围，见表4-24。

表4-24 测定元素含量范围

分析元素	含量范围(质量分数)/%	分析元素	含量范围(质量分数)/%
硅	0.01~0.60	铜	0.01~0.50
锰	0.01~2.00	钒	0.002~0.50
磷	0.005~0.10	钴	0.003~0.20
镍	0.01~4.00	钛	0.001~0.30
铬	0.01~3.00	铝	0.004~0.10
钼	0.01~1.20		

当钢中各成分中即使只有一个成分超出表4-24的含量范围上限，本方法不适用。

当钢中碳、硫质量分数大于1.0%，钨、铌质量分数大于0.10%，本标准也不适用。

4.28.5.2 仪器与设备

通常的实验室设备及电感耦合等离子体原子发射光谱仪（ICP-AES）。

电感耦合等离子体（ICP-AES）原子发射光谱仪按a优化后，符合b~d的性能指标，就达到使用要求。光谱仪既可是同时型的，也可是顺序型的。但必须具有同时测定内标线的功能，否则，不能使用内标法。

A 仪器的最优化

仪器的最优化包括以下内容：

(1) 开启ICP-AES，进行测量前至少运行1h。

(2) 测量最浓校准溶液，根据仪器厂家提供的操作程序和指南调节仪器参数：

气体（外部、中间或中心）流速，火炬位置，入射狭缝，出射狭缝，光电倍增管电压，表4－25中分析线波长，预冲洗时间，积分时间。

（3）准备测量分析线强度、平均值、相对标准偏差的软件。

（4）如果使用内标，准备用Y（371.03nm）作内标并计算每个元素与钇的强度比的软件。内标强度应与分析物强度同时测量。

（5）检查仪器商给定的各项仪器性能要求。

B 分析线

本方法不指定特殊的分析线，推荐使用的分析线列于表4－25。在使用时，应仔细检查谱线的干扰情况。

表4－25 推荐的分析线

元素	波长/nm	可能的干扰元素	元素	波长/nm	可能的干扰元素
Si	251.611	Mo，V，Fe	Cu	324.754	Mn，Mo
	288.158	Co，Cr，Mo，Al		327.396	Mo
Mn	260.569	Co，Fe，Cr	V	309.311	Fe
	293.930	Cr，Fe		311.071	Ti，Mo
P	178.280	Mo，Cr，Mn	Co	228.616	Cr，Ti，Ni
Ni	231.604	Co	Ti	334.941	Cr
Cr	267.716	Mn		337.280	
	206.149		Al	394.409	
Mo	202.030	Fe		396.152	Mo
	281.615	Al，V	Y	371.030	

C 背景等效浓度和检出限

对于溶液中仅含被测元素的分析线，计算背景等效浓度（BEC）和检出限（DL），其结果必须低于表4－26中的数值。

表4－26 背景等效浓度和检出限

分析元素	分析线/mm	BEC/mg·L^{-1}	DL/mg·L^{-1}
Si	251.611	0.8	0.04
	288.158	1.2	0.06
Mn	257.610	0.6	0.02
	260.569	1.4	0.05
	293.930	0.8	0.04
	279.482	0.5	0.04
P	213.618	1.5	0.08
	178.280	0.8	0.04

续表 4－26

分析元素	分析线/mm	BEC/mg·L^{-1}	DL/mg·L^{-1}
Ni	231.604	1.5	0.04
Cr	267.716 283.563	1.9 0.6	0.05 0.02
Mo	202.030	1.3	0.05
Cu	324.754 327.396	0.8 1.0	0.02 0.09
V	310.230 309.311 311.071 290.882	0.6 0.7 0.4 0.5	0.02 0.02 0.07 0.02
Co	228.616	1.2	0.03
Ti	307.864 334.941 336.121 337.280	0.8 0.5 0.5 0.5	0.03 0.01 0.02 0.02
Al	396.152 308.215 394.409	0.7 0.8 0.6	0.02 0.02 0.03

D 曲线的线性

校准曲线的线性通过计算相关系数进行检查，相关系数必须大于0.999。

4.28.5.3 分析步骤

A 试料量

称取0.50g试料，精确至0.1mg。

B 测定

a 试样溶液的制备

将试料（本节中A）置于200mL烧杯中，加10mL水、5mL硝酸，盖上表面皿，缓缓加热至停止冒泡。加5mL盐酸，继续加热至完全分解（如有不溶碳化物，可加5mL高氯酸，加热至冒高氯酸烟3～5min，取下，冷却，加10mL水、5mL硝酸，摇匀，再加5mL盐酸，加热溶解盐类。此溶液不能用来测定Si）。冷却至室温，将溶液定量转移至100mL容量瓶中，如果用内标法，用移液管加10mL钇内标液（25μg/mL），用水稀释至刻度，混匀。

b 校准曲线溶液的制备

称取0.500g高纯铁7份分别于200mL烧杯中，按本节中a步骤将其溶解，冷却至室温，将溶液转移至100mL容量瓶中，按表4－27、表4－28加入被测元素的标准溶液。如果发现校准曲线不呈线性，可以增加校准系列（见表4－27）。如果用内标法，用移液管加10mL钇内标液（25μg/mL），用水稀释至刻度，混匀。在标准溶液中，如存在被测元素以外的共存元素（如钠）影响被测元素发光强度，在校准曲线系列溶液中应使共存元素的量相同，样品溶液中也应加入与校准曲线系列溶液中等量的此共存元素。

表4－27 制作校准曲线的标准溶液系列一

分析元素	标准溶液/μg·mL⁻¹	加入标准溶液的体积/mL							相应试料中元素含量/%
硅	50.0	0	1.00	2.00	3.00	4.00	5.00	6.00	0.01～0.60
锰	100.0	0	1.00	2.00	3.00	5.00	10.00		0.01～2.00
磷	10.0	0	1.00	2.00	3.00	4.00	5.00		0.005～0.10
镍	100.0	0	1.00	3.00	5.00	10.00	15.00	20.00	0.01～4.00
铬	100.0	0	1.00	2.00	3.00	5.00	10.00	15.00	0.01～3.00
钼	100.0	0	1.00	2.00	3.00	5.00	6.00		0.01～1.20
铜	50.0	0	1.00	2.00	3.00	4.00	5.00		0.01～0.50
钒	25.0	0	1.00	2.00	3.00	5.00	10.00		0.002～0.50
钴	100.0	0	1.00	2.00	3.00	5.00	10.00		0.003～0.20
钛	10.0	0	0.50	1.00	2.00	4.00	6.00		0.001～0.30
铝	100.0	0	1.00	2.00	3.00	4.00	5.00		0.004～0.10

表4－28 制作校准曲线的标准溶液系列二

分析元素	标准溶液/μg·mL⁻¹	加入标准溶液的体积/mL							相应试料中元素含量/%
硅	50.0	0	1.00	2.00	3.00	5.00	10.00		0.01～0.10
锰	100.0	0	0.50	1.00	2.50	5.00	10.00		0.01～0.20
磷	10.0	0	2.00	3.00	5.00	10.00			0.005～0.02
镍	100.0	0	0.50	1.00	2.50	5.00	10.00		0.01～0.20
铬	100.0	0	0.50	1.00	2.50	5.00	10.00		0.01～0.20
钼	100.0	0	0.50	1.00	2.50	5.00	10.00		0.01～0.20
铜	50.0	0	1.00	2.00	3.00	5.00	10.00		0.01～0.10
钒	25.0	0	0.50	1.00	2.00	4.00	6.00	10.00	0.002～0.05
钴	100.0	0	1.00	2.00	3.00	5.00	10.00		0.003～0.02
钛	10.0	0	1.00	2.00	3.00	5.00	10.00		0.001～0.025
铝	100.0	0	2.00	3.00	4.00	5.00			0.004～0.01

C 光谱测量

下面介绍发射强度的测量。

如测量绝对强度，应确保所有测量溶液温度差均在1℃之内。用中速滤纸过滤所有溶液，弃去最初2～3mL溶液。

开始用最低浓度校准溶液（零号相当于空白试验）测量绝对强度或强度比。

接着测量2个或3个未知试液，然后测量仅次于最低浓度的校准溶液，再测量2个或多个未知试液，如此下去。对各溶液中被测元素，积分5次，然后计算平均强度或平均强度比。

各溶液中被测元素的平均绝对强度或平均强度比（I_i）减去零号中平均强度或平均强度比（I_0）得到净绝对强度或净强度比（I_N），公式如下：

$$I_N = I_i - I_0$$

D 分析线中干扰线的校正

先检查各共存元素对被测元素分析线的光谱干扰。有光谱干扰的情况下，求出光谱干扰校正系数，即：当共存元素质量分数为1%时相当的被测元素的质量分数。

E 校准曲线的绘制

以净强度或净强度比为Y轴，被测元素的浓度（μg/mL）为X轴作线性回归。

4.28.5.4 计算结果

根据校准曲线（E），将试液的净强度或净强度比转化为相应被测元素的浓度，以μg/mL表示。

被测元素的含量以质量分数w_M计，数值以%表示，按下列公式计算：

$$w_M = \frac{\rho_M \times V}{m \times 10^6} \times 100\% + w_{M,0} - \sum l_j w_j$$

式中 ρ_M——试液中分析元素浓度的数值，μg/mL；

V——被测试液体积的数值，mL；

$w_{M,0}$——纯铁中根系元素的质量分数，数值以%表示（如果不影响精确度可忽略）；

m——试料质量的数值，g；

l_j——共存元素j对分析元素的光谱干扰校正系数；

w_j——共存元素j的质量分数，数值以%表示。

4.28.6 电感耦合等离子体原子发射光谱法测定生铸铁中多元素含量

4.28.6.1 方法提要

试样用混酸低温溶解，稀释定容，将试样溶液喷入等离子体火焰中，并以此作为激发光源，在光谱仪相应元素波长处测量其光谱强度。在相应的工作曲线上计算出含量。

本方法规定了等离子体发射光谱法可测定的生铸铁成分，测定范围见表4－29。

表 4－29 等离子体发射光谱法测定生铸铁成分范围

元素	波长/nm	测定范围 /%	元素	波长/nm	测定范围 /%
Mn	257.610	0.05～2.50	Cr	357.869	0.01～1.00
P	213.617	0.005～0.200	Ni	341.476	0.01～1.00
Si	251.611	0.10～3.00	Cu	324.752	0.01～1.00

4.28.6.2 试剂和溶液

本文所用的试剂均为分析纯试剂，试验用水应符合 GB/T 6682—1992 中 4.2 条款规定的二级水。

（1）混酸溶液：硝酸＋硫酸＋水＝2＋1＋17；

（2）硝酸：ρ＝1.42g/mL。

4.28.6.3 工作条件

采用电感耦合等离子体发射光谱仪。氩气纯度≥99.9%，以提供稳定清澈的等离子体炬焰，功率 1300W，等离子气流量 15L/min，雾化器流量 0.70L/min，辅助气流量 0.5L/min。

4.28.6.4 分析步骤

A 试样量

称取试样（0.1000±0.0020）g，精确至 0.0001g。随同试料做空白试验。

B 分析步骤

将试料置于 100mL 钢铁量瓶中，加入 20mL 混酸溶液，在电炉上缓缓加热至试料反应完全，加热，滴加数滴硝酸（ρ＝1.42g/mL），微沸 1min，取下冷却至室温，定容，混匀待测。

C 标准曲线的制作

（1）称取相对应的不同生铸铁标样 3～4 只，各 0.1000g，同上述步骤，混匀待测。

（2）点燃等离子炬，待仪器稳定后（约 0.5h），按顺序测定标准溶液的光谱强度，以净光强度为因变量，以元素的浓度（mg/L）为自变量进行线性回归，绘制校正曲线，相关系数 γ 应大于 0.9995。

D 计算元素含量

按仪器工作条件，测定空白溶液和试料溶液中各被测元素的光谱强度，从标准曲线上由仪器自动计算出各被测元素的浓度及百分含量。

4.28.7 电感耦合等离子体原子发射光谱法测定不锈钢中多元素含量

4.28.7.1 方法提要

试样用王水溶解，加入内标溶液，稀释定容，将试样溶液喷入等离子体火焰中，并以此作为激发光源，在光谱仪相应元素波长处，测量其光谱强度。在相应的工作曲线上计算出含量。

本方法规定了等离子体发射光谱法可测定的各类常规不锈钢成分，测定范围见表4－30。

表4－30 等离子体发射光谱法测定各类常规不锈钢成分范围

元素	波长/nm	测定范围 /%	元素	波长/nm	测定范围 /%
Mn	257.610	0.10～2.50	Cu	324.752	0.10～2.00
P	213.617	0.005～0.050	Ti	337.279	0.10～1.00
Si	251.611	0.10～1.50	Al	396.153	0.10～0.50
Cr	357.869	5.00～30.00	Mo	281.611	0.10～2.50
Ni	341.476	0.10～20.00			

4.28.7.2 试剂和溶液

本文所用的试剂均为分析纯试剂，试验用水应符合GB/T 6682—1992中4.2条款规定的二级水。

（1）王水溶液（1＋1）：硝酸＋盐酸＋水＝3＋1＋4；

（2）钇标准溶液：0.02mg/L。

4.28.7.3 工作条件

采用电感耦合等离子体发射光谱仪。氩气纯度≥99.9%，以提供稳定清澈的等离子体炬焰，功率1300W，等离子气流量15L/min，雾化器流量0.70L/min，辅助气流量0.5L/min，高分辨率，磷的测定采用MSF（多波长谱线拟合法）。

4.28.7.4 分析步骤

A 试样量

称取试样（0.1000±0.0020）g，精确至0.0001g。随同试料做空白试验。

B 分析步骤

（1）将试料置于100mL钢铁量瓶中，加入10mL王水溶液，在电炉上缓缓加热至试料反应完全，微沸1min，取下冷却至室温。

（2）加入5.00mL钇标准溶液作为内标溶液，定容，混匀待测。

C 标准曲线的制作

（1）称取相对应的不同不锈钢标样3～4只，各0.1000g，同上述步骤，混匀待测；

（2）点燃等离子炬，待仪器稳定后（约0.5h），按顺序测定标准溶液的光谱强度，以净光强度为因变量，以元素的浓度（mg/L）为自变量进行线性回归，绘制校正曲线，相关系数γ应大于0.999，其中Cr、Ni的相关系数γ应大于0.9995。

D 计算元素含量

按仪器工作条件，测定空白溶液和试料溶液中各被测元素的光谱强度，从标准曲线上由仪器自动计算出各被测元素的浓度及百分含量。

4.28.8 X射线荧光光谱法测定钢铁中多元素含量

4.28.8.1 方法提要

在X荧光光谱仪上，X射线管产生的初级X射线照射到平整、光洁的样品表面时，产生特征的次级X射线经晶体分光后，由探测器在选择的特征波长相对应的2θ角处测量其X射线荧光强度。根据校准曲线和测量的X射线荧光强度，计算样品中硅、锰、磷、硫、铜、铝、镍、钼、钒、钛、钨和铌的质量分数。

本方法适用于铸铁、生铁、非合金钢、低合金钢中多元素含量的测定。各元素的测量范围分别为硅、锰0.002%～4.0%，磷0.001%～0.70%，硫0.001%～0.20%，铜、钒0.002%～2.0%，铝、铌0.002%～1.0%，镍0.003%～5.0%，铬、钼0.002%～5.0%，钛0.001%～1.0%，钨0.003%～2.0%。

4.28.8.2 仪器、装置和材料

此方法中需要的主要仪器、装置和材料如下：

(1) X射线荧光光谱仪。采用同时测量或顺序测量式波长色散X射线荧光光谱仪。X射线荧光光谱仪由X射线管、分光晶体、准直器、探测器、真空系统及数据记录和处理系统等部分组成。

(2) 制样设备。

1) 切割设备：砂轮切割机。

2) 磨样（抛光）设备：砂轮机或砂带研磨机。供选用的磨料可有氧化铝、氧化锆和碳化硅，分析时应避免磨料成分对试样的污染。根据分析对象选择合适的磨料和速度，磨料粒度一般应小于0.5mm。也可使用磨床、铣床或车床进行抛光。

(3) 氩甲烷气体（90%的氩和10%的甲烷混合气体），为X荧光光谱仪中流气正比计数器专用气体。当钢瓶气压低于1MPa时，应及时更换。更换后，钢瓶应稳定2h至室温后使用。

(4) 标准物质。

1) 校准用标准物质：通常选用有证标准物质用于绘制工作曲线。所选的标准物质各元素的含量应覆盖待测元素分析范围，并有适当的梯度分布。用于绘制工作曲线的物质一般不少于5个。

2) 标准化样品：用于对仪器进行漂移校正的样品，应具有良好的均匀性，待测元素含量应分别接近校准曲线的上限和下限。校准样品可以是标准物质，也可以是合适的其他具有足够的均匀性和稳定性的同类试样。

3) 控制样品：选择与待测样品组成相近的并在工作曲线中未使用的同类标准物质（或经共同试验认可的样品）。通过测量控制样品来检验校正是否有效，否则应重新进行标准化或漂移校正。

注意：当没有足够的有证标准物质时，亦可采用经化学分析准确确定各成分含量的内控样品。

4.28.8.3　取制样

A　取样

成品样按 GB/T 20066 取样。采取熔铸样品时，可用取样器于钢液或铁水中提取固体形状样品，亦可采用样勺接取一定量的钢液或铁水，浇注于样模中。取样器应洁净，保证所取样品不受污染。取样时不使用含待测样品的脱氧剂。在采取碳化物、氮化物和氧化物含量高的样品时，应使用冷却速率高的取样器或样模，以保证样品成分分布的均匀性。采取的分析样品应无气孔、缩孔、疏松和裂纹。试样的大小应与样品盒的尺寸相匹配，试样盒面罩能将样品表面全部罩住。

B　试样制备

（1）成品样可用磨样机、磨床、铣床或车床对样品表面进行抛光；

（2）熔铸样用磨样机抛光，柱状样可先用切割机将其切成合适的厚度，再进行抛光；

（3）凡需去掉表皮的试样，去皮厚度应大于 1mm；

（4）已抛光的试样在测量前可用无水乙醇清洁试样表面；

（5）已抛光的试样暴露于空气一天以上，在测量前应重新抛光；

（6）用于绘制校准曲线的标准物质采用与试样相同的抛光材料（和设备）进行抛光。

4.28.8.4　分析步骤

（1）启动 X 射线荧光光谱仪，按分析操作说明使仪器工作条件得到最优化，并在测量前至少预热 1h 或预热至仪器稳定。

（2）测量条件的选择。根据所使用的分析仪器、分析样品类型、分析元素（成分）及其含量范围，选择合适的测量条件：

1）X 光管的电压和电流应考虑元素最低激发电压和光管的额定功率；

2）元素的积分时间决定于其含量和所要达到的分析精度，一般为 5 ~ 60s；

3）测量元素的计数率一般不超过 4×10^5 个计数；

4）使用多个试样盒时，样品盒面罩不应对分析结果构成明显的影响，样品盒面罩直径一般为 25 ~ 35mm，测量时推荐用样品盒旋转模式。

推荐的条件列于表 4 - 31，供参考。

表 4 - 31　推荐的测量条件

元素	谱线	晶体	$2\theta/(^\circ)$	光电管电压/kV	光电管电流/mA	可能的干扰元素
Si	Si $K\alpha_{1,2}$	PET	108.88	40	50	W
Mn	Mn $K\alpha_{1,2}$	LiF（200）	62.97	40	50	Cr，Fe
P	P $K\alpha_{1,2}$	Ge（111）	141.03	40	50	Mo，Cu，W
S	S $K\alpha_{1,2}$	Ge（111）	110.69	40	50	Mo，Nb

续表 4-31

元素	谱 线	晶 体	$2\theta/(°)$	光电管电压/kV	光电管电流/mA	可能的干扰元素
Cu	Cu $K\alpha_{1,2}$	LiF (200)	45.03	40	50	Ni, Ta, W
Al	Al $K\alpha_{1,2}$	PET	145.12	30	80	Cr, Ti
Ni	Ni $K\alpha_{1,2}$	LiF (200)	48.67	40	50	Co, Cu
Cr	Cr $K\alpha_{1,2}$	LiF (200)	69.36	40	50	V
Mo	Mo $K\alpha_{1,2}$	LiF (200)	20.33	50	50	Zr, Nb
V	V $K\alpha_{1,2}$	LiF (200)	76.94	40	50	Ti
Ti	Ti $K\alpha_{1,2}$	LiF (200)	86.14	40	50	—
W	W $K\alpha_{1,2}$	LiF (200)	43.02	50	50	Ni, Cu, Ta
Nb	Nb $K\alpha_{1,2}$	LiF (200)	21.40	50	50	Zr, Mo

(3) 校准曲线的绘制。在选定的工作条件下，测量系列标准物质的X射线荧光强度，每个样品至少测量2次。以X射线荧光强度平均值对标准物质中各元素含量绘制工作曲线。以标准物质中元素的质量分数和测量的荧光强度平均值计算校准曲线参数、综合吸收校正系数 α_{ij} 和谱线重叠干扰校正系数 β_{ij}，得到综合吸收校正模式计算公式：

$$w_i = (aI_i^2 + bI_i + c) \times (1 + \sum \alpha_{ij} w_j) - \sum \beta_{ij} w_j$$

式中 w_i——标准物质中元素 i 的标准值，以质量分数计；

I_i——标准物质中元素 i 的X射线荧光强度；

a，b，c——校准曲线系数；

w_j——标准物质中共存元素 j 的质量分数；

α_{ij}——共存元素 j 对元素 i 的综合吸收校正系数；

β_{ij}——共存元素 j 对元素 i 的背景和谱线重叠校正系数。

(4) 校准曲线的漂移校正（标准化）。校准曲线建立后需定期用标准化样品进行确认分析，当仪器出现漂移时，则通过测量标准化样品的X射线荧光强度对校准曲线进行漂移校正。

漂移校正系数 α、β 由以下公式计算：

$$\alpha = \frac{I_h - I_l}{I'_h - I'_l} \qquad \beta = I_h - \alpha \times I'_h$$

式中 I'_h——高含量标准化样品元素 i 的测量强度；

I'_l——低含量标准化样品元素 i 的测量强度；

I_h——高含量标准化样品元素 i 的初始强度；

I_l——低含量标准化样品元素 i 的初始强度。

分析元素 i 的校正强度为：

$$I_i = \alpha \times I'_i + \beta$$

式中 I_i——分析元素 i 的校正强度；

I'_i——分析元素 i 的测量强度。

（5）校正的确认。在校准曲线绘制或漂移校正后，测量控制样品以检查测量结果的可靠性。当测量结果与其认定值之差在允许差内，表明仪器和测量操作正常，可随后进行待测样品的测定。

（6）分析样品的测量。在与绘制工作曲线和漂移校正一致的测量条件下测量分析样品各元素的X荧光强度，每个样品至少测量2次，按其X荧光强度的平均值在校准曲线上计算待测元素的质量分数。

4.28.8.5 分析结果的计算

根据待测样品分析元素的强度，仪器计算机按下式计算其质量分数：

$$w_i = (aI_i^2 + bI_i + c) \times (1 + \sum \alpha_{ij} w_j) - \sum \beta_{ij} w_j$$

式中 w_i——分析元素 i 的质量分数，%；

I_i——分析元素 i 的X射线荧光强度；

a，b，c——校准曲线系数；

w_j——共存元素 j 的质量分数，%；

α_{ij}——共存元素 j 对元素 i 的综合吸收校正系数；

β_{ij}——共存元素 j 对元素 i 的背景和谱线重叠校正系数。

4.28.9 钢铁及合金总铝和总硼含量的测定——微波消解-电感耦合等离子体质谱法

4.28.9.1 方法提要

在微波消解炉内，试料以盐酸、硝酸和氢氟酸分解，将试料中以各种状态存在的铝和硼转化为可溶性化合物，高氯酸冒烟驱除氟。试液定容后在电感耦合等离子发射光谱仪上测量铝和硼的光谱强度，在工作曲线上计算全铝和全硼的质量分数。

本方法适用于碳钢、低合金钢、合金钢中0.002%～0.50%全铝含量和0.0005%～0.10%全硼含量的测定。

4.28.9.2 仪器

A ICP光谱仪

（1）采用的电感耦合等离子体发射光谱仪应满足ICP-AES分析方法通则对仪器的要求。

（2）本方法推荐394.409nm、396.153nm、167.02nm做铝的分析谱线；182.583nm、208.959nm作为硼的分析光谱。

B 微波消解系统

（1）微波消解系统包括微波炉、聚四氟乙烯密封杯及固定装置。

（2）具有可编温度、压力、时序控制功能，可在消解过程中监测压力和温度。

(3) 必须有合格的安全保护装置和卸压装置。

4.28.9.3 分析步骤

A 试料量

称取0.2000g试样。

B 试料分解

将试料置于微波炉专用的聚四氟乙烯高压消解罐中（体积不小于50mL），加4mL盐酸、2mL硝酸，盖上杯盖在常压下放置数分钟。待激烈反应停止，加1mL氢氟酸，盖上高压消解罐盖。将高压消解罐放入微波炉内，按设定的消解程序加热。消解结束后冷却至室温，打开高压消解罐。将试液转移至50mL塑料瓶中，以水洗净消解罐和罐盖，洗液合并于塑料容量瓶中，用水稀释至刻度，混匀。

C 工作曲线溶液的制备

称取与试料含铁量相当的高纯铁数份于数个高压消解罐中，以下同B操作。试液移入50mL容量瓶中，分别加入0mL、1.00mL、4.00mL、10.00mL铝标准溶液（5.0μg/mL）和1.00mL、2.00mL、5.00mL、10.00mL铝标准溶液（100.0μg/mL），0mL、1.00mL、2.00mL、10.00mL硼标准溶液（1.0μg/mL）和1.00mL、5.00mL、10.00mL硼标准溶液（20.0μg/mL），用水稀释至刻度，混匀。

注意：对痕量铝、硼的测定，纯铁中所含的铝量（约0.000*x*%）和硼应计算到工作曲线浓度中去。或采用数个不同全铝、全硼含量的同类标准物质按分析方法制备试液。

D 测量

a 仪器准备

(1) 开启ICP光谱仪，预热1h以上。

(2) 按照仪器操作说明对仪器工作条件进行优化，选择合适的分析条件。

(3) 准备工作曲线绘制、测量及统计计算等软件。

(4) 开启点火键，点火后确认仪器运行参数在正常范围内，雾化系统及等离子火焰工作正常，稳定20min。

b 工作曲线的绘制

在ICP光谱仪上测量各工作曲线溶液铝的光谱强度，每个溶液重复测量2～3次，计算其平均值。以溶液的铝和硼浓度为横坐标，光谱强度的平均值为纵坐标，绘制工作曲线。工作曲线相关系数应大于0.999。

c 试料溶液的测定

测定试料溶液中铝和硼的光谱强度，重复测量2～3次，由工作曲线计算铝、硼元素的质量分数。

4.28.9.4 注释

(1) 用本方法消解后的试液可同时用ICP-AES测定试料中的锰、磷、镍、铬、铜、钒、钛、钼等元素。如采用ICP-MS方法可测量更低含量的全铝和全硼等元素含量。

（2）对痕量铝、硼测定要特别注意试剂和器皿的空白，必要时采用高纯试剂，定量加入。

（3）试料消解完成后必须待消解罐内试料溶液完全冷却后才可打开外罐。

（4）微波消解炉消解样品为高压作业，使用微波消解装置时要注意安全，严格遵守仪器厂商提供的使用说明规定。在说明书的指标范围内设定使用的温度、压力和加热时间，并留有一定的安全系数，使用的最高消解温度和压力不得超过说明书规定范围。具体的消解称取以厂商提供的说明书并经实验验证优化。表4－32的微波消解程序可供参考。

表4－32　微波消解程序

低温低压反应			中温中压反应			高温高压反应		
压强/MPa	温度/℃	保持时间/min	压强/MPa	温度/℃	保持时间/min	压强/MPa	温度/℃	保持时间/min
0.1	<50	10～30	～0.3	～120	10～30	1.3～2.0	180～220	>30

4.28.10　辉光放电原子发射光谱法测定低合金钢中多元素的含量

4.28.10.1　*方法提要*

将具有平整表面的被测样品作为辉光放电装置的阴极，样品在直流或射频放电装置中产生阴极溅射，被溅射的样品原子离开样品表面扩散到等离子体中，通过碰撞激发，发射出特征谱线。通过光谱仪色散元件将光谱色散，对各元素的特征谱线进行光谱测量。元素的谱线强度与浓度呈线性关系，根据标准物质制作的校准曲线计算样品中待测元素的含量。

本方法适用于碳钢、中低合金钢中碳、硅、锰、磷、硫、铬、镍、铝、钛、铜、钴、硼、钒、钼、铌等含量的测定，测量范围见表4－33。

表4－33　各元素的测定范围和推荐分析波长

元素	测量范围/%	推荐分析波长/nm	元素	测量范围/%	推荐分析波长/nm
C	0.005～1.00	165.81，156.14	Ti	0.001～1.00	337.28，334.94
Si	0.005～2.00	288.16	Cu	0.005～1.00	219.22，327.39
Mn	0.005～2.00	403.45	Co	0.005～0.20	345.35
P	0.003～0.15	177.50，178.29	B	0.0005～0.010	182.64，208.95
S	0.001～0.10	180.73	V	0.005～1.50	411.18
Cr	0.001～3.00	267.71，425.43	Mo	0.005～2.00	386.41
Ni	0.005～3.00	225.38，349.29，341.47	Nb	0.005～0.50	316.34
Al	0.003～1.00	396.15	Fe	内标元素	249.32，371.99，371.03

4.28.10.2 辉光放电发射光谱仪

(1) 基本要求。辉光放电发射光谱仪一般是由在GB/T19502《表面化学分析－辉光放电发射光谱方法通则》(ISO14707)中描述的Grimm型或类似的辉光放电光源(包括直流和射频供电模式)和同时型光谱检测器组成，也可使用扫描型光谱检测器。光谱仪具备适合于被分析元素的分析线。直径在2～8mm的范围内的阳极均可使用。阴、阳极之间的距离一般在0.1～0.3mm。放电气体为高纯氩气，氩气的纯度要求达到99.999%。推荐使用冷却装置，但是在方法中不严格要求使用冷却装置。分光计的一级光谱线的色散的倒数应小于0.55nm/mm，焦距为0.5～1.0m。分光计的真空度应小于10Pa，或分光室充以高纯氮气。

(2) 稳定性要求。为了检查仪器是否稳定，应当进行下列测试：用一块均匀的块状样品进行测试，即对该样品中某一含量大于1%的元素的强度进行11次测定，每次测定前，至少要放电60s以达到放电稳定，数据采集时间应在5～30s之间，每次测定都要在新的表面上进行。计算这11次测定值的标准偏差，其相对标准偏差不应超过2%。

(3) 检出限。仪器的检出限应达到上表中浓度下限的1/3，若达不到，至少达到需测浓度的1/3，或20μg/g(两个数据中，取数据小者)。检出限的测量可以采用SNR或SBR－RSDB法。

4.28.10.3 试剂与材料

(1) 放电气体：通常为高纯氩气，纯度要求达到99.999%。

(2) 标准物质：通常为有证标准物质/标准样品，用于日常分析绘制工作曲线，所选系列标准物质各元素含量应覆盖分析范围并有适当梯度。用于对仪器进行漂移校正时，所选标准物质应具有良好的均匀性，其含量分别接近工作曲线的上限和下限。

4.28.10.4 取样和样品制备

A 取样

分析样品成分分布均匀，无缩孔和裂纹；铸态样品的制取应将钢水注入规定的模具中(用铝脱氧时，脱氧剂的含量不应超过0.35%)；钢材样品应在有代表性的部位选取。

B 样品的制备

从模具中取出的样品，一般在高度方向的下端1/3处截取样品，未经切割的样品，其表面必须去掉1mm的厚度。切割设备采用装有树脂切割片的切割机。

采用适当的方法处理样品表面，以保证样品表面平整，洁净。打磨设备可采用砂轮机、砂纸磨盘或砂带磨样机(推荐使用粒度0.125mm以下的砂纸、砂带或砂轮)，亦可采用铣床加工。

样品的大小必须适合于仪器光源所允许的大小尺寸。标准物质和分析样品应在同一条件下研磨。

注意：(1) 对于薄板样品，采用乙醇或丙醇清洁样品表面即可。

(2) 注意打磨材料可能对相关痕量元素检测带来影响，通常不使用由待测元素组成的研磨材料。

4.28.10.5 仪器的准备

放置光谱仪的实验室应防震、洁净，一般室温应保持在18～26℃，相对湿度应保持在20%～80%。根据仪器制造厂的说明启动并稳定运行仪器，对仪器参数进行优化。

4.28.10.6 分析步骤

A 分析谱线的选择

对每一个待测元素，都存在一些可以使用的谱线。通常谱线的选择受到几个因素的影响，即仪器谱线的范围，分析元素的浓度，谱线的灵敏度和来源与其他谱线的干扰。本标准不指定特殊的分析线，表4－33列出了本标准中15个待测元素一些合适的谱线供参考。只要满足以上几个条件，其他谱线也可使用。

B 校准曲线的制作

激发一系列的标准物质，测量谱线强度，每个样品应至少溅射3次，每次溅射在新的表面上进行，3次测量的结果的极差不能超过r，取强度平均值。用强度平均值对含量制作校准曲线。对于一个分析元素必须保证至少有5块标准物质，标准物质的含量范围必须涵盖待测元素的含量范围，标准物质的含量值应相对均匀地分布在整个测量范围。标准物质必须是均匀的、其基体成分和组织结构尽可能与待测样品相近。推荐选用铁作为内标。

C 工作条件的确认

在所选定的工作条件下，选择2～5块标准物质按4.28.10.2中（2）和（3）的要求检查工作条件是否满足稳定性和检出限的要求，若不满足，重新制作校准曲线，或重新优化工作条件。

D 方法准确度的验证

使用标准物质对所建立的方法（包括选定的参数及所制备的校准曲线）的准确度进行检验。对曲线所包含的整个含量范围进行验证。使用的验证标准物质不得为制作曲线时使用的标准物质。调整校准曲线以达到最佳的准确度。若检验结果不符合要求，则需要重新建立标准曲线，甚至重新优化仪器参数。

E 漂移校正

在使用已建立的方法测定样品前，必须对仪器的漂移状况进行检验，检测仪器是否漂移的方法与验证方法准确度（D）相同，如果测量结果在制定的准确度之内，则不必进行漂移修正，如果结果超过了限值则必须进行漂移修正。

漂移校正的方法为：进行漂移校正后，推荐按D的方法重新验证漂移校正后的工作曲线，以证实工作曲线的准确性。

F 样品分析

使用已建立的方法，根据需要进行了漂移校正后，可以进行未知样品的分析。

每个未知样品应至少溅射3次，取平均值。

4.28.10.7 分析结果的计算

根据分析谱线强度平均值（使用内标法时，则根据待测元素与内标元素的强度比），由工作曲线计算分析元素的含量。

参考文献

[1] 曹宏燕. 冶金材料分析技术与应用. 北京：冶金工业出版社，2008.

[2] GB/T 20123—2006 钢铁 总碳硫含量的测定 高频感应炉燃烧后红外吸收法（常规方法）.

[3] GB/T 223.74—1997 钢铁及合金化学分析方法 非化合碳含量的测定.

[4] GB/T 223.5—2008 钢铁 酸溶硅和全硅含量的测定 还原型硅钼酸盐分光光度法.

[5] GB/T 223.60—1997 钢铁及合金化学分析方法 高氯酸重量法测定硅含量.

[6] GB/T 223.59—2008 钢铁及合金 磷含量的测定 铋磷钼蓝分光光度法和锑磷钼蓝分光光度法.

[7] GB/T 223.12—1991 钢铁及合金化学分析方法 碳酸钠分离—二苯碳酰二肼光度法测定铬量.

[8] GB/T 223.23—2008 钢铁及合金 镍含量的测定 丁二酮肟分光光度法.

[9] NF A 06 - 307—1990 EDTA 直接滴定法测定镍含量.

[10] GB/T 223.18—1994 钢铁及合金化学分析方法 硫代硫酸钠分离—碘量法测定铜量.

[11] GB/T 223.13—2000 钢铁及合金化学分析方法 硫酸亚铁铵滴定法测定钒量.

[12] GB/T 223.26—2008 钢铁及合金 钼含量的测定 硫氰酸盐分光光度法.

[13] GB/T 223.28—1989 钢铁及合金化学分析方法 α - 安息香肟重量法测定钼量.

[14] JISG 1223—1997（2008）4，4’ - 二安替比林甲烷分光光度法.

[15] FCLHSDHJGTi003 低合金钢—钛含量测定—邻硝基苯基荧光酮光度法.

[16] GB/T 223.8—2000 GB/T223.9—2008 钢铁及合金化学分析方法 铝含量的测定 铬天青S分光光度法.

[17] GB/T 223.43—2008 钢铁及合金 钨含量的测定 重量法和分光光度法.

[18] GB/T 223.21—1994 钢铁及合金化学分析方法 5 - C1 - PADAB 分光光度法测定钴量.

[19] GB/T 223.40—2007 钢铁及合金 铌含量的测定 氯磺酚S光度法.

[20] GB/T 223.30—1994 钢铁及合金化学分析方法 对 - 溴苦杏仁酸沉淀分离—偶氮胂Ⅲ分光光度法测定锆量.

[21] GB/T 223.49—1994 钢铁及合金化学分析方法 萃取分离—偶氮氯膦 mA 光度法测定稀土总量.

[22] GB/T 223.32—1994 钢铁及合金化学分析方法 次磷酸钠还原—碘量法测定砷量.

[23] GB/T 223.45—1994 钢铁及合金化学分析方法铜试剂分离—二甲苯胺蓝Ⅱ光度法测定镁含量.

[24] GB/T 223.50—1994 钢铁及合金化学分析方法 苯基荧光酮—溴化十六烷基三甲基胺直

接光度法测定锡量.
[25] GB/T 223.78—2000 钢铁及合金化学分析方法　姜黄素直接光度法测定硼量.
[26] GB/T 223.47—1994 钢铁及合金化学分析方法　载体沉淀—钼蓝光度法测定锑量.
[27] GB/T 20124—2006 钢铁　氮含量的测定　惰性气体熔融热导法（常规方法）.
[28] GB/T 11261—2006 高碳铬轴承钢化学分析法　脉冲加热惰气熔融红外线吸收法测定氧量.
[29] GB/T 223.82—2007 钢铁　氢含量的测定　惰气脉冲熔融热导法.
[30] GB/T 20127.11—2006 钢铁及合金　痕量元素的测定　第11部分：电感耦合等离子体质谱法测定铟和铊含量.
[31] GB/T 223.80—2007 钢铁及合金　铋和砷含量的测定　氢化物发生—原子荧光光谱法.
[32] GB/T 20127.10—2006 钢铁及合金　痕量元素的测定　第10部分：氢化物发生—原子荧光光谱法测定硒含量.
[33] GB/T 223.76—1994 钢铁及合金化学分析方法　火焰原子吸收光谱法测定钒量.
[34] GB/T 20127.1—2006 钢铁及合金　痕量元素的测定　第1部分：石墨炉原子吸收光谱法测定银含量.
[35] GB/T 20127.8—2006 钢铁及合金　痕量元素的测定　第8部分：氢化物发生—原子荧光光谱法测定锑含量.
[36] GB/T 4336—2002 碳素钢和中低合金钢火花源原子发射光谱分析方法.
[37] GB/T 11170—2008 不锈钢　多元素含量的测定　火花放电原子发射光谱法（常规法）.
[38] GB/T 24234—2009 铸铁　多元素含量的测定　火花放电原子发射光谱法（常规法）.
[39] GB/T 20125—2006 低合金钢　多元素的测定　电感耦合等离子体发射光谱法.
[40] GB/T 223.79—2007 钢铁　多元素的测定 X－射线荧光光谱法.
[41] GB/T 223.81—2007 钢铁及合金　总铝和总硼含量的测定　微波消解－电感耦合等离子体质谱法.
[42] GB/T 22368—2008 低合金钢　多元素含量的测定　辉光放电原子发射光谱法（常规法）.

5 分析进展

5.1 我国钢铁分析近况

近20年来，我国钢铁分析化学工作者在钢铁分析方面做了大量工作。近几年钢铁分析方面的学术活动也相当活跃。例如，2008年中国钢研科技集团有限公司和中国金属学会联合举办了《第十四届冶金及材料分析测试学术报告会》，2010年又举办了《第十五届冶金及材料分析测试学术报告会》，报告会上介绍了大量的钢铁分析的新方法和新成果；2010年中国机械工程学会理化检验分会和上海材料研究所举办了《全国材料检测和质量控制学术会议》，与会专家探讨了材料分析和质量控制方面的难点问题。

在有关钢铁分析的著作方面，王海舟教授先后出版了《钢铁及合金分析》、《冶金分析前沿》、《铁合金分析》、《冶金物料分析》等书，曹宏燕教授编写了《冶金材料分析技术与应用》以及应海松编写《铁矿石取制样及物理检验》，在知识的传播方面做了重大贡献，对钢铁分析化学方法进行总结；郑国经教授编著的《原子发射光谱分析技术及应用》介绍了原子光谱技术及其在冶金分析中的应用，为钢铁分析化学工作者开展具体的钢铁分析工作提供了有效的指导。

王海舟教授在《面向21世纪的冶金材料分析》一文中提出复杂体系痕量分析、冶金材料原位统计分布分析以及在线实时分析三大问题将是中国冶金分析及冶金工艺工作者需要努力解决的问题。

我国对冶金材料分析方法标准的制定和修订十分重视。我国化学分析方法有自己的特色，制定的分析方法标准有很好的可靠性和实用性。我国常规化学分析技术和方法并不落后于相应的国际/国外标准，湿法化学分析优势在国际上得到认可。我国在钢铁分析方法国家标准中采用了高灵敏度、高选择性的分析体系和有效掩蔽体系，很多标准的实用性和测量的准确度、精密度优于相应的国际/国外标准，体现了我国近年来在有机试剂合成、显色剂、掩蔽剂及分析体系研究和应用的成果。近年来，我国对仪器分析方法标准的制定取得了长足的发展，现行的96个钢铁分析方法标准中有42个是2006~2008年制定或修订的，而其中多数是仪器分析和痕量元素分析方法，原子吸收法测定各元素，红外吸收法测定碳、硫的方法已普遍应用于金属材料分析方法标准中。2006年以来制定了ICP-AES、ICP-MS、原子荧光、辉光光谱、原位分析等测定钢铁中多元素和痕量元素分析方法标准，最近还修订或制定了钢铁及合金中氮、氧、氢的红外和热导分析方法标准等。可以说，我国仪器分析方法标准与ISO和某些国外标准相比，其差距正逐渐缩小，某些分析技术还处于领先地位。

本章对近二十年来我国钢铁分析的研究工作作一简单介绍，希望能供广大钢铁分析工作者参考，以便使我国的钢铁分析技术达到更高的学术水平。

5.1.1 钢铁化学分析方法概述

5.1.1.1 原子光谱分析

我国钢铁分析技术发展很快，尤其是原子光谱的普及和应用，为准确快速测定钢铁中的多种元素提供了行之有效的方法，很多分析化学工作者在原子光谱方面做了研究，利用原子吸收光谱和发射光谱测定钢铁中常量元素和微量元素，他们的主要研究内容分述如下。

A 电感耦合等离子体原子发射光谱

电感耦合等离子体原子发射光谱（ICP - AES）可分析的样品种类广，分析速度快，可多种元素同时测定，检出限低、准确度高，在钢铁分析中占有十分重要的地位。

有些分析方法将样品溶解后直接用 ICP 进行测定，例如孙晓天测定了高硅钢中硅含量，王亚朋测定了钢中 La 和 Ce 含量，张健侣采用锌作内标测定了耐热合金中的 12 种常量元素含量。这些方法的特点是操作简单，可快速得到分析结果。

但是，由于等离子体原子发射光谱仪的光谱干扰和背景干扰比较严重，因此有必要采取措施减少干扰。有分析工作者采用优化仪器参数和改进仪器的方法消除干扰，如刘信文在 ICP 所装置的固定通道的基础上，运用改变入射狭缝角度的方法扩展了硅、磷、铌和钛元素的测量通道。也有分析化学工作者从基体中将待测元素分离出来，然后再进行测定，如张亚杰等采用 2 - 乙基已基膦酸单（2 乙基已基）酯（P - 507）树脂使微量稀土元素与钢中的基体元素铁、钛、钒和钼分离，用 ICP - AES 同时测定钢中 La、Ce、Pr、Nd、Sm、Y 和 Gd 7 种微量稀土元素，许玉宇等采用 TBP 萃淋树脂或 DOWEX1 - X8 阴离子交换树脂在盐酸介质中将基体铁与待测元素分离，然后用仪器测定。这些方法可以较好地消除基体干扰，提高了分析方法的灵敏度，可用于钢铁中痕量元素的分析。

B 电感耦合等离子体质谱

电感耦合等离子体质谱（ICP - MS）可应用于痕量元素分析，对金属分析来讲是灵敏度最高的仪器，可进行多元素同时分析以及同位素分析等。

聂玲清等采用 ICP - MS 测定了钢铁样品中的 B、Al、P、Cr、Pb、Sn、Sb、As、Bi 元素。为了有效补偿仪器漂移和校正基体效应，常常需要使用内标，潘玮娟等测定了低合金钢中 B、Ti、Zr、Nb、Sn、Sb、Ta、W、Pb 元素。通过选择内标控制信号漂移的影响，刘正等采用 Be 和 Sc 为内标，使钢中 Alt 和 B 的测定范围达到 0.00001% ~0.0004%。近年来，高分辨电感耦合等离子体质谱法也得到较多应用，如聂玲清用高分辨 ICP - MS 测定钢中 Ce 含量，测定下限可达 0.00002%。

ICP - MS 的缺点是价格昂贵，对实验室环境的要求高，而且还有诸如灵敏度漂移、有些质谱干扰和基体干扰难以消除的问题。目前拥有该仪器的钢铁企事业单位

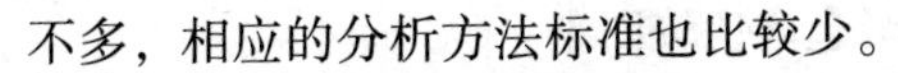

不多，相应的分析方法标准也比较少。

C 原子吸收光谱

原子吸收光谱具有选择性好，光谱干扰少的优点，在钢铁分析中可以测定多种元素，国内文献不乏原子吸收光谱应用于钢铁分析方面的报道。

李建强采用火焰AAS测定钢及高温合金中的Co含量，有人采用石墨炉AAS测定钢中铌和痕量Sb含量。这些直接测定法中，火焰法具有简便快速的优点，但是检出限比较高，石墨炉检出限低，但是通常都需要加入基体改进剂，且测定的精密度不高。李枚枚研究了三乙醇胺及十二烷基三甲基氯化铵对钼的增感作用并用于测定合金钢中钼含量，提高火焰法的灵敏度。为了提高AAS的灵敏度与抗干扰能力，各种的预富集分离是常用方法，如吕振英采用二氧化锰为载体沉淀锑与大量基体铁分离，然后用火焰原子吸收光谱法进行测定。但是这种方法操作比较繁琐费时，在线预富集技术可解除这一问题。龚育采用流动注射在线萃取-火焰原子吸收光谱法测定了钢中痕量钴和镍含量。

间接原子吸收光谱法主要用于测定AAS不能直接测定或难以直接测定的成分。陆建平采用间接法测定磷含量，方法是在盐酸介质中使磷酸根与钼酸铵形成磷钼杂多酸，用甲基异丁基甲酮萃取，然后测定磷钼杂多酸中的钼，从而间接定量磷。蔡玉钦将铜与1，10-二氮菲形成的配离子 $[Cu(phen)_2]^{2+}$ 与 BF_4^- 形成离子型缔合物，用硝基苯萃取，测定有机相中的铜，间接定量硼。间接法的缺点是增加操作步骤和需要引入不同试剂，因而增加了引起误差的因素。

原子吸收光谱法的不足之处是通常情况下只能进行单元素分析，无法满足在同一样品中测定多种元素的要求，因此其测定速度比较慢，尤其是石墨炉AAS。

D 原子荧光光谱法

原子荧光光谱法（AFS）主要用于能够激发原子荧光的特定元素的分析，目前已应用于As、Sb、Bi、Ge等11种元素的痕量分析，王海明采用氢化物发生-原子荧光光谱法测定钢铁及合金材料中痕量砷和铋，研究了用硫代氨基脲-抗坏血酸及磷酸作干扰抑制剂消除大量基体元素的干扰。郭德济采用氢化物-无色散原子荧光法同时测定钢铁中痕量硒和碲。胡均国采用双道氢化物无色散原子荧光仪对钢铁中的As、Sb、Sn、Pb、Bi进行分析。原子荧光分析具有灵敏度高、光谱简单等优点，但是只能用于特定元素的测定。

E 火花源原子发射光谱

火花源原子发射光谱具有操作简单、测定速度快、固体直接分析等优点，特别适合钢厂的快速分析。宋祖峰用火花源原子发射光谱法在线进行了钢中微量钙和硼的分析，可用于炉前分析。火花直读光谱可用于钢中酸溶铝和全铝的检测，如孙晓波将人工神经网络用于直读光谱，测定了中低合金钢中酸溶铝含量；郑建华利用脉冲分布分析法测定酸溶铝原理，测定了低合金钢中酸溶铝和全铝含量。

目前火花源原子发射光谱已得到普遍应用，在在线分析、移动检测、工艺控制、成品分析等炼钢工业各个环节发展起着重要作用。但是该仪器对样品形状和尺寸要求较高，尤其是对不规则和尺寸细小的样品检测起来比较困难。

F X－射线荧光光谱

X－射线荧光光谱技术引入钢铁分析以来，经过经验累积、改进和提高，已广泛应用于钢铁样品的元素分析。

孙世清将该仪器用于碳钢、合金钢和炉渣分析；朱见英将其用于钢中残量元素砷、锡、锑和痕量钴的测定；曹祥兴用来测定轴承钢中痕量砷、锡、锑、铅和钛等；王化明测定了不锈钢中硅、锰、磷、硫、镍、铬、铜、钼、钒、钛、铌、钴和钨；赵克夫用该法代替化学分析法进行合金铸铁中硅、锰等元素的炉前分析；吴岩青测定了管线钢中的硅、锰、磷、铌、钒、钛。对于钢及合金中碳的X－射线荧光光谱分析，梁钰等进行了研究，认为由于碳的X－射线特征辐射波长长，荧光产额低，钢及合金中的重基体对它的吸收衰减很大。

对于X－射线荧光光谱分析来说，具有同时进行多元素分析、检测限低、无损检测等优点，但其对低原子序数的元素的测定比较困难。

G 其他原子光谱法

辉光放电发射光谱和激光诱导等离子体光谱是新发展起来的光谱技术，有分析工作者将其用于钢铁分析研究中的元素测定，例如滕璇建立了辉光放电发射光谱法同时测定中低合金钢中多种元素的方法；李静采用激光诱导等离子体光谱技术测定不锈钢样品中微量金属元素铝、锰、钴、钼和钛。但是这些仪器的成本较高，也较为复杂，目前在国内的研究还比较少，因而还没有得到广泛应用。

5.1.1.2 分子光谱法

A 分光光度法

分光光度法是钢铁化学分析中重要的分析手段，许多经典的标准方法都是分光光度法。近年来，由于很多具有良好分析特性的显色剂的研究和应用，使得光度法的灵敏度和选择性有了显著提高。

李厦采用高碘酸钾氧化法，锰瞬间氧化成紫红色7价锰，然后再进行测定。与标准方法的过硫酸铵氧化光度法和高氯酸氧化亚铁滴定法相比，该法是目前锰的光度法测定中显色最快的。傅家琨在硫酸介质中，使磷（砷）钼杂多酸与孔雀绿形成吸光度恒定的离子缔合物，利用该显色体系可以联测钢铁中磷、砷含量。杨道兴将低合金钢和纯铁试样用酸分解，以酒石酸钠掩蔽铁，加丁二酮肟与镍生成丁二酮肟镍沉淀，用三氯甲烷萃取，再用稀盐酸反萃取。然后在氨性介质中，以碘为氧化剂，镍与丁二酮肟生成红色配合物，测其吸光度。该法与丁二酮肟直接光度法测定镍相比，可达到的检出限更低。文莫龙利用加热发色测锰后的一小部分溶液，加显色剂DPC实现铬的联测，解决了褪色比色法不稳定的问题，可同时测定锰和铬的含量，简化了操作。张宏斌研究了在含有钒的溶液中加入磷酸和钨酸钠，磷钨酸中的$W_2O_7^{2-}$被$V_2O_6^{2-}$定量取代，形成黄绿色的磷钨钒杂多酸，适用于碳钢及合金钢、高温合金、精密合金中0.05%~1.0%钒含量的测定。张统采用邻苯二酚紫－CTMAB测定钼，在氟化钾存在下的硫磷酸介质中排除钛、铝、铌、锡等离子的干扰，比硫氰酸盐直接光度法测定钼的灵敏度高，比 α－安息香肟重量法测定钼的可操作性强。郭峰在有聚乙烯醇存在时，使6价钼与罗丹明、硫氰酸盐形成三元配合物，该配合物灵敏度高，稳定性好。在表面活性剂存在下，苯基荧光酮（PF）与很多元素的显色反应都有较高的灵敏度，邱利平采用等吸收点法－*K*系数法进行钼和锡的同时测定，具有较好的测定效果。关于钢铁中钛含量的测定研究的人较多，张进才用N－BPHA（钽试剂）萃取钛，在钛反萃取后用二安替比林甲烷光度法测定；他还研究了Ti、Ca共存下与茜素红（ARS）的显色反应条件，采用甲基异丁酮萃取分离Fe，测定纯铁、普钢等试样中小于0.01%的Ti；但是这两种方法都采用了萃取剂。赵英研究了Ti与二溴苯基荧光酮（BPF）及溴化十六溴烷基吡啶（CPB）在硫酸介质中反应生成有色配合物，然后采用D152H弱酸性阳离子树脂进行交换，在树脂相下进行分光光度分析的方法；该法用离子交换代替了萃取操作，一定程度减小了有机萃取剂对人体和环境的危害。

我国在化学分析方法方面具有很大优势，例如硝酸铵氧化滴定法测定高含量锰、Zn－EDTA掩蔽CAS光度法测定铝、硫氰酸盐－盐酸氯丙嗪萃取光度法测定痕量钨等，都是具有我国特色的优秀分析方法。由于显色剂、掩蔽剂等试剂的发展，该方面的研究也越来越成熟，缺点是此类方法不如仪器法操作简单。

B 红外吸收法

红外吸收法通常用于测定钢铁中的碳和硫的含量，目前该法已得到普遍应用，国内外的冶金行业都制定了一系列相应的检测标准方法，目前的研究重点是如何进一步提高仪器的灵敏度，本章不再赘述。

5.1.1.3 其他分析方法

除上述方法外，离子色谱法、催化极谱、电化学法等也被应用于钢铁化学分析中，且其方法的检出限低，对痕量元素的灵敏度高。

高效液相色谱（HPLC）具有极佳的分离效果，同时随着各种高灵敏度、高选择性的检测器的开发以及各种联用技术的发展，开始成为分离负责基体组分、准确测定其中痕量组分的有利工具。反相高效液相色谱法是目前应用最为广泛的高效液相色谱法，李冬玲建立了反相液相色谱法测定钢铁及合金中铌的分析方法，可直接测定合金铸铁和中低合金钢中的铌含量。离子色谱法是一种专门用于分离离子性化合物的新型液相色谱法。金属材料中存在大量基体元素，如果直接注射进入离子色谱系统，将会使色谱柱超载，通常需要采用一些前处理方法来分离大量的基体元素。胡净宇利用活性氧化铝定量吸附与洗脱痕量SO_4^{2-}，采用氧化铝柱预分离，使钢中硫与基体快速分离并定量回收，从而消除了酸溶样品产生的大量杂质离子的干扰；张青将钢试样置于铜坩埚中，在氧气流量下电弧引燃并燃烧，产生的气体用碳酸氢钠和碳酸钠溶液吸收、过滤、进行离子色谱测定。

黄自忠和严规有分别进行了催化极谱在钢铁合金中应用的研究，黄自忠采用巯基棉吸附钢铁合金中的硒，使其与基体元素分离，然后用催化极谱法测定。巯基棉对硒有良好的吸附性能，钢铁合金基体元素经分离后残留量很小，对硒的测定不产生影响，适于钢铁合金中0.0000x% ~0.00x%痕量硒的测定。严规有采用钼－邻苯二酚紫－溴化十六烷基三甲基铵－氯酸钾极谱体系测得钢中微量钼。

与国外研究相比，国内在进行催化极谱、质谱、色谱等在钢铁中应用的研究还较少，还需要更多的分析工作者展开更深入的研究。

5.1.2 评论

近20年来我国钢铁分析研究工作取得了巨大进步，从传统的“湿法分析”为主转变为以“湿法分析”为基础、仪器分析为重点的局面，各种现代分析仪器普遍应用于炉前分析和成品分析、在线分析和离线分析、过程控制和质量控制等方面，在钢铁生产和贸易过程中发挥着重要作用。事实上，我国大型钢铁企事业单位，例如，北京钢铁研究总院、上海宝山钢铁公司和武汉钢铁公司等企业的分析实验室，以及国家质检系统的金属材料重点实验室，例如，常熟金属材料实验室，其冶金分析技术和装备已达到国际先进水平。由钢研总院、攀钢钢研院、首钢研究院、鞍钢钢研所、上钢五厂等7个大型钢铁企事业单位联合攻关，根据我国冶金生产中超纯冶炼的工艺要求，以及合金材料在执行国际先进材料标准时对痕量成分的检测要求，建立了钢铁、合金中21种痕量元素31个分析方法。这些方法在灵敏度、测定下限和测定精度等方面达到了当代国际钢铁分析的先进水平。随着钢铁研究的日趋深入及生产工艺的飞速发展，将对钢铁分析提出越来越高的要求，尤其是复杂体系的痕量元素分析、自动分析仪的研制和应用、在线实时控制分析仪研究等领域，将是钢铁分析行业未来重点发展的方向。

5.2 国外钢铁分析近况

钢铁分析先前以“湿法分析”方法为主。近20年来，国内外钢铁工业对分析技术的要求越来越高。钢铁分析的检测技术也由传统的湿法化学分析转向现代仪器分析。本节将1990 ~2010年发表在Analytical Abstracts上的国外钢铁分析的研究进展文献做了归纳和评述，供国内钢铁分析工作者参考。

5.2.1 20年来国外发表的钢铁分析文献综述

1990年，Inamoto对日本钢铁分析工业标准进行了综述，论述了高纯铁中痕量元素C、Si、P、S、Al、As、B、N的测定及其他微量元素测定的方法。1996年，Hayakawa综述了钢铁和焦炉气体中的非金属元素H、P和S的在线或在生产现场快速测定传感器的方法。1997年，Iellepeddi综述了XRF和XRD在钢铁生产材料分析中的进展。1998年，Zenki对钢铁中硼测定的流动注射技术进行了综述，尤其是与ICP－AES和MS联用的技术。

5.2.2 钢铁分析方法标准

5.2.2.1 国际标准化组织（ISO）标准

ISO对钢铁材料分析方法标准的制定和修订十分重视，至2008年58个钢铁材料分析方法标准中有34个是1994年和1994年后制定或修订的。ISO紧跟分析技术的发展，制定了较多的原子吸收分析法、ICP－AES分析法和红外吸收法等标准，其发布的原子吸收分析法标准包括镍、铜、钒、铝、钴、锡、锰、铬、钙等9个元素，ICP－AES法标准包括锰、钼、铌、钨、镍、铜、钴、硅8个元素，红外吸收法标准测定碳、硫元素。ISO的钢铁和铁矿石的化学分析技术委员会正常地开展活动，每两年召开一次年会，讨论分析方法标准制定和修订事宜，确保其发布的分析标准准确、有效、实用。

5.2.2.2 日本工业标准

日本工业标准（JIS）的钢铁分析标准数量和涉及的分析元素多于ISO标准，其分析方法基本上都是20世纪90年代以后制定或修订的，其后又不断进行修订或确认。JIS制定了涉及钢铁中18个元素的27个AAS分析方法标准，以及硅、锰、磷、镍、铬、钼、铜、钒、钴、钛、钨、铌、铝、硼等14个元素的8个ICP－AES分析方法标准，还制定了28个元素的火花放电发射光谱分析法标准和30个元素的荧光X射线分析方法标准。除了仪器分析方法外，JIS亦注重化学分析方法（包括经典方法）的制定和修订，其化学分析方法标准在2000年后都经过了修订或确认。JIS积极采用先进的ISO标准，将其转化为本国标准，其标准制定和修订或确认周期一般是5年。

5.2.2.3 美国材料与试验协会标准

美国材料与试验协会（ASTM）针对冶金材料制定了大量的分析方法标准，其中既有经典分析方法，也有X射线荧光光谱、原子吸收光谱、发射光谱等仪器分析方法，其制定和修订及确认周期一般也是5年。但ASTM没有像JIS一样致力于化学分析方法的研究和标准的制定，其化学分析方法的标龄比较长，一些方法显得较陈旧。

5.2.2.4 英国/欧盟标准

BS 6200系列标准是英国标准协会颁布的关于铁、钢和其他黑色金属的抽样与分析标准，规定了铁、钢和其他黑色金属中的39种元素的测定方法；BS积极采用先进的ISO标准，一般在第一时间将ISO分析方法标准转化为本国标准，并与原BS方法并列发布，如BS/EN/ISO 10700：1995规定了火焰原子吸收光谱法测定钢和铁中锰含量的标准。

但是相对而言，ISO、JIS的制修订标准工作及时，除化学分析方法外，还制定了多种仪器分析方法和多个痕量成分的分析方法，更能体现目前钢铁材料分析的国际水平。

5.2.3 原子光谱分析法

5.2.3.1 ICP－AES分析法

1992年，Brindle用氢化物发生－ICP－AES测定钢铁中的砷时，发现预还原As(Ⅴ)至As(Ⅲ)可增强信号，使用L－半胱氨酸可降低干扰。5mL样品的检出限为0.6ng/mL。

1993 年，Kavipurapu 采用 ICP - OES 法直接测定了钢中的 B 含量，Ar 作为载气（1.2mL/min），B 的测量线 182.6nm。Fe、Ni、Cr、和 V 铬减弱了 B 的信号，而 Mn、Ti 和 Mo 增强信号，Si 和 Nb 无影响。Al 在低浓度时减弱信号而在高浓度时增强信号。

1993 年，Lopez Molinero 采用甲基硼酸挥发物 - ICP - AES 法对钢中的硼含量进行测定，检出限为 20ng，该方法适用于两种标准 BCS 钢的分析。

1994 年，Petrucci 将预富集与 ICP 法联用，测定水溶液中 μg/L 级别的镍和铬，并应用 β 校正原理进行校正。

1994 年，Grazia del Monte Tamba 采用微波消解 - ICP - AES 法对钢铁和铁矿中的铝含量进行了测定，该法适用于几种钢和铁矿石标准物质的分析，所得结果与标准值一致。

1998 年，Danzaki 将高纯铁和低合金钢的钽用铜铁试剂分离并用 ICP - AES 法测定，Ta 的检测限（3σ）为 0.6μg/g Fe，低于分光光度法测得的值。

2000 年，Gervasio 提出了在线电解溶解流动注射及 ICP - AES 法对工具钢中的 Fe、W、Mo、V 和 Cr 测定的方法。该系统允许每小时直接分析 30 个固体样品（150 次测定），所得结果的相对标准偏差小于 5%（$n=5$）。

2001 年，Costa-Ferreira 使用聚氨酯泡沫分离富集以及 ICP - AES 法对铁基体中的钼进行测定，评价了分配系数、聚氨酯泡沫的吸附能力和变异系数，评估了分离过程中一些离子的影响。

2001 年，Takada 研究了化学分离 - 光谱分析法测定超纯钢铁、铬铁合金及其他合金的痕量元素，通过红外吸收法、ICP - AES 法、石墨炉原子吸收光谱法和分光光度法对超高纯铁中 37 个超痕量杂质元素进行分析，每个微量元素可检测量约为 0.1μg /g。

2002 年，Halmos 采用 ICP - AES 法对含铌和锆的钢样和铸铁样品进行了分析，研究了铁基体和混酸对铌和锆元素测定的光谱和非光谱干扰。

2004 年，Uchida 采用 ICP - AES 法，开发了连续萃取 - ICP - AES 法测定钢铁样中痕量元素的方法。通过对日本钢铁联盟制备的标准参考物质进行分析，发现锰、镍、铬、铜、钒、钴、钛、铝和钙的分析结果与标准值一致。

2005 年，Sakamoto 在阴离子交换分离后，采用 ICP - OES 对高纯铁及铬铁合金中的微量元素进行了测定。该方法可用于工具钢中大量钼含量的分析。

2008 年，Kataoka 利用分析物与基体铁之间蒸发性能上的显著差异及磁铁吸引铁的特性优势，开发了磁铁悬挂钨舟炉汽化电感耦合等离子体原子发射光谱（MDI - TBF - ICP - AES）直接测定钢铁固体样品中微量元素（S、Se、Sb）的方法。

2008 年，Wiltsche 利用端视氢化物发生 ICP - AES 法，对高合金钢和镍合金中的微量元素进行了多模式进样系统（MSIS）的多元素测定，使用 MSIS 的氢化物发生元素的灵敏度与传统的氢化物发生是一致的，评估了氢化物发生过程形成的氢气对非氢化物及氢化物形成元素的强度及激发温度的影响，并指出应用 MSIS ICP - AES 对复杂冶金中的氢化物形成和非氢化物形成元素的同时测定由于基体产生谱线干扰而受限制。

5.2.3.2 ICP - MS 分析法

1996 年，Coedo 在移除基体后采用同位素稀释流动注射 - ICP - MS 法测定钢铁中 μg/g 级别的硼元素。流动注射采样减小了总盐浓度产生的问题。ICP - MS 检测限为 0.02μg/g，浓度大于 10 倍检测限的 RSD 值小于 1%（$n=4$），B 含量小于 10μg/g。

1997 年，Hanada 采用凝胶色谱分离同位素稀释 ICP - MS 法对钢铁中的微量硅元素进行了测定。钢中硅转化为 $[SiMo_{12}O_{40}]^{4-}$，配合物在葡聚糖凝胶层析柱上吸附。氨水洗脱层析柱，采用同位素稀释 ICP - MS 分析洗脱液中的 Mo，Si 含量通过 Mo 含量计算得出。Al、As、Co、Cr、Cu、Mn、Ni 和 Ti 不干扰测定，P 的干扰可通过在洗脱硅钼配合物前先用含 10% 草酸和 10% 硝酸的溶液冲洗凝胶柱来消除。方法检出限为 0.05μg/mL。

1998 年，Naka 采用硫化氢挥发技术及同位素稀释 ICP - MS 法对钢铁中的微量硫元素进行了测定。铁或钢溶液在 250℃ 、100mL/min Ar 流速下蒸馏，用采样袋收集产生的硫化氢气体，然后用同位素稀释 ICP - MS 法测定硫含量。

1998 年，Karandashev 采用萃取色谱将纯铁和低合金钢中的钇、稀土元素、铋、钍和铀与基体元素分离，然后采用 ICP - MS 和 ICP - AES 法进行了测定，同时讨论了 ICP - MS 和 ICP - AES 在高纯铁和低合金钢在线和离线分析方法中的应用。

1999 年，Wanner 采用激光烧蚀电感耦合等离子体质谱法（LA - ICP - MS）对微量元素进行了测定，测定应用自动对焦系统，方法的绝对检出限为 0.10 ~ 1.4pg。

2001 年，Fujimoto 使用阳离子和阴离子交换树脂累积床的离子色谱分离 - ICP - MS 法测定高纯铁中的微量元素（Mg、Ca、Ti、V、Mn、Co、Ni、Cu、Zn、Y、Zr、Nb、Mo、Cd、In、Sn、Ba、La、Ce、Hg、Ta、W、Pb、Al、V、Se 和 Be）。

2002 年，Brindle 研究了 Ag、Au、Cd、Co、Cu、Ni、Sn 和 Zn 的蒸汽发生以及 ICP - MS 测定。质谱研究表明，相对于分析物原子，挥发性分析物是不稳定的。银、金、铜、镉的检出限优于雾化法，而钴、镍和锌的检出限略差。在测定银、金、铜时，通过使用 2%（体积分数）的磷酸溶液降低铁基体中的溶液干扰因素，在测定钴和镍元素含量时，有必要使用氰化钾来降低铁基体的干扰效应。该技术已应用于低合金钢标准物质中银、金、钴、铜和镍元素的测定。

2005 年，Coedo 评估了电感耦合等离子体质谱仪（ICP - MS）的不同进样方法在测定非合金钢样中的硼含量的应用。当流动注射方式直接应用于样品溶液测定时，检出限为 0.15μg/g，比使用连续喷雾测定法提高了 4 倍。通过溶剂萃取去除基质后，同位素稀释分析法使硼分析的检出限为 0.02μg/g 成为可能，使用在线电解过程检出限为 0.05 μg/g。火花烧蚀和激光烧蚀取样系统，避免了样品消解和制备过程，得到了 μg/g 水平的检出限。

2006 年，Fujimoto 使用阳离子交换色谱分离 ICP - MS 对钢中的微量汞、铅和镉进行了测定。样品经硝酸分解，使用装有阳离子交换树脂的小型分离柱将分析物从

1mol/L 氢氟酸溶液的铁基质中分离，吸附的元素用 8mol/L 盐酸溶液洗脱，并使用 ICP - MS 同时测定。基于 3σ 空白值的最低检测限汞为 2ng/g，铅为 9ng/g，镉为 0.5ng/g。

5.2.3.3　AAS 分析法

1990 年，Naka 采用石墨炉 AAS 对钢铁中痕量的酸溶铝进行了测定。铁和钢用 H_2SO_4 消解，消解液与 $MgSO_4$ 混合，溶液用 AAS 分析。在铁溶液中铝的检出限为 0.75μg/L，锰（50mg/L）和硅（25mg/L）的干扰几乎可忽略。该方法适用于碳素钢中铝的测定。

1990 年，Castillo 采用三氟乙酰丙酮金属挥发物 - 火焰 AAS 测定了铬、钴和铁。在 Cr 357.9 nm、Co 240.7 nm 和 Fe 248.33 nm 处测量吸收峰面积。研究了温度和氮气流速对吸收峰的影响。Cr、Co 和 Fe 的检出限分别为 0.2ng、3ng 和 62ng，变异系数分别为 5.6%、5.3% 和 4.5%，产生的 0.0044 的吸收峰与传统火焰 AAS 的 60、25 和 4 因子相比有所改进。该体系适用于钢中 Co 的测定，平均回收率为 97%。

1990 年，Rodionova 采用 AAS 测定了钡含量。钢或铸铁用 HCl 和 HNO_3 消解，消解液蒸发至冒烟，残留物用水稀释至 50mL，加入 KCl 缓冲溶液后，用 AAS 在 553.6nm 处分析。钡的检出限为 2μg/mL，铁的干扰通过异丁基甲基酮的萃取消除。

1991 年，Frankenberger 采用液 - 液萃取 - 石墨炉 AAS 对钢和地质材料中的钒进行了测定。经一系列前处理的萃取液用石墨炉原子吸收光谱仪于 318.5nm 处测量，方法检出限为 0.3μg/g。

1991 年，Pandey 使用铝释放剂和火焰原子吸收光谱法对钢样中低浓度的钛进行了测定。为测定铁和钢中的 10 ~ 100ppm [（10 ~ 100）$\times 10^{-4}$%] 的 Ti，加入高达 500μg/mL 用于信号增强的铝，样品注射含 5% HNO_3 的 HCl 以破坏碳化物。

1992 年，McIntosh 采用流动注射 - 氢化物发生 - 原子吸收光谱法对钢样中的锡含量进行了测定。铜、镍和钴对氢化物的产生有干扰，采用标准硼酸溶液和 2% HCl 载体溶液产生氢化物。氩气和氧气气流比纯氩气气流可得到更好的灵敏度和峰的对称性。在 500μL 样品中检出限为 0.05μg/L，且在高浓度的 Sn 中变异系数为 1% ~3%。

1992 年，Negishi 论述了溶解萃取 - 原子吸收光谱法对高合金钢和铁砂中钛的测定，钛被定量地从 0.1mol/L HF - 0.1mol/L HCl 溶液中萃取进入 Amberlite 溶液，然后用 0.5mol/L HF - 1.2mol/L HCl 溶液反萃取。于 364.3nm 处测量钛的吸光度，Mo(Ⅴ)、V(Ⅴ) 和 Zr(Ⅵ) 对测定有干扰。

1994 年，Ashino 采用抗坏血酸钯还原沉淀 - 电热原子吸收光谱法测定了高纯铁中的痕量硒和碲。硒的测定波长为 196nm，碲的测定波长为 214.3nm，样品中硒的检测限为 17μg/L、碲为 11μg/L。研究了 16 个阳离子的影响，发现无干扰。该方法用于分析低合金钢 NIST SRM - 364，得到了良好的结果。

1995 年，Koenig 提出了测定钢和混凝土中 Fe - 55 的快速灵敏的 LSC 方法。高 pH 值的样品液通过 Chelex - 100 柱，金属用浓氨溶液沉淀，沉淀物溶解在 8mol/L HCl 中，铁被提取进二异丙醚有机相清洗，然后用 5.1mL 稀硫酸提取。水相的 0.1mL

用于铁的AAS测定，其余的与15mL QS400混合，在30~60min衰减后用于液体闪烁计数。钢和混凝土的检出限分别为60μg/g和1.5μg/g。

1995年，Wickstrom采用氢化物发生－原子吸收光谱法对硒进行了测定，使用碱性样品溶液，可从高浓度的Ni^{2+}、Co^{2+}、Fe^{3+}和Cr^{3+}中消除干扰。使用配合剂掩蔽干扰金属离子，EDTA和DTPA是Ni^{2+}和Co^{2+}的有效掩蔽剂，可消除高达8000 mg/L的Ni^{2+}或Co^{2+}的干扰；酒石酸对高达5000mg/L的Fe^{3+}和Cr^{3+}具有掩蔽作用；Cu^{2+}的干扰可通过向HCl溶液中加入Fe^{3+}和样品溶液中加入DTPA减至最低。该方法适用于镍和钢样中的硒的测定。氧化镍和钢的检出限分别为0.1μg/g和0.3μg/g。

1997年，Minami采用石墨炉原子吸收光谱法对钢中的痕量钙进行了测定，开发了避免酸中钙污染的固体采样方法。该方法适用于钢中1μg/g水平的钙和高纯铁中痕量级钙的测定。

1999年，Giacomelli提出了钢中砷和锑的还原、配合、活性炭吸附的预富集和分离方法，然后用电热原子吸收光谱法测定。分析物用抗坏血酸和碘化钾混合物还原至它们的3价氧化态，与二硫代酸O，O－二乙基酯铵盐配合，该配合物吸附到碳上，用少量体积的硝酸溶液解吸，砷和锑采用ET－AAS测定。由于铁（Ⅲ）不配合，约99.9%的Fe可通过预富集过程除去。砷和锑的富集因子分别为5和10。

2000年，Itagaki采用还原沉淀电热原子吸收光谱法对高纯钢铁中的微量金和银进行测定。用抗坏血酸与钯还原沉淀预富集高纯铁或钢中微量的金和银，然后用电热原子吸收光谱仪（ET－AAS）测定。该法可于10种金属中选择性测定金和银，且这两种元素可同时达到分离的目的。金和银（3σ）的检测限分别为0.003μg/g和0.002μg/g。

2009年，Tsushima使用固体采样石墨炉原子吸收光谱法（GF－AAS）对高纯铁和钢中的痕量锌进行直接测定。在固体采样中应用标准加入法，快速准确的得出锌的测定结果。当测定15mg样品时，锌在铁和钢样品中的检测限为0.86mg/kg。

5.2.3.4 XRF分析法

1993年，Bos采用X射线荧光光谱仪研究了铁铬镍体系。XRF同时测定不锈钢中的铁、镍和铬时，元素间的影响导致信号与元素浓度非线性，Rasberry-Heinrich方法可解决这一问题。

1999年，Van-Aarle使用全反射X射线荧光光谱仪，对铜、铁、钢中的微量元素进行了测定。该方法已用于铜和铁箔生产中经590MeV质子辐照的过渡元素的测定和钢中铌的测定。在铜和铁中钛、铁、钴、镍和铬的典型检测限在0.5~24.7pg范围内。对于钢中铌的测定，100mg样品溶解于王水，铌通过离子交换色谱从基体分离，洗脱液的一部分用Rb和Se作为内标进行分析。铌的检测限为90pg。

2000年，Flock讨论了能量色散和波长色散XRF的优点和缺点，举例说明了它们在钢铁行业中的应用。炉渣中氧化钙测定时，200W管功率的波长色散XRF的校准曲线比能量色散XRF的有较大的梯度。研究了炉渣中氧化钙、铁矿石中铁、铁氧化物中SiO_2和钢中铝、钙、铬、铜、锰、钼和磷的波长色散XRF测定的管功率的影响。

研究表明波长色散 XRF 具有较好的灵活性、敏感性和重复性。

2004 年，Dobranszky 采用能量色散光谱仪和电子背散射衍射仪分析了 SAF2507 型钢材的等温时效，温度范围为 300～1000℃，老化时间为 100s～24h。采用电子显微镜、能量色散光谱仪和电子背散射衍射分析仪分析了微观结构的变化，还进行了热电势测量，得到了沉淀过程中的动力学信息。

5.2.3.5 其他原子光谱分析法

1998 年，Castle 采用电动激光诱导等离子体光谱仪测定元素含量，检出范围从钢中 0.016% 的 Mn 至 NIST 标准有机样品中 0.13% 的 Ca。钢、矿石和有机标准物的精度为 0.4%～4.9%，涂料中铅的含量为 4.0%～44.1%。

2000 年，St Onge 将激光诱导等离子体光谱法（LIPS）应用于定量深度剖析，研究了钢的镀层。锌强度剖析的二阶导数实现了涂层/基体界面位置的测定。主体元素（铁和锌）的校准是根据铁对锌线强度比和铁对锌浓度比的非线性关系。三元素（铝、铁和锌）的定量深度剖析由两个热镀锌样本得到。发现铁剖析结果与通过透射电子显微镜/能量色散 X 射线光谱法所得结果一致。

2003 年，Kraushaar 采用激光诱导击穿光谱法（LIBS）分析了钢渣。为减少样品制备步骤，液态渣样填充入特殊探头，冷却凝固后，利用激光诱导击穿光谱法进行分析。通过调整测量参数以及优化校正模型，分析了转炉钢渣中的 CaO、SiO_2 和 Fe-tot，LIBS 分析法和标准 X 射线荧光分析法取得了一致的分析结果。

2008 年，Gonzaga 开发了一种新的激光诱导击穿光谱法（LIBS）测定钢中锰的含量。使用 LIBS 分析钢铁样品时，锰在 293.9 nm 的峰经优化具有最高的检测灵敏度，采用 15 个波长的发射信号来测定钢样中的锰。使用 0.214%～0.939% 浓度（质量分数）范围内的 5 个样品，得到锰分析曲线，相关系数是 0.979。利用标准曲线预测锰的浓度，含 0.277% 和 0.608%（质量分数）的两个样品的相对误差分别为 20.7% 和 -1.9%。

5.2.4 分子光谱分析法

5.2.4.1 分光光度分析法

1991 年，Odashima 研究了 S2BINPH 的合成及性能，并使用 S2BINPH 对痕量镍进行了分光光度法测定。样品与 10% 巯基乙酸钠溶液、30% 柠檬酸钠溶液和 40% 氟化钾混合。该混合物用 1.25mol/L - S2BINPH 溶液、0.2mol/L - Tris - 0.2mol/L - HCl 缓冲液（pH 值 7.5）处理，并用水稀释。在 501nm 处相对于试剂空白测量该溶液的吸光度。Ni（$\varepsilon=88000$）60～700ng/mL 符合比尔定律，且变异系数是 0.31%。该方法适用于铁和钢中 Ni 含量的测定。

1993 年，Agranovich 测定了含钨的钢和铁镍合金中的磷。样品用含 $HClO_4$ 的3：1 的 HCl/HNO_3 加热至冒烟，然后至干。如果 As 含量超过 P 含量，用 HBr 蒸馏出 As，残留物溶于 HCl 和 1：1 H_2SO_4，蒸发至冒烟。残留物溶解于热水，加入 NaOH 沉淀水解物和溶解钨酸沉淀。加入酒石酸钠钾溶液，随后加入 1：1 H_2SO_4 使酸度为 0.04～

0.12mol/L。该溶液与 NH_4F 和 Na_2SO_4 混合，煮沸5min。冷溶液用水稀释至200mL。溶液中P的浓度按标准（GOST 12347）采用萃取光度法测定。该程序适用于0.01%的P的测定，金属中Cr达15%也不干扰测定。

1995年，Maheswari利用分光光度法测定了与亚硝基变色酸反应的钴。含钴不大于8μg的样品溶液与10mL硫氰酸钾溶液混合，用10mL IBMK震摇2min。有机层用1mL亚硝基变色酸试剂和pH值为10的2mL氨缓冲溶液在5mL水中平衡。测量水层在630 nm处（$\varepsilon=23000$）的吸光度。钴直到8μg都符合比尔定律，4μg钴的RSD为2.3%。24h内颜色是稳定的，该方法适用于低碳钢和有色金属合金的分析。

1995年，Hayakawa开发了一种快速测定铁中的磷和硫的方法。生铁样品加热至60℃，在同一温度下用6mol/L－HCl喷洒60s。产生的 PH_3 和 H_2S 气体分别通过惰性载气转移到装有玻璃珠的捕雾器除去干扰物，在2cm宽的浸有硝酸银和醋酸铅的过滤带上检测。在带上产生的每一颜色用波长555nm的光照射，用光度计测量两者的反射强度。校准曲线是线性的，P从0.01%～0.1%，S从0.003%～0.03%，在它们的浓度范围内，P和S的RSD（$n=5$）分别为2.8%～13.1%和3.5%～10.3%。

1996年，Asgedom使用N′－羟基－N′N－二苯基苄脒和硫氰酸盐萃取并用分光光度法测定了Fe（Ⅲ）。含有高达160μg Fe（Ⅲ）的样品用5mL 0.2mol/L KSCN处理。水相的酸度和体积分别用浓HCl和 H_2O 调整为0.3～0.4mol/L和10mL。溶液与10mL 5mmol/L N′－羟基－N′N－二苯基苄脒在甲苯中震摇。有机相用无水硫酸钠干燥，水相用5mL甲苯再清洗。主要萃取液和洗涤液用甲苯制成2mL。在465nm（$\varepsilon=10000$）测量橙红色配合物的吸光度。Fe在0.2～6.4μg/mL符合比尔定律。研究了其他离子对萃取的影响。该方法已用于矿石和钢材中铁的测定。

1998年，Tagashira研究了表面活性剂中新亚铜试剂Cu（Ⅰ）的萃取和脱离，并采用分光光度法测定了钢中的铜含量。Cu（Ⅱ）用抗坏血酸还原为Cu（Ⅰ），和醋酸盐缓冲液、SDS、新亚铜试剂、水和NaCl震摇。SDS通过盐析效应沉淀，溶液在4000r/min离心5min。弃去上层水相，加入醋酸盐缓冲液和新亚铜试剂，在冰水浴冷却。离心后，SDS相沉积在试管底部。在水相中，余留的SDS浓度为0.04%，这小于临界胶束浓度（8.2mM在25℃）。Cu（Ⅰ）浓度采用分光光度法在457nm或AAS上测定。该方法已用于铁中铜的分离和钢中铜的测定。

2005年，Yoshikuni研究了镍－二甲基肟化合物在聚乙二醇（PEG）－水双相体系的萃取及其在不锈钢中镍含量分光光度法测定中的应用。镍在浓度为0.26～2.1μg/mL范围内符合比尔定律。该萃取方法已被应用于测定钢样中镍的含量。用适当的混合酸对钢样进行分解，在镍萃取前，样品溶液等分后，用磷酸处理，绝大部分的铁和铜通过氢氧化物沉淀除去，使用固体碳酸钡来控制样品溶液的pH值。JSS 650－10、BCS 323、NIST SRM 361和362标准铁样的测试结果与标准值一致。

2006年，Watanabe使用带滤管富集的流动注射－分光光度法测定了钢铁样中的砷含量。砷在10～100μg/L的范围内校准曲线是线性的。砷的检测限为2μg/L。砷20μg/L的相对标准偏差为1.3%（$n=8$）。铁基体不干扰As含量的测定。在不含磷的钢标准样品中 As 的测定结果与标准值吻合良好。

5.2.4.2 荧光光谱分析法

2001 年，Yamane 通过连续流动体系对铁基体中的硼进行在线分离/预浓缩，结合荧光检测法测定铁和钢中痕量硼。该流动注射分析体系与现有的方法相比具有许多优势，特别是其简单性和灵敏性，在很短的时间内（约 10min）对硼进行半自动分析，检测限低（钢材样为 0.1μg/g）、重现性好（钢样品含硼 1 ~ 18μg/g 时的相对标准偏差小于 3%）。

2006 年，Iwata 采用流动注射 - 荧光分析法研究了钢铁中硼的测定。在测定硼时发现 2，3 二羟基萘（2，3 - DHN）是极好的荧光试剂。为了测定钢铁中微量的硼，通过使用树脂（IRA743）在线分离/预富集铁基质中的硼。水溶液中的硼 - 2，3 - DHN 配合物通过测量荧光强度（波长 x = 300nm，波长 m = 340nm）确定。硼预富集 5min，其校准曲线在 0 ~ 40μg/L 范围内呈线性，检出限为 0.3μg/L；富集 80min，检出限为 0.04μg/L。铁标准物质中硼的测定结果与认定值吻合良好。

5.2.4.3 红外吸收光谱法

1991 年，Velten 研究了固体分析中的探测器，涉及钢铁、有色金属等材料中的 C、S、N、O 和 H 的测试程序和设备。基体通过氧气燃烧、载气 - 融合萃取、1200℃ 热萃取的方法进行元素萃取，产生的气体采用简单的非色散红外探测器或 N 和 H 热导探测器测定。检测限为 0.05 ~ 5μg/g，H 的检测范围为 0 ~ 60μg/g、其他元素至 100%。

1997 年，Takada 采用电阻炉燃烧 - 红外吸收法测定了高纯铁中的痕量碳。将不锈钢室放在管式炉样品入口的前端，氮气通过孔洞引入不锈钢室，样品入口的快门由氮气压力控制。操作不锈钢室最佳工作条件为：氮气流速 10L/min，孔洞模式为左或右 1 个、顶部 2 个，底部为 1 个氮气排出孔，预吹扫时间大于 1min。在测定 C 元素前，立即将样品室烘焙，在氮气气氛中冷却，可以消除由“空气污染”和“室表面吸附”产生的峰。

5.2.5 电化学分析法

5.2.5.1 伏安法

1996 年，Locatelli 采用伏安法测定了实际样品中的微量锰、铁和铬。用纯水溶液建立了差分脉冲伏安法和基础谐波交流伏安法对所列的阳离子分析的最佳条件。伏安法是在 25℃ 悬汞滴电极、Ag/AgCl 参比电极和 Pt 辅助电极上进行的。两种方法相比，差分脉冲伏安法更为敏感。最好的电解质体系为 pH 值为 9.6 的 1mol/L NH_4Cl/NH_3 缓冲液，脉冲条件为 50mV、脉冲 0.065s/0.25s、扫描速率 10mV/s。Cr(Ⅲ)、Fe(Ⅲ)和 Mn(Ⅱ)的峰电位分别是 - 1.42V、 - 1.495V 和 - 1.665V。对于少量阳离子，首选标准加入法。该方法适用于不锈钢和高合金钢参比样品的分析，相对标准偏差和相对误差为 3% ~5%。

1998 年，Tanaka 采用微分脉冲阳极溶出伏安法在酸溶液中使用旋转玻璃 C 片电极测定铁和钢中的铜。Fe(Ⅲ)的干扰由 L-(+)-抗坏血酸消除，校准曲线图是线性的，铜 0.016 ~ 32μmol/L 预电解时间 5 ~ 1200s，预电解时间 1200s 的检测限为 0.78ng/mL。该方法已用于铁和钢中 0.5 ~ 1000μg/g 铜的测定。10μg/g 铜的相对标准偏差约为 0.9%，分析时间 50min。

2001 年，De-Andrade 利用吸附溶出伏安法（AdSV）提出了一种测定钢样中钼含量的新方法。在二甲亚砜、乙醇和水组成的均相三元溶剂系统（HTSS）中，以 α-安息香肟为配合剂，醋酸钠-醋酸缓冲液为支持电解质进行测定。常见的干扰中，只有当铁在 Fe/Mo(Ⅵ)比例超过 500、钒和钨在 M/Mo(Ⅵ)比例超过 100 时才明显影响分析响应信号。由于竞争性磷-钼化合物的形成，在 P/Mo(Ⅵ)比例超过 100 时，磷也可能降低分析信号。所提出的常规方法用于 4 个不锈钢样品的分析测试，由于该方法灵敏度较高，可以允许钢样中钼(Ⅵ)的直接测定。

2001 年，Tanaka 采用微分脉冲阳极溶出伏安法测定了钢铁中的砷和锑。钢样溶于混合酸溶液，并煮沸消化，冷却稀释，取部分溶液加入碘化钾，然后加入 L-(+)-抗坏血酸溶液，取部分溶液至电化学池，采用微分脉冲阳极溶出伏安法进行分析，电极材料为旋转镀金电极。锑在 -0.25V（vs. SCE）沉积 180s。以 40mV/s，从电位 -0.25 ~ 0.2 V 进行扫描记录溶出伏安图。锑(Ⅲ)和砷(Ⅲ)在 -0.45V（vs. SCE）沉积 180s，扫描记录溶出伏安图。该方法已用于测定钢材中 50 ~ 450μg/g 内的砷和锑含量。

5.2.5.2　极谱法

1990 年，Zezula 通过电化学的方法准确地测定了钢表面的硫夹杂物。含 MnS 和/或 FeS 夹杂物的钢样屑固定在钢或铜电极夹上，放入氩气或氮气气氛下的提取容器中，在银计数电极的电极系统中形成阴极。硫化物经不同电压提取 45min，然后随惰性气流从溶液中脱离，吸附于电分析容器的吸收液中，采用溶出极谱法测定。该方法适用于含硫 0.01% ~ 0.04% 的微合金钢的显微镜观察分析。

1992 年，Kurbatov 研究了钢和铸铁中铬的极谱法测定。合金用 50% 硫酸加热分解，溶液与 50% 磷酸和水混合至 100mL，调节溶液 pH 值至 2.5 ~ 3.0。该溶液用极谱法从 +0.2 ~ -0.4 V 在 0.25 ~ 0.50 V/s 进行分析。采用标准加入法定量，无需从其他基体成分中进行铬的预分离。

1998 年，Dibrov 采用示波极谱法测定了铸铁和钢中的钒含量。样品用 30% HNO_3 消解，浓缩至 10mL，滴加 2mol/L NaOH 直至沉淀完全。沉淀物溶解于 1mol/L H_2SO_4，用水稀释溶液至 100mL。加入邻苯三酚和 $KClO_3$ 至 1 ~ 5mL 分析液和足够的水中以溶解盐类。溶液中和至甲基橙，加入 0.85g 酒石酸氢钾。溶液用水稀释至 50mL，采用微分伏安法测定 V 含量。检测限为 20nmol/L，10 倍量的 Sb、Pb 和 Bi，以及 20 倍量的 Cu、Si、Mo（Ⅵ）、Ti（Ⅳ）和 Cd 对测定有干扰。

5.2.5.3　安培法

2005 年，Ferreira 基于双氧水——氧化碘的催化反应，提出了流动注射安培分析法测定钼含量。方法检测限为 6×10^{-9} mol/L，动态浓度范围 1×10^{-7} ~ 5×10^{-5} mol/

L。通过氟离子去除铁的干扰后，测定钢铁样中钼的含量，测试值与标准值一致。

5.2.6 中子活化法

1992 年，Suzuki 采用中子活化分析测定了日本钢铁基准物质中的微量元素。样品（约 100 ~ 750mg）在 $1.5\times10^{12}n\cdot cm^{-2}\cdot s^{-1}$ 照射 30s，和在 $5.5\times10^{11}n\cdot cm^{-2}\cdot s^{-1}$ 照射 6h，经过适当的衰变期辐射之后，在 γ 能谱仪上测量。测量使用传统计算方法和同轴锗探测器或含同轴锗探测器和良好型 NaI（Tl）探测器的反符合法。结果与标准值相符。

1993 年，Rouchaud 研究了从铁基体中对 PH_3 的化学分离，并用中子活化法测定了 P 含量。

2001 年，Tomura 等在测定日本钢铁联盟生产的铁标样中硅元素含量时，使用了快速中子活化反应器以及简单的预富集方法。样品用王水溶解，并用高氯酸或硫酸消解。沉淀的硅用滤纸收集，在铬盒中用快速中子反应堆照射。利用该方法测量 29Si(n，p)29Al 反应生成的 29Al 的 1273.4keV γ 射线 6.63min 可以测定工具钢 SKD6、2 号和 4 号低合金钢、硅锰合金样品中的硅元素含量。

2005 年，Moreira 等将中子活化分析法应用于金属材料的化学成分分析，如铁、钢、硅和硅铁标准样品。测定了钢铁样中 As、Co、Cr、Mn、Mo、Ni、V 和 W 的浓度以及硅和硅铁样品中 21 种元素的浓度。对绝大部分元素而言，结果的准确性和精密度约 10%，表明该技术适合于金属材料的分析。V 中 Cr 和 Mn 的干扰，Mn 中 Fe 和 Co 的干扰及 Ti 中 Cr 的干扰都被量化，只有 Ti 中 Cr 的干扰是严重的。

2007 年，Kimura 等采用中子活化分析法和多次 γ 射线分析方法对铁基准参考物质中的砷和锑含量进行了测定。测定值与标准参考值一致。在高纯铁中的砷和锑的检测低限分别为 0.012μg/g 和 0.0025μg/g，该方法适合回收钢材中砷和锑的测定。

5.2.7 质谱分析法

1991 年，Saito 采用火花源质谱法对少量固体样品进行了分析。样品固定到具有导电性银漆的圆柱形石墨电极顶端并烘烤，然后由 Ta 或 Au 丝发出火花。在钢及高纯铁的杂质测定中，1mg 样品检出限约为 1μg/g。该法提出了相对灵敏度因子和物理性能之间的关系。

1991 年，Hayashi 研究了采用非共振激光后电离的定量分析法。该技术适用于测定：（1）铜和钢中的微量元素；（2）高纯铁中的微量硫；（3）硅晶片上的污染物。得出的结论是：（1）对大多数元素和基体效应的相对灵敏度因子方法统一被淘汰；（2）在 193nm 比 248nm 处能得到更好的后电离效率；（3）电负元素可以作为正离子由非共振后电离技术被检测；（4）表面的金属污染物能够在低至 1011atoms/cm^2 时被半定量地测定。

2004 年，Shekhar 利用辉光放电四极杆质谱仪进行多元素分析，对镍基超合金制备过程中镍的纯度进行了评估。由认证铁基参考物质（NIST 1761 和 1762 低合金钢）

测试得到的相对灵敏度因子（RSF）值发现它是非常适合于微量元素浓度计算的。不同的湿化学法用以测定样品中不同的微量元素成分。辉光放电四极杆质谱仪的测试结果与湿化学方法获得的结果是很好地吻合的。通过辉光放电四极杆质谱法能够很好地评估镍金属的纯度。观察到镍（基体）与放电气体（氩气）及其他元素反应形成的各种分子、离子。

5.2.8　色谱分析法

1994 年，Nishifuji 采用氢气中热萃取 - GC 法测定了纯铁中的痕量碳。样品在 H_2 中 1100℃加热 10min，然后大于 97% 的 C 作为甲烷、一氧化碳和二氧化碳被提取出，采用带 FID 的 GC 测定。1g 样品的检出限为 2μg/g C，RSD 在 μg/g 水平约为 10%。

2001 年，Uesawa 采用带实验室填充柱的离子对反相高效液相色谱仪对钢铁中的硼元素进行了直接测定。样品经处理后，利用 HPLC 和 C18 反相硅胶柱（5cm × 4.6mm），在 350nm 对 200μL 稀释液中的硼进行了分析。校准曲线在 10nmol/L 至 1mmol/L 的硼含量下是线性的，检测限是 1.3nmol/L。该方法已应用于铁、钢和镍合金的分析，相对标准偏差为 0.7% ~10.5%。

5.2.9　评论

现代仪器分析由于操作简便、灵敏度高、分析速度快、需要试样量少，在现代材料分析中占有越来越重要的作用。ISO、JIS、ASTM 等标准针对仪器分析的特点和规律，制定并发布了大量的钢铁材料分析的方法标准，并且把标准发布在学术期刊上，使这些标准能够更好地推广实行。目前，钢铁分析的检测技术主要也是以现代仪器分析为主，尤其是光学分析法和电化学分析法，辅以其他的一些检测技术，形成了对钢铁材料的多种分析技术。需强调的是光学分析法中，又以 ICP - AES、ICP - MS、AAS、XRF 和分光光度法居多，无论是方法研究及使用都占最重要地位，究其原因是因为钢铁材料的分析主要以金属元素的分析为主，且具有快速、准确和实用的优点。

参 考 文 献

[1] 中国金属学会. 第十四届冶金及材料分析测试学术报告会论文集［C］. 北京：冶金分析编辑部，2008.

[2] 中国金属学会. 第十五届冶金及材料分析测试学术报告会论文集［C］. 北京：冶金分析编辑部，2010.

[3] 中国机械工程学会理化检验分会. 全国材料检测和质量控制学术会议论文集［C］. 上海：理化检验编辑部，2010.

[4] 王海舟. 钢铁及合金分析［M］. 北京：科学出版社，2004.

[5] 王海舟. 冶金分析前沿［M］. 北京：科学出版社，2004.

[6] 王海舟．铁合金分析［M］．北京：科学出版社，2003.
[7] 王海舟．冶金物料分析［M］．北京：科学出版社，2007.
[8] 曹宏燕．冶金材料分析技术与应用［M］．北京：冶金工业出版社，2008.
[9] 王松青，应海松．铁矿石取制样及物理检验［M］．北京：冶金工业出版社，2007.
[10] 郑国经，季子华，余兴．原子发射光谱分析技术及其应用［M］．北京：化学工业出版社，2010.
[11] 王海舟．面向21世纪的冶金材料分析［J］．理化检验（化学分册）（Physical Testing and Chemical Analysis Part B：Chemical Analysis），2001，37（1）：1－4.
[12] 曹宏燕，谢芬，张穗忠，等．冶金分析方法国内外标准制修订的进展与评述［J］．冶金分析，2009，29（10）：40－46.
[13] 孙晓天．电感耦合等离子体原子发射光谱法测定高硅钢中的硅［C］．中国金属学会第十三届分析测试学术年会论文集．北京：冶金分析编辑部，2006.
[14] 王亚朋．电感耦合等离子体原子发射光谱法测定钢中镧和铈［C］．中国金属学会第十三届分析测试学术年会论文集．北京：冶金分析编辑部，2006.
[15] 张健侣，李振利，黄惠民，等．应用ICP－AES测定耐热合金中12个元素［J］．冶金分析（Metallurgical Analysis），1991，11（1）：30－33.
[16] 刘信文．扩展通道法ICP－AES测定钢铁中硅、磷、铌、钛［J］．光谱学与光谱分析（Spectrosopy and Spectral Analysis），1999，19（3）：118－119.
[17] 张瑞霖，戴学谦，刘爱坤．电感耦合等离子体原子发射光谱法测定钢中痕量钙［C］//中国金属学会，中国金属学会第十三届分析测试学术年会论文集．北京：冶金分析编辑部，2006.
[18] 张亚杰，尹志辉．2－乙基己基膦酸单（2－乙基己基）酯树脂色层分离电感耦合等离子体原子发射光谱法测定钢中微量稀土元素［J］．分析化学（Chinese Journal of Analytical Chemistry）．1995，23（11）：1288－1291.
[19] 许玉宇，周锦帆，王国新，等．铁铅砷镍钴在CL－TBP萃淋树脂上的分离性能及其分配系数的测定和应用［J］．理化检验（化学分册）（Physical Testing and Chemical Analysis Part B：Chemical Analysis），2007，43（1）：1008－1014.
[20] 许玉宇，周锦帆，王慧，等．铁及稀土元素在DOWEX 1－X8阴离子交换树脂上分配系数的测定及其应用于原子发射光谱法测定钢中稀土元素含量［J］．理化检验（化学分册）（Physical Testing and Chemical Analysis Part B：Chemical Analysis），2010，46（4）：386－389.
[21] 聂玲清，纪红玲，陈英颖，等．基体未分离高分辨电感耦合等离子体质谱法测定钢中痕量元素［J］．冶金分析（Metallurgical Analysis），2007，27（2）：18－23.
[22] 潘玮娟，金献忠，陈建国，等．高压消解－电感耦合等离子体质谱法测定低合金钢中硼、钛、锆、铌、锡、锑、钽、钨、铅［J］．冶金分析（Metallurgical Analysis），2008，28（12）：1－6.
[23] 刘正，张翠敏，王明海，等．微波消解－电感耦合等离子体质谱法测定钢铁及合金中总铝和总硼．冶金分析（Metallurgical Analysis），2007，27（5）：1－7.
[24] 聂玲清．高分辨电感耦合等离子体质谱法测定钢中痕量铈［J］．冶金分析（Metallurgical Analysis），2009，29（8）：11－15.

[25] 李建强．火焰原子吸收法测定钢铁中钴时的背景吸收及消除［J］．光谱学与光谱分析（Spectroscopy and Spectral Analysis），1999，19（3）：125－127.

[26] 康继乐，程监平．石墨炉原子吸收光谱法测定钢铁中痕量锑［J］．冶金分析（Metallurgical Analysis），1990，10（5）：26－29.

[27] 谢麟，范健．原子吸收光谱法间接测定钢铁中铌［J］．分析化学（Chinese Journal of Analytical Chemistry），1994，22（5）：475－477.

[28] 李枚枚，王雅静．混合表面活性剂存在下火焰原子吸收光谱法测定合金钢中的钼［J］．分析化学（Chinese Journal of Analytical Chemistry），2000，28（4）：428－431.

[29] 吕振英，罗尚勤．载体沉淀－原子吸收光谱法测定钢中微量锑［J］．光谱实验室（Chinese Journal of Spectroscopy Laboratory），1991，18（1）：135－137.

[30] 龚育，周俊明，汤志勇，等．流动注射在线萃取－火焰原子吸收光谱法测定钢样中痕量钴和镍［J］．理化检验（化学分册）（Physical Testing and Chemical Analysis Part B：Chemical Analysis），1997，33（2）：56－60.

[31] 陆建平，彭剑，石建荣，等．甲基异丁基甲酮萃取磷钼杂多酸－钼火焰原子吸收光谱法间接测定钢中磷［J］．冶金分析（Metallurgical Analysis），2007，27（12）：35－38.

[32] 蔡玉钦，朱庆存．原子吸收法间接测定钢中硼的研究［J］．分析化学（Chinese Journal of Analytical Chemistry），1991，19（8）：981－982.

[33] 王海明．氢化物发生－原子荧光光谱法测定钢铁及合金中痕量砷和铋［C］．中国金属学会第十三届分析测试学术年会论文集．北京：冶金分析编辑部，2006.

[34] 郭德济，黎柳升，王光明．氢化物－无色散原子荧光法同时测定钢铁中痕量硒和碲［J］．光谱学与光谱分析（Spectroscopy and Spectral Anallysis），1998，18（6）：80－84.

[35] 胡均国，岳诚，雷诗奇，等．氢化物无色散原子荧光法测定钢铁中砷锑锡铅铋［J］．冶金分析（Metallurgical Analysis），1993，13（1）：51－52.

[36] 宋祖峰，程坚平，程晓舫．火花源原子发射光谱法分析钢中超低碳氮磷硫［C］．中国金属学会第十三届分析测试学术年会论文集．北京：冶金分析编辑部，2006.

[37] 孙晓波，李井会，董林，等．人工神经网络直读光谱法测定钢中酸溶铝［J］．光谱学与光谱分析（Spectroscopy and Spectral Analysis），2003，23（6）：1104－1106.

[38] 郑建华．火花源原子发射光谱法测定低合金钢中酸溶铝和全铝［J］．冶金分析（Metallurgical Analysis），2005，25（3）：64－66.

[39] 孙世清，朱见英．碳钢、合金钢及炉渣的X荧光光谱现场分析［J］．理化检验（化学分册）（Physical Testing and Chemical Analysis，Part B：Chemical Analysis），1992，28（5）：300－302.

[40] 朱见英，沈炜．钢中残量元素As、Sn、Sb的X射线荧光光谱分析［J］．光谱实验室（Chinese Journal of Spectroscopy Laboratory），1993，10（5）：50－51.

[41] 曹祥兴，何锡仁．轴承钢中痕量元素As、Sn、Sb、Pb、Ti的XRF测定［J］．冶金分析（Metallurgical Analysis），1993，13（4）：52－53.

[42] 王化明，高新华．X－射线荧光光谱法测定不锈钢中多元素含量［J］．冶金分析（Metallurgical Analysis），2008，28（3）：56－60.

[43] 赵克夫，杨宝泉．合金铸铁中Si、Mn、P、S、Ni、Cr、Mo的X射线荧光分析［J］．冶金分析（Metallurgical Analysis），1993，13（4）：53－55.

[44] 吴岩青. X射线荧光光谱法测定管线钢中Si、Mn、P、Nb、V和Ti [J]. 冶金分析(Metallurgical Analysis), 2003, 23 (6): 54-55.

[45] 梁钰, 余群英. 钢及合金中碳的X射线荧光光谱分析讨论 [J]. 冶金分析 (Metallurgical Analysis), 2000, 20 (2): 25-26.

[46] 滕璇, 李小佳, 王海舟. 中低合金钢的辉光放电发射光谱分析研究 [J]. 冶金分析(Metallurgical Analysis), 2003, 23 (5): 1-5.

[47] 李静, 翟超, 张仕定, 等. 激光诱导等离子体光谱法 (LIPS) 测定不锈钢中微量元素 [J]. 光谱学与光谱分析 (Spectroscopy and Spectral Analysis), 2008, 28 (4): 930-933.

[48] 李厦, 刘长风. 生铁和铸铁中硅锰磷的快速测定 [C] //中国金属学会, 中国金属学会第十三届分析测试学术年会论文集. 北京: 冶金分析编辑部, 2006.

[49] 傅家琨. 孔雀绿-磷 (砷) 钼杂多酸光度法联测钢铁中磷砷含量 [J]. 分析试验室(Analytical Laboratory), 1991, 10 (3): 63.

[50] 杨道兴, 胡忠, 杨琴, 等. 低合金钢和纯铁中超低含量镍的测定 [C] //中国金属学会, 中国金属学会第十三届分析测试学术年会论文集. 北京: 冶金分析编辑部, 2006.

[51] 文莫龙. 钢铁中铬的比色法测定 [J]. 分析试验室 (Analytical Laboratory), 1991, 10 (6): 64.

[52] 张宏斌. 磷钨钒杂多酸分光光度法测定钢中钒 [J]. 冶金分析 (Metallurgical Analysis), 1993, 13 (4): 60-61.

[53] 张统, 樊树红, 严莉. 邻苯二酚紫-CTMAB-Mo三元体系测得钢铁中钼 [J]. 理化检验 (化学分册) (Physical Testing and Chemical Analysis, Part B: Chemical Analysis), 1994, 30 (1): 31-32.

[54] 郭峰, 戴辰元. 罗丹明B-硫氰酸盐比色法测定钢铁样品中的钼 [J]. 理化检验 (化学分册) (Physical Testing and Chemical Analysis, Part B: Chemical Analysis), 1998, 34 (2): 87-88.

[55] 邱利平. 双波长分光光度法同时测定钼和锡 [J]. 冶金分析 (Metallurgical Analysis), 1993, 13 (1): 44-46.

[56] 张进才. 二安替比林甲烷光度法测定钢铁中微量钛 [J]. 冶金分析 (Metallurgical Analysis), 1993, 13 (3): 49-50.

[57] 张进才. 钢铁中痕量钛的光度法测定 [J]. 冶金分析 (Metallurgical Analysis), 1993, 13 (2): 50-51.

[58] 赵英, 唐文标, 魏前进, 等. 钛-二溴苯基荧光酮-溴化十六烷基吡啶树脂相光度法测定钢铁中的痕量钛 [J]. 分析化学 (Chinese Journal of Analytical Chemistry), 1996, 24 (2): 213-215.

[59] 李冬玲, 胡晓燕, 王海舟. 柱前衍生-反相高效液相色谱法测定钢铁及合金中铌 [J]. 理化检验 (化学分册) (Physical Testing and Chemical Analysis, Part B: Chemical Analysis), 2001, 37 (10): 448-450.

[60] 胡净宇, 韶光均, 胡晓燕, 等. 氧化铝柱预分离-离子色谱法测定钢铁中痕量硫 [J]. 分析化学 (Chinese Journal of Analytical Chemistry), 1999, 27 (11): 1313-1316.

[61] 张青, 张俊秀, 张健. 电弧燃烧-离子色谱法测定钢铁中硫含量 [J]. 理化检验 (化学

分册）（Physical Testing and Chemical Analysis, Part B：Chemical Analysis)，2001，37 (7)：318－320.

[62] 黄自忠．钢铁合金中痕量硒的催化极谱测定 [J]．分析试验室（Analytical Laboratory)，1993，12 (2)：82.

[63] 严规有，夏姣云，王彦．催化极谱法直接快速测定钢中微量钼 [J]．冶金分析（Metallurgical Analysis)，1999，19 (3)：37－38..

[64] Inamoto I. Trace inorganic analysis. Trace element analysis of iron, steel and high-purity iron [J]. Bunseki, 1990, (5)：328－336.

[65] Hayakawa Y. Development of rapid analytical methods for non-metallic elements in iron and steel involving use of chemical sensors [J]. Bunseki-Kagaku, 1996, 45 (4)：367－368.

[66] Iellepeddi R. Complex analysis of the materials of the iron and steel making using XRF/XRD spectrometry [J]. Zavod-Lab. 1997, 63 (9)：58－63.

[67] Zenki M. Flow-injection methods for boron determination [J]. J-Flow-Injection-Anal, 1998, 15 (1)：17－24.

[68] ISO 4940：1985. Steel and cast iron—Determination of nickel content—Flame atomic absorption spectrometric method [S].

[69] ISO 4943：1985. Steel and cast iron—Determination of copper content—Flame atomic absorption spectrometric method [S].

[70] ISO 9647：1989. Steel and iron—Determination of vanadium content—Flame atomic absorption spectrometric method [S].

[71] ISO 9658：1990. Steel—Determination of aluminium content—Flame atomic absorption spectrometric method [S].

[72] ISO 10138：1991. Steel and iron—Determination of chromium content—Flame atomic absorption spectrometric method [S].

[73] ISO 10697－1：1992. Steel—Determination of calcium content by flame atomic absorption spectrometry—Part 1：Determination of acid-soluble calcium content [S].

[74] ISO 10697－2：1994. Steel—Determination of calcium content by flame atomic absorption spectrometry—Part 2：Determination of total calcium content [S].

[75] ISO 10700：1994. Steel and iron—Determination of manganese content—Flame atomic absorption spectrometric method [S].

[76] ISO 11652：1997. Steel and iron—Determination of cobalt content—Flame atomic absorption spectrometric method [S].

[77] ISO 15353：2001. Steel and iron—Determination of tin content—Flame atomic absorption spectrometric method (extraction as Sn－SCN) [S].

[78] ISO 10278：1995. Steel—Determination of manganese content—Inductively coupled plasma atomic emission spectrometric method [S].

[79] ISO/TS 13899－1：2004. Steel—Determination of Mo, Nb and W contents in alloyed steel—Inductively coupled plasma atomic emission spectrometric method—Part 1：Determination of Mo content [S].

[80] ISO 13899－2：2005. Steel—Determination of Mo, Nb and W contents in alloyed steel—In-

ductively coupled plasma atomic emission spectrometric method—Part 2: Determination of Nb content [S].

[81] ISO/TS 13899 - 3: 2005. Steel—Determination of Mo, Nb and W contents in alloyed steel—Inductively coupled plasma atomic emission spectrometric method—Part 3: Determination of W content [S].

[82] ISO 13898 - 4: 1997. Steel and iron—Determination of nickel, copper and cobalt contents—Inductively coupled plasma atomic emission spectrometric method—Part 4: Determination of cobalt content [S].

[83] ISO 13898 - 2: 1997. Steel and iron—Determination of nickel, copper and cobalt contents—Inductively coupled plasma atomic emission spectrometric method—Part 2: Determination of nickel content [S].

[84] ISO 13898 - 3: 1997. Steel and iron—Determination of nickel, copper and cobalt contents—Inductively coupled plasma atomic emission spectrometric method—Part 3: Determination of copper content [S].

[85] ISO/TR 17055: 2002. Steel—Determination of silicon content—Inductively coupled plasma atomic emission spectrometric method [S].

[86] ISO 4935: 1989. Steel and iron—Determination of sulfur content—Infrared absorption method after combustion in an induction furnace [S].

[87] ISO 9556: 1989. Steel and iron—Determination of total carbon content—Infrared absorption method after combustion in an induction furnace [S].

[88] JIS G 1257: 1994. Iron and steel—Methods for atomic absorption spectrometric analysis [S].

[89] JIS G 1258 - 1: 2007. Iron and steel—ICP atomic emission spectrometric method—Part 1: Determination of silicon, manganese, phosphorus, nickel, chromium, molybdenum, copper, vanadium, cobalt, titanium and aluminium contents—Dissolution in acids and fusion with potassium disulfate [S].

[90] JIS G 1258 - 2: 2007. Iron and steel—ICP atomic emission spectrometric method—Part 2: Determination of manganese, nickel, chromium, molybdenum, copper, tungsten, vanadium, cobalt, titanium and niobium contents—Dissolution in phosphoric and sulfuric acids [S].

[91] JIS G 1258 - 3: 2007. Iron and steel—ICP atomic emission spectrometric method—Part 3: Determination of silicon, manganese, phosphorus, nickel, chromium, molybdenum, copper, vanadium, cobalt, titanium and aluminium contents—Dissolution in acids and fusion with sodium carbonate [S].

[92] JIS G 1258 - 4: 2007. Iron and steel—ICP atomic emission spectrometric method—Part 4: Determination of niobium content—Dissolution in phosphoric and sulfuric acids or Dissolution in acids and fusion with potassium disulfate [S].

[93] JIS G 1258 - 5: 2007. Iron and steel—ICP atomic emission spectrometric method—Part 5: Determination of boron content—Dissolution in phosphoric and sulfuric acids [S].

[94] JIS G 1258 - 6: 2007. Iron and steel—ICP atomic emission spectrometric method—Part 6: Determination of boron content—Dissolution in acids and fusion with sodium carbonate [S].

[95] JIS G 1258 - 7: 2007. Iron and steel—ICP atomic emission spectrometric method—Part 7: De-

termination of boron content—Distillation as trimethyl borate [S].

[96] JIS G 1253: 2002. Iron and steel—Method for spark discharge atomic emission spectrometric analysis [S].

[97] JIS G 1256: 1997. Iron and steel—Method for X-ray fluorescence spectrometric analysis [S].

[98] BS 6200: Part 1: 1991. Sampling and analysis of iron, steel and other ferrous metals. Part 1. Introduction and contents [S].

[99] BS 6200: Section 2. 1: 1993. Sampling and analysis of iron, steel and other ferrous metals. Part 2. Sampling and sample preparation. Section 2. 1. Methods for iron and steel [S].

[100] BS 6200: Subsection 3. 1. 1: 1991. Sampling and analysis of iron, steel and other ferrous metals. Part 3. Methods of analysis. Section 3. 1. Determination of aluminium. Subsection 3. 1. 1. Steel, cast iron, low carbon ferro-chromium and chromium metal: volumetric method [S].

[101] BS 6200: Subsection 3. 1. 2: 1991. Sampling and analysis of iron, steel and other ferrous metals. Part 3. Methods of analysis. Section 3. 1. Determination of aluminium. Subsection 3. 1. 2. Steel and cast iron: spectrophotometric method [S].

[102] BS 6200: Subsection 3. 1. 4: 1990 (ISO 9658: 1990). Sampling and analysis of iron, steel and other ferrous metals. Part 3. Methods of analysis. Section 3. 1. Determination of aluminium. Subsection 3. 1. 4. Non-alloyed steel: flame atomic-absorption spectrometric method. British Standard [S].

[103] BS 6200: Subsection 3. 1. 6: 1991. Sampling and analysis of iron, steel and other ferrous metals. Part 3. Methods of analysis. Section 3. 1. Determination of aluminium. Subsection 3. 1. 6. Permanent magnet alloys: volumetric method [S].

[104] BS 6200: Subsection 3. 5. 2: 1991. Sampling and analysis of iron, steel and other ferrous metals. Part 3. Methods of analysis. Section 3. 5. Determination of boron. Subsection 3. 5. 2. Ferroboron: volumetric method [S].

[105] BS 6200: Subsection 3. 8. 2: 1991. Sampling and analysis of iron, steel and other ferrous metals. Part 3. Methods of analysis. Section 3. 8. Determination of carbon. Subsection 3. 8. 2. Steel and cast iron: non-aqueous titrimetric method after combustion [S].

[106] BS 6200: Subsection 3. 8. 3: 1990 (ISO 9556: 1989). Sampling and analysis of iron, steel and other ferrous metals. Part 3. Methods of analysis. Section 3. 8. Determination of carbon. Subsection 3. 8. 3. Steel and cast iron: infra-red absorption method after combustion in an induction furnace [S].

[107] BS 6200: Subsection 3. 8. 5: 1991. Sampling and analysis of iron, steel and other ferrous metals. Part 3. Methods of analysis. Section 3. 8. Determination of carbon. Subsection 3. 8. 5. Cast iron and pig-iron: gravimetric method for the determination of non-combined carbon [S].

[108] BS 6200: Subsection 3. 11. 1: 1991. Sampling and analysis of iron, steel and other ferrous metals. Part 3. Methods analysis. Section 3. 11. Determination of cobalt. Subsection 3. 11. 1. Steel and cast iron: spectrophotometric method [S].

[109] BS 6200: Subsection 3. 11. 1: 1991. Sampling and analysis of iron, steel and other ferrous

metals. Part 3. Methods of analysis. Section 3. 11. Determination of cobalt. Subsection 3. 11. 2. Steel, irons and steelmaking materials: spectrophotometric method for trace amounts [S].

[110] BS 6200: Subsection 3. 16. 3: 1991. Sampling and analysis of iron, steel and other ferrous metals. Part 3. Methods of analysis. Section 3. 16. Determination of lead. Subsection 3. 16. 3. Steel: spectrophotometric method for trace amounts [S].

[111] BS 6200: Subsection 3. 26. 1: 1995 [ISO 439: 1994]. Sampling and analysis of iron, steel and other ferrous metals. Part 3. Methods of analysis. Section 3. 26. Determination of silicon. Subsection 3. 26. 1. Steel and iron: gravimetric method [S].

[112] BS 6200: Subsection 3. 28. 2: 1990 (ISO 4935: 1989). Sampling and analysis of iron, steel and other ferrous metals. Part 3. Methods of analysis. Section 3. 28. Determination of sulphur. Subsection 3. 28. 2. Steel and cast iron: infra-red absorption method after combustion in an induction furnace [S].

[113] BS 6200: Subsection 3. 28. 3: 1995 [ISO 10701: 1994]. Sampling and analysis of iron, steel and other ferrous metals. Part 3. Methods of analysis. Section 3. 28. Determination of sulfur. Subsection 3. 28. 3. Steel and iron: spectrophotometric method [S].

[114] BS 6200: Subsection 3. 32. 1: 1991 [ISO 10280: 1991]. Sampling and analysis of iron, steel and other ferrous metals. Part 3. Methods of analysis. Section 3. 32. Determination of titanium. Subsection 3. 32. 1. Steel and cast iron: spectrophotometric method [S].

[115] BS 6200: Subsection 3. 34. 3: 1990 (ISO 9647: 1989). Sampling and analysis of iron, steel and other ferrous metals. Part 3. Methods of analysis. Section 3. 34. Determination of vanadium. Subsection 3. 34. 3. Steel and cast iron: flame atomic-absorption spectrometric method [S].

[116] BS 6200: Section 6. 1: 1990. Sampling and analysis of iron, steel and other ferrous metals. Part 6. Guidelines on atomic-absorption spectrometric techniques. Section 6. 1. Recommendations for the drafting of standard methods for the chemical analysis of iron and steel by flame atomic-absorption spectrometry [S].

[117] BS EN ISO 10700: 1995. Steel and iron-determination of manganese content-flame atomic-absorption spectrophotometric method [S].

[118] Chen H, Brindle I D, Le X C. Pre-reduction of arsenic (V) to arsenic (Ⅲ), enhancement of the signal, and reduction of interferences by L-cysteine in the determination of arsenic by hydride generation [J]. Anal. Chem., 1992, 64 (6): 667 - 672.

[119] Kavipurapu C S, Gupta K K, Dasgupta P, et al. Determination of boron in steels by inductively coupled plasma optical-emission spectrometry [J]. Analusis, 1993, 21 (1): 21 - 25.

[120] Lopez Molinero A, Ferrer A, Castillo J R. Determination of boron in steel by ICP atomic-emission spectrometry [J]. Talanta, 1993, 40 (9): 1397 - 1403.

[121] Petrucci F, Alimonti A, Lasztity A, et al. Nickel and chromium in natural waters: an approach for determination at the micro g/L level by combined preconcentration/ICP AES methods [J]. Can J Appl Spectrosc, 1994, 39 (5): 113 - 117.

[122] Grazia del Monte Tamba M, Falciani R, Dorado Lopez T, et al. One-step microwave digestion procedures for the determination of aluminium in steels and iron ores by inductively coupled plasma atomic-emission spectrometry [J]. Analyst (London), 1994, 119 (9): 2081 - 2085.

[123] Danzaki Y, Takada K, Wagatsuma K. Cupferron separation for the determination of tantalum in high-purity iron and low-alloy steel by ICP AES [J]. Fresenius J Anal Chem, 1998, 362 (4): 421 - 423.

[124] Gervasio A P G, Luca G C, Menegario A M, et al. Online electrolytic dissolution of alloys in flow-injection analysis. Determination of iron, tungsten, molybdenum, vanadium and chromium in tool steels by inductively coupled plasma atomic-emission spectrometry [J]. Anal. Chim. Acta., 2000, 405 (1): 213 - 219.

[125] Costa-Ferreira S L, Costa dos Santos H, Santiago de Jesus D. Olybdenum determination in iron matrices by ICP AES after separation and preconcentration using polyurethane foam [J]. Fresenius J. Anal. Chem., 2001, 369 (2): 187 - 190.

[126] Takada K, Ashino T, Itagaki T. Determination of ultratrace amounts of elements in ultra-high-purity iron, steel, iron-chromium alloy and other alloys by spectrochemical analysis after chemical separation [J]. Bunseki Kagaku, 2001, 50 (6): 383 - 398.

[127] Halmos P, Borszeki J, Halmos E. Steel and cast iron analysis by ICP emission spectrometry. Dissolution method for the determination of niobium and zirconium [J]. Magy Kem Foly, 2002, 108 (8): 347 - 353.

[128] Uchida T, Tsuzuki E, Takahashi Y, et al. Continuous extraction of iron for the determination of trace elements in steel [J]. Bunseki Kagaku, 2004, 53 (5): 429 - 433.

[129] Sakamoto F, Takada K, Wagatsuma K. Determination of trace amounts of elements in high-purity iron steels and Cr - Fe alloy by ICP - OES after anion-exchange separation [J]. Bunseki Kagaku, 2005, 54 (11): 1039 - 1045.

[130] Kataoka H, Okamoto Y, Matsushita T, et al. Magnetic drop-in tungsten boat furnace vaporisation inductively coupled plasma atomic emission spectrometry (MDI - TBF - ICP - AES) for the direct solid sampling of iron and steel [J]. J. Anal. At. Spectrom., 2008, 23 (8): 1108 - 1111.

[131] Wiltsche H, Brenner I B, Prattes K, et al. Characterization of a multimode sample introduction system (MSIS) for multielement analysis of trace elements in high alloy steels and nickel alloys using axially viewed hydride generation ICP - AES [J]. J. Anal. At. Spectrom., 2008, 23 (9): 1253 - 1262.

[132] Coedo A G, Dorado T, Fernandez B J, et al. Isotope dilution analysis for flow injection ICP MS determination of microgram per gram levels of boron in iron and steel after matrix removal [J]. Anal. Chem., 1996, 68 (6): 991 - 996.

[133] Hanada K, Fujimoto K, Shimura M, et al. Determination of trace amounts of silicon in iron and steel using gel chromatographic separation followed by isotopic dilution ICP MS [J]. Bunseki Kagaku, 1997, 46 (9): 749 - 753.

[134] Naka H, Kurayasu H, Ma L, et al. Determination of trace amounts of sulfur in iron and steel

by isotope dilution ICP – MS with a hydrogen sulfide evolution technique [J]. Bunseki Kagaku. 1998, 47 (4): 203 – 209.

[135] Karandashev V K, Turanov A N, Kuss H M, et al. Extraction-chromatographic separation of yttrium, rare-earth elements, bismuth, thorium and uranium from the matrix suitable for their determination in pure iron and low-alloyed steels by ICP MS and ICP AES [J]. Mikrochim Acta., 1998, 130 (1): 47 – 54.

[136] Wanner B, Moor C, Richner P, et al. Laser ablation inductively coupled plasma mass spectrometry (LA – ICP – MS) for spatially resolved trace element determination of solids using an autofocus system [J]. Spectrochim Acta. Part B., 1999, 54B (2): 289 – 298.

[137] Fujimoto K, Shimura M. Determination of trace amounts of elements in high-purity iron by ICP MS after ion chromatographic separation using a cumulated bed of cation-and anion-exchange resins [J]. Bunseki Kagaku, 2001, 50 (3): 175 – 182.

[138] Duan X C, McLaughlin R L, Brindle I D, et al. Investigations into the generation of Ag, Au, Cd, Co, Cu, Ni, Sn and Zn by vapour generation and their determination by inductively coupled plasma atomic emission spectrometry, together with a mass spectrometric study of volatile species. Determination of Ag, Au, Co, Cu, Ni and Zn in iron [J]. J. Anal. At. Spectrom., 2002, 17 (3): 227 – 231.

[139] Coedo A G, Dorado M T, Padilla I. Evaluation of different sample introduction approaches for the determination of boron in unalloyed steels by inductively coupled plasma mass spectrometry [J]. Spectrochim Acta. Part B, 2005, 60B (1): 73 – 79.

[140] Fujimoto K, Chino A. Determination of trace amounts of mercury, lead and cadmium in steels by ICP – MS after ion exchange chromatographic separation [J]. Bunseki Kagaku, 2006, 55 (4): 245 – 249.

[141] Naka H, Kurayasu H, Inokuma Y. Determination of trace amounts of acid-soluble aluminium in iron and steel by graphite-furnace AAS [J]. Bunseki Kagaku, 1990, 39 (3): 171 – 175.

[142] Castillo JR, Garcia E, Delfa J, et al. Determination of chromium, cobalt and iron by flame atomic-absorption spectrophotometry using volatilization of metal trifluoroacetylacetonates [J]. Microchem J., 1990, 42 (1): 103 – 109.

[143] Rodionova V N. Determination of barium by atomic-absorption spectrophotometry [J]. Zavod Lab., 1990, 56 (11): 55.

[144] Frankenberger A, Brooks R R, Hoashi M. Determination of vanadium in steels and geological materials by liquid-liquid extraction and graphite-furnace atomic-absorption spectrometry [J]. Anal. Chim. Acta., 1991, 246 (2): 359 – 363.

[145] Pandey L P, Gupta K K, Dasgupta P, et al. Estimation of low titanium concentrations in steel samples using aluminium as a releasing agent in flame atomic-absorption spectrometry [J]. Spectrosc. Int., 1991, 3 (3): 37, 40.

[146] McIntosh S, Li Z, Carnrick G R, et al. Determination of tin in steel samples by flow-injection-hydride-generation-atomic-absorption spectroscopy [J]. Spectrochim Acta. Part B, 1992, 47B (7): 897 – 906.

[147] Negishi A, Tsurumi C. Determination of titanium in high-alloy steels and iron sand by atomic-absorption spectrometry after solvent extraction with a benzene solution of Amberlite LA – 2 [J]. Nippon Kagaku Kaishi, 1992, (6): 683 –686.

[148] Ashino T, Takada K, Hirokawa K. Determination of trace amounts of selenium and tellurium in high-purity iron by electrothermal atomic-absorption spectrometry after reductive coprecipitation with palladium using ascorbic acid [J]. Anal. Chim. Acta., 1994, 297 (3): 443 –451.

[149] Koenig W, Schupfner R, Schuettelkopf H. A fast and very sensitive LSC procedure to determine iron –55 in steel and concrete [J]. J. Radioanal. Nucl. Chem., 1995, 193 (1): 119 –125.

[150] Wickstrom T, Lund W, Bye R. Determination of selenium by hydride-generation atomic-absorption spectrometry: elimination of interferences from very high concentrations of nickel, cobalt, iron and chromium by complexation [J]. J. Anal. At. Spectrom., 1995, 10 (10): 803 –808.

[151] Minami H, Zhang Q, Inoue S, et al. Determination of ultra-trace levels of calcium in steel by graphite-furnace atomic-absorption spectrometry [J]. Anal. Sci., 1997, 13 (2): 199 –203.

[152] Giacomelli M B O, Da Silva J B B, Curtius A J. Determination of arsenic and antimony in steels by electrothermal atomic absorption spectrometry after reduction, complexation and sorption on activated carbon [J]. Mikrochim. Acta., 1999, 132 (1): 25 –29.

[153] Itagaki T, Ashino T, Takada K. Determination of trace amounts of gold and silver in high-purity iron and steel by electrothermal atomic absorption spectrometry after reductive coprecipitation [J]. Fresenius J. Anal. Chem., 2000, 368 (4): 344 –349.

[154] Tsushima S, Yamaoka S, Bai J, et al. Preparation of calibration curves for the direct determination of trace level of zinc in high purity iron and steel samples by graphite furnace atomic absorption spectrometry using solid sampling technique [J]. Bunseki Kagaku, 2009, 58 (8): 771 –775.

[155] Bos A, Bos M, Van der Linden W E. Artificial neural networks as a multivariate calibration tool: modelling the iron-chromium-nickel system in X-ray fluorescence spectroscopy [J]. Anal. Chim. Acta., 1993, 277 (2): 289 –295.

[156] Van Aarle J, Abela R, Hegedues F, et al. Measurement of trace element concentration in a metal matrix using total reflection X-ray fluorescence spectrometry [J]. Spectrochim Acta. Part –B, 1999, 54 (10): 1443 –1447.

[157] Flock J, Sommer D, Ohls K. XRF-energy-or wavelength-dispersive [J]. LaborPraxis, 2000, 24 (10): 74 –77.

[158] Dobranszky J, Szabo P J, Berecz T, et al. Energy-dispersive spectroscopy and electron backscatter diffraction analysis of isothermally aged SAF 2507 type superduplex stainless steel [J]. Spectrochim Acta. Part B, 2004, 59B (10 –11): 1781 –1788.

[159] Castle B C, Knight A K, Visser K, et al. Battery powered laser-induced plasma spectrometer for elemental determinations [J]. J Anal. At. Spectrom., 1998, 13 (7): 589 –595.

[160] St Onge L, Sabsabi M. Towards quantitative depth-profile analysis using laser-induced plasma spectroscopy: investigation of galvannealed coatings on steel [J]. Spectrochim Acta. Part B, 2000, 55B (3): 299 - 308.

[161] Kraushaar M, Noll R, Schmitz H U. Slag analysis with laser-induced breakdown spectrometry [J]. Appl. Spectrosc., 2003, 57 (10): 1282 - 1287.

[162] Gonzaga F B, Pasquini C. A new detection system for laser induced breakdown spectroscopy based on an acousto-optical tunable filter coupled to a photomultiplier: application for manganese determination in steel [J]. Spectrochim Acta. Part B, 2008, 63B (11): 1268 - 1273.

[163] Odashima T, Yamaguchi M, Ishii H. Synthesis and properites of disulfonated benzimidazol-2-yl phenyl ketone 5-nitro-2-pyridylhydrazone (S2BINPH) and spectrophotometric determination of trace amounts of nickel with S2BINPH [J]. Mikrochim. Acta., 1991, 1 (5 - 6): 267 - 277.

[164] Agranovich T V, Safronova O E, Stashkova N V. Determination of phosphorus in steels and iron-nickel alloys containing tungsten [J]. Zavod. Lab., 1993, 59 (7): 10 - 11.

[165] Maheswari V, Balasubramanian N. Spectrophotometric determination of cobalt with nitrosochromotropic acid [J]. Fresenius J. Anal. Chem., 1995, 351 (2 - 3): 333 - 335.

[166] Hayakawa Y, Ono A, Midorikawa M. Development of a rapid determination system for phosphorus and sulfur in iron [J]. Anal. Sci., 1995, 11 (4): 657 - 661.

[167] Asgedom G, Chandravanshi B S. Extraction and spectrophotometric determination of iron (Ⅲ) with N′-hydroxy-N′ N″-diphenylbenzamidine and thiocyanate [J]. Ann. Chim. (Rome), 1996, 86 (9 - 10): 485 - 494.

[168] Tagashira S, Murakami Y, Yano M, et al. Extraction and stripping of copper (I) as a neocuproine complex in a surfactant system and determination of copper in steel [J]. Bull Chem. Soc. Jpn., 1998, 71 (9): 2137 - 2140.

[169] Yoshikuni N, Baba T, Tsunoda N, et al. Aqueous two-phase extraction of nickel dimethylglyoximato complex and its application to spectrophotometric determination of nickel in stainless steel [J]. Talanta, 2005, 66 (1): 40 - 44.

[170] Watanabe K, Osawa T, Iwata J, et al. Spectrophotometric determination of arsenic in steels by FIA using filter-tube concentration method [J]. Bunseki Kagaku, 2006, 55 (4): 251 - 257.

[171] Yamane T, Kouzaka Y, Hirakawa M. Continuous flow system for the determination of trace boron in iron and steel utilizing in-line preconcentration/separation by Sephadex column coupled with fluorimetric detection [J]. Talanta, 2001, 55 (2): 387 - 393.

[172] Iwata J, Watanabe K, Itagaki M. Flow injection fluorometric determination of boron in steels with 2, 3-dihydroxynaphthalene [J]. Bunseki Kagaku, 2006, 55 (7): 473 - 480.

[173] Velten H W. Detectors for the analysis of solids [J]. GIT Fachz Lab., 1991, 35 (8): 902 - 904, 906 - 907.

[174] Takada K, Ashino T, Wagatsuma K. Development of a nitrogen atmosphere pretreatment chamber for the determination of trace amounts of carbon in high-purity iron by the infra-red ab-

sorption method after combustion in an electric resistance furnace [J]. Anal. Sci., 1997, 13 (5): 867-871.

[175] Locatelli C. Trace level voltammetric determination of manganese, iron and chromium in real samples in the presence of each other [J]. Talanta, 1996, 43 (1): 45-54.

[176] Tanaka T, Adachi M, Ishiyama T, et al. Determination of trace amounts of copper in iron and steel by differential pulse anodic-stripping voltammetry at a glassy carbon electrode [J]. Bunseki Kagaku, 1998, 47 (5): 255-260.

[177] De-Andrade J C, De-Almeida A M, Coscione A R, et al. Determination of molybdenum in steel by adsorptive stripping voltammetry in a homogeneous ternary solvent system [J]. Analyst (Cambridge, UK), 2001, 126 (6): 892-896.

[178] Tanaka T, Sato T. Determination of arsenic and antimony in iron and steel by differential pulse anodic stripping voltammetry at a rotating gold film electrode [J]. J Trace Microprobe Tech., 2001, 19 (4): 521-531.

[179] Zezula I. Exact determination of the amount of sulphide inclusions on the fracture surface of steel by an electrochemical method [J]. Steel Res., 1990, 61 (5): 226-229.

[180] Kurbatov D I, Nikitina G A. Polarographic determination of chromium in steel and cast iron [J]. Zh. Anal. Chim., 1992, 47 (4): 747-749.

[181] Ya G Y, Dibrov I A. Oscillopolarographic determination of traces of vanadium in cast irons and steels [J]. Zh. Prikl. Khim (S-Peterburg), 1998, 71 (3): 423-426.

[182] Ferreira T L, Kosminsky L, Bertotti M. FIA amperometric determination of molybdenum (Ⅵ) based on the catalysis of the hydrogen peroxide-iodide reaction [J]. Microchim. Acta., 2005, 149 (3-4): 273-279.

[183] Suzuki S, Hirai S. Determination of trace elements in Japanese iron and steel reference materials by instrumental neutron-activation analysis [J]. Bunseki Kagaku, 1992, 41 (6): T87-T90.

[184] Rouchaud J C, Fedoroff M. Determination of phosphorus in metals by neutron activation and chemical separation as hydride [J]. J Radioanal Nucl. Chem., 1993, 174 (1): 57-63.

[185] Tomuro H, Tomura K. Determination of silicon in Japanese iron reference standard materials by reactor fast neutron activation analysis combined with a simple pre-concentration [J]. J Radioanal Nucl. Chem., 2001, 250 (1): 177-179.

[186] Moreira E G, Vasconcellos M B A, Saiki M. Instrumental neutron activation analysis applied to the determination of the chemical composition of metallic materials with study of interferences [J]. J Radioanal Nucl. Chem., 2005, 164 (1): 45-50.

[187] Kimura A, Toh Y, Oshima M, et al. Determination of As and Sb in iron and steel by neutron activation analysis with multiple gamma-ray detection [J]. J Radioanal Nucl. Chem., 2007, 271 (2): 323-327.

[188] Saito M. Analysis of small amounts of solid samples by spark-source mass spectrometry [J]. Anal. Chim. Acta., 1991, 242 (1): 117-122.

[189] Hayashi S, Hashiguchi Y, Suzuki K, et al. Quantitative trace analysis by non-resonant laser post-ionization [J]. Surf. Interface Anal., 1991, 17 (11): 773-778.

[190] Shekhar R, Arunachalam J, Das N, et al. Multielemental characterization of nickel by glow discharge quadrupole mass spectrometry [J]. At. Spectrosc., 2004, 25 (5): 203 -210.

[191] Nishifuji M, Hayakawa Y, Ono A, et al. Determination of trace carbon in pure iron by hot-extraction in hydrogen [J]. Bunseki Kagaku, 1994, 43 (6): 455 -460.

[192] Uesawa K, Uehara N, Ito K, et al. Direct determination of boron in iron and steel by ion-pair reversed-phase HPLC with a laboratory-packed column [J]. Bunseki Kagaku, 2001, 50 (12): 867 -872.

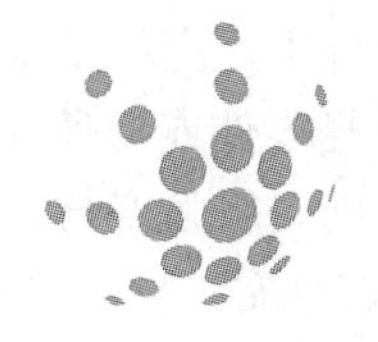

6 钢材质量的一般要求

材料的性能从技术角度来讲主要包括材料的使用性能和工艺性能。材料的使用性能是材料在最终使用状态时的行为，它包括材料的力学性能（如强度、韧性、塑性、刚性等）、化学性能（如抗氧化性、耐腐蚀性等）、物理性能（如密度、导热性、导电性、磁性等）等。材料的工艺性能是材料实现其使用性能的可能性和可行性，对金属材料而言，包括铸造性、成型性、焊接性、切削加工性、热处理工艺性等。

金属材料按使用性能可分为金属结构材料（主要利用材料的力学性能）和金属功能材料（主要利用材料的物理和化学性能），在我们使用的材料中，用于制作机械零件或构件的结构材料应用最为广泛。

结构钢可分为：

（1）建筑及工程用钢或构件用钢。用做钢架、桥梁、钢轨、车辆、船舶等，属于这类钢的有普通碳素钢和部分普通低合金钢。这类钢很大一部分做成钢板和型钢。

（2）机器制造用钢，用做各种零件，包括轴承、弹簧等。属于这类钢的主要有优质碳素结构钢与合金结构钢。

6.1 钢材的力学性能要求

金属材料在载荷作用下抵抗破坏的性能称为力学性能（过去也称为机械性能）。外加载荷性质不同（例如拉伸、压缩、扭转、冲击、循环载荷等），对金属材料要求的力学性能也将不同。常用的力学性能包括：强度、塑性、硬度、冲击韧性和疲劳极限等。

6.1.1 强度和塑性

6.1.1.1 强度要求

强度即钢材在服役过程中抵抗变形和断裂的能力。强度是结构材料，尤其是结构钢最基本的性能要求。结构钢、水泥等一般都是按屈服强度或抗拉强度来划分级别的。得到钢材强度常用的方法是进行拉伸试验。拉伸试验是在拉伸试验机上进行的，试样需按标准的规定制备，分析拉伸曲线图就可以得出材料的强度指标。对于在压缩条件下工作的钢材，还经常要检测抗压强度。在拉伸曲线图上有一个特殊点，当拉力到达这一点时，试样在拉力不增加或有所下降情况下仍然发生明显伸长变形，这种现象称为屈服。这时的应力称为这种材料的屈服点。屈服点是衡量钢材塑性变形抗力的指标，也是最常用的强度指标。零件和构件用的材料常以屈服强度作为衡量材料承载和安全的主要判据，并以屈服强度进行强度设计。通常，材料是不允许在超过其屈服强度的载荷下工作的，因为，这会引起零件或构件的永久变形。为了减少壁厚和自重，也为了降低制造成本，在刚性允许的条件下，应尽量采用高屈服强度的钢。从某种意义上讲，材料的屈服强度高，可以减轻零件或构件的重量，使其不易产生塑性变形失效；另外，提高材料的屈服强度，则屈服强度与抗拉强度的比值（屈强比）增大，不利于某些应力集中部位的应力重新分布，易引起脆性断裂。另外，高强度钢也会遇到一系列的困难，如随着钢的强度级别的提高，降低了成型性，为此，必须把成型零件的变形减到最小。因此，从屈服强度上判定材料的力学性能，原则上应根据零件或构件的形状及所受的应力状态、应变速率等决定。若零件或构件的截面形状变化较大，所受应力状态较硬，应变速率较高，则材料的屈服强度应较低，避免发生脆性断裂。

对于一般用途的普通低合金钢，主要是要求有良好的综合力学性能。采用普通低合金结构钢的主要目的是要减轻金属构件的重量，提高其可靠性，因此首先要求钢材具有较高的屈服极限，但由于其工作条件的复杂性，钢材还应具有良好的综合力学性能。普通低合金钢的屈强比是一个有意义的指标，此值越大，越能发挥钢材的潜力，但为了使用安全，也不宜过大，适合的比值在0.65~0.75之间。

对于机器制造用钢，一般要求有良好的综合力学性能，同时还要考虑钢材的工艺性和经济性。对于大量生产的零件，工艺性和经济性更不可忽视。工艺性方面，要求切削加工性较好、热处理工艺易于控制，并得到良好的组织等。经济性包括成本高低、所含合金元素是否符合我国资源条件等。

6.1.1.2 塑性要求

当外力去除后不能恢复原状的变形被保留下来，成为永久变形，称为塑性变形。材料的塑性一般指钢材受力屈服后，能产生显著的残余变形（塑性变形）而不立即断裂的性质。钢材一般要求具有一定的延展能力（即塑性），以保证加工的需要和结构的安全使用。塑性良好的材料可以顺利地进行某些成型工艺，如冷冲压、冷弯曲等，如汽车用钢板，其塑性是一个不可忽视的加工成型性指标。另外，良好的塑性可使零件或构件在使用时万一超载，能由于塑性变形使材料强度提高而避免突然断裂。对于承受活动荷载特别是动力荷载的结构，钢材塑性好坏是决定结构是否安全的主要因素之一。在这种意义下可以说钢材塑性指标比强度指标更为重要。

断后伸长率和断面收缩率是材料最重要的塑性指标，断后伸长率是指拉伸试样拉断以后标距长度增加的相对百分数，以 A 表示。断后伸长率数值越大，表明钢材塑性越好。断面收缩率是指拉伸试棒经拉伸变形和拉断以后，断裂部分横截面积缩小的相对百分数，以 Z 表示。塑性材料拉断以后有明显的缩颈，所以 Z 值较大。而脆性材料拉断后，横截面几乎没有缩小，即没有缩颈产生，Z 值很小，说明塑性很差。由于塑性与材料服役行为之间并无直接联系，塑性指标通常并不能直接用于零件或构件的设计，但它仍有重要的用途，主要有以下几点：

(1) 作为材料的安全力学性能指标。由于塑性变形有缓冲应力集中、削减应力峰的作用，通常根据经验确定材料断后伸长率和断面收缩率，以防止零件或构件偶然过载时出现断裂。

（2）反映材料压力加工（如轧制、挤压等）的能力。

（3）保证零件或构件装配、修复工序的顺利完成。

（4）反映材料的冶金质量。

一般用断面收缩率评定材料的塑性比用断后伸长率更合理，因此，对厚板用断面收缩率来评定钢板的性能，但对于受拉伸的等截面长杆类零件或构件用材，则用断后伸长率来评定。

6.1.2　硬度的要求

硬度表征了钢材对变形和接触应力的抗力，是材料表面抵抗另一物体压入时产生的塑性变形抗力的大小。测硬度的试样易于制备，车间、实验室一般都配备有硬度计，因此，硬度是很容易测定的一种性能。最常见的硬度指标有布氏硬度、洛氏硬度和维氏硬度等。三种硬度大致有如下的关系：HRC ≈ 1/10HB，HV ≈ HB（当小于400HB时）。一般情况下，材料的硬度高，其耐磨性能也好。高的硬度是保持高的耐磨性的必要条件。此外，硬度与强度也有一定关系，可通过硬度强度换算关系得到材料硬度值，通过大量的试验和分析研究，人们发现硬度与材料的强度存在着近似对应关系，如 $R_m = k$HB。因此，在生产中常用简便的硬度试验来估算材料的强度。

钢的硬度与成分和组织均有密切关系，通过热处理，可以获得很宽的硬度变化范围。钢材中各种相组织的硬度值大致如表 6－1 所示。

表 6－1　钢材中各种相组织的硬度值

相	硬度 HV	相	硬度 HV
铁素体	~100	马氏体：w(C) = 0.8%	~980
马氏体：w(C) = 0.2%	~530	渗碳体（Fe_3C）	850 ~ 1100
马氏体：w(C) = 0.4%	~560	氮化物	1000 ~ 3000
马氏体：w(C) = 0.6%	~920	金属间化合物	500

6.1.3　冲击韧性的要求

冲击韧性是钢材在塑性变形和断裂过程中吸收能量的能力。冲击韧性决定了材料在冲击试验力作用下对破裂的抗断能力。材料的冲击韧性越高，脆断的危险性越小，热疲劳强度也越高。对于衡量钢材的脆断倾向，冲击韧性试验具有重要意义。而冲击吸收功是指规定形状和尺寸的试样在冲击试验力一次作用下折断时所吸收的功。为防止结构材料在使用状态下发生脆性断裂，要求材料在弹性变形、塑性变形和断裂过程中吸收较大的能量，即良好的冲击韧性。冲击韧性是反映强度与塑性的综合表现的指标。冲击韧性的显著特点在于它表示钢材抵抗冲击荷载的能力。目前国际上通常有3类缺口形式：试样开成U形缺口（夏比U形缺口冲击试验）、试样开成V形缺口（夏比V形缺口冲击试验）以及钥孔形（艾式冲击试验）。我国国家标准规定采用V形和U形。对于含碳量高的工具钢，当其硬度较高时，由于钢的脆性较大，不能使用缺口冲击试样，一般采用无缺口冲击试样，但此时不能反映钢对缺口的敏感度，国外常采用C形缺口试样。钢材的冲击韧性与温度和轧制方向有关。一般对重要用途的钢材，尤其是在动载、重载、反复加载、低温条件下工作的钢材，均要求一定的冲击韧性。许多承受冲击载荷的机器零件是在小能量多次冲击的条件下工作的，其破断过程是由于多次冲击损伤积累所导致的裂纹的发生和发展过程，与大能量一次冲击破断的过程不同。多次冲击的试验研究表明，多次冲击抗力是一个要求一定塑性但以强度为主导因素的韧性问题。钢的冲击韧性通常以某种缺口形式的试样用冲击试验法测定其在规定温度下的冲击吸收能量来表示，虽然冲击吸收能量缺乏明确的物理意义，不能作为表征金属制件实际抵抗冲击载荷能力的韧性判据，但因其试样加工简便、试验时间短，试验数据对材料组织结构、冶金缺陷等敏感而成为评价金属材料冲击韧性应用最广泛的一种传统力学性能。

6.2 钢材的工艺性能要求

所谓工艺性能是指在金属材料的加工制造过程中，金属材料在一定的冷、热加工条件下表现出来的性能。金属材料工艺性能的好坏，决定了它在制造过程中加工成型的适应能力。由于加工条件不同，要求的工艺性能也就不同，如冷态成型性、铸造性能、可焊性、可锻性、热处理性能、切削加工性等。

6.2.1 冷态成型性

冷态成型包括许多不同的冷成型工艺，如深冲、拉延成型和弯曲等。冷态成型工艺性能的优劣涉及被变形材料的成分、组织和冷变形工艺参量（模具形状、变形量、变形速度、润滑条件等）。与冷态成型性有关的材料性能参量有：(1) 低的屈服强度；(2) 高的延伸率；(3) 高的均匀伸长率；(4) 高的加工硬化率（n 值）；(5) 高的深冲性参量（r 值）；(6) 适当而均匀的晶粒度；(7) 控制夹杂物的形状和分布；(8) 游离渗碳体的数量和分布。

冷态成型性中主要的是冷弯性能和冲压性能等。金属材料在常温下能承受弯曲而不破裂的性能，称为冷弯性能。出现裂纹前能承受的弯曲程度愈大，则材料的冷弯性能愈好。钢材的冷弯性能是衡量钢材在常温下弯曲加工产生塑性变形时对产生裂纹的抵抗能力的一项指标。冷弯试验是检验钢材冷弯性能的常用方法，冷弯试验是用具有一定弯心直径的冲头对弯曲试样中部施加荷载使之弯曲，检查并记录试样弯曲部位出现裂纹或分层等情况时的冷弯角；或者按要求将试样冷弯到一定的角度（常用180°或90°）而不出现裂纹或分层等，作为判断钢材冷弯性能的方法。工程中经常需对钢材进行冷弯加工，冷弯试验就是模拟钢材弯曲加工而确定的。通过冷弯试验不仅能检验钢材适应冷加工的能力和显示钢材内部缺陷（如起层、非金属夹渣等）状况，而且由于冷弯时试件中部受弯部位受到冲头挤压以及弯曲和剪切的复杂作用，因此也是考察钢材在复杂应力状态下塑性变形能力的一项指标。所以，冷弯试验是钢材质量检验中较常用的一种检验方法。钢材的冷弯性能取决于钢材的塑性变形能力，并与试验所取弯心直径 d 和钢材厚度 a 的比值 d/a 及弯曲角度 α（外角）有关，α、a 愈大或 d/a 愈小，则材料的冷弯性愈好。冷弯试验合格的标准是弯曲试样经过一定弯心直径、弯曲角度的弯曲后，试样的弯曲部位无裂纹、分层或断裂等现象发生。因此，当对钢材的冷弯性能有要求时，相关的产品标准一般都对弯曲试验的弯曲角度 α 和弯心直径 d 或钢材厚度 a 的比值 d/a 作出规定，以明确和统一检验钢材冷弯性能的标准。

冲压性能是指金属经过冲压变形而不产生裂纹等缺陷的性能。冲压性能主要与材料的强度、塑性、塑性应变比 r、加工硬化指数 n 等因素有关。钢的化学成分、组织和非金属夹杂物是影响钢材冲压性能的主要原因。一般情况下，钢的含碳量越低，钢的强度就越低，塑性越好，冲压性能就越好。然而如果钢中化学成分不均匀，有成分偏析，冲压性能就要降低，偏析严重时还会引起开裂。若钢中存在大量粗大、呈带状分布的非金属夹杂物，也将使冲压性能大为降低。塑性变形是金属压力加工成型的基本过程，塑性变形过程中，钢的组织和性能都会发生变化，其中最重要的因素是加工硬化，即随着变形程度的增加，变形阻力增大，强度、硬度升高，而塑性、韧性下降。利用加工硬化可提高金属材料的强度，但同时也降低了材料的塑性变形能力。许多金属材料制品的制造都要经过冲压工艺，如汽车壳体、搪瓷制品坯料及锅、盆、盂、壶等日用品。为保证制品的质量和工艺的顺利进行，用于冲压的金属板、带等必须具有良好的冲压性能，钢板冲压性能不好的话，冲压件在制作过程中就很容易开裂。杯突试验是用来衡量材料的冲压性能的一种试验方法。按照国家标准，试验采用端部为球形的冲头，将夹紧的试样压入压模内，直至出现穿透裂缝为止，所测量的杯突深度即为试验结果。以杯突深度来判定金属材料冲压性能大小，其深度不小于产品标准的规定值为合格。这种试验通常是在杯突试验机上进行。

冷成型加工的钢材主要是冷轧薄钢板和热轧钢板两种。要使钢板获得所需的形状，必须使其永久变形，所采取的工艺可以是局部或整体弯曲、深冲、张拉或这些成型方法的组合。在冷轧薄钢板中，碳元素含量增加会使拉延能力变坏，因此绝大部分钢板都采用低碳钢。锰元素的影响和碳元素相似，但适当的含量可以减轻硫的不良作用。磷元素和硅元素溶于铁素体引起强化并影响钢材的塑性，降低拉延性能。薄钢板的屈服强度表示出成型后的可成型性和强度，对普通碳素钢板的成型，屈服点值过高，常常有可能发生过大的回弹、成型时容易破断、模具磨损快以及由于塑性不良而出现缺陷。然而材料的屈服点小于140MPa时，又可能经受不住成型过程中施加的应力，对用于较复杂成型加工的钢板。通常要求具有比较低的屈服强度值，而且屈强比愈小，由钢板的成型性能愈好。选用冲压用热轧钢板时，既要考虑强度要求，也要考虑冲压性能。碳元素是对热轧钢板冲压性能影响最大的元素。对于冲压用的热轧钢板，一般不宜以增加碳的办法来提高强度，应采用添加合金元素来提高钢的强度。硫元素在钢中形成硫化物夹杂，硫化物夹杂在轧制过程中会被拉长，分割金属基体降低塑性，影响冲压性能。中厚板的冷态可成型性与材料的屈服强度和断后伸长率有直接关系。屈服强度值愈低，产生永久变形所需的应力愈小；断后伸长率值愈高，延展性愈好，钢材就可以允许承受大的变形量而不致断裂。

6.2.2 焊接性

焊接性（又叫可焊性）是指金属在特定结构和工艺条件下通过常用焊接方法获得预期质量要求的焊接接头的性能。焊接性一般根据焊接时产生的裂纹敏感性和焊缝区力学性能的变化来判断，它包括两个方面的内容：一是结合性能，即在一定的焊接工艺条件下，金属形成焊接缺陷的敏感性；二是使用性能，即在一定的焊接工艺条件下，金属焊接接头对使用要求的适用性。钢的焊接性是一个很复杂的工艺性能，因为它既与焊接裂纹的敏感性有关，又与服役条件和试验温度下所要求的韧性有密切联系。一般认为，高强度低合金钢的焊接性是良好的，并且随含碳量的降低，焊接性得到改善。钢材的焊接性常用碳当量来估计，因为钢材的焊接性主要与钢材中碳的含量高低有关，也与其他合金元素含量的多少有关，合金元素对焊接性的影响较碳元素为小，通常把合金元素折算成相应的碳元素，以碳当量表示钢中碳及合金元素折算的碳的总和，以碳当量的大小粗略地衡量钢材焊接性的大小，因此在用于焊接的钢材的产品标准中，碳当量大小都会有一定的要求。

碳素钢及低合金结构钢的碳当量可采用下式估算：

$$C_{eq}=w(\mathrm{C})+\frac{w(\mathrm{Mn})}{6}+\frac{w(\mathrm{Cr})+w(\mathrm{Mo})+w(\mathrm{V})}{5}+\frac{w(\mathrm{Ni})+w(\mathrm{Cu})}{15} \quad (6-1)$$

式中，C_{eq}为碳当量,%；$w(\mathrm{C})$、$w(\mathrm{Mn})$、$w(\mathrm{Cr})$、$w(\mathrm{Mo})$、$w(\mathrm{V})$、$w(\mathrm{Ni})$、$w(\mathrm{Cu})$为钢中碳、锰、铬、钼、钒、镍、铜成分的含量,%。

经验表明，当 $C_{eq}<0.4\%$ 时，焊接性良好，焊接时可不预热；当 $C_{eq}=0.4\%\sim0.6\%$ 时，钢材的淬硬倾向增大，焊接时需采用预热等技术措施，当 $C_{eq}>0.6\%$ 时，属于焊接性差或较难焊的钢材，焊接时需采用较高的预热温度和严格的工艺措施。

钢的性能决定了它的用途，而钢的焊接性能的好坏则常常决定它能否用于焊接结构。因此，在某些场合下，钢的焊接性能与其力学性能如强度、韧性等具有同等重要的意义。

钢的焊接性能一般是指钢适应普通常用的焊接方法和焊接工艺的能力。焊接性能好的钢，易于用一般焊接方法和焊接工艺施焊；焊接性能差的钢，则必须用特定的焊接方法和焊接工艺施焊，才能保证焊件的质量。影响钢的焊接性的因素很多，其中以钢的化学成分和焊接时的热循环的影响最大。对于焊缝两侧的基体金属来说，焊接过程就是一个加热、保温、冷却的过程，实际就是一种特殊的热处理过程。由于加热和冷却的方式和速度不同，基体金属会发生一系列组织变化，如出现大晶粒、魏氏组织、发生淬火或回火等。所有这些组织变化的程度将取决于钢的化学成分和焊接时的热循环等。

钢的焊接性能试验方法一般分为直接试验法和间接试验法两种。直接试验法是根据产品结构在使用中的具体要求做相应的试验。施工上的焊接试验，因使用钢种、产品结构或使用要求不同，所以至今尚无统一的试验方法，目前已有上百种试验方法。由于每一种方法都有一定的实用性和局限性，所以应根据产品结构特点（如对接接头、角接接头、十字形接头等）、刚度大小和钢种的特点来选择相应的方法。

间接试验是检验钢的焊接接头（焊缝金属、热影响区和基体金属）的力学性能、工艺性能和金相组织等。钢的间接试验结果虽然不能作为该钢材应用的主要依据，但可以全面了解其焊接性能，供选择焊接方法和制订焊接工艺时参考。

6.2.3 铸造性

铸造性（又叫可铸性）指金属材料能用铸造的方法获得合格铸件的性能。钢的铸造性能主要由铸造时金属的流动性、收缩特点、偏析倾向等来综合评定。流动性是指液态金属充满铸模的能力。收缩性是指铸件凝固时，体积收缩的程度，收缩愈小，铸件凝固时变形愈小。偏析是指金属在冷却凝固过程中，因结晶先后差异而造成金属内部化学成分和组织的不均匀性。偏析愈严重，铸件各部位的性能愈不均匀，铸件的可靠性愈小。铸造性与钢的固相线和液相线温度的高低及结晶温度区间的大小有关。固、液相线的温度愈低和结晶温度区间愈窄，铸造性能愈好。因此，合金元素对铸造性能的影响主要取决于它们对 $Fe-Fe_3C$ 相图的影响。另外，一些元素如铬、钼、钒、钛、铝等，在钢中形成高熔点碳化物或氧化物质点，增大了钢液的黏度，降低其流动性，使铸造性能恶化。

为了简化模具的生产工艺，国内外近年来致力于发展采用铸造工艺直接生产出接近成品模具形状的铸造毛坯。如我国已经研究采用铸造工艺生产一部分冷作模具、热作模具和玻璃成型模具，相应地发展了一些铸造模具用钢，对这类材料要求具有良好的铸造工艺性能，如流动性、收缩率等。

6.2.4 可锻性

可锻性指金属材料在锻压加工中能承受塑性变形而不开裂的性能。它包括在热态或冷态下能够进行锤锻、轧制、拉拔、挤压等加工。它实际上是金属塑性好坏的一种表现，金属材料塑性越高，变形抗力就越小，则可锻性就越好。可锻性也叫工艺塑性。可锻性指标通常用金属材料在一定塑性变形方式下表面开始出现裂纹时的变形量来表示，这个变形量称为临界变形量。各种锻压加工的变形方式不同，表示可锻性的指标也不同。镦粗以压缩率表示，延伸以伸长率或截面缩小率表示，扭转以扭角表示。可锻性同许多因素有关，一方面受化学成分、相组成、晶粒大小等内在因素影响；另一方面又受温度、变形方式和速度、材料表面状况及周围环境介质等外部因素影响。在一般情况下，合金元素增加，则变形抗力增高，塑性降低，加工温度范围变窄，因而可锻性降低。材料内部组织均匀，杂质少，第二相不偏聚在晶界，则可锻性较高。加工温度和变形速度合适，变形分布均匀，变形为压应力状态，材料表面光洁，可锻性也较高。一般合金钢和高合金钢的可锻性比碳钢差；而纯金属和铝等有色金属的可锻性比较好。

锻造是指在锻压设备及工（模）具的作用下，使坯料或铸锭产生塑性变形，以获得一定几何尺寸、形状和质量的锻件的加工方法。通过锻造能消除金属在冶炼过程中产生的铸态疏松等缺陷，优化微观组织结构，同时由于保存了完整的金属流线，锻件的力学性能一般优于同样材料的铸件。相关机械中负载高、工作条件严峻的重要零件，除形状较简单的可用轧制的板材、型材或焊接件外，多采用锻件。铸造组织经过锻造方法热加工变形后由于金属的变形和再结晶，使原来的粗大枝晶和柱状晶粒变为晶粒较细、大小均匀的等轴再结晶组织，使钢锭内原有的偏析、疏松、气孔、夹渣等压实和焊合，其组织变得更加紧密，提高了金属的塑性和力学性能。工程中，许多机械工具、汽车配件、摩托车配件、大型机械设备零件等都是经过锻造的，这些钢材都要求具有良好的锻造性能。

顶锻试验是测定钢材的可锻性的一种试验方法，顶锻试验是金属材料在室温或热状态下沿试样轴线方向施加压力，将试样压缩，检验金属在规定的锻压比下承受顶锻塑性变形的能力并显示金属表面缺陷。锻压比越大，则说明顶锻性越好。

6.2.5 切削加工性

金属材料的切削加工性（又叫可切削性、机械加工性）指金属接受切削加工的能力，也是指金属经过加工而成为合乎要求的工件的难易程度。通常用切削后工件表面的粗糙程度、切削速度和刀具磨损程度来评价金属的切削加工性。它与金属材料的化学成分、力学性能、导热性及加工硬化程度等诸多因素有关。通常是用硬度和韧性作切削加工性好坏的大致判断。

一般来讲，金属材料的硬度愈高愈难切削，硬度虽不高，但韧性大的钢材切削也较困难。非金属夹杂物是决定钢的切削性的主要因素。非金属夹杂物的类型、大小、形状、分布和体积百分数不同，对切削性的影响也不同。为了达到改善钢的切削性的目的，这些非金属夹杂物必须满足下列4个条件：（1）在切削运动平面上，夹杂物必须作为应力集中源，从而引起裂纹和脆化切屑的作用。（2）夹杂物必须具有一定的塑性，而不致切断金属的塑性流变，从而损害刃具的表面。（3）夹杂物必须在刃具的前面与切屑之间形成热量传播的障碍。（4）夹杂物必须具有光滑的表面，而不能在刃具的侧面作为磨料。钢的切削性的提高主要还是通过加入易削添加剂，例如S、P、Pb、Bi、Ca、Se（硒）、Te（碲）等。硫是广泛应用的易削添加剂。当钢中含足够量的Mn时，S的加入将形成MnS夹杂物。加S的碳钢可以提高切削速度25%或更高，它取决于钢的成分和S的加入量。约1%体积份额的MnS可以使高速钢刃具的磨损速率迅速下降。MnS夹杂物在切削剪切区作为应力集中源，可以起裂纹源的作用，并随后引起切削断裂。因此，随着MnS体积份额的增加，切削破断能力得到改善。MnS夹杂物还能在切削刃具表面沉积为MnS薄层，这种薄层可以降低刃具与切屑的摩擦，导致切削温度和切削力的降低，并减少刃具的磨损或成为热量传播的障碍，从而延长刀具的使用寿命。Pb 是仅次于 S 的常用易削添加剂。Pb 对切削加工性的有益效应，不取决于 MnS 的存在，因而可以加到低 S 钢和加 S 钢中。在不添加 S 的钢中，Pb 以分散的质点形式分布于钢中。在加 S 钢中，Pb 首先与 MnS 结合。与 S 相似，Pb 可以作为内部润滑剂降低摩擦力，并转过来降低剪切抗力，并减小切屑与刀具的接触面积，从而降低刀具的磨损。近年来许多注意力已经转到通过 Ca 脱氧生产易削结构钢上。通过用 Ca - Si 和 Si - Fe 合金控制脱氧，可以形成特定的 $CaO - MnO - SiO_2 - Al_2O_3$ 四元非金属夹杂物，它在机加工时，将在刀具磨损表面沉积为一个薄层（约 20μm）。这种薄层是磨损的障碍，因而可延长碳化物刀具的使用寿命。

6.2.6 热处理工艺性

热处理工艺是指金属或合金在固态范围内，通过一定的加热、保温和冷却方法，以改变金属或合金的内部组织，从而得到所需性能的一种工艺操作。热处理工艺性就是指金属经过热处理后其组织和性能改变的能力，包括淬硬性、淬透性、回火脆性等。淬硬性是指钢通过淬火而变硬的性能，主要取决于材料碳含量的多少。淬透性是指在规定条件下，决定钢材淬硬深度和硬度分布的特性。钢材淬透性好与差常用淬硬层深度来表示。淬硬层深度越大，钢的淬透性越好。钢的淬透性主要取决于它的化学成分，同时也与钢材的晶粒度、加热温度和保温时间等因素有关。淬透性好的钢材，可使钢件整个截面获得均匀一致的力学性能以及可选用钢件淬火应力小的淬火剂，以减少变形和开裂。

在合金钢中，Mn、Mo、Cr 对增加淬透性的作用最强，Si 与 Ni 次之。为了提高结构钢的淬透性，不仅要提高过冷奥氏体在珠光体区的稳定性，而且也要提高钢在贝氏体区的稳定性。这种淬透性严格说来应称为马氏体淬透性。采用提高过冷奥氏体稳定性的强碳化物形成元素（如 Cr、Mo 等）与强化铁素体的元素（如 Ni、Mn、Si 等）的配合，可以在很大程度上提高马氏体的淬透性。这几种元素同时加入钢中的效应，往往比单个元素的作用的总和要大好多倍。因此，在结构钢中，一方面含有 Cr、Mo 等碳化物形成元素，另一方面含有非碳化物形成元素（如 Ni、Si）及弱碳化物形成元素（如 Mn），这种配合往往可以大大地提高过冷奥氏体的稳定性，从而显著地提高淬透性。

回火脆性是淬火钢回火后产生的脆化现象。根据产生脆性的回火温度范围，可分为低温回火脆性和高温回火脆性。

合金钢淬火得到马氏体组织后，在 250 ~ 400℃ 温度范围回火使钢脆化，其韧性 - 脆性转化温度明显升高。已脆化的钢不能再用低温回火加热的方法消除，故又称为“不可逆回火脆性”。它主要发生在合金结构钢和低合金超高强度钢等钢种。已脆化钢的断口是沿晶断口或是沿晶和准解理混合断口。产生低温回火脆性的原因普遍认为有以下两点：（1）与渗碳体在低温回火时以薄片状在原奥氏体晶界析出，造成晶界脆化密切相关。（2）杂质元素磷等在原奥氏体晶界偏聚也是造成低温回火脆性原因之一。含磷低于0.005%的高纯钢并不产生低温回火脆性。磷在加热时发生奥氏体晶界偏聚，淬火后保留下来。磷在原奥氏体晶界偏聚和渗碳体回火时在原奥氏体晶界析出，这两个因素造成沿晶脆断，促成了低温回火脆性的发生。钢中合金元素对低温回火脆性产生较大的影响。铬和锰促进杂质元素磷等在奥氏体晶界偏聚，从而促进低温回火脆性，钨和钒基本上没有影响，钼降低低温回火钢的韧性-脆性转化温度，但尚不足以抑制低温回火脆性。硅能推迟回火时渗碳体析出，提高其生成温度，故可提高低温回火脆性发生的温度。

合金钢淬火得到马氏体组织后，在450~600℃温度范围回火，或在650℃回火后以缓慢冷却速度经过350~600℃，或者在650℃回火后，在350~650℃温度范围长期加热，都使钢产生脆化现象。如果已经脆化的钢重新加热到650℃，然后快冷，可以恢复韧性，因此又称为“可逆回火脆性”。高温回火脆性表现为钢的韧性-脆性转化温度的升高。高温回火脆性敏感度一般用韧化状态和脆化状态的韧性-脆性转化温度之差（ΔT）来表示。高温回火脆性越严重，钢的断口上沿晶断口比例也越高。钢中元素对高温回火脆性的作用分成以下两种：（1）引发钢的高温回火脆性的杂质元素，如磷、锡、锑等。(2）以不同形式、不同程度促进或减缓高温回火脆性的合金元素。有铬、锰、镍、硅等起促进作用，而钼、钨、钛等起延缓作用，碳也起着促进作用。一般碳素钢对高温回火脆性不敏感，含有铬、锰、镍、硅的二元或多元合金钢则很敏感，其敏感程度依合金元素种类和含量而不同。回火钢的原始组织对钢的高温回火脆性的敏感程度有显著差别。马氏体高温回火组织对高温回火脆性敏感程度最大，贝氏体高温回火组织次之，珠光体组织最小。钢的高温回火脆性的本质，普遍认为是磷、锡、锑、砷等杂质元素在原奥氏体晶界偏聚，导致晶界脆化的结果。而锰、镍、铬等合金元素与上述杂质元素在晶界发生共偏聚，促进杂质元素的富集而加剧脆化。而钼则相反，与磷等杂质元素有强的相互作用，可使在晶内产生沉淀相并阻碍磷的晶界偏聚，可减轻高温回火脆性，稀土元素也有与钼类似的作用。钛则更有效地促进磷等杂质元素在晶内沉淀，从而减弱杂质元素的晶界偏聚减缓高温回火脆性。降低高温回火脆性的措施有：（1）在高温回火后用油冷或水快速冷却以抑制杂质元素在晶界偏聚；（2）采用含钼钢种，当钢中钼含量增加到0.7%时，则高温回火脆化倾向大大降低，超过此限钢中形成富钼的特殊碳化物，基体中钼含量降低，钢的脆化倾向反而增加；（3）降低钢中杂质元素的含量；（4）长期在高温回火脆化区工作的部件，单加钼也难以防止脆化，只有降低钢中杂质元素含量，提高钢的纯净度，并辅之以铝和稀土元素的复合合金化，才能有效地防止高温回火脆性。

改善钢的性能的主要途径是：（1）合金化（加入合金元素，调整钢的化学成分）；（2）进行热处理。后者是改善钢的性能的最重要的加工方法。在机械工业中，绝大部分重要零件都要经过热处理，特别是用于生产模具、轴承、工具等的金属材料，在生产过程中有的要经过多次的热处理。钢材的热处理工艺性能，一般是通过对热处理后的钢材的外观、变形以及钢材的强度、硬度、组织、冲击韧性等进行检

验来验证的。

6.3 钢材的组织表征要求

6.3.1 低倍组织

宏观检验是指用肉眼或放大镜在材料或零件上检查由于冶炼、轧制及各种加工过程所带来的化学成分及组织等不均匀性或缺陷的一种方法。这种检验方法也称低倍检验。钢的低倍检验是进行试样检验或直接在钢件上进行检验，其特点是检验面积大，易检查出分散缺陷，且设备及操作简易，检验速度快，因此各国标准都规定要使用宏观检验方法来检验钢的宏观缺陷。酸浸试验是低倍检验中最常用的一种方法。酸浸试验，就是将制备好的试样用酸液腐蚀，以显示其宏观组织和缺陷。在钢材质量检验中，酸浸试验被列为按顺序检验项目的第一位。

低倍组织及缺陷包括一般疏松、中心疏松、锭型偏析、斑点状偏析、白亮带、中心偏析、帽口偏析、皮下气泡、残余缩孔、翻皮、白点、轴心晶间裂缝、内部气泡、非金属夹杂物（目视可见的）及夹渣、异金属夹杂 15 种。在生产过程中，还会出现过热（晶粒粗大）和过烧组织，以及边缘和中心增碳等缺陷。

在经过酸蚀的试样上，对所观察到的低倍组织进行辨认和评定可根据 GB/T 1979 标准评级图片进行。该标准是指导性的，适用于各类钢。下面简要地叙述一些常见组织和缺陷在酸蚀试样上的特征。

（1）一般疏松。钢液在凝固时，各结晶核心以树枝状晶形式长大。在树枝状晶主轴和各次轴之间存在着钢液凝固时产生的微空隙和析集了一些低熔点组元、气体和非金属夹杂物。这些微空隙和析集的物质经酸腐蚀后呈现组织疏松。

一般疏松在横向酸浸试样上表现为组织不致密，整个截面上出现分散的暗点和空隙。暗点多呈圆形或椭圆形。空隙在放大镜下观察多为不规则的空洞或圆形针孔。这些暗点和空隙一般出现在粗大的树枝状晶主轴和各次轴之间，疏松区发暗而轴部发亮，当亮区和暗区的腐蚀程度差别不大时则不产生凹坑。暗点之所以发暗是由于珠光体量明显增加，而暗点上的许多微孔则是因细小的非金属夹杂物和气体的聚集，经酸浸蚀后扩大而形成的。因此可以说，暗点是碳、非金属夹杂物和气体的聚集而产生的。至于空隙，则是非金属夹杂物被酸溶解遗留下来的孔洞。

组织疏松对钢的横向力学性能（断面收缩率、断后伸长率和冲击吸收功）影响较大。钢材拉断时，裂断多出现在空隙处。

评级时应考虑分散在试样整个横截面上的暗点和空隙的数量、大小及其分布状态。当暗点、空隙的数量多，尺寸大，分布集中时，则级别较高，反之则级别较低，如图 6－1 所示。

（2）中心疏松。中心疏松是钢液凝固时体积收缩引起的组织疏松及钢锭中心部位因最后凝固使气体析集和夹杂物聚集较为严重所致。在横向酸浸试样上表现为空隙和暗点都集中分布在中心部位。由于气体、低熔点杂质、偏析组元都在中心部位最后凝固，所以该部位易被腐蚀，酸浸后出现一些空隙和较暗的小点。

轻微中心疏松对钢的力学性能影响不大。但是，严重的中心疏松影响钢的横向塑性和韧性指标，且有时在加工过程中出现内裂，因此严重中心疏松是不允许存在的。通常，根据中心部位出现的暗点及空隙的多少、大小和密集程度来评定中心疏松的级别，如图 6-2 所示。

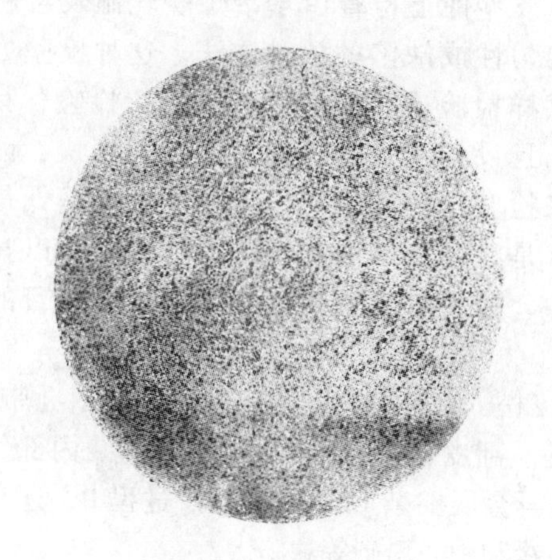

图 6-1　一般疏松

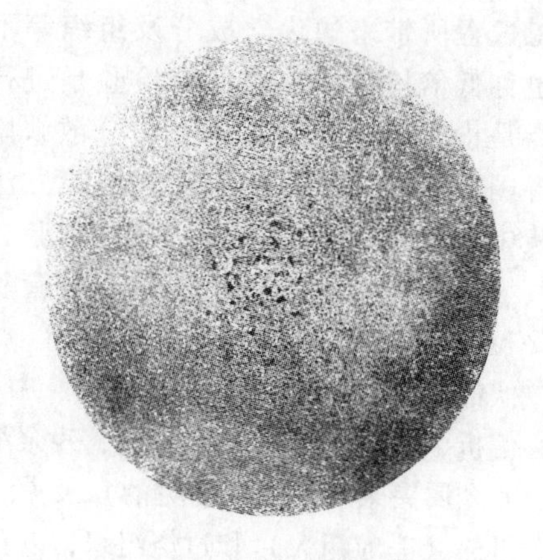

图 6-2　中心疏松

（3）锭型偏析。锭型偏析在横向酸浸试样上表现为腐蚀较深、由暗点和空隙组成、与原锭型横截面形状相似的框带。由于其形状一般为方形，所以又称方形偏析。锭型偏析是钢锭结晶的产物。在钢锭结晶过程中，柱状晶生长时把低熔点组元、气体和杂质元素推向尚未冷凝的中心液相区，便在柱状晶区与中心等轴晶区交界处形成偏析和杂质集聚框。试验分析证明，锭型偏析框处的碳、硫、磷含量都比基体高，如图 6-3 所示。

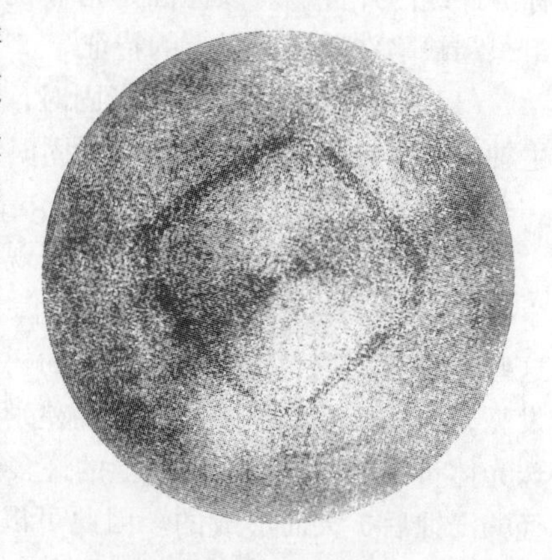

图 6-3　锭型偏析

锭型偏析使钢的横向断后伸长率、断面收缩率以及冲击吸收功降低。锭型偏析的级别应根据框形区的组织疏松程度和框带的宽度来评定，必要时可测量偏析框边距试片表面的最近距离。

（4）斑点状偏析。在横向酸浸试样上出现的形状和大小均不同的各种暗色斑点，这些斑点无论与气泡同时存在或单独存在，均统称为斑点状偏析。当斑点分散分布在整个截面上时称为一般斑点状偏析，如图 6-4 所示；当斑点存在于试样边缘时称为边缘斑点状偏析，如图 6-5 所示。斑点状偏析是钢锭结晶过程中区域偏析的一种。斑点状偏析处的碳含量比基体高，而硫、磷等元素则比基体稍高。一般认为斑点状偏析是结晶条件不良，钢液在结晶过程中冷却较慢而产生的成分偏析。当气体和夹杂物大量存在时，会使斑点状偏析加重。

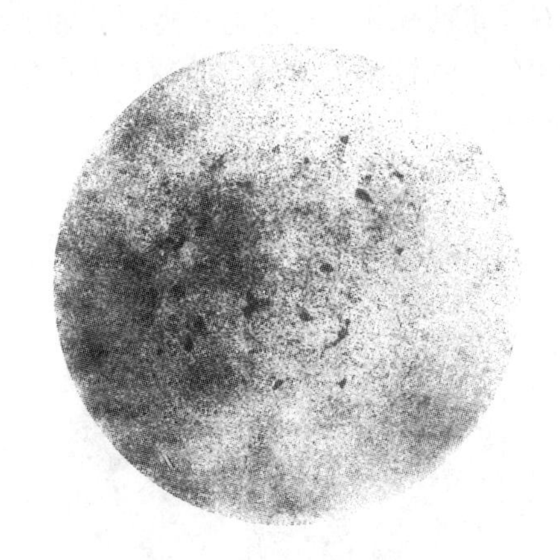

图6－4　一般斑点状偏析

图6－5　边缘斑点状偏析

斑点状偏析对钢的力学性能影响不大。但也应控制斑点状偏析的数量、大小，以及不使其集中分布。

评定斑点状偏析的级别时，如果斑点数量多、点子大、分布集中，应评为高级别；如果试样上既有斑点状偏析，又有气泡，则应分别评定。

（5）白亮带。白亮带在酸浸试片上呈现抗腐蚀能力较强、组织致密的亮白色或浅白色框带。白亮带是连铸坯在凝固过程中由于电磁搅拌不当，钢液凝固前沿温度梯度减小，凝固前沿富集溶质的钢液流出而形成白亮带。它是一种负偏析框带，连铸坯成材后仍可能保留。

白亮带的评级应根据白亮带框边距试片表面的最近距离及框带的宽度来进行。

（6）中心偏析。中心偏析在酸浸试片上的中心部位呈现腐蚀较深的暗斑，有时暗斑周围有灰白色带及疏松。中心偏析是钢液凝固过程中由于选分结晶的影响及连铸坯中心部位冷却较慢而造成的成分偏析，这一缺陷成材后仍保留。

中心偏析的评级应根据中心暗斑的面积大小及数量来评定。

（7）帽口偏析。帽口偏析在酸浸试片上的中心部位呈现发暗的、易被腐蚀的金属区域。帽口偏析是钢液凝固过程中由于靠近帽口部位含碳的保温材料对金属的增碳作用所致。

帽口偏析的评级根据发暗区域的面积大小来评定（参照 GB/T 1979 评级图 5 的中心偏析图片评定）。

（8）皮下气泡。皮下气泡是由于钢锭模内壁清理不良和保护渣不干燥等原因造成。在横向酸浸试样上表现为试样皮下有分散或成簇分布的细长裂缝或椭圆形气孔，而细长裂缝又多垂直于试样表面，如图6－6所示。皮下气泡造成钢材热加工时出现裂纹，因此，热加工用钢材不得有皮下气泡。

皮下气泡的级别应根据气泡距离钢材（坯）表面的最远距离来评定。

(9) 残余缩孔。残余缩孔在横向酸浸试样上（多数情况）表现为中心区域有不规则的折皱裂缝或空洞，在其上或附近常伴有严重的疏松、夹杂物（夹渣）或者成分偏析等。残余缩孔是在钢锭冷凝收缩时产生的。钢锭结晶时体积收缩得不到钢液补充，在最后冷凝部分便形成空洞或空腔，如图6－7所示。

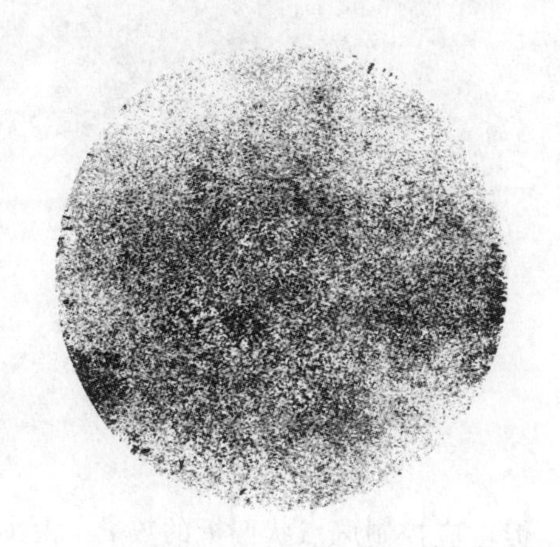

图6－6 皮下气泡

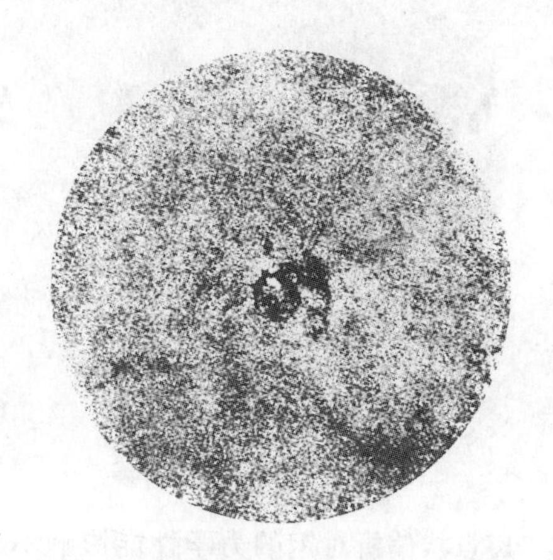

图6－7 残余缩孔

残余缩孔是由于钢液在凝固时发生体积集中收缩而产生的缩孔并在热加工时因切除不尽而部分残留，有时也出现二次缩孔。它严重破坏了钢的连续性，因此这种缺陷是绝对不允许存在的。如果发现钢材有残余缩孔，允许将其头部相应于残余缩孔的部位切除，并重新取样，直至不出现残余缩孔为止。

残余缩孔的级别可根据裂缝或空洞的大小来评定。

(10) 翻皮。在横向酸蚀试样上看，翻皮一般表现为亮白色弯曲条带或不规则的暗黑线条，在其上或周围有气孔和夹杂物；有的是由密集的空隙和夹杂物组成的条带。如图6－8所示。翻皮的产生是在浇注过程中钢液表面氧化膜翻入钢液中，凝固前未能浮出所致。

翻皮中的氧化物和硅酸盐夹杂物破坏了钢的连续性，使钢材局部严重污染。因此不允许存在翻皮这种缺陷。

翻皮的级别应根据其距离钢材（坯）表面的最远距离及翻皮的长度来评定。

(11) 白点。白点在酸浸试样上表现为锯齿形的细小发纹，呈放射状、同心圆形或不规则形状分散在中央部位。而在纵向断口上则表现为圆形或椭圆形亮斑或细小裂缝。白点的形成机理是氢和组织应力共同作用的结果，钢中含氢量高，经热加工后在冷却过程中，由于组织应力而产生裂缝，如图6－9所示。

白点严重破坏了钢材连续性，有白点的钢材不能使用。一旦发现钢材中有白点，就不允许进行复检。

白点级别可根据裂缝长短及其条数来评定。

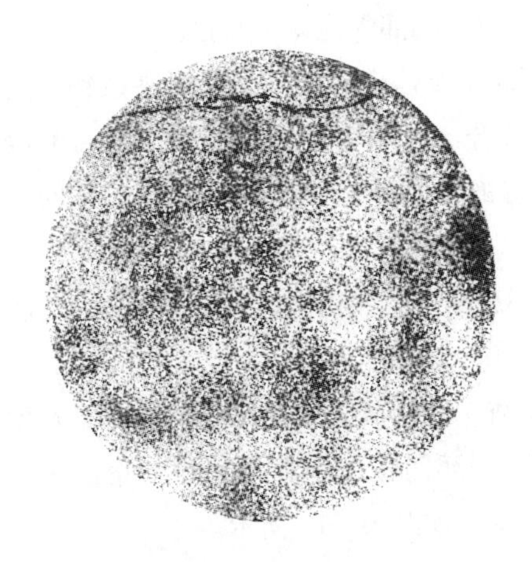

图6-8 翻皮

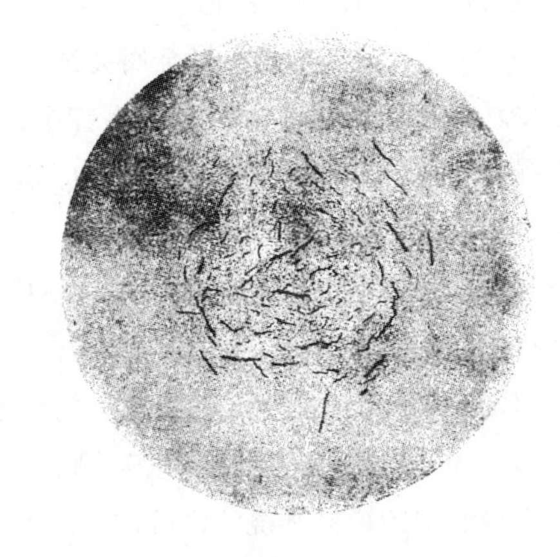

图6-9 白点

（12）轴心晶间裂缝。轴心晶间裂缝在横向酸浸试样的轴心区域呈连续或断续的放射状裂纹或蜘蛛网状裂纹。而在纵向断口上则呈分层状。常出现于高合金不锈耐热钢（如Cr5Mo、1Cr13）中，可能与钢锭冷却的收缩应力有关，如图6-10所示。

轴心晶间裂纹破坏了金属的连续性，这种裂纹属于不允许存在的缺陷。

轴心晶间裂纹的级别可根据裂纹的数量与尺寸来评定。由于组织的不均匀性也可能产生“蜘蛛网”的金属酸蚀痕，这不能作为判废的标志。在这种情况下，建议热处理后（对试样进行正火或退火），重新进行检验。

（13）内部气泡。内部气泡在酸浸试样上呈长度不等的直线裂缝或弯曲的裂缝，其内壁较为光滑，有的还伴有微小的可见夹杂物。钢液中含有大量气体，在浇注过程中大量析出，随着结晶的进行，在树枝状晶体之间形成的气泡不能很好上浮而留在钢的空位中，如图6-11所示。

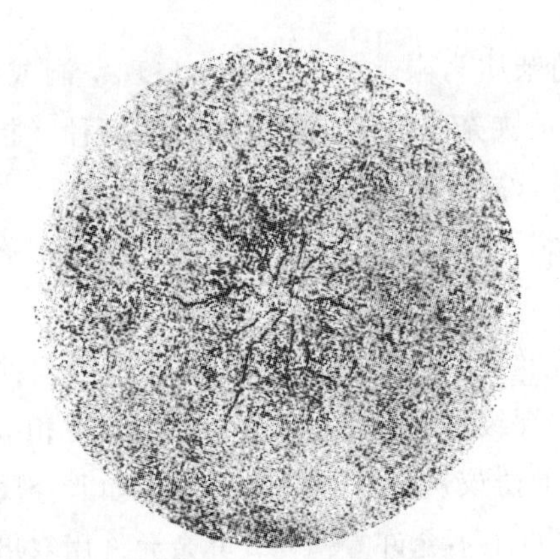

图6-10 轴心晶间裂缝

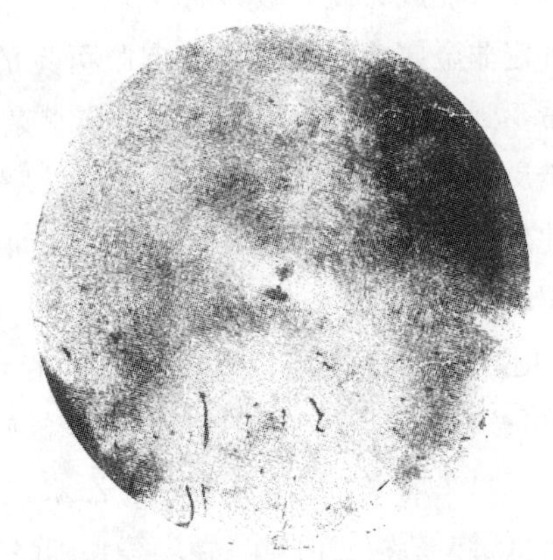

图6-11 内部气泡

这种缺陷是不允许存在的，一旦发现钢材中有内部气泡即将其报废。

（14）异金属夹杂物。异金属夹杂物即不同于基体金属的其他金属夹杂物。这是由于浇注过程中将其他金属溶入钢锭中，或者合金料未完全熔化所致。它在酸浸试片上颜色与基体组织不同，且无一定形状。有的与基体组织有明显界限，有的界限不清，如图 6 – 12 所示。

异金属夹杂物的成分与基体成分不同，因此破坏了钢组织的完整性，这是属于不允许存在的缺陷。

（15）非金属夹杂物（目视可见的）及夹渣。非金属夹杂物在酸浸试样上表现为不同形状和不同颜色的颗粒。它是没有来得及上浮而被凝固在钢锭中的熔渣，或是剥落到钢液中的炉衬和浇注系统内壁的耐火材料，如图 6 – 13 所示。

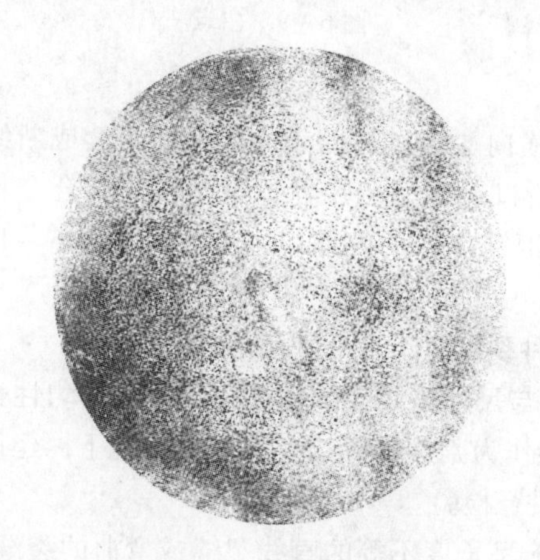

图 6 – 12　异金属夹杂物

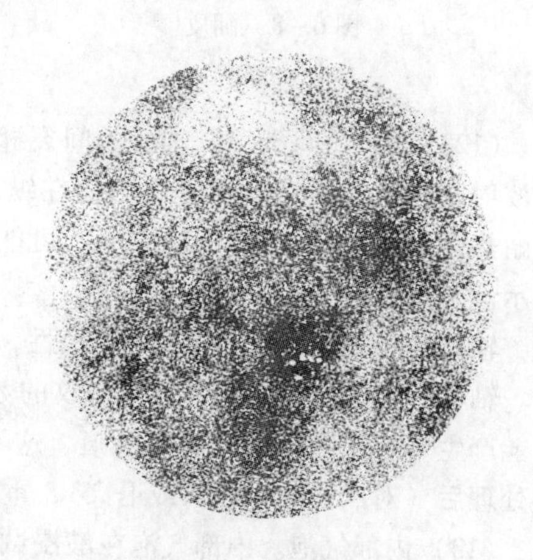

图 6 – 13　非金属夹杂物

非金属夹杂物破坏了金属的连续性，在热加工、热处理时可能形成裂纹，在钢材使用中可能成为疲劳破坏的根源。

评定非金属夹杂物时应以肉眼可见的杂质为限。如果试样上出现空洞或空隙，但又看不到夹杂物，应不评为非金属夹杂或夹杂。但对质量要求高的钢种（指有高倍非金属夹杂物合格级别规定者），建议进行高倍补充检验。

此外还有中心增碳和表面增碳、表面裂纹和脱碳，以及高速钢碳化物剥落等宏观组织缺陷。

上述宏观组织缺陷，有些是有可能允许的（如一般疏松、中心疏松、锭型偏析），可按 GB/T 1979 结构钢低倍组织缺陷评级图进行评定，其合格界线在相应技术标准中有明文规定，或者根据甲、乙双方的协议确定。对报废缺陷（如非金属夹杂物、异金属夹杂物、白点、翻皮等），除白点绝不允许复检外，其余允许用双倍试样进行复检。

6.3.2　微观组织

6.3.2.1　非金属夹杂

非金属夹杂物显著影响钢的使用性能，同时对钢的切削性能及表面粗糙度也有重要影响。分析夹杂物的类型、数量、大小、形状和分布是冶金质量检验及失效分析的重要方面。

钢中非金属夹杂物依其来源可分为两大类：

（1）外来夹杂物：这类夹杂物是由耐火材料、炉渣等在冶炼、出钢、浇注过程中进入钢液中来不及上浮而滞留在钢中造成的。外来夹杂物尺寸比较大，故又称粗夹杂，外形不规格，分布也没有规律。

（2）内生夹杂物：溶解在钢液中的氧、硫、氮等杂质元素在降温和凝固时，由于溶解度降低，它们与其他元素化合并以化合物形式从液相或固溶体中析出，最后包含在钢锭中，这类化合物称为内生夹杂物。内生夹杂物的颗粒一般比较细小，故又称为细夹杂。通常钢中非金属夹杂物主要是内生夹杂物。

内生夹杂物是不可避免的，正确的操作只能减少其数量或改变其成分、大小及分布情况；至于外来夹杂物，只要操作正确、仔细，则是可以避免的。

钢中常见的非金属夹杂物，依其性质、形态和变形特征等又可分为以下几种：

（1）A类（硫化物类）：具有高的延展性，有较宽范围形态比（长度/宽度）的单个灰色夹杂物，一般端部呈圆角，如图6－14所示。

（2）B类（氧化铝类）：大多数没有变形，带角，形态比小（一般小于3），黑色或带蓝色的颗粒，沿轧制方向排成一行（至少有3个颗粒），如图6－15所示。

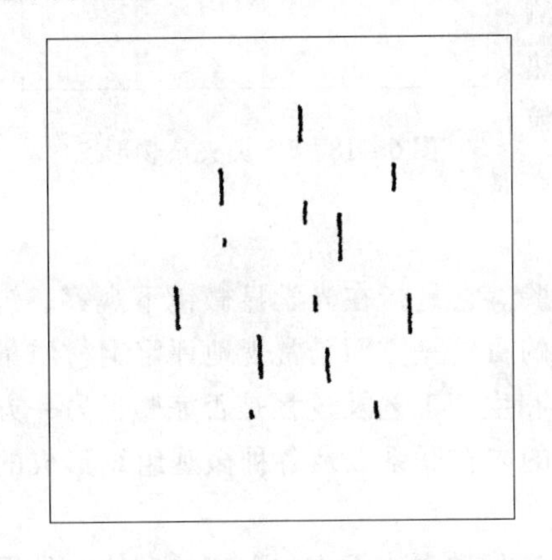

图6－14　A类夹杂物形态

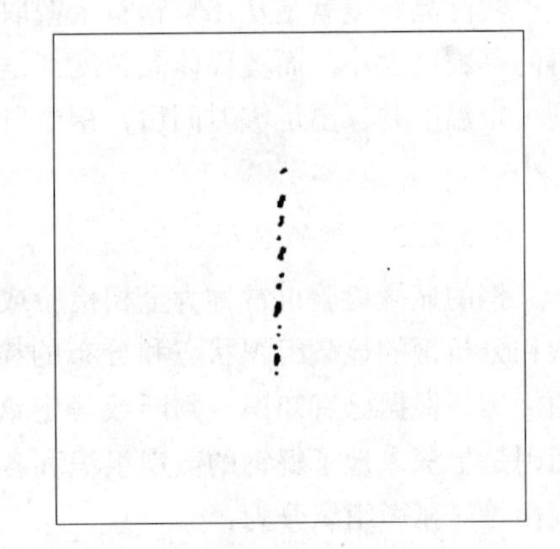

图6－15　B类夹杂物形态

（3）C类（硅酸盐类）：具有高的延展性，有较宽范围形态比（一般不小于3）的单个呈黑色或深灰色夹杂物，一般端部呈锐角，如图6－16所示。

（4）D类（球状氧化物类）：不变形，带角或圆形，形态比小（一般小于3），黑色或带蓝色的，无规则分布的颗粒，如图6－17所示。

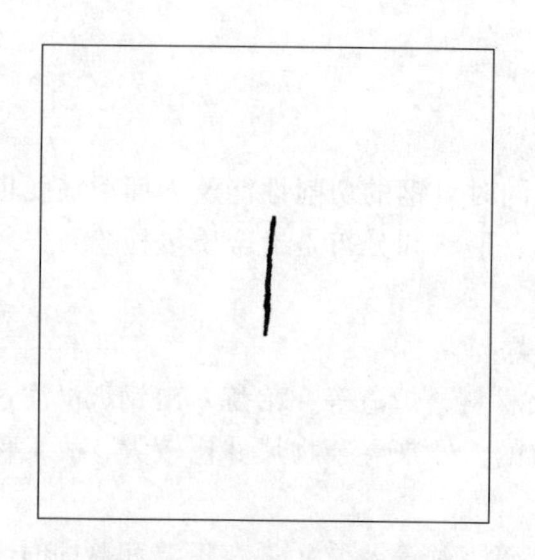
图 6－16　C 类夹杂物形态

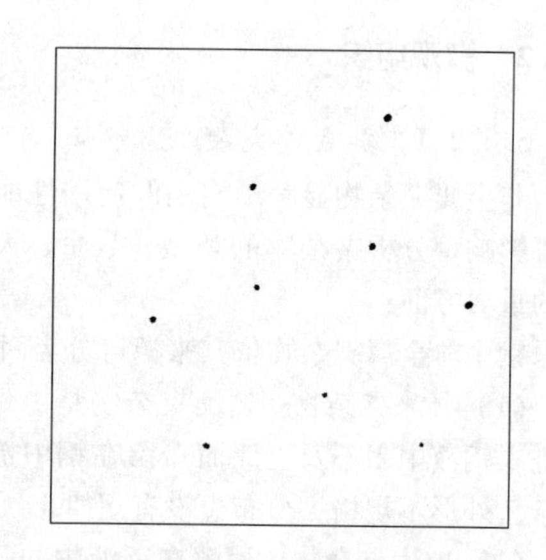
图 6－17　D 类夹杂物形态

（5）DS 类（单颗粒球状类）：圆形或近似圆形，直径不小于 13μm 的单颗粒夹杂物，如图 6－18所示。

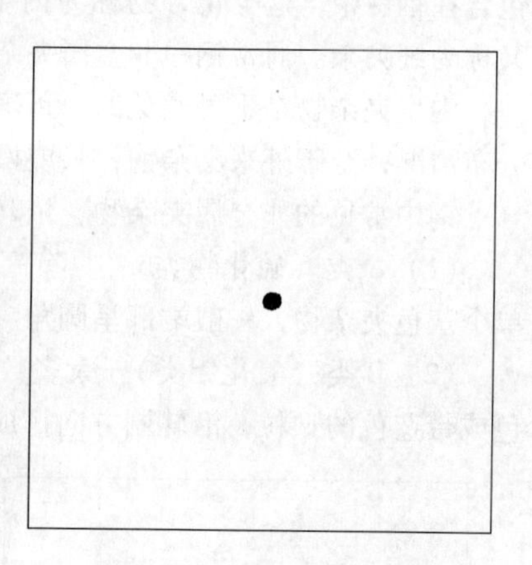
图 6－18　DS 类夹杂物形态

6.3.2.2　晶粒度

晶粒度是晶粒大小的度量，它是金属材料的重要显微组织参量。钢中晶粒度的检验是借助金相显微镜来测定钢中的实际晶粒度和奥氏体晶粒度。

实际晶粒度就是从出厂钢材上截取试样所测得的晶粒度大小。而奥氏体晶粒度则是将钢加热到一定温度并保温足够时间后，钢中奥氏体晶粒大小。

6.3.2.3　钢的显微组织

钢的显微检验也常称为金相检验或高倍检验。它是指在光学显微镜下观察、辨认和分析钢的显微组织状态和分布的检验。它的目的一方面是常规地评定钢材质量的优劣，根据已有知识，判断或确定钢的质量和生产工艺及过程是否完整；另一方面则是更深入地了解钢的微观组织和各种性能的内在联系以及各种微观组织形成的规律等。显微组织分为：

（1）游离渗碳体。评定碳含量不大于 0.15% 低碳退火钢中的游离渗碳体，是根据渗碳体的形状、分布及尺寸特征确定。表 6－2 是对组织特征的描述，由 3 个系列各 6 个级别组成。

1）A 系列：是根据形成晶界渗碳体网的原则确定的，以个别铁素体晶粒外围被渗碳体网包围部分的比率评定原则。

2）B 系列：是根据游离渗碳体颗粒构成单层、双层及多层不同长度链状和颗粒尺寸的增大原则确定。

3）C 系列：是根据均匀分布的点状渗碳体向不均匀的带状结构过渡的原则确定。

表 6－2　游离渗碳体

级别	组织特征		
	A 系列	B 系列	C 系列
0	游离渗碳体呈尺寸不大于 2mm 的粒状，均匀分布	游离渗碳体呈点状或小粒状，趋于形成单层链状	游离渗碳体呈点状或小粒状均匀分布，略有变形方向取向
1	游离渗碳体呈尺寸不大于 5mm 的粒状，均匀分布于铁素体晶内和晶粒间	游离渗碳体呈尺寸不大于 2mm 的颗粒，组成单层链状	游离渗碳体呈尺寸不大于 2mm 的颗粒，具有变形方向取向
2	游离渗碳体趋于网状，包围铁素体晶粒周边不大于 1/6	游离渗碳体呈尺寸不大于 3mm 的颗粒，组成单层或双层链状	游离渗碳体呈尺寸不大于 2mm 的颗粒，略有聚集，有变形方向取向
3	游离渗碳体呈网状，包围铁素体晶粒周边不大于 1/3	游离渗碳体呈尺寸不大于 5mm 的颗粒，组成单层或双层链状	游离渗碳体呈尺寸不大于 3mm 的颗粒的聚集状态和分散带状分布，带状沿变形方向伸长
4	游离渗碳体呈网状，包围铁素体晶粒周边达 2/3	游离渗碳体呈尺寸大于 5mm 的颗粒，组成双层及 3 层链状，穿过整个视场	游离渗碳体呈尺寸大于 5mm 的颗粒，组成双层及 3 层链状，穿过整个视场
5	游离渗碳体沿铁素体晶界构成连续或近于连续的网状	游离渗碳体呈尺寸大于 5mm 的粗大颗粒，组成宽的多层链状，穿过整个视场	游离渗碳体呈尺寸大于 5mm 的粗大颗粒，组成宽的多层链状，穿过整个视场

注：各种游离渗碳体在视场中同时出现时，应以严重者为主，适当考虑次要者。

（2）低碳变形钢的珠光体。评定碳含量 0.10% ～0.30% 低碳变形钢中的珠光体，要根据珠光体结构（粒状、细粒状珠光体团或片状）、数量和分布特征确定。表 6－3 是对组织特征的描述，由 3 个系列各 6 个级别组成。

1）A 系列：指定作为碳含量 0.10% ～0.20% 冷轧钢中粒状珠光体的评级，级别增大，则渗碳体颗粒聚集并趋于形成带状。

2）B 系列：指定作为碳含量 0.10% ～0.20% 热轧钢中细粒状珠光体团的评级，级别增大，则粒状珠光体向形成变形带的片状珠光体过渡（并形成分割开的带）。

3）C 系列：指定作为碳含量 0.21% ～0.30% 热轧钢中珠光体的评级，级别增大，则细片状珠光体由大小不均匀而分布均匀的团状结构过渡为不均匀的带状结构，此时必须根据由珠光体聚集所构成的连续带的宽度评定。

表6-3 低碳变形钢的珠光体

级别	组织特征		
	A系列	B系列	C系列
0	尺寸不大于2mm的粒状珠光体，均匀或较均匀分布	细粒状珠光体团均匀分布	不大的细片状珠光体团均匀分布
1	在变形方向上有线度不大的粒状珠光体	少量细粒状珠光体团沿变形方向分布，无明显带状	较大的细片状珠光体团较均匀分布，略呈变形方向取向
2	粒状珠光体呈聚集态沿变形方向不均匀分布	较大细粒状珠光体团沿变形方向分布	细片状珠光体团的大小不均匀，呈带状分布
3	粒状珠光体聚集块较大，沿变形方向取向	较大细粒状珠光体团呈条带状分布	细片状珠光体聚集为大块，呈条带状分布
4	一条连续的及几条分散的粒状珠光体呈带状分布	细粒状珠光体团和局部片状珠光体呈条带状分布	连续的一条或分散的几条细片状珠光体带，穿过整个视场
5	粒状珠光体呈明显的带状分布	粒状珠光体及粗片状珠光体呈明显的条带状分布（条带的宽度应不小于1/5视场直径）	粗片状珠光体连成宽带状，穿过整个视场

(3) 带状组织。评定珠光体钢中的带状组织，要根据带状铁素体数量增加，并考虑带状贯穿视场的程度、连续性和变形铁素体晶粒多少原则确定。表6-4是对组织特征的描述，由3个系列各6个级别组成。

表6-4 带状组织

级别	组织特征		
	A系列	B系列	C系列
0	等轴的铁素体晶粒和少量的珠光体，没有带状	均匀的铁素体-珠光体组织，没有带状	均匀的铁素体-珠光体组织，没有带状
1	组织的总取向为变形方向，带状不很明显	组织的总取向为变形方向，带状不很明显	铁素体聚集，沿变形方向取向，带状不很明显
2	等轴铁素体晶粒基体上有1~2条连续的铁素体带	等轴铁素体晶粒基体上有1~2条连续的和几条分散的等轴铁素体带	等轴铁素体晶粒基体上有1~2条连续的和几条分散的等轴铁素体-珠光体带
3	等轴铁素体晶粒基体上有几条连续的铁素体带穿过整个视场	等轴晶粒组成几条连续的贯穿视场铁素体-珠光体交替带	等轴晶粒组成的几条连续铁素体-珠光体交替的带，穿过整个视场

续表 6 - 4

级别	组 织 特 征		
	A 系列	B 系列	C 系列
4	等轴铁素体晶粒和较粗的变形铁素体晶粒组成贯穿视场的交替带	等轴晶粒和一些变形晶粒组成贯穿视场的铁素体 - 珠光体均匀交替带	等轴晶粒和一些变形晶粒组成贯穿视场的铁素体 - 珠光体均匀交替带
5	等轴铁素体晶粒和大量较粗的变形铁素体晶粒组成贯穿视场的交替带	变形晶粒为主构成贯穿视场的铁素体 - 珠光体不均匀交替带	变形晶粒为主构成贯穿视场的铁素体 - 珠光体不均匀交替带

1）A 系列：指定作为碳含量不大于 0.15% 钢的带状组织评级。

2）B 系列：指定作为碳含量 0.16% ~0.30% 钢的带状组织评级。

3）C 系列：指定作为碳含量 0.31% ~0.50% 钢的带状组织评级。

（4）魏氏组织。评定珠光体钢过热后的魏氏组织，要根据析出针状铁素体数量、尺寸和由铁素体网确定的奥氏体晶粒大小的原则确定。表 6 - 5 是对组织特征的描述，由 2 个系列各 6 个级别组成。

表 6 - 5 魏氏组织

级别	组 织 特 征	
	A 系列	B 系列
0	均匀的铁素体和珠光体组织，无魏氏组织特征	均匀的铁素体和珠光体组织，无魏氏组织特征
1	铁素体组织中，有呈现不规则的块状铁素体出现	铁素体组织中出现碎块状及沿晶界铁素体网的少量分叉
2	呈现个别针状组织区	出现由晶界铁素体网向晶内生长的针状组织
3	由铁素体网向晶内生长，分布于晶粒内部的细针状魏氏组织	大量晶内细针状及由晶界铁素体网向晶内生长的针状魏氏组织
4	明显的魏氏组织	大量由晶界铁素体网向晶内生长的长针状的明显的魏氏组织
5	粗大针状及厚网状的非常明显的魏氏组织	粗大针状及厚网状的非常明显的魏氏组织

1）A 系列：指定作为碳含量 0.15% ~0.30% 钢的魏氏组织评级。

2）B 系列：指定作为碳含量 0.31% ~0.50% 钢的魏氏组织评级。

参考文献

[1] 那宝魁. 钢铁材料质量检验实用手册 [M]. 北京：中国标准出版社，1999.
[2] 王滨. 力学性能试验 [M]. 北京：中国计量出版社，2008.
[3] GB/T 1979—2001 结构钢低倍组织缺陷评级图 [S]. 北京：中国标准出版社，2001.
[4] GB/T 10561—2005 钢中非金属夹杂物含量的测定标准评级图显微检验法 [S].
[5] GB/T 13299—1991 钢的显微组织评定方法 [S].
[6] 赵忠，丁仁亮，周而康. 金属材料及热处理 [M]. 北京：机械工业出版社，2000.
[7] 张炳岭. 金属材料及加工工艺 [M]. 北京：机械工业出版社，2009.

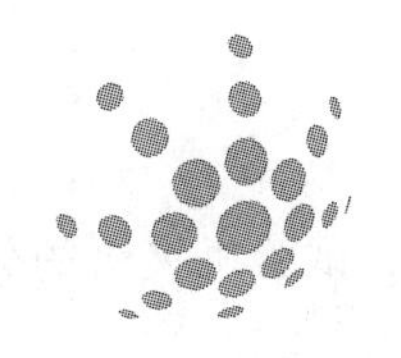

7 钢材力学性能试验

7.1 拉伸试验

金属材料受力时会表现出各种不同的行为，呈现出与弹性和非弹性反应相关或涉及应力－应变关系的力学特性。金属材料力学性能正是材料承受外载荷而不发生失效的能力。力学性能的判据是表征和判定金属力学性能所用的指标和依据，而其高低表征材料抵抗外力作用的能力水平。

拉伸试验是金属力学试验中最基本的试验。各国均有成熟的标准方法，我国的室温拉伸标准方法是《GB/T 228 金属材料 拉伸试验 室温试验方法》，高温拉伸试验方法是《GB/T 4338 金属材料高温拉伸试验方法》，拉伸试验评定的拉伸力学性能是材料的基本力学性能，是评定金属材料质量的重要依据。拉伸试验的基本目的就在于此。通过拉伸试验可以评定金属材料弹性性能、强度性能、延展性能等多方面的性能。为金属材料质量检验，研制和开发新材料，改进材料质量，最大限度地发挥材料潜力，进行金属制件的失效分析，确定金属制件的合理设计、制造、安全使用和维护提供手段，也为选材和质量控制提供手段。

金属高温拉伸试验是在金属室温拉伸试验基础上增加高温环境条件的一种特殊拉伸试验。其试验原理、试验设备和仪器、试样类型、试验程序以及试验结果处理等与室温拉伸试验方法相同或基本相同，高温拉伸试验的目的是测定金属材料在高温大气环境下的拉伸力学性能。由于增加了高温大气环境条件，所以，为了获得、保持和控制规定的高温环境，必须采取一定的技术措施。由此而使高温拉伸试验比室温拉伸试验较为复杂，试验效率也较之为低。

7.1.1 拉伸试验原理及拉伸力学性能的测定

7.1.1.1 拉伸试验原理

国际标准和我国国家标准对拉伸试验原理叙述为：用拉伸力拉伸试样，一般拉伸至断裂，测定一项或几项拉伸力学性能。拉伸力学性能可分为弹性性能，强度性能，延性性能等 3 类。弹性性能包括弹性模量（拉伸杨氏模量）和泊松比等。强度性能包括屈服点（上、下屈服点），规定非比例延伸强度，规定总延伸强度，规定残余延伸强度，抗拉强度和断裂强度等。延性性能包括屈服点伸长率、最大力下的总伸长率和非比例伸长率、断后伸长率、断面收缩率、硬化指数、塑性应变比等。

7.1.1.2 力学性能的测定

A 试验速率

a 测定上屈服强度（R_{eH}）的试验速率

根据国家标准规定，在弹性范围和直至上屈服强度，试验机夹头的分离速率应尽可能保持恒定并在表7－1规定的应力速率范围内。

表7－1 应力速率

材料弹性模量 E/MPa	应力速率/MPa·s^{-1}	
	最 小	最 大
<150000	2	20
≥150000	6	60

b 测定下屈服强度（R_{eL}）的试验速率

若仅测定下屈服强度，在试样平行长度的屈服期间应变速率应在0.00025～0.0025/s之间。平行长度内的应变速率应尽可能保持恒定。如不能直接调节这一应变速率，应通过调节屈服即将开始前的应力速率来调整，在屈服完成之前不再调节试验机的控制。

任何情况下，弹性范围内的应力速率不得超过表7－1规定的最大速率。

c 测定规定非比例延伸强度（R_p）、规定总延伸强度（R_t）和规定残余延伸强度（R_r）的试验速率

应力速率应在表7－1规定的范围内。

在塑性范围和直至规定强度（规定非比例延伸强度、规定总延伸强度和规定残余延伸强度）应变速率不应超过0.0025/s。

d 夹头分离速率

如试验机无能力测量或控制应变速率直至屈服完成，应采用等效于表7－1规定的应力速率的试验机夹头分离速率。

e 测定抗拉强度（R_m）的试验速率

在塑性范围内平行长度的应变速率不应超过0.008/s，如试验不包括屈服强度或规定强度的测定，试验机的速率可以达到塑性范围内允许的最大速率。

B 夹持方法

应使用例如楔形夹头、螺纹夹头、套环夹头等合适的夹具夹持试样。应尽最大努力确保夹持的试样受轴向拉力的作用。当试验脆性材料或测定规定非比例延伸强度、规定总延伸强度、规定残余延伸强度或屈服强度时尤为重要。

C 断后伸长率（A）和断裂总伸长率（A_t）的测定

为了测定断后伸长率，应将试样断裂的部分仔细地配接在一起，使其轴线处于同一直线上，并采取特别措施确保试样断裂部分适当接触后测量试样断后标距。这

对小横截面试样和低伸长率试样尤为重要。

应使用分辨力优于 0.1mm 的量具或测量装置测定断后标距（L_u），准确到 0.25mm。如规定的最小断后伸长率小于 5%，建议采用标准中规定的特殊方法进行测定。

原则上只有断裂处与最接近的标距标记的距离不小于原始标距的三分之一的情况方为有效。但断后伸长率不小于规定值，不管断裂位置处于何处测量均为有效。

能用引伸计测定断裂延伸的试验机，引伸计标距（L_e）应等于试样原始标距（L_0），无需标出试样原始标距的标记。以断裂时的总延伸作为伸长测量时，为得到断后伸长率，应从总延伸中扣除弹性延伸部分。

原则上，断裂发生在引伸计标距以内方为有效，但断后伸长率等于或大于规定值，不管断裂位置处于何处测量均为有效。如果产品标准规定用一固定标距测定断后伸长率，引伸计标距应等于这一标距。

试验前通过协议，可以在一固定标距上测定断后伸长率，然后使用换算公式或换算表将其换算成比例标距的断后伸长率（例如可以使用 GB/T 17600.1 和 GB/T 17600.2 的换算方法）。

当标距或引伸计标距、横截面的形状和面积均为相同时，或当比例系数（k）相同时，断后伸长率才具有可比性。

为了避免因发生在标准规定范围以外的断裂而造成试样报废，可以采用移位方法测定断后伸长率。

根据测定的断裂总延伸除以试样原始标距得到断裂总伸长率（见图 7-1）。

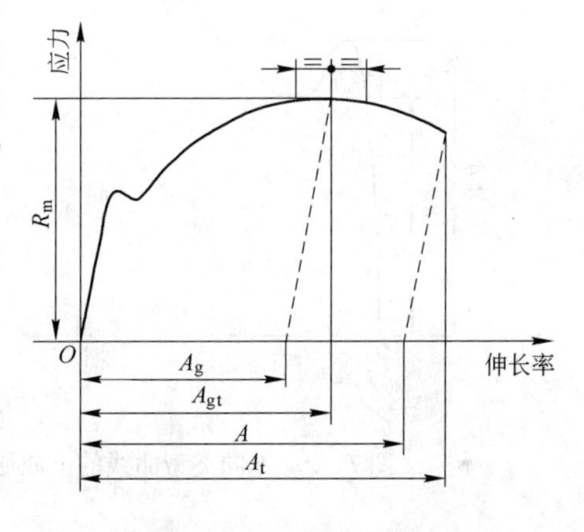

图 7-1 伸长的定义

D 上屈服强度（R_{eH}）和下屈服强度（R_{eL}）的测定

呈现明显屈服（不连续屈服）现象的金属材料，相关产品标准应规定测定上屈服强度或下屈服强度或两者。如未具体规定，应测定上屈服强度和下屈服强度，或下屈服强度（图 7-2d 的情况）。按照定义及采用下列方法测定上屈服强度和下屈服强度。

（1）图解方法：试验时记录力-延伸曲线或力-位移曲线。从曲线图解取力首次下降前的最大力和不计初始瞬时效应时屈服阶段中的最小力或屈服平台的恒定力。将其分别除以试样原始横截面积（S_0）得到上屈服强度和下屈服强度（见图 7-2）。仲裁试验采用图解方法。

（2）指针方法：试验时，读取测力度盘指针首次回转前指示的最大力和不计初始瞬时效应时屈服阶段中指示的最小力或首次停止转动指示的恒定力。将其分别除

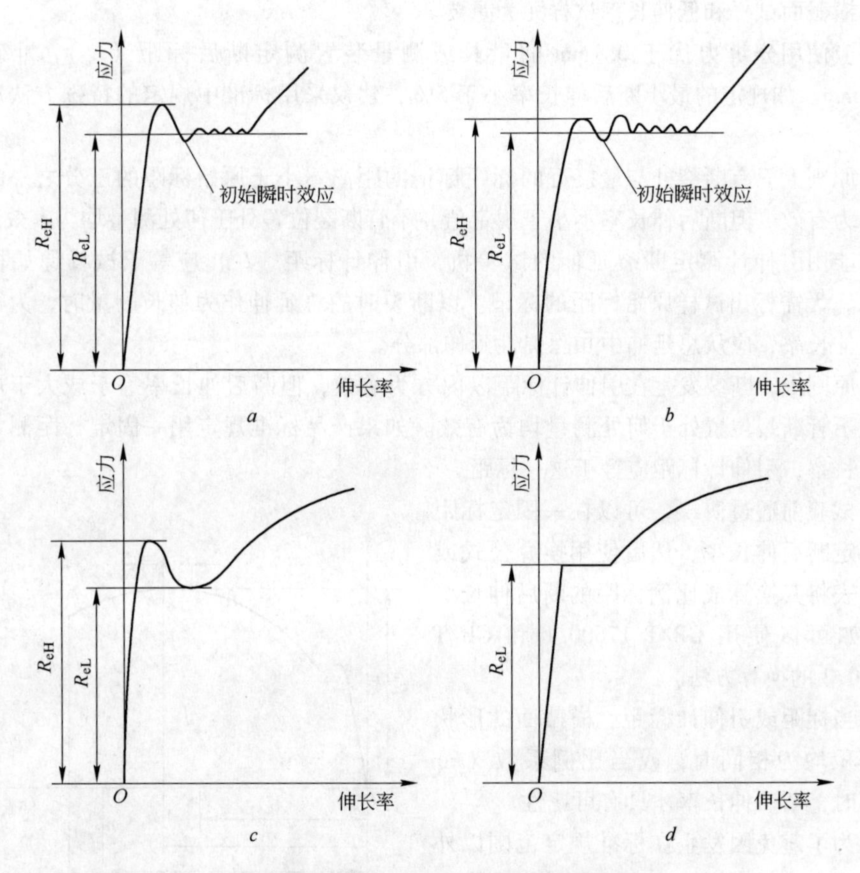

图 7-2　不同类型曲线的上屈服强度和下屈服强度（R_{eH}和R_{eL}）

以试样原始横截面积（S_0）得到上屈服强度和下屈服强度。

可以使用自动装置（例如微处理机等）或自动测试系统测定上屈服强度和下屈服强度，可以不绘制拉伸曲线图。

E　规定非比例延伸强度（R_p）的测定

根据力-延伸曲线图测定规定非比例延伸强度。在曲线图上，画一条与曲线的弹性直线段部分平行，且在延伸轴上与此直线段的距离等效于规定非比例伸长率，例如 0.2% 的直线。此平行线与曲线的交点给出相应于所求规定非比例延伸强度的力。此力除以试样原始横截面积（S_0）得到规定非比例延伸强度（见图 7-3）。

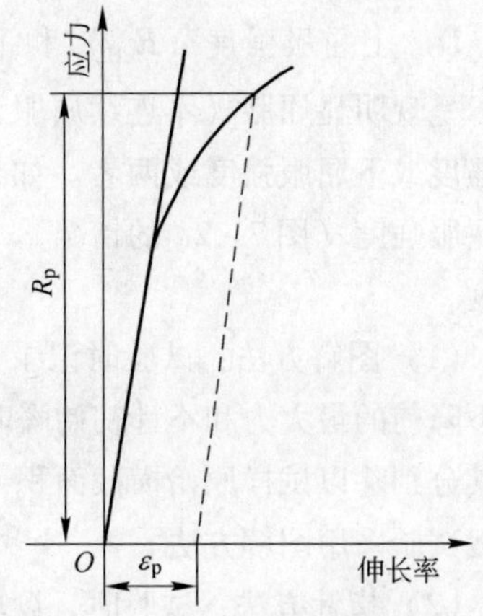

图 7-3　规定非比例延伸强度（R_p）

准确绘制力-伸长曲线图十分重要。如

力-伸长曲线图的弹性直线部分不能明确地确定，以致不能以足够的准确度划出这一平行线，推荐采用如下方法，见图7-4。

试验时，当已超过预期的规定非比例延伸强度后，将力降至约为已达到的力的10%。然后再施加力直至超过原已达到的力。为了测定规定非比例延伸强度，过滞后环画一直线。然后经过横轴上与曲线原点的距离等于所规定的非比例伸长率的点，作平行于此直线的平行线。平行线与曲线的交点给出相应于规定非比例延伸强度的力。此力除以试样原始横截面积（S_0）得到规定非比例延伸强度（见图7-4）。

使用各种方法测定规定非比例延伸强度时，要注意拉伸曲线的原点位置是否正确。可以用各种方法修正曲线的原点。一般使用如下方法：在曲线图上穿过其斜率最接近于滞后环斜率的弹性上升部分，画一条平行于滞后环所确定的直线的平行线，此平行线与延伸轴的交点即为曲线的修正原点。

使用自动装置（例如微处理机等）或自动测试系统测定规定非比例延伸强度，可以不绘制力-伸长曲线图。但软件对于规定总延伸特征点的采集、储存和计算必须准确可靠。

F　规定总延伸强度（R_t）的测定

在力-伸长曲线图上，画一条平行于力轴并与该轴的距离等于规定总伸长率的平行线，此平行线与曲线的交点给出相应于规定总延伸强度的力，此力除以试样原始横截面积（S_0）得到规定总延伸强度（见图7-5）。

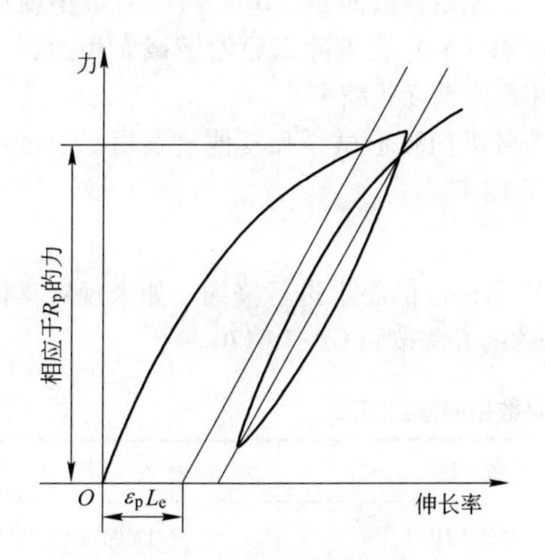

图7-4　规定非比例延伸强度（R_p）

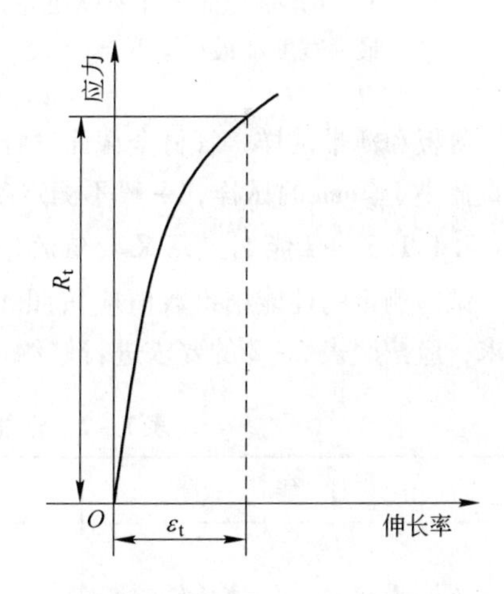

图7-5　规定总延伸强度

可以使用自动装置（例如微处理机等）或自动测试系统测定规定总延伸强度，可以不绘制力-伸长曲线图。

G　抗拉强度（R_m）的测定

采用图解方法或指针方法测定抗拉强度。对于呈现明显屈服（不连续屈服）现象的金属材料，从记录的力－伸长或力－位移曲线图，或从测力度盘，读取过了屈服阶段之后的最大力（见图7－6）；对于呈现无明显屈服（连续屈服）现象的金属材料，从记录的力－伸长或力－位移曲线图，或从测力度盘，读取试验过程中的最大力。最大力除以试样原始横截面积（S_0）得到抗拉强度。

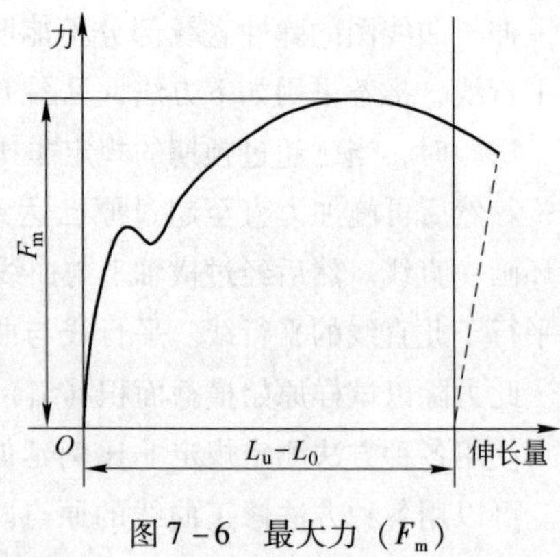

图7－6 最大力（F_m）

可以使用自动装置（例如微处理机等）或自动测试系统测定抗拉强度，可以不绘制拉伸曲线图。

H 断面收缩率（Z）的测定

按照断面收缩率的定义来测定，断裂后最小横截面积的测定应准确到±2%。测量时，将试样断裂部分仔细地配接在一起，使其轴线处于同一直线上。对于圆形横截面试样，在缩颈最小处相互垂直方向测量直径，取其算术平均值计算最小横截面积；对于矩形横截面试样，测量缩颈处的最大宽度和最小厚度（见图7－7），两者之乘积为断后最小横截面积。

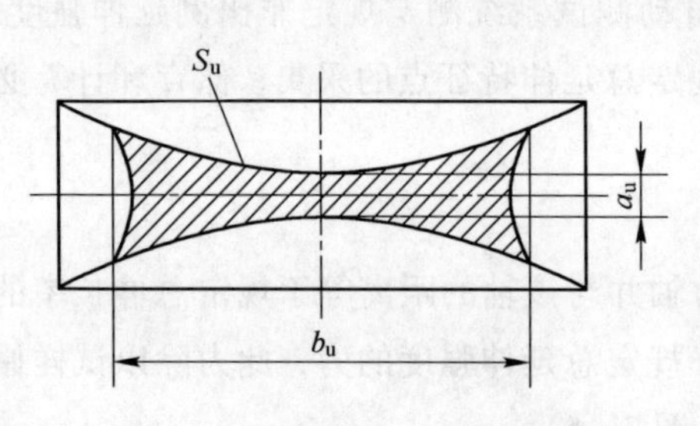

图7－7 矩形横截面试样缩颈处最大宽度和最小厚度

原始横截面积（S_0）与断后最小横截面积（S_u）之差除以原始横截面积的百分率即为断面收缩率。

薄板和薄带试样、管材全截面试样、圆管纵向弧形试样和其他复杂横截面试样及直径小于3mm的试样，一般不测定断面收缩率。

7.1.1.3 性能测定结果数值的修约

试验测定的性能结果数值应按照相关产品标准的要求进行修约。如未规定具体要求，应按照表7－2的要求进行修约。修约的方法按照GB/T 8170。

表7－2 性能结果数值的修约间隔

性 能	范 围	修约间隔
R_{eH}, R_{eL}, R_p, R_t, R_r, R_m	≤200MPa >200～1000MPa >1000MPa	1MPa 5MPa 10MPa
A_e		0.05%
A, A_t, A_{gt}, A_g		0.5%
Z		0.5%

7.1.1.4 试验结果处理

试验出现下列情况之一其试验结果无效，应重做同样数量试样的试验。

(1) 试样断在标距外或断在机械刻划的标距标记上，而且断后伸长率小于规定最小值；

(2) 试验期间设备发生故障，影响了试验结果。

试验后试样出现两个或两个以上的缩颈以及显示出肉眼可见的冶金缺陷（例如分层、气泡、夹渣、缩孔等），应在试验记录和报告中注明。

7.1.1.5 试验报告

试验报告一般应包括下列内容：本国家标准编号、试样标识、材料名称、牌号、试样类型、试样的取样方向和位置、所测性能结果。

7.1.2 拉伸试验试样要求

通过对试样的拉伸试验来获得冶金产品的力学性能数据，进而评定产品的质量，正确取样是准确评定产品性能的重要一环。取样部位、取样方向和取样数量是取样三要素。这些要素中每一个都对试样拉伸力学性能结果有影响。

7.1.2.1 取样部位

由于金属材料在冷变形或热变形的加工过程中变形量不会处处均匀，加工成材之前的原锭坯内部还会有各类分布不均匀的冶金缺陷，以及因加热的条件差异成材后的金属组织上也存在不均匀，此外还有其他诸多工艺变动因素，决定了名义上相同的一批产品，甚至同一产品的不同部位其力学性能也会出现差异。正因如此，在不同部位取样试验，其结果必然有所不同。

7.1.2.2 取样方向

在生产制造过程中，一般通过压力加工使冶金产品具有一定形状的横截面。在制造时，材料的金属晶粒沿主变形方向流动，晶粒被变形拉长并排成行，而且夹杂也沿变形方向排列，这就形成了所谓的金属纤维。由此造成性能的各向异性。此外冷加工成型的制品，会形成织构和残余应力，这也是造成性能各向异性的原因之一。

7.1.2.3 取样数量

为了得到有用的试验结果，对于具体试验，应规定最小试验数目。根据要进行的试验类型、产品和材料的性能的主要用途、性能的分散性以及经济因素确定最小试验数目。对于生产检验和验收检验的拉伸试验，一般是一批做一个试验。但为了得到较高可靠性的试验结果，或对重要用途的材料，最小试验数目应具体分析确定。

前面对取样的部位、方向对试验结果的影响作了介绍。对于如何确定取样部位和方向，也无一般性规律，所以产品标准或协议应根据产品特点明确规定取样部位、方向和数量。

国家标准 GB/T 2975 对钢材力学及工艺性能试验取样做了一般性的规定，其中包括拉伸试验样坯的切取部位和方向。

7.1.2.4 样坯的切取和试样制备的方法

常见的样坯切取方法有冷剪法、火焰切割法、空心钻套取法、砂轮片切割法，还有锯切和冲切法等。无论采用哪种方法，必须要注意的是切取样坯时，要防止因受热、加工硬化及变形而影响其性能。尤其是采用冷剪法时应留有足够的机加工余量，以便通过机加工将受加工硬化影响的材料去除掉。用火焰切割切取样坯时，从样坯切割线至试样边缘必须留有足够的机加工余量，一般不少于钢材的厚度或直径，但最小不少于20mm。对厚度或直径大于60mm的钢材，其机加工余量可根据双方协议适当减少。强调留有足够机加工余量是为机加工试样时，把受热或冷加工硬化的部分完全去除掉，以免影响性能的测定。

对于板材和带材，应从外观检查合格的产品上切取样坯，并应保留其原表面不予损伤。从盘卷上切取线材和薄板（带）材样坯时，可以进行校直和校平。一般用软金属锤、塑料槌或木槌在一平面上进行。但不应改变其原横截面形状和改变材料的力学性能。对于不测伸长率的试样可不经校直和校平。

从样坯机加工成试样，一般通过车、铣、刨、磨等机加工方法，但车削、切削和磨削的深度和走刀速度以及润滑冷却均应适当，以不发生因受热和冷加工硬化而影响材料的性能为准则。需热处理的试样，一般在最后一道工序或精加工之前进行，车圆试样应保留中心孔。

试样机加工表面的要求：对于圆形横截面试样其表面粗糙度参数应不大于0.8μm，对于两面机加工的矩形和弧形横截面试样应不大于3.2μm，对于高温和低温拉伸试验的试样不大于1.6μm。表面粗糙度对伸长率的测定有影响，一般趋向是粗糙度差的其值偏低。

试样横截面是通过实测尺寸计算的，试样横截面尺寸的公差大小对性能影响不明显。若以标称尺寸计算横截面面积时，则公差要求不能太松，如公差太大以致实际横截面面积与标称计算值偏差超过1%，则为不可接受。应尽可能利用实测尺寸计算原始横截面积。

试样的形状公差是重要的，形状公差对性能测定有影响，应合理地控制。对于圆形横截面试样的形状公差应不超过直径的0.5%。对于矩形横截面试样宽度的形状公差应不超过宽度的1%。这样的要求既不明显影响伸长率的测定也不至于使机加工难度过大。

试样的偏心度是指试样两头部的轴线与平行长度部分的轴线相偏离的程度。这一偏差对于一般的拉伸性能，例如，强度、屈服点、伸长率及断面收缩率等的测定影响不十分敏感，但因试样偏心以及试验机的力轴与试样的不同轴，对测定弹性模量E，泊松比μ和规定非比例延伸强度等性能影响较明显。因此，机加工试样时尽量减少其同轴度误差。一般，机加工试样的同轴度公差大小应不大于形状公差。

机加工完毕的试样，应是表面无划伤、无可见冶金缺陷、无可见裂纹、平直、无锈蚀的，有缺陷、裂纹和明显划伤的试样不应用于试验。

7.1.2.5 试样形状和尺寸

为了进行拉伸力学性能的测定，试样应有规则的横截面形状和尺寸。国家标准

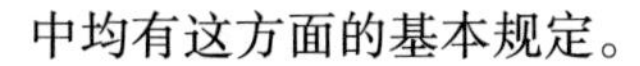

中均有这方面的基本规定。

A 试样的横截面形状

试样横截面形状主要取决于产品的形状和尺寸，标准方法中对试样的横截面形状无什么限制。根据产品或部件可能提供的尺寸，横截面可以为圆形、矩形、环形、弧形，在特殊情况下可以为其他形状。而最常见的为圆形和矩形横截面试样。这两种试样便于机加工、尺寸的测量和夹具的设计。

B 试样平行长度

圆形试样的平行长度应不小于试样标距与其直径之和。仲裁试验时应为标距与两倍直径之和。对于矩形试样，其平行长度应不小于标距与半宽度之和，仲裁试验时应为标距和宽度之和。

C 试样标距

试样标距分为比例标距和非比例标距两类。由此而引出比例试样和非比例试样之别。凡试样的标距与其横截面积存在 $L_0 = k\sqrt{S_0}$ 关系者，其标距称为比例标距，而试样称为比例试样。国家标准中，k 取 5.65 和 11.3 的值。当 k 取 5.65 时，计算的标距称为短比例标距，试样称为短比例试样。当 k 取 11.3 时，分别称为长比例标距和长比例试样。在国际上，包括国际标准和大多数发达国家的标准都推荐优先采用 $k = 5.65$ 的短比例试样，因而有可能把短比例试样作为国际上通用的标准试样。因此，在国家标准中也优先推荐采用短比例试样。

试样标距与试样横截面积不采用上述比例关系者称为定标距（非比例标距），此时试样称为定标距试样（非比例试样），定标距即试样标距为一定值不随横截面积而变，但其值大小应由产品标准或协议规定。

7.1.2.6 试样分类

拉伸试样一般分为圆形、矩形和异形 3 类，应根据金属制品的特性、品名、规格尺寸和试验目的选定不同的试样类型和尺寸。在产品标准无规定时，可以按以下的试样分类选用拉伸试样。

A 棒材用试样

棒材一般应采用圆形试样。材料尺寸足够时，一般优先采用 $d_0 = 10\text{mm}$、$L_0 = 5d_0$ 的短比例试样。如为了考核材料的整体性能，也可以采用 $d_0 > 25\text{mm}$ 或尽可能大的圆形试样。材料尺寸不足以制造直径 $d_0 = 10\text{mm}$ 的短比例试样时，可采用直径尽量大的试样。

对于圆形试样平行长度的表面粗糙度值应不大于 0.8μm。对于软金属材料，通过协商可以适当放宽粗糙度的要求。对于脆性材料和高强度材料，表面粗糙度应适当加严。

圆形试样头部尺寸应根据试验机夹具设计，但不得影响性能的测定。头部与平行长度之间应具备一定的过渡圆弧。拉伸断裂的位置对断后伸长率的测定有影响，最理想的情况是断裂在试样标距的中间，为了引导断裂于标距的中间处，可以通过机加工方法，使试样标距中间处的尺寸比其两端稍小，但其差不得超过所允许的形状公差范围或不超过直径的0.5%。

仲裁试验采用带头试样，不带头试样一般用于不宜或不经机加工而整拉的棒材。

B 板（带）材用试样

厚度在0.1～25mm的板材（包括薄板、带）一般采用矩形试样。应优先采用$k=5.65$的短比例试样，厚板材可以通过机加工一侧减薄，或四面机加工的矩形试样，宽厚比一般不大于8∶1；若厚度尺寸较小，取$k=5.65$计算的短比例试样的标距小于15mm时，可采用定标距试样或长比例试样。

矩形试样分带头和不带头两种，仲裁试验采用前者。试样头部形状和尺寸应按照夹头设计，过渡半径是试样的重要参数，应满足标准规定。对于强度高或用普通夹头夹持困难的材料，可以采用头部带销孔的试样，矩形试样头部长度应不小于夹具的夹持长度的3/4。

C 管材用试样

a 纵向弧形试样

壁厚小于8mm的管材，一般采用纵向弧形试样。对于壁厚大于8mm的管材，可以采取尽量大的横向或纵向圆形试样。纵向弧形试样分带头与不带头两种，仲裁试验应采用带头试样。

b 全截面管段试样

外径不大于50mm的管材，一般可采用全截面管段试样。管段试样应在其两端配合塞头以利于夹具夹持。

c 大口径焊管母材及焊接头用试样

口径不小于168mm的螺旋焊管母材及焊接接头用短比例试样。

D 铸件用试样

如果不测定断后伸长率，一般采用圆形试样。如果测定断后伸长率，采用标距为$L_0=5d_0$或$L_0=10d_0$的比例试样。

E 锻件用试样

锻件用的试样一般采用直径为5mm或10mm的圆形试样，其标距采用$L_0=5d_0$的短比例试样，如有特殊要求，可采用$L_0=10d_0$或$L_0=4d_0$的比例试样或定标距试样。

F 线（丝）材用试样

线材一般采用定标距$L_0=100$mm或200mm的试样。

7.2 压缩试验

7.2.1 压缩试验的工程应用及特点

压缩试验也是一种常用的试验方法。工程实际中有很多承受压缩载荷的构件，例如，大型厂房的立柱、起重机的支架、机器的机座等。这就需要对其原材料进行压缩试验评定。

按实际构件承受压缩载荷的方式，可简化为单向压缩、双向压缩和三向压缩。

工程中最常见也是最简单的是单向压缩，例如，桁架的压杆、起重机的支架等。本节主要研究材料的单向压缩试验，简称压缩试验。压缩试验有下述特点。

（1）受力特点：作用在构件上的外力可合成为同一方向的作用力。

（2）变形特点：构件产生沿外力合力方向的缩短。

（3）单向压缩应力状态的软性系数 $\alpha=2$，很适于脆性材料的力学性能试验，如铸铁、铸铝合金、轴承合金、建筑材料等。

（4）对于塑性材料，只能被压扁，一般不会破坏。

（5）压缩试验时，试样端面存在很大的摩擦力，这将阻碍试样端面的横向变形，影响试验结果的准确性。试样高度与直径之比（L/d）越小，端面摩擦力对试验结果的影响越大。为减小其影响，可适当增大 L/d。

压缩试验标准为《GB/T 7314 金属材料 室温压缩试验方法》等，适用于测定金属材料在室温下单向压缩的规定非比例压缩强度 R_{pc}、规定总压缩强度 R_{tc}、上压缩屈服强度 R_{eHc}、下压缩屈服强度 R_{eLc}、压缩弹性模量 E_c 及脆性材料的抗压强度 R_{mc}。

7.2.2 压缩试验时的力学分析

压缩试验时，试样的受力情况与拉伸试验受力的情况正好相反，其压缩应力也是载荷除以试样的横截面面积。

低碳钢在压缩试验时的应力－应变曲线如图 7－8 所示，图中同时以虚线表示拉伸时的应力－应变曲线。可以看出，这两条曲线的前半部分基本重合，低碳钢压缩时的弹性模量 E_c、上压缩屈服强度 R_{eHc}、下压缩屈服强度 R_{eLc} 都与拉伸试验的结果基本相同。当应力到达屈服强度以后，试样出现显著的塑性变形，试样的长度缩短，横截面变粗。由于试样两端面与压头间摩擦力的影响，试样两端的横向变形受到阻碍，所以试样被压成鼓形。随着压力的增加，试样愈压愈扁，但并不破坏，因此不能测出低碳钢压缩破坏时的抗压强度。

与塑性材料相反，脆性材料压缩时的力学性质与拉伸时有较大区别。例如，铸铁压缩时的应力－应变曲线如图 7－9 所示，图中，同时以虚线表示拉伸时的应力－应变曲线，其抗压强度 R_{mc} 远比抗拉强度 R_m 为高，约为抗拉强度的 2～5 倍。

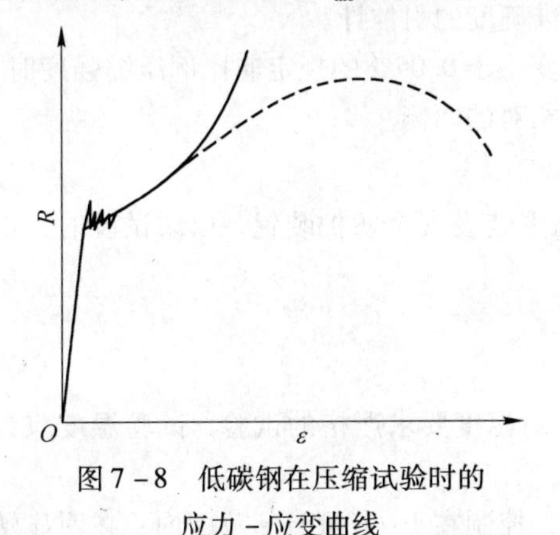

图 7－8 低碳钢在压缩试验时的应力－应变曲线

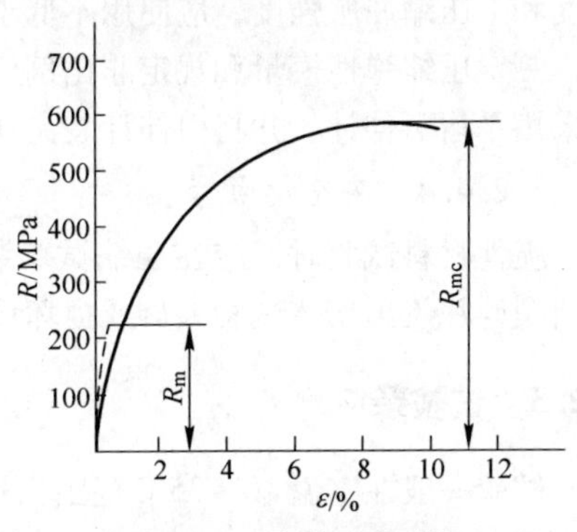

图 7－9 铸铁压缩时的应力－应变曲线

7.2.3 压缩试样

试样形状和尺寸的设计应保证：在试验过程中标距内为均匀单向压缩；引伸计所测变形应与试样轴线上标距段的变形相等；端部不应在试验结束之前损坏。一般应采用 GB/T 7314 推荐的试样，凡能满足上述要求的其他试样也可采用。

试样应平直，棱边无毛刺、无倒角。在切取样坯和机加工试样时，应防止因冷加工或热影响而改变材料的性能。对于板状试样，当其厚度为原材料厚度时，应保留原表面，表面不应有划痕等损伤；当试样厚度为机加工厚度时，表面粗糙度应不低于原表面的粗糙度。厚度（直径）在标距内的允许偏差为1%或0.05mm，取其小值。

7.2.4 试验设备

7.2.4.1 试验机

试验机准确度应为1级或优于1级，并应按照 GB/T 16825.1 进行检验。试验机上、下压头的表面平行度不低于1：0.0002mm/mm（安装试样区100mm 范围内）。试验过程中上、下压头间不应有侧向的相对移动和转动。压板的硬度应不低于55HRC。

如不满足上述要求，应加配力导向装置。如偏心压缩的影响较明显，可配用调平垫块。试验机应能在规定的速度范围内控制试验速度，加卸力应平稳、无振动、无冲击。试验机应有放大和记录力及变形的装置。

7.2.4.2 约束装置

板状试样压缩试验时，应使用约束装置。约束装置应具备：试样在低于规定的力作用下不发生屈曲；不影响试样轴向自由收缩及宽度和厚度方向的自由胀大；保证试验过程摩擦力为一个定值。GB/T 7314 推荐了一种约束装置，满足上述要求的约束装置也可采用。

7.2.4.3 引伸计

引伸计的准确度级别应符合 GB/T 12160 的要求。测定压缩弹性模量应使用不低于0.5级准确度的引伸计；测定规定非比例压缩强度、规定总压缩强度、上压缩屈服强度和下压缩屈服强度，应使用不低于1级准确度的引伸计。

测定压缩弹性模量和规定非比例压缩应变小于0.05%的规定非比例压缩强度时，应采用平均引伸计，并将引伸计装夹在试样相对的两侧。

7.2.4.4 安全防护装置

脆性材料试验时，应在压缩试验装置周围装设安全防护装置，以防试验时，试样断裂碎片飞出伤害试验人员或损坏设备。

7.2.5 试验条件

试验一般在室温10～35℃范围内进行。对温度要求严格的试验，试验温度应为(23±5)℃。

试验速度：在弹性范围，采用应力速率，控制在1～10MPa/s 范围内；在明显塑性变形范围，采用应变速率，控制在0.00005～0.0001/s范围内。

对于无应变调速装置的试验机，应保持恒定的夹头速度，以便得到从加力开始至试验结束所要求的平均应变速率。

板状试样应用无腐蚀的溶剂清洗。装进约束装置前，两侧面与夹板间应铺一层厚度不大于0.05mm聚四氟乙烯薄膜，或均匀涂一层润滑剂，例如小于70μm石墨粉调以适量的精密仪表油的润滑剂，以减少摩擦。装夹后，应把两端面用细纱布擦干净。

安装试样时，试样纵轴中心线应与压头轴线重合。

7.2.6 性能测定

7.2.6.1 板状试样夹紧力的选择

根据材料的$R_{pc0.2}$（或R_{eHc}、R_{eLc}）及板材厚度来选择夹紧力。一般使摩擦力F_f不大于$F_{pc0.2}$估计值的2%；对极薄试样，允许摩擦力达到$F_{pc0.2}$估计值的5%。只要能保证试验顺利进行，夹紧力越小越好。

7.2.6.2 板状试样实际压缩力的测定

板状试样有侧向约束试验时自动绘制的力-变形曲线，一般初始部分因摩擦力F_f影响而呈非线性关系。当力足够大时，摩擦力达到一个定值，此后摩擦力不再进一步影响力-变形曲线。设摩擦力平均分布在试样表面上，则实际压缩力F用公式（7-1）表示：

$$F = F_0 - \frac{1}{2}F_f \tag{7-1}$$

式中 F_0——试样上端所受的力，N；

F_f——摩擦力，N。

实际压缩力F可用图7-10确定，沿绘制的力-变形曲线弹性直线段，反延直线交原横坐标轴于O''，在原坐标原点O'与O''的连线中点上，作垂线交反延的直线于O点，O点即为力-变形曲线的真实原点。过O点作平行于原坐标的直线，即为修正后的坐标轴，实际压缩力可在新坐标系上直接判读。

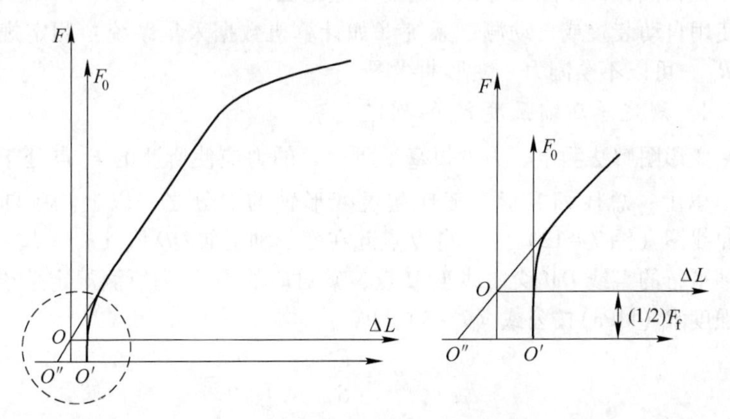

图7-10 图解法测定实际压缩力

允许使用自动装置或自动测试系统（如计算机数据采集系统）测定板状试样实际压缩力，可以不绘制力－变形曲线图。

7.2.6.3 规定非比例压缩强度 R_{pc} 的测定

用力－变形图解法测定。在自动绘制的力－变形曲线图（图 7－11）上，自 O 点起在变形轴上取 OC 段（$\varepsilon_{pc} \cdot L_0 \cdot n$），过 C 点作平行于弹性直线段的直线 CA 交曲线于 A 点，其对应的力 F_{pc} 为所测规定非比例压缩力。规定非比例压缩强度 R_{pc}（MPa）按公式（7－2）计算：

$$R_{pc} = \frac{F_{pc}}{S_0} \tag{7-2}$$

式中 F_{pc}——规定非比例压缩变形的实际压缩力，N；

S_0——试样原始横截面积，mm^2。

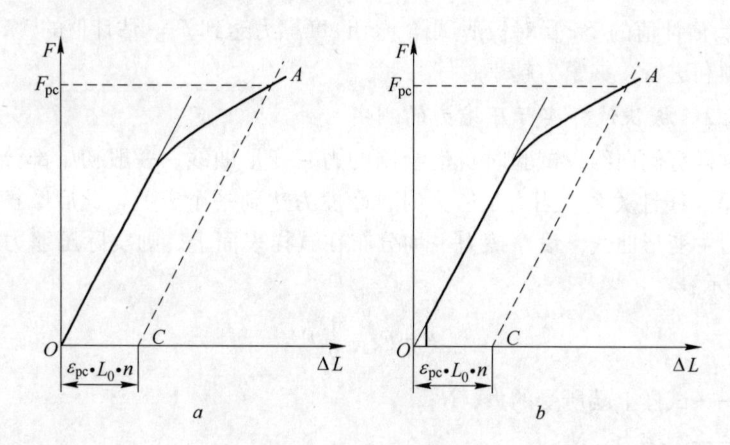

图 7－11 图解法求 F_{pc}

a—无侧向约束试验；b—有侧向约束试验

如果力－变形曲线无明显的弹性直线段，采用逐步逼近法。逐步逼近法具体做法与拉伸试验相似，可参照拉伸试样的逐步逼近法。

允许使用自动装置或自动测试系统（如计算机数据采集系统）测定规定非比例压缩强度 R_{pc}，可以不绘制力－变形曲线图。

7.2.6.4 规定总压缩强度 R_{tc} 的测定

用力－变形图解法测定。力轴每毫米所代表的力应使所测的 F_{tc} 点处于力轴量程的二分之一以上，总压缩变形一般应超过变形轴的二分之一以上。在自动绘制的力－变形曲线图（图 7－12）上，自 O 点起在变形轴上取 OD 段（$\varepsilon_{pc} \cdot L_0 \cdot n$），过 D 点作与力轴平行的直线 DM 交曲线于 M 点，其对应的力 F_{tc} 为所测规定总压缩力。规定总压缩强度 R_{tc}（MPa）按公式（7－3）计算：

$$R_{tc} = \frac{F_{tc}}{S_0} \tag{7-3}$$

允许使用自动装置或自动测试系统（如计算机数据采集系统）测定规定总压缩

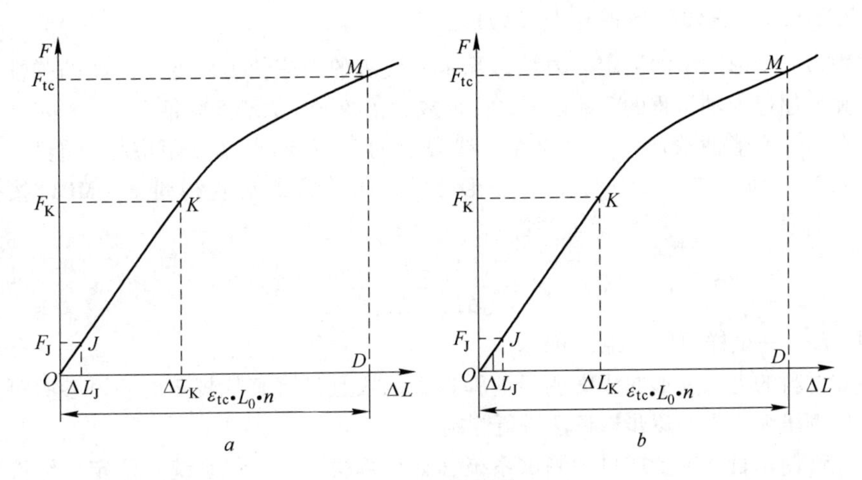

图 7 - 12 图解法求 F_{tc}

a—无侧向约束试验；*b*—有侧向约束试验

强度 R_{tc}，可以不绘制力 - 变形曲线图。

7.2.6.5 上压缩屈服强度 R_{eHc} 和下压缩屈服强度 R_{eLc} 的测定

呈现明显屈服（不连续屈服）现象的金属材料，相关产品标准应规定测定上压缩屈服强度或下压缩屈服强度或两者。如未具体规定，仅测定下压缩屈服强度。

用力 - 变形图解法测定。力轴每毫米所代表的力应使所测的 F_{eHc} 或 F_{eLc} 处于力轴量程的二分之一以上，变形放大倍数应根据屈服阶段的变形来确定，曲线应至少绘制到屈服阶段结束。在曲线上判读力首次下降前的最高实际压缩力 F_{eHc} 和不计初始瞬时效应时屈服阶段的最小实际压缩力或屈服平台的恒定实际压缩力 F_{eLc}。上压缩屈服强度 R_{eHc} 和下压缩屈服强度 R_{eLc}（MPa）分别按公式（7 - 4）和公式（7 - 5）计算：

$$R_{eHc} = \frac{F_{eHc}}{S_0} \qquad (7-4)$$

$$R_{eLc} = \frac{F_{eLc}}{S_0} \qquad (7-5)$$

允许使用自动装置或自动测试系统（如计算机数据采集系统）测定上压缩屈服强度 R_{eHc} 和下压缩屈服强度 R_{eLc}，可以不绘制力 - 变形曲线图。

7.2.6.6 抗压强度 R_{mc} 的测定

试样压至破坏，从力 - 变形曲线图上确定最大实际压缩力 F_{mc}，或从测力度盘上读取最大力值 F_{mc}。抗压强度 R_{mc}（MPa）按公式（7 - 6）计算：

$$R_{mc} = \frac{F_{mc}}{S_0} \qquad (7-6)$$

允许使用自动装置或自动测试系统（如计算机数据采集系统）测定抗压强度 R_{mc}，可以不绘制力 - 变形曲线图。

7.2.6.7 压缩弹性模量 E_c 的测定

用力－变形图解法测定。力轴每毫米所代表的力应使力－变形曲线的弹性直线段的高度超过力轴量程的3/5以上，变形放大倍数 n 应大于500倍。

在力－变形曲线图上，取弹性直线段上的 J、K 两点（点距应尽可能长），见图7－12。读取对应的力 F_J、F_K，变形 ΔL_J、ΔL_K。压缩弹性模量 E_c（MPa）按公式（7－7）计算：

$$E_c = \frac{(F_K - F_J) \cdot L_0}{(\Delta L_K - \Delta L_J) \cdot S_0} \tag{7-7}$$

式中 L_0——试样原始标距，mm。

如材料的力－变形曲线无明显的弹性直线段且没有其他规定时，可参照测定规定非比例压缩应力的逐步逼近法进行测定。

允许使用自动装置或自动测试系统（如计算机数据采集系统）测定压缩弹性模量 E_c，可以不绘制力－变形曲线图。

7.2.6.8 性能测定结果数值的修约

试验测定的性能结果数值应按照相关产品标准的要求进行修约。如未规定具体要求，测得的强度性能结果应按照表7－3的要求进行修约；弹性模量测定结果保留3位有效数字，修约的方法按照《GB/T 8170 数值修约规则》执行。

表7－3 应力值修约 (MPa)

性 能	范 围	修约间隔
R_{pc}、R_{tc}、R_{eHc}、R_{eLc}、R_{mc}	≤200	1
	>200～1000	5
	>1000	10

7.2.7 试验结果处理

出现下列情况之一时，试验结果无效，应重做同样数量试样的试验：

（1）试样未达到所求性能前发生屈曲；

（2）试样未达到所求性能前，端部就局部压坏以及试样在凸耳部分或标距外断裂；

（3）试验过程中操作不当；

（4）试验过程中仪器设备发生故障，影响了试验结果。

试验后，试样上显出冶金缺陷（如分层、气泡、夹渣及缩孔等），应在原始记录及报告中注明。

7.2.8 试验报告

试验报告一般应包括标准编号，试样标识，材料的名称、牌号，试样的取样方向和位置，试样的形状和尺寸等。

7.3 硬度试验

金属的硬度是金属材料抵抗局部变形，特别是塑性变形、压痕或划痕的能力，是衡量金属材料软硬程度的一种指标。由于硬度能灵敏地反映金属材料在化学成分、金相组织、热处理工艺及冷加工变形等方面的差异，因此硬度试验在生产、科研及工程上都得到广泛应用。硬度试验方法比较简单易行，试验时不必破坏工件，因此很适合于成批零件检验及机械装备和零部件材质的现场检测。由于硬度试验仅在金属表面局部体积内产生很小的压痕，所以用硬度试验还可以检查金属表面层情况，如脱碳与增碳、表面淬火以及化学热处理后的表面硬度等。

根据受力方式，硬度试验方法一般可分为压入法和刻划法两种。在压入法中，按加力速度不同可分为静力试验法和动力试验法。其中，以静力试验法应用最为普遍。常用的布氏硬度、洛氏硬度和维氏硬度等均属于静力试验法；而肖氏硬度、里氏硬度（弹性回跳法）和锤击布氏硬度等则属于动力试验法。

硬度值的具体物理意义随试验方法的不同，其含义也不同。例如，压入法的硬度值是材料表面抵抗另一物体压入时所引起的塑性变形的能力；刻划法硬度值表示金属抵抗表面局部破裂的能力；而回跳法硬度值则代表金属弹性变形功的大小。因此，硬度值实际上不是一个单纯的物理量，而是一个由材料的弹性、塑性、韧性等一系列不同物理量组合的一种综合性能指标。它表征金属表面上不大体积内抵抗塑性变形或破裂的能力。由此可见，“硬度”不是金属材料独立的力学性能，其硬度值不是一个单纯的物理量，是人为规定的在某一特定条件下的一种性能指标。

硬度试验方法很多，这些方法不仅在原理上有区别，而且就是在同一方法中也还存在着试验力、压头和标尺的不同。因此，在进行硬度试验时，应根据被测试样的特性选择合适的硬度试验方法。从而保证试验结果具有代表性、准确性及相互间的可比性。

7.3.1 布氏硬度试验

7.3.1.1 试验原理

试验时，用一定直径的硬质合金球施加规定的试验力压入试样表面，经规定的保持时间后，卸除试验力，测量试样表面压痕直径（见图 7 - 13），求得压痕球形表面积。布氏硬度值 HBW 是试验力除以压痕球形表面积所得的商再乘以 0.102。即：

$$\mathrm{HBW}=0.102\frac{F}{S}=0.102\frac{F}{\pi Dh} \tag{7-8}$$

式中 F——试验力，N；

S——压痕面积，mm^2；

D——硬质合金球直径，mm；

h——压痕深度，mm。

布氏硬度值一般不标出单位。

在实际试验时，由于压痕深度 h 测量比较困难，而测量压痕直径 d 比较方便，因此将式（7－8）中 h 换算成 d 的关系。

从图 7－14 直角三角形 OAB 的关系中可以求出：

$$h=\frac{D}{2}-\frac{1}{2}\sqrt{D^2-d^2}=\frac{1}{2}(D-\sqrt{D^2-d^2}) \tag{7-9}$$

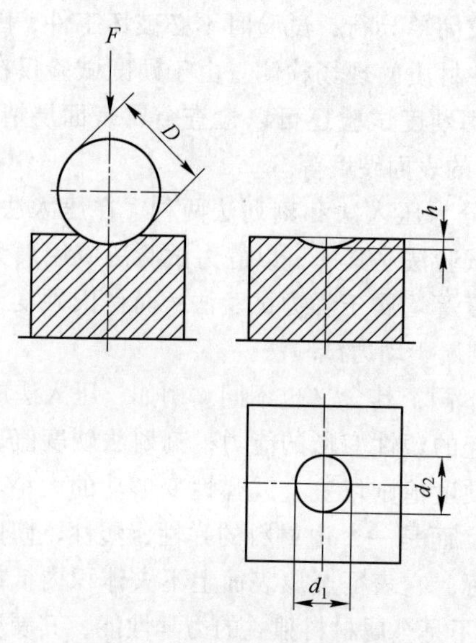

图 7－13 布氏硬度试验原理

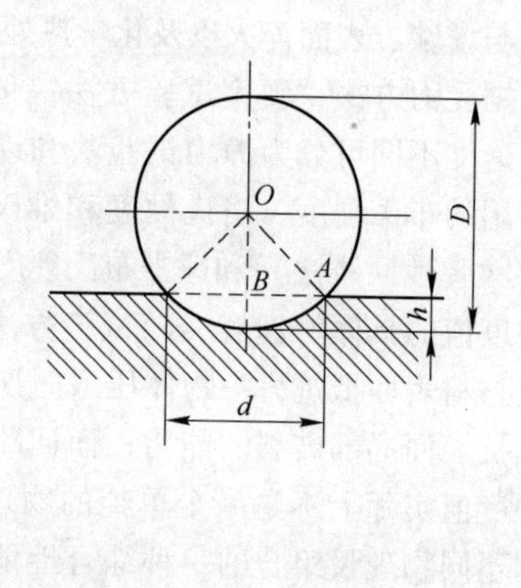

图 7－14 压痕直径 d 与深度 h 的关系

将式（7－9）代入式（7－8）得：

$$\mathrm{HBW}=0.012\frac{2F}{\pi D(D-\sqrt{D^2-d^2})} \tag{7-10}$$

式中，只有 d 是变数，试验时只要测量出压痕直径 d，通过计算或查布氏硬度数值表，即可得出 HBW 值。

布氏硬度表示方法：当压头为硬质合金球时，用符号 HBW 表示（以前曾使用过钢球，用 HBS 表示）。HBW 之前书写硬度值，符号后面依次表示球体直径、试验力及试验力保持时间。当试验力保持时间为 10～15s 时不标注。例如，350HBW5/750 表示用直径 5mm 的硬质合金球，在 7.355kN(750kgf) 试验力作用下，保持 10～15s 测得的布氏硬度值为 350。又如，120HBW10/1000/30，表示用 10mm 球直径，在 9.807kN(1000kgf) 试验力作用下，保持 30s 测得的布氏硬度值为 120。

7.3.1.2 试样及试验设备

A 试样

（1）试样的试验面应是光滑的平面，不应有氧化皮及外界污物。试样表面应能保证压痕能精确测量，表面粗糙度值一般不大于 1.6μm。

（2）试样坯料可采用各种冷热加工方法从原材料或机件上截取，试样的试验面和支承面可采用不同的机械方法加工，两平面应保证平行。试样在制备过程中，应尽量避免由于受热及冷加工等对试样表面硬度的影响。

(3) 试样的厚度至少应为压痕深度的 8 倍。压痕深度 h 可按式（7-9）计算。试验后，试样背面应无可见变形痕迹。

【例】 有一钢铁材料，试样厚度为5mm，压头直径为10mm；在29.42kN试验力作用下，测得压痕平均直径 $d=4.20\text{mm}$，试确定试样厚度是否满足试验要求。

解：由式（7-9）可求得压痕深度 h：

$$h=\frac{1}{2}\left(D-\sqrt{D^2-d^2}\right)=\frac{1}{2}\left(10-\sqrt{10^2-4.20^2}\right)=0.462\text{mm}$$

由试样厚度 $H\geqslant 8h$，则试样的最小厚度 $H=8\times 0.462\text{mm}=3.70\text{mm}$。因 5mm > 3.70mm，所以试样厚度满足试验要求。

在《GB/T 231.1 金属布氏硬度试验　第1部分：试验方法》试验标准附录 A 中，给出了试样最小厚度与压痕平均直径的关系表，可直接查出试样的最小厚度。

B　试验设备

布氏硬度计是测量布氏硬度的精密计量仪器，尽管布氏硬度计种类较多，构造各异，但必须符合《GB/T 231.2 金属布氏硬度试验　第2部分：硬度计的检验与校准》规定要求。

(1) 布氏硬度测量的各级试验力的误差均应在 GB/T 231.2 规定的试验力标称值的 ±1.0% 以内。硬质合金球硬度不低于 1500HV10。球体直径 10mm 时，允差为 ±0.005mm；球直径为 5mm 时，允差为 ±0.004mm；球体直径不大于 2.5mm 时，允差为 ±0.003mm。

(2) 压痕测量装置的标尺分度应能估测到压痕直径的 ±0.5% 以内。

(3) 硬度计示值重复性和示值误差应符合表 7-4 的规定。其中 $\bar{d}$ 为 5 个压痕直径的总平均值，H 为标准硬度块的标定硬度值。

表 7-4　硬度计的示值重复性和示值误差

标准硬度块 HBW	硬度计示值重复性的最大允许值/mm	硬度计示值误差的最大允许值（相对 H）/%
≤125	$0.030\bar{d}$	±3
125 < HBW ≤ 225	$0.025\bar{d}$	±2.5
>225	$0.020\bar{d}$	±2

(4) 硬度计应由国家计量部门定期检定。

(5) 使用者对布氏硬度计的日常检查方法应按 GB/T 231.1 附录 C 的规定要求进行。

7.3.1.3　试验操作要点

A　试验温度

试验一般在 10～35℃ 室温下进行。对温度要求严格的试验，应控制在（23 ±

5)℃之内。

B 试样的支承

试样支承面、压头表面及试验台面应清洁。试样应稳固地放在试验台面上，保证在试验过程不产生倾斜、位移及挠曲。加力时，试验力作用方向应与试验面垂直。对于不规则的工件试样，应根据其特殊形状，制作合适的试样支承台。支承台应具备足够的支撑刚性。

C 压头直径的确定

试验时，首先根据试样尺寸来确定球压头直径。试样尺寸应包含两方面，一是试样的厚度尺寸，二是试样的被测平面尺寸。当试样尺寸允许时，应优先选用直径 D 为 10mm 球压头进行试验。以便能够较真实反映金属平均硬度和减小压痕的测量误差。

对于铸铁材料的试验，压头球直径一般应不小于 2.5mm。试验标准中规定了 10mm、5mm、2.5mm 和 1mm 四种直径的球压头，只是以最大限度地满足较小较薄试样的试验要求，从而扩大了布氏硬度试验的应用范围。

在常规布氏硬度试验中，试样尺寸往往都比较富裕，一般均能满足 10mm 球压头试验。但对一些特殊或较小试样就要考虑试样尺寸对压头直径的选择限制。如对一些薄板试样和小试样，就要考虑其最小厚度和试样平面尺寸是否满足压头直径的要求。

在试验过程中，若采用的压头直径不能满足试样尺寸时，应选择下一档直径的球压头。如原直径 10mm 的改作直径 5mm。为满足压痕几何形状相似，当改变压头直径时，应保持原 F/D^2 这一比率不变。只有在 F/D^2 不变条件下，且采用较小直径的压头测得较浅压痕深度，使得试样厚度能满足要求时，才可与同一材料采用其他压头直径试验结果进行比较，这就是相似原理的实际应用。

D 试验力的选择

试验力的选择应保证压痕直径在 $0.24D \sim 0.6D$ 之间。试验力 - 压头直径平方的比率（$0.102F/D^2$）应根据材料和硬度值选择，见表 7 - 5。一般较硬的材料应选择较大的 F/D^2 值。

表 7 - 5 不同材料的试验力 - 压头球直径平方的比率

材料	布氏硬度 HBW	试验力 - 压头球直径平方的比率 $0.102F/D^2$
钢、镍合金、钛合金		30
铸铁	<140	10
	≥ 140	30
铜及铜合金	<35	5
	35 ~ 200	10
	>200	30

续表 7－5

材　料	布氏硬度 HBW	试验力－压头球直径平方的比率 $0.102F/D^2$
轻金属及合金	<35	2.5
	35～80	5
		10
		15
	>80	10
		15
铅、锡		1

如有一铸铁材料，采用 10mm 直径压头，采用 F/D^2 比率为 30 的试验力为 29.42kN(3000kgf)。当实验结果硬度值低于 140HBW 时，按表 7－5 规定要求，应改变 F/D^2 比率值，以 F/D^2 为 10 选择试验力 9.807kN(1000kgf)，从而保证硬度较低的材料其压痕直径也在所规定的范围内。

E　试验加力及试验力保持时间

使压头与试样表面接触，无冲击和震动地垂直于试样表面施加试验力，直至达到规定试验力值。从加力开始至施加完全部试验力的时间应在 2～8s 之间。试验力保持时间为 10～15s。对于要求试验力保持时间较长的材料，试验力保持时间允许误差为 ±2s。

试验力保持时间是指从试样承受全部试验力瞬间至开始卸除试验力所经历的时间。大量实验数据表明，试验力保持时间的长短对布氏硬度值有一定的影响，随着试验力保持时间的延长，硬度值逐渐降低，经过一段时间后趋于稳定。为了提高布氏硬度试验结果的准确性，须将试验力保持时间作为试验参数加以规定，并在硬度符号中注明。

F　压痕间距

当对一些较小截面试样和一件试样上测量多点硬度值时，压痕中心距试样边缘的距离和压痕间的距离均要满足试验标准所规定的最小距离要求。任一压痕中心距试样边缘距离至少为压痕平均直径的 2.5 倍。两相邻压痕中心间距离至少为压痕平均直径的 3 倍。

7.3.1.4　试验结果处理

试验后，应检查试样背面，若发现试样背面出现变形痕迹，则试验结果无效。压痕直径应在 $0.24D$～$0.6D$ 之间。

在读数显微镜或其他测量装置上测量压痕直径时，应在两个相互垂直的方向测量，用两个读数的平均值计算布氏硬度，或按照标准附录 B 中查得布氏硬度值。

计算的布氏硬度值或计算的 3 点布氏硬度平均值大于或者等于 100 时，修约至整数；不小于10至小于100时，修约至1位小数；小于10时，修约至2位小数。

7.3.1.5 试验报告

试验报告一般应包括所采用的国家标准编号、有关试样的详细资料、试验温度、试验结果、不在本标准规定之内的操作和影响试验结果的各种细节等内容。

目前，尚没有普遍适用的精确方法将布氏硬度换算成其他硬度或抗拉强度，因此，除非通过对比试验得到相关的换算依据，或按照产品标准的规定，否则一般应避免这种换算。

试验时应注意材料的各向异性，例如经过大变形量冷加工，这样压痕直径在不同方向可能有较大的差异。

7.3.1.6 应用范围及优缺点

布氏硬度适用于退火、正火状态的钢铁件、铸铁、有色金属及其合金，特别对较软金属，如铝、铅、锡等更为适宜。

由于布氏硬度试验时采用较大直径球体压头，所得压痕面积较大，因而测得的硬度值反映金属在较大范围内的平均性能。由于压痕较大，所测得数据稳定，重复性强。

布氏硬度的缺点是对不同的材料需要更换压头和改变试验力，压痕直径测量也比较麻烦。同时，由于压痕较大，对成品件不宜采用。

7.3.2 洛氏硬度试验

7.3.2.1 试验原理

洛氏硬度试验方法和布氏硬度试验方法不同，它不是通过测量压痕面积来计算硬度值，而是采用测量压痕深度的方法来表示材料的硬度。

洛氏硬度试验压头采用120°金刚石圆锥体或一定直径的硬质合金球压头。试验时，先施加初始试验力 F_0，使试样表面产生一个初始的压入深度 h_0，以此作为测量压痕深度的基准。然后施加主试验力 F_1，其压痕深度的增量为 h_1。试样在 F_1 作用下产生的总变形量 h_1 中既有弹性变形量又有塑性变形量。经过规定保持时间后，卸除主试验力 F_1，其中弹性变形量将恢复，压头随之回复一定高度。于是在试样上得到由于主试验力所产生的压痕深度的残余增量 h，见图7-15。h 是反映金属硬度高低的定量值。h 越大，表示洛氏硬度值越低，反之，则表明洛氏硬度值越高。

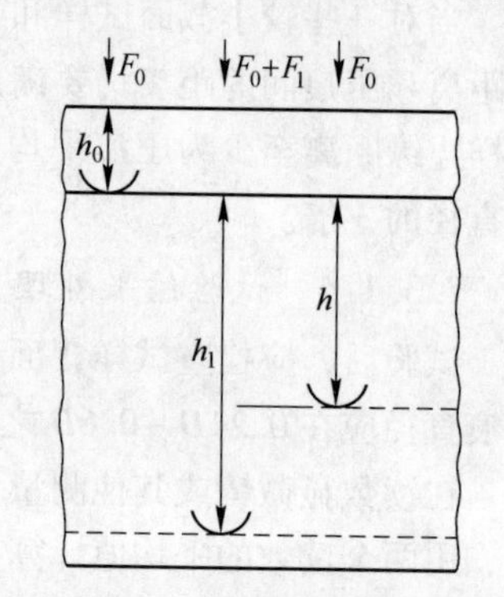

图7-15 洛氏硬度试验原理

根据 h 值及常数 N 和 S，用式（7-11）计算洛氏硬度值，用符号HR表示。

$$HR = N - \frac{h}{s} \qquad (7-11)$$

式中 N——给定标尺的硬度数；

h——卸除主试验力后，在初试验力下压痕残留的深度（残余压痕深度）；

s——给定标尺的单位（0.002mm 为一个洛氏单位，0.001mm 为一个表面洛氏单位）。

由式（7-11）可见，洛氏硬度值是一个无量纲的量。

当压头为金刚石锥体时，规定 $N=100$，对应深度为 $100\times0.002\text{mm}=0.2\text{mm}$。当压痕残余增量为 0.2mm 时，则金属洛氏硬度值为零。0.2mm 为 100 个洛氏硬度单位，则洛氏硬度值应为 $HR=100-\frac{h}{s}$。

当压头为球压头时，由于多用于测定较软金属硬度，压入深度较深，有可能深度大于 0.2mm。若 N 值仍为 100，则计算出的硬度值就可能为零值或负值。为避免出现这种情况，故将 N 值定为 130。也就是说将 0.26mm 深度划分为 130 等份，即 130 个洛氏单位，则洛氏硬度值为 $HR=130-\frac{h}{s}$。

洛氏硬度表示方法如下。

A、C 和 D 标尺洛氏硬度用硬度值、符号 HR 和标尺的字母表示。例：48.5HRC 表示用 C 标尺测得洛氏硬度值为 48.5。

B、E、F、G、H 和 K 标尺洛氏硬度用硬度值、符号 HR、使用的标尺和球压头代号（钢球为 S，硬质合金球为 W）表示。例：72.0HRBW 表示用硬质合金球压头在 B 标尺上测得洛氏硬度值为 72.0。

7.3.2.2 试样及实验设备

A 试样

a 试样制备及加工

试样的坯料可采用各种冷热加工方法从原材料或机件上切取。试样在制备过程中应尽量避免由于切削机加工过程中进刀量过大或切削速度过快等操作因素引起的试样过热，造成试样表面硬度改变。另外，在加工时，应注意不要使表面产生明显硬化层，以免影响试验结果的准确性。

b 试样表面及支承面的要求

试样表面应尽可能是平面，不应有氧化皮及其他污物。表面粗糙度值一般不大于 0.8μm，试样支承面应平整并与试验面平行。

c 试样厚度

对于用金刚石圆锥压头进行试验，试样或试验层厚度应不小于残余压痕深度的 10 倍；对于用球压头进行试验，试样或试验层厚度应不小于残余压痕深度的 15 倍，并且试验后试样背面不得有肉眼可见变形痕迹。试样最小厚度的确定应通过对压痕下的弹性-塑性变形及硬化深度的试验来确定。由于压头种类、总试验力及材料不同，塑性变形大小不尽一致。标准中规定的试样的最小厚度根据压头类型来确定，是在大量实验结果中总结分析得到的。

采用球压头及金刚石圆锥压头有关洛氏硬度-试样最小厚度关系图见《GB/T 230.1 金属洛氏硬度试验 第 1 部分：试验方法（A、B、C、D、E、F、G、H、K、

N、T标尺)》附录B。

根据试样硬度值来确定试样最小厚度。

【例】 材料硬度为40HRC，试确定试样最小厚度 H。

解：已知金刚石圆锥压头 $N=100$；由式（7-11）可得压痕深度残余增量：

$$h=(100-\mathrm{HRC})\times 0.002\mathrm{mm}=60\times 0.002\mathrm{mm}=0.12\mathrm{mm}$$

试样最小厚度 $H\geqslant 10h$，即 $H\geqslant 1.2\mathrm{mm}$。

B 试验设备

洛氏硬度计是应用最广的一种硬度计。在实验室中，要定期检查硬度计以确保其准确性和稳定性。

a 试验力

试验力误差对洛氏硬度示值有很大的影响。试验力超过规定范围，直接导致压痕深度增大或减小，从而影响试验结果的准确性。为此，国家相关标准对洛氏硬度计试验力允许误差都有规定：初试验力 F_0（在主试验力 F_1 施加前和卸除后）的最大允差应为其标称值的±2.0%。总试验力 F 的最大允差应为其标称值的±1.0%。F 的每一单个测量值均应在此允差之内。

b 洛氏硬度压头

在洛氏硬度试验中，用A、C和D标尺测定硬度时，使用金刚石圆锥压头，对圆锥压头的技术要求：圆锥顶角（120±0.35)°；邻近结合处的金刚石圆锥母线的偏差在0.4mm的最小长度内不应超过0.002mm。球面半径（0.2±0.01)mm；表面粗糙度值不大于0.025μm；金刚石圆轴线与压头柄轴线（垂直于座的安装面）的夹角不应超0.5°。在进行B、F、G和E、H、K标尺试验时，分别使用直径1.588mm（1/16″）和3.175mm（1/8″）的球压头。其球直径允差分别为±0.0035mm和±0.004mm。表面粗糙度值不大于0.025μm；钢球表面硬度不低于750HV10，硬质合金球表面硬度不低于1500HV10。

c 压痕深度测量装置

检验深度测量装置用的仪器应具有0.0002mm的准确度。对A~K标尺深度测量装置的示值在每一范围内均应准确到±0.001mm，对于N和T标尺均应精确到±0.0005mm，即均为0.5个标尺单位。

d 硬度计示值误差及重复性

硬度计示值误差及重复性是对洛氏硬度计的综合检查，是硬度试验结果的重要技术参数。在标准洛氏硬度块上均匀地测定6点硬度值。第1点不计，取后5次测定值的算术平均值，于是硬度计的示值误差可按式（7-12）计算。

$$\delta=\overline{\mathrm{HR}}-\mathrm{HR} \tag{7-12}$$

式中 $\overline{\mathrm{HR}}$——5次测定值的算术平均值；

HR——标准洛氏硬度块的标准值。

重复性 b 按式（7-13）计算：

$$b=\mathrm{HR}_{max}-\mathrm{HR}_{min} \tag{7-13}$$

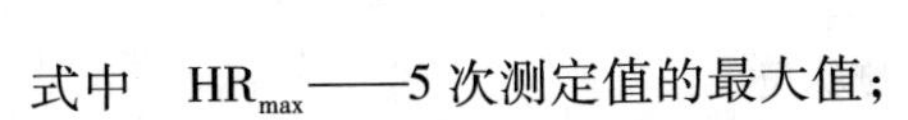

式中 HR_{max}——5 次测定值的最大值；

HR_{min}——5 次测定值的最小值。

硬度计允许的示值重复性和示值误差见表 7－6。

表 7－6 硬度计允许的示值重复性和示值误差

洛氏硬度标尺	标准块的硬度范围	示值允许误差洛氏单位	硬度计允许的示值重复性[1]
A	20HRA～≤75HRA >75HRA～≤88HRA	±2HRA ±1.5HRA	≤0.02(100－$\overline{H}$)或 0.8 洛氏单位[2]
B	20HRB～≤45HRB >45HRB～≤80HRB >80HRB～≤100HRB	±4HRB ±3HRB ±2HRB	≤0.04(130－$\overline{H}$)或 1.2 洛氏单位
C	20HRC～≤70HRC	±1.5HRC	≤0.02(100－$\overline{H}$)或 0.8 洛氏单位
N		±2HRN	≤0.04 (100－$\overline{H}$)或 1.2 洛氏单位
T		±3HRA	≤0.06(100－$\overline{H}$)或 2.4 洛氏单位

① 其中 $\overline{H}$ 为平均值；② 以较大值为准。

e 硬度计应由国家计量部门定期检定

f 操作者对硬度计定期检查的方法

在每次更换压头、试台或支座后，以及大批量试验前或距前一试验超过 24h，操作者应按本标准规定要求，采用标准规定的间接检验方法对硬度计进行日常检查。

检查之前，应预先打两个压痕以保证试样、压头及支座处于正常状态。这两个压痕不作为试验数据。

在与试验材料硬度值相近的标准硬度块上至少打 3 个压痕，如果硬度读数平均值与标准块值之差在表 7－4 规定范围内，则认为硬度计合格，否则应进行直接检验。

7.3.2.3 试验操作要点

A 试验温度

试验一般在 10～35℃室温下进行。对温度要求较高的试验，室温应控制在（23±5)℃之内。

B 洛氏硬度试验标尺的选择

洛氏硬度标尺按洛氏硬度压头的类型及总试验力来划分。洛氏硬度标尺见表 7－7。

表 7-7 洛氏硬度标尺

洛氏硬度标尺	硬度符号	压头类型	初试验力 F_0/N	主试验力 F_1/N	总试验力 F/N	适用范围
A	HRA	金刚石锥体	98.07	490.3	588.4	(20~88)HRA
B	HRB	直径 1.5875mm 球	98.07	882.6	980.7	(20~100)HRB
C	HRC	金刚石锥体	98.07	1373	1471	(20~70)HRC
D	HRD	金刚石锥体	98.07	882.6	980.7	(40~77)HRD
E	HRE	直径 1.5875mm 球	98.07	882.6	980.7	(70~100)HRE
F	HRF	直径 1.5875mm 球	98.07	490.3	588.4	(60~100)HRF
G	HRG	直径 1.5875mm 球	98.07	1373	1471	(30~94)HRG
H	HRH	直径 1.5875mm 球	98.07	490.3	588.4	(80~100)GRH
K	HRK	直径 1.5875mm 球	98.07	1373	1471	(40~100)HRK

各标尺的适用范围如下：HRA 主要用于测定硬质材料的洛氏硬度，像硬质合金、很薄很硬的钢材以及表面硬化层较薄的钢材。HRB 常用于测定低合金钢、软合金、铜合金、铝合金及可锻铸铁等中、低硬度材料。HRC 主要用于测定一般钢材，硬度较高的铸件、珠光体可锻铸铁及淬火加回火的合金钢等的硬度。HRD 用于测定较薄钢材，中等表面硬化的钢以及珠光体可锻铸铁等的硬度。HRE 用于测定铸铁、铝合金、镁合金以及轴承合金等的硬度。HRF 用于测定硬度较低的非铁金属，如退火后的铜合金等，也可测定软金属薄板。HRG 用于测定可锻铸铁、铜-镍-锌合金及铜-镍合金硬度。HRH 主要用于测定硬度很低的非铁金属，如铝、锌、铅等以及轻金属的硬度。HRK 用于测定轴承合金及较软金属或薄材的硬度。

C 硬度计检查

试验前，应首先对硬度计的工作状态进行检查。应使用与试样硬度值相近的标准洛氏硬度块对硬度计进行校验。

D 试样的支承与固定

试样支承面应平整并与试验面平行，以保证试验力垂直地作用在试验面上。试样应稳固地放置在试样台上，并保证在试验过程中不产生位移和挠曲。应对圆柱形试样做适当支承，例如，放置在洛氏硬度值不低于 60HRC 的带有 V 形槽的钢支座上。尤其应注意使压头、试样、V 形槽与硬度计支座中心对中。由于洛氏硬度值是以压痕压入深度度量的，对半成品或工件直接进行试验时，附加样品支承架应具有牢靠的支承稳定性，避免在试验过程中发生转动或位移。以确保试验数据可靠、准确。任何情况下，不允许压头与试台及支座触碰。试样支承面、支座和试台工作面上均不得有压痕。在试验过程中，试验装置不应受到冲击和震动。

E 试验加力及试验力保持时间

使压头和试样表面接触，无冲击和振动地施加初始试验力 F_0，初试验力保持时间不应超过3s。从初试验力 F_0 施加至总试验力 F 的时间应不小于1s且不大于8s。总试验力保持时间为（4±2）s。然后卸除主试验力 F_1，保持初试验力 F_0，经短时间稳定后进行读数。对于低硬度材料，经协商试验力保持时间可以延长，允许偏差±2s。

当施加主试验力后，材料的塑性变形要延续一段时间，塑性变形的大小及延续时间的长短与塑性变形特性有关。一些低硬度材料在试验力作用下变形缓慢进行，宜适当延长试验力保持时间，待塑性变形基本完成，可测得相对稳定的硬度示值。标准中对该类材料试验力保持时间在数值上未做规定，只规定保持时间允许偏差±2s。

F 压痕间距

在洛氏硬度试验中，应按规定要求适当保持压痕之间的距离。两压痕中心间距离至少应为压痕直径的4倍，但不得小于2mm；任一压痕中心距试样边缘距离至少应为压痕直径的2.5倍，但不得小于1mm。由于洛氏硬度试验的压痕直径与所使用的标尺及压痕深度有关，根据大量的试验结果，洛氏硬度值与压痕直径的关系列于表7－8。

表7－8 洛氏硬度值与压痕之间的关系

HRC	压痕直径/mm	HRB	压痕直径/mm	HRC	压痕直径/mm	HRB	压痕直径/mm
65	0.45	100	0.65	40	0.70	50	1.10
60	0.50	90	0.75	35	0.75	40	1.20
55	0.55	80	0.85	30	0.80	30	1.30
50	0.60	70	0.95	25	0.85	25	1.40
45	0.65	60	1.05	20	0.90		

试验时，每个试样上的试验点数不少于4点（第1点不计）。对于大批量试样的检验，点数可以适当减少。

7.3.2.4 试验结果处理

（1）洛氏硬度试验应精确至0.5个洛氏单位，每个试样一般应给出3点洛氏硬度。

（2）曲面试样洛氏硬度值的修正：洛氏硬度试验可以在曲面上测量，但对于曲率半径较小的试样，应根据其曲率半径及硬度范围按标准规定对试验结果进行修正。这是因为压头压入曲面试样时，被压处周围垂直于压头作用体积较平面时明显减少，其抵抗能力明显削弱，致使压痕深度增加，硬度值降低。曲面曲率半径愈小，硬度值降低愈明显。

对一些曲率尺寸不满足试验要求的凸圆柱面及凸球面试样进行试验时，可按照GB/T 230.1附录C及附录D所规定的要求对所测硬度值进行修正。

7.3.2.5 表面洛氏硬度

由于洛氏硬度试验所用试验力较大，不宜用来测定极薄工件及氮化层、金属镀层等的硬度。为了解决表面硬度的测定，人们应用洛氏硬度的原理，设计出一种表面洛氏硬度计。也是采用金刚石圆锥体或1.5875mm硬质合金球作压头，只是采用试验力较小。其初试验力为29.42N（3kgf），总试验力分别为147.1N（15kgf）、294.2N（30kgf）及441.3N（45kgf）。常数N取100，S取0.001mm。

表面洛氏硬度根据所用压头及试验力不同，共有15个标尺，常用的表面洛氏硬度标尺见表7-9。

表7-9　表面洛氏硬度标尺

洛氏硬度标尺	硬度符号	压头类型	初试验力 F_0/N	主试验力 F_1/N	总试验力 F/N	适用范围
15N	HR15N	金刚石锥体	29.42	117.7	147.1	(70~94)HR15N
30N	HR30N	金刚石锥体	29.42	264.8	294.2	(42~86)HR30N
45N	HR45N	金刚石锥体	29.42	411.9	441.3	(20~77)HR45N
15T	HR15T	直径1.5875mm球	29.42	117.7	147.1	(67~93)HR15T
30T	HR30T	直径1.5875mm球	29.42	264.8	294.2	(29~82)HR30T
45T	HR45T	直径1.5875mm球	29.42	411.9	441.3	(10~72)HR45T

表面洛氏硬度表示方法如下。

（1）N标尺表面洛氏硬度用硬度值、符号HR、试验力数值（总试验力）和使用的标尺表示。例如，65.5HR30N表示在总试验力为294.2N的30N标尺上测得表面洛氏硬度值为65.5。

（2）T标尺表面洛氏硬度用硬度值、符号HR、试验力数值（总试验力）和使用的标尺和压头代号表示。例如，61.5HR30TS表示用钢球压头在总试验力为294.2N的30T标尺上测得表面洛氏硬度值为61.5。

表面洛氏硬度对试样表面加工、试样厚度、硬度计精度要求极高，其操作要求与洛氏硬度试验相同。

7.3.2.6　应用范围及优缺点

洛氏硬度试验优点是用通过变换试验标尺可测量硬度较高的材料。压痕较小，可用于半成品或成品的检验。试验操作简便迅速，工作效率高，适合于批量检验。其缺点是压痕较小，代表性差。由于材料中有偏析及组织不均匀等缺陷，致使所测量硬度值重复性差，分散度大。此外，用不同的标尺测得的硬度值彼此无内在联系，也不能直接进行比较。

7.3.3　维氏硬度试验

7.3.3.1　试验原理

维氏硬度的试验原理与布氏硬度相同，也是根据压痕单位面积所承受的试验力来计算硬度值。所不同的是维氏硬度试验采用的压头是两相对面间夹角为 136°的金刚石正四棱锥体。试验时，将压头以规定的试验力压入试样表面，经规定保持时间后，卸除试验力，测量压痕两对角线长度，取其平均值 d，见图 7－16。计算出压痕表面所承受的平均应力值再乘以 0.102，即为维氏硬度值，以 HV 表示见式（7－14）。

$$HV = 0.102\frac{F}{S} \tag{7-14}$$

正四棱锥形压痕面积 S 为：

$$S = \frac{d^2}{2\sin\frac{\alpha}{2}} = \frac{d^2}{2\sin\frac{136^\circ}{2}} \tag{7-15}$$

将 S 代入式（7－14）得：

$$HV = 0.102\frac{F}{S} = 0.102 \times \frac{2F\sin\frac{136^\circ}{2}}{d^2} = 0.1891\frac{F}{d^2} \tag{7-16}$$

式中 F——试验力，N；

S——正四棱锥形压痕面积，mm^2；

d——压痕两对角线长度，mm。

与布氏硬度一样，维氏硬度值也不标注单位。

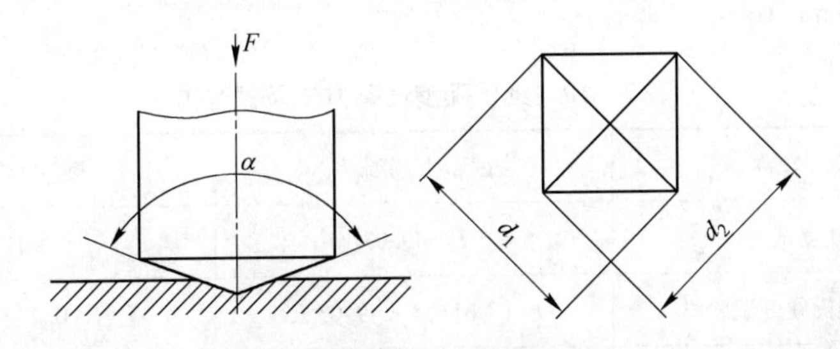

图 7－16 维氏硬度试验原理

维氏硬度的表示方法：在 HV 前面为硬度值，HV 后面按试验力保持时间的顺序用数值表示试验条件，当试验力保持时间为 10～15s 时不标注。例如，280HV30/20 表示用 294.2N（30kgf）试验力保持 20s 测定的维氏硬度值为 280；又如 390HV1 表示用 9.81N（1kgf）试验力保持 10～15s 测定的维氏硬度为 390。

7.3.3.2 试样及试验设备

A 试样

a 试样试验面要求

维氏硬度试验，特别是小负荷和显微硬度试验，由于试验力较小，所以压痕尺寸很小。为保证清晰地测量出压痕对角线长度，因而对试样表面质量要求较高。试样试验面应平坦光滑，无氧化皮及外污物。对试样表面粗糙度要求：维氏硬度试样不大于 0.4μm；小负荷维氏硬度试样不大于 0.2μm；显微维氏硬度试样不大于

0.1μm。

b　试样加工

在试样制备过程中，应尽量避免由于受热、冷加工等对试样表面硬度产生影响。不同的加工方法在试样表面形成不同程度的硬化层，将使硬度值增高，加工方法越粗糙，材料越软，其影响越大。因此，对不同试验材料，应选用适当的加工方法。

c　试样厚度

试样及试验层的最小厚度应满足试验要求。试验后，试样背面不应出现可见的变形痕迹，从而保证试验结果的准确可靠。检验薄板、薄带材及表面处理试样试验层的最小厚度是否符合试验要求，在维氏硬度试验中所碰到的要比布氏、洛氏硬度试验中多。与布氏硬度试验一样，试样或试验层的最小厚度 H 应为压痕深度 h 的10倍。根据维氏硬度压头的几何形状可以证明，压痕深度和对角线长度 d 的关系为 $h=(1/7)d$，因此，试样或试验层的厚度为：

$$H = 10h = 10 \times \frac{1}{7}d \approx 1.5d$$

就是说，试样或试验层的厚度至少为压痕对角线平均长度的1.5倍。

B　试验设备

(1) 维氏硬度试验方法的分类标准按3个试验力范围规定了测定金属维氏硬度的方法，见表7-10。

表7-10　维氏硬度试验方法及试验力

试验名称	试验力范围/N	硬度符号
维氏硬度试验	$F \geqslant 49.03$	≥HV5
小负荷维氏硬度试验	$1.961 \leqslant F < 49.03$	HV0.2 ~ <HV5
显微维氏硬度试验	$0.09807 \leqslant F < 1.961$	HV0.01 ~ <HV0.2

(2) 维氏硬度、小负荷维氏硬度试验的试验力允许误差不大于±1%。对显微硬度试验的试验力大于0.09807N时，试验力允许误差不大于±1.5%。

(3) 金刚石锥体相对面夹角为(136±0.5)°。

(4) 锥体轴线与压头柄轴线偏斜度应小于0.5°。锥体两相对面交线（横刃）长度，对于维氏硬度试验应不大于2μm，对于小负荷和显微维氏硬度试验应不大于1μm。

(5) 测量压痕对角线长度小于0.04mm时，压痕测量装置估测能力为0.0002mm，最大允许误差为±0.0004mm，压痕对角线长度大于0.04mm时，压痕测量装置估测能力为0.5%d，最大允许误差为±1.0%d。

(6) 维氏硬度计示值误差（5点平均值与硬度块标准值之差）应符合表7-11规定的要求。

表 7 – 11 硬度计示值误差

硬度符号	示值误差的最大允许值 ±/%										
	100	200	300	400	500	600	700	800	900	1000	1500
HV5	3	3	3	3	3	3	3	3	3	4	4
HV10	3	3	3	3	3	3	3	3	3	3	3
HV20	3	3	3	3	3	3	3	3	3	3	3
HV30	3	3	2	2	2	2	2	2	2	2	2
HV50	3	3	2	2	2	2	2	2	2	2	2
HV100	3	3	2	2	2	2	2	2	2	2	2

7.3.3.3 试验操作要点

A 试验温度

试验一般在 10 ~ 35℃ 室温下进行。对温度要求严格的试验，应控制在（23 ± 5）℃之内。

B 试样的固定

为了得到准确的试验结果，试样的试验面应与试验力方向垂直，以保证压痕具有规则准确的形状。薄带材试样应平整地放置于试验台上，在试验过程中应避免发生翘曲。若试样的支承面和试验面不平行或形状不规则，则应将其稳固地放置于刚性支承物上以保证试验中不发生位移。对于较大的试样，可根据试样的形状制作专用的支承台；对于较小试样，特别是显微维氏硬度试样，由于试样较小，厚度很薄或形状复杂，试样应镶嵌或采用特殊夹具夹持。

C 试验力的选择

维氏硬度 3 种类型试验（见表 7 – 10），每类试验均有多级规定的试验力，就维氏硬度试验而言，其试验力就有 49.03N、98.07N、196.1N、294.2N、490.3N 及 980.7N 等 6 级、所对应硬度符号为 HV5、HV10、HV20、HV30、HV50、HV100。在维氏硬度试验中，一般认为在整个试验力范围内，对同一试样试验力可从小到大任意选择而不影响试验结果，但是试验力的大小应保证压痕深度小于试样或试验层厚度的 1/10，也就是说，压痕对角线长度应不小于试样或试验层厚度的 1/1.5。除此之外，试验后试样背面不应出现可见的变形痕迹，否则结果无效，应减小试验力，重新试验。

D 试验力保持时间

从加力开始至全部试验力施加完毕的时间应在 2 ~ 10s 之内。试验力保持时间为 10 ~ 15s。对于特殊材料，试验力保持时间可以延长，但误差应在 ±2s 内。

E 压痕间距

为避开压痕周边硬化区域对试验结果的影响，压痕与压痕之间、压痕与试样边缘之间应有适当的距离。任一压痕中心距试样边缘的距离，对于钢、铜及铜合金至少为压痕对角线长度的2.5倍，对于轻金属、铅、锡及合金至少应为压痕对角线的3倍。

两相邻压痕中心之间距离，对于钢、铜及铜合金至少为压痕对角线长度的3倍，对于轻金属、铅、锡及合金至少应为压痕对角线的6倍。如果相邻两压痕大小不同，应以较大压痕确定压痕距离。

F 压痕的测量

测量两条对角线长度，用其算术平均值，按GB/T 4340.1标准附录C查出维氏硬度值，也可按式（7-9）计算硬度值。

在平面上所测压痕两对角线长度之差不应超过对角线平均值的5%，如果超过5%，应在试验报告中注明。

在一般情况下，建议对每个试样测量3个点的维氏硬度值。

7.3.3.4 试验结果处理

A 数据修约

对于计算出的维氏硬度值应进行修约。当硬度值≥100时，修约至整数；10≤硬度值<100时，修约至1位小数；硬度值<10时，修约至2位小数。

B 曲面试样维氏硬度值的修正

试样的试验面一般应为平面。但在实际生产中，经常需要对具有曲面形状的零、构件进行维氏硬度检测。对于同一材料在曲面上测出的维氏硬度与在平面上测出的维氏硬度存在差异，受两个因素的综合影响，一是在压头压入深度相同的条件下，在凸曲面上出现的压痕对角线比平面上的短，故算出硬度值偏高；反之，在凹曲面上压痕对角线则较长，硬度值偏低。二是凹曲面对压头的抗力比平面大，而凸曲面对压头的抗力比平面小，在同等试验力作用下，造成压痕深度不同，导致硬度值改变。由此得出，在凸曲面上所测的硬度值增大，而在凹曲面上所测的硬度值减小。

考虑上述因素对曲面试样试验结果的影响。在GB/T 4340.1标准附录中列出了曲面维氏硬度修正系数表。使用时，可根据试样曲面形状及压痕对角线长度d与试样直径D的比值，查出对应的修正系数。并将所测硬度值乘以“修正系数”。这样所得到的曲面硬度值就可与平面测试结果进行比较。

7.3.3.5 应用范围及优缺点

维氏硬度试验主要适合测定各种表面处理后的渗层或镀层的硬度以及较小、较薄工件的硬度，显微维氏硬度还可用于测定合金中组成相的硬度。

和布氏及洛氏硬度试验相比，维氏硬度试验具有很多优点。由于采用的压头为四棱锥体，当试验力改变时，压入角恒定不变。因此试验力从小到大可任意选择。所测硬度值从低到高标尺连续，不存在布氏硬度中F/D^2的约束，也不存在洛氏硬度那样更换不同标尺，而产生不同标尺的硬度无法统一的问题。由于角锥压痕清晰，采用对角线测量，精确可靠。维氏硬度试验的缺点是硬度值测定较为麻烦，工作效率不如洛氏硬度高，所以不宜用于成批生产的常规检验。

7.4 冲击试验

金属材料在使用过程中，除要求有足够的强度和塑性外，还要求有足够的韧性。所谓韧性，就是材料在弹性变形、塑性变形和断裂过程中吸收能量的能力。韧性好的材料在服役条件下不至于突然发生脆性断裂，从而使安全得到保证。

韧性可分为静力韧性、冲击韧性和断裂韧性，其中评价冲击韧性（即在冲击载荷下，材料塑性变形和断裂过程中吸收能量的能力）的试验方法，按其服役工况有简支梁下的冲击弯曲试验（夏比冲击试验）、悬臂梁下的冲击弯曲试验（艾比冲击试验）以及冲击拉伸试验等。夏比冲击试验是由法国工程师夏比建立起来的，虽然试验中测定的吸收能量 K 值缺乏明确的物理意义，不能作为表征金属制件实际抵抗冲击载荷能力的韧性判据，但因其试样加工简便，试验时间短，试验数据对材料组织结构、冶金缺陷等敏感而成为评价金属材料冲击韧性应用最广泛的一种传统力学性能试验，也是评定金属材料在冲击载荷下韧性的重要手段之一。夏比冲击试验的主要用途如下：

（1）评价材料对大能量一次冲击载荷下破坏的缺口敏感性。零部件截面的急剧变化，从广义上都可视作缺口，缺口造成应力应变集中，使材料的应力状态变硬，承受冲击能量的能力变差。由于不同材料对缺口的敏感程度不同，用拉伸试验中测定的强度和塑性指标往往不能判定材料对缺口是否敏感，因此，设计选材和研制新材料时，往往提出冲击韧性指标。

（2）检查和控制材料的冶金质量和热加工质量。通过测量吸收能量和对冲击试样进行断口分析，可揭示材料的夹渣、偏析、白点、裂纹以及非金属夹杂物超标等冶金缺陷；检查过热、过烧、回火脆性等锻造、焊接、热处理等热加工缺陷。

（3）评定材料在高、低温条件下的韧脆转变特性。用系列冲击试验可测定材料的韧脆转变温度，供选材时参考，使材料不在冷脆状态下工作，保证安全。而高温冲击试验是用来评定材料在某些温度范围如蓝脆、重结晶等条件下的韧性特性。

（4）评估构件的寿命和可靠性。可通过夏比冲击试验来评估承受大能量冲击的金属构件发生脆断的倾向。国外 20 世纪 40 年代曾对船用焊接钢板脆断事故做过分析，发现 V 形缺口夏比冲击试样的吸收能量小于 10ft · lbf（英尺 · 磅力）时，焊接钢板易发生脆断，由此将确定钢板冷脆转变温度的冲击功提高到 15ft · lbf，以防止脆断事故的发生，这就是很多钢材产品标准中吸收能量应不小于 21J 的由来（1ft · lbf = 1.355818J ≈ 1.4J，所以 15ft · lbf ≈ 21J）。

7.4.1 夏比摆锤冲击试验原理

国家标准 GB/T 229 中详细介绍了夏比摆锤冲击试验的原理，是将规定几何形状的缺口试样置于试验机两支座之间，缺口背向打击面放置，用摆锤一次打断试样，测定试样的吸收能量，如图7－17所示，实质上就是通过能量转换过程，测量试样在这种冲击下折断时所吸收的能量。

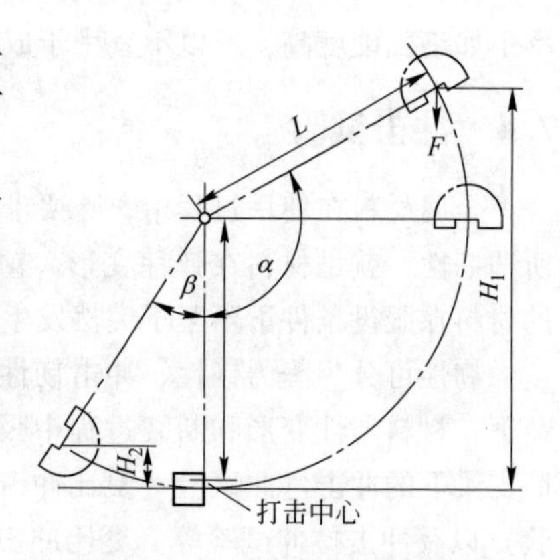

图7－17 夏比冲击试验原理

试样的吸收能量在试验中用摆锤冲击前后的位能差测定：

$$K = A - A_1 \quad (7-17)$$

$$A = FH_1 = FL(1 - \cos\alpha) \quad (7-18)$$

$$A_1 = FH_2 = FL(1 - \cos\beta) \quad (7-19)$$

式中 A——摆锤起始位能，J；

A_1——摆锤打击试样后的位能，J。

如不考虑空气阻力及摩擦力等能量损失，则冲断试样的吸收功为：

$$K = F \times L(\cos\beta - \cos\alpha) \quad (7-20)$$

式中 F——摆锤的重力，N；

L——摆长（摆锤至锤重心之间的距离），m；

α——冲击前摆锤扬起的最大角度，rad；

β——冲击后摆锤扬起的最大角度，rad。

7.4.2 夏比冲击试样与试验设备

7.4.2.1 试样

A 试样类型与尺寸

根据标准规定，标准尺寸冲击试样为长55mm、横截面10mm×10mm的长方体，在试样长度中间有V形或U形缺口。V形缺口应有45°夹角，其深度为2mm，底部曲率半径为0.25mm（见图7－18a和表7－12）。U形缺口深度一般应为2mm或5mm，底部曲率半径为1mm（见图7－18b和表7－12）。规定的试样公差及缺口尺寸见图7－18和表7－12。

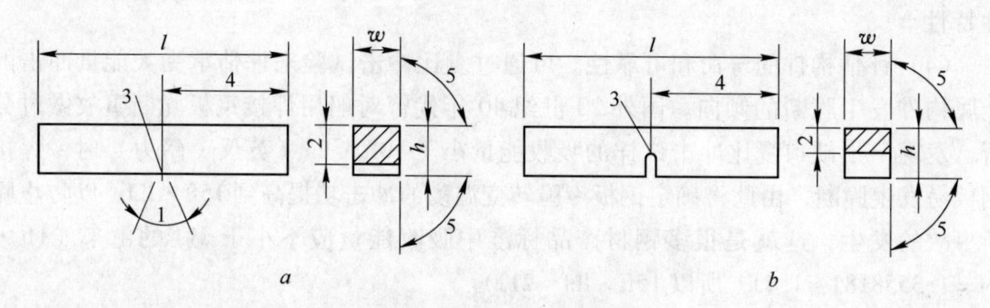

图7－18 夏比冲击试样

a—V形缺口；b—U形缺口

图7－18中符号l、h、w和数字1～5的尺寸见表7－12。

选择试样类型的原则：应根据试验材料的产品技术条件、材料的服役状态和力学特性选择，一般情况下，尖锐缺口和深缺口试样适用于韧性较好的材料。

当试验材料的厚度在10mm以下而无法制备标准试样时，可采用宽度7.5mm、5mm或2.5mm的小尺寸试样。小尺寸试样的其他尺寸及公差与相应缺口的标准试样相同（见表7－12）。缺口应开在试样的窄面上。

表7－12　试样的尺寸和偏差

名　称	序号	V形缺口试样		U形缺口试样	
		公称尺寸	机加工公差	公称尺寸	机加工公差
长度/mm	l	55	±0.60	55	±0.60
高度/mm	h	10	±0.075	10	±0.11
宽　度	w				
标准试样/mm	w	10	±0.11	10	±0.11
小试样/mm	w	7.5	±0.11	7.5	±0.11
		5	±0.06	5	±0.06
		2.5	±0.04	—	—
缺口角度/(°)	1	45	±2	—	—
缺口底部高度/mm	2	8	±0.075	8 5	±0.09 ±0.09
缺口根部半径/mm	3	0.25	±0.025	1	±0.07
缺口对称面－端部距离/mm	4	27.5	±0.42	27.5	±0.42
缺口对称面－试样纵轴角度/(°)		90	±2	90	±2
试样纵向面间夹角/(°)	5	90	±2	90	±2

B　试样制备

试样样坯的切取应按相关产品标准或《GB/T 2975 钢及钢产品 力学性能试验取样位置及试样制备》的规定执行。试样制备过程，应使由于过热或冷加工硬化而改变材料冲击性能的影响减至最小。

由于冲击试样的缺口深度、缺口根部曲率半径及缺口角度决定着缺口附近的应力集中程度，从而影响该试样的吸收能量，因此对缺口的制备应特别仔细，以保证缺口根部处没有影响吸收能的加工痕迹。缺口对称面应垂直于试样纵向轴线，见图7－19。

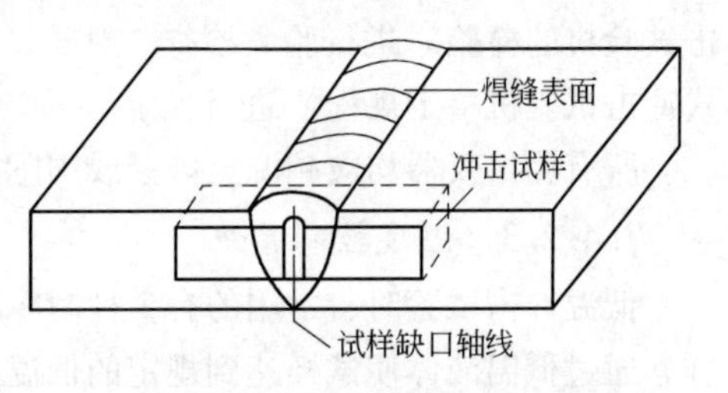

图7－19　试样缺口方向示意图

加工时，除端部外，试样表面粗糙度值应优于5μm；对于需热处理的试验材料，应在最后精加工前进行热处理，除非已知两者顺序改变不导致性能的差别；对自动定位试样的试验机，试样缺口对称面与端部的距离公差建议为 ±0.165mm。

为避免混淆，试验前应对试样进行适当的标记，标记的位置应尽量远离缺口，且不应标在与支座、砧座或摆锤刀刃接触的面上，试样标记应避免塑性变形和表面不连续性对冲击吸收能量的影响。

焊接接头冲击试样的形状和尺寸与相应的标准试样相同，但其缺口轴线应当垂直焊缝表面，如图 7-19 所示。试样的缺口按试验要求可分别开在焊缝、熔合线或热影响区，其中开在热影响区的缺口轴线与熔合线的距离按产品技术条件规定，如图 7-20 所示。为清楚地显示出焊缝，开缺口前可用硝酸酒精等试剂对试样进行侵蚀，然后按照要求进行划线。

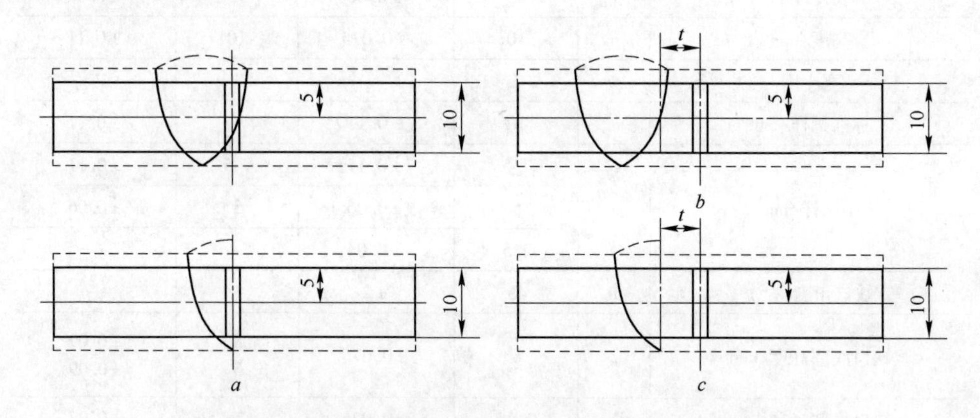

图 7-20　焊缝、熔合线或热影响区冲击试样缺口位置示意图

a—开在焊缝的缺口位置；b—开在熔合线的缺口位置；c—开在热影响区的缺口位置

t—试样缺口轴线至试样纵轴与熔合线交点的距离

7.4.2.2　冲击试验机

摆锤冲击试验机主要由机架、摆锤、砧座、指示装置及摆锤释放、制动和提升机构等组成。冲击试验机按摆锤刀刃半径可分 2mm 和 8mm 两种，按送样方式可分为手动和自动送样两种，按指示装置可分为表盘式和数显式两种。各种试验机的基本技术参数是相同的，结构形式及操作方法也大同小异。为避免其刚度下降而影响试验结果，冲击试验机应稳定牢固地安装在厚度大于 150mm 的混凝土地基或质量大于摆锤 40 倍的基础上。对于新出厂的摆锤式冲击试验机应按照《GB/T 3808 摆锤式冲击试验机的检验》进行验收检查，对于日常使用的试验机，应定期按《JJG 145 摆锤式冲击试验机检定规程》进行检定。

所有测量仪器均应溯源至国家或国际标准并在合适的周期内进行校准。

7.4.2.3　温度控制系统

低温冲击试验时，常用的有 3 种制冷和控温装置（方法）：(1) 使用液体冷却试样，通过低温液体使试样达到规定的低温，常用的低温冷却介质见表 7-13；(2) 使用喷射冷源的气体冷却法，通过调节冷却气体的喷量来控制试样的低温温度；(3)

采用压缩机制冷的低温槽来控制。以上所采用的温度控制装置应能保证将试验温度稳定在规定值的 ±2℃以内。

表 7-13　低温冲击试验用冷却介质

试验温度/℃	冷却介质	试验温度/℃	冷却介质
<10 ~ 0	水 + 干冰	-105 ~ -140	无水乙醇 + 异戊烷
0 ~ -70	乙醇 + 干冰	-140 ~ -192	液氮
-70 ~ -105	无水乙醇 + 液氮		

当使用液体介质冷却试样时，恒温槽应有足够容量和介质，试样应放置于一容器中的网栅中，网栅至少高于容器底部 25mm，液体浸过试样的高度至少为 25mm，试样距容器侧壁至少 10mm，并应对介质进行连续均匀搅拌以避免介质温度的不均匀性。

7.4.2.4　温度测量系统

低温冲击试验一般选用最小分度值不大于 1℃玻璃温度计测温。当使用热电偶测温时，其参考端温度应保持恒定，偏差应不超过 ±5℃，同时测温仪器（数字指示装置或电位差计）的误差应不超过 ±0.1%。

7.4.3　常温冲击试验

7.4.3.1　试验前准备工作

试验前的准备工作如下：

（1）注意试验温度。如果没有规定，室温冲击试验应在（23 ±5）℃范围内进行（注意与其他力学性能试验的室温 10 ~ 35℃不同）。试验温度有规定时，冲击试验应在规定温度 ±2℃范围内进行。

（2）检查试样尺寸。用最小分度值不大于 0.02mm 的量具测量试样的宽度、厚度、缺口处厚度；用光学投影仪检查缺口尺寸，看其是否符合标准的要求。

（3）选择冲击试验机。根据所试验材料牌号和热处理工艺估计试样吸收能量的大小，选择合适的冲击试验机能力范围，使试样吸收能量 K 不超过实际初始势能 K_p 的 80%，试样吸收能量 K 的下限建议不低于试验机最小分辨力的 25 倍。

新的夏比摆锤试验方法规定了两种摆锤刀刃的直径，对于低能量的冲击试验，一些材料用 2mm 和 8mm 的摆锤刀刃试验测定的结果有明显不同，2mm 摆锤刀刃的结果可能高于 8mm 摆锤刀刃的结果，因此，应根据相关产品标准的规定选择摆锤刀刃半径（2mm 或 8mm）。

试验前应检查并保证砧座跨距应为 $40^{+0.2}$ mm。

（4）进行空打试验。试验前应检查摆锤空打时的回零差或空载能耗，其方法如下：将摆锤扬起至预扬角位置，把从动指针拨到最大冲击能量位置（如果使用的是数字显示装置，则应清零），释放摆锤，读取零点附近的被动指针的示值 ΔE_1（即回零差），摆锤回摆时，将被动指针拨至最大冲击能量处，摆锤继续空击，被动指针被带到某一位置，其读数值为 ΔE_2，差值之半为该摆锤的能量损失值，则：

相对回零差：
$$\delta E_1 = \frac{\Delta E_1}{E_0} \times 100\%$$

相对能量损失：
$$\delta E_2 = \frac{\Delta E_2 - \Delta E_1}{2E_0} \times 100\%$$

式中 E_0——摆锤最大冲击能量，J。

相对回零差不应大于0.1%（以最大量程300J为例，其回零差应不超过0.3J）。相对能量损失不应大于0.5%。

7.4.3.2 试验操作要点

A 试样的定位

为了消除试样与砧座间的明显间隙，防止断样与支座相互作用，可用V形缺口自动对中夹钳，将试样从控温介质中移至并紧贴试验机砧座放置，并使锤刃沿缺口对称面打击试样缺口的背面，试样缺口对称面偏离两砧座间的中点应不大于0.5mm。

当使用小尺寸试样进行低能量的冲击试验时，因为摆锤要吸收额外能量，因此应在支座上放置适当厚度的垫片以垫高试样，使试样打击中心高度为5mm（相当于宽度10mm标准试样打击中心的高度）。小尺寸试样进行高能量冲击试验，其影响很小，可不加垫片。

B 操作过程

将摆锤扬起至预扬角位置并锁住，把从动指针拨到最大冲击能量位置（如果使用的是数显装置，则清零），放好试样，确认摆锤摆动危险区无人后，释放摆锤使其下落打断试样，并任其向前继续摆动，直到达到最高点并向回摆动至最低点时，使用制动闸将摆锤刹住，使其停止在垂直稳定位置，读取被动指针在示值度盘上所指的数值（数字显示装置的显示值），此值即为吸收能量。

为保证安全，应安装防护罩，且操作冲击试验机和安放试样应为同一人。

C 试样数量

试样的数量应执行相应产品标准的规定。由于冲击试验结果比较离散，所以对每一种材料试验的试样数量一般不少于3个。

7.4.3.3 冲击试验结果处理及试验报告

A 吸收能量的有效位数

吸收能量应至少保留2位有效数字（至少估读到0.5J），即吸收能量在100J及以上时，应是3位数字，如120J；吸收能量在10～100J时，应为2位数字，如75J；吸收能量在10J以下时，应保留小数点后1位数字，一般修约到0.5J，如7.5J，修约方法按《GB/T 8170 数值修约规则》执行。这样报告的试验结果基本上能与试验测量系统的不确定度的有效位数相匹配（末位对齐），如果过多保留有效位数，则夸大了试验的测量精确度；有效位数不够，则增大了误差。

B 吸收能量的表示方法

为了表示不同类型冲击试样的结果，两种类型试样在两种摆锤刀刃下的吸收能量用如下符号表示，以示区别：

（1）V形缺口试样在2mm摆锤刀刃下的冲击吸收能量表示为KV_2；

（2）V形缺口试样在8mm摆锤刀刃下的冲击吸收能量表示为KV_8；

（3）U形缺口试样在2mm摆锤刀刃下的冲击吸收能量表示为KU_2；

（4）U形缺口试样在8mm摆锤刀刃下的冲击吸收能量表示为KU_8。

C　试验中几种情况的处理

（1）如果试样吸收能超过试验机能力的80%，在试验报告中，应报告为近似值并注明超过试验机能力的80%。

（2）对于试样试验后没有完全断裂，可以报出冲击吸收能量，或与完全断裂试样结果平均后报出。

（3）对于试验机打击能量不足使试样未完全断开，吸收能量不能确定，试验报告应注明用xJ的试验机试验，试样未断开。

（4）如果试样卡在试验机上，则试验结果无效，应重新补做试验。此时，应彻底检查试验机，以免试验机受到损伤影响测量的准确性。

（5）如断裂后检查显示出试样标记是在明显的变形部位，试样结果可能不代表材料的性能，应在试验报告中注明。

D　试验报告

冲击试验报告应包括如下必要的内容：所采用的试验方法标准号、试样相关资料（例如钢号、炉号等）、缺口类型（缺口深度）、试样尺寸、试验温度、吸收能量（如KV_2、KV_8、KU_2、KU_8）、试验日期等，有时还需要增加下列内容，如试样的取向、试验机的标称能量、侧膨胀值LE、断口形貌与剪切断面率、吸收能量－温度曲线、转变温度及判定标准以及没有完全断裂的试样数等。

7.4.4　低温冲击试验

在低温下进行冲击试验，除了应掌握常温冲击试验的知识和技能外，还应注意温度控制和测量以及温度对试验的影响。

（1）试样保温时间。在低温冲击试验中，试样应在规定温度下保持足够时间，以使试样整体达到规定的均匀温度，如果使用液体介质，介质温度应在规定温度±1℃以内，保持至少5min；当使用气体介质冷却试样时，试样距低温装置内表面以及试样与试样之间应保持足够的距离，试样应在规定温度下保持至少20min。

测定介质温度的仪器推荐置于一组试样中间处，同时，用于移取试样所用的夹具也应放于相同温度的冷却介质中，确保与介质温度基本相同。

（2）温度补偿。对于低温冲击试验，从冷却装置中移出的试样温度会回升，从而偏离实际规定的低温温度，如果试样从液体介质中移出至打击的时间在2s以内，从气体介质装置中移出至打击的时间应在1s之内，试样温度的回升可以忽略。这种操作方法称为“直冲法”，一般带有自动送样装置的冲击试验机可以满足上述要求。它的试样从冷却装置中提前移动，以保证与摆锤下落击打时间同步。

如果没有条件满足上述时间要求，为了尽量减少偏离的温度，可将试样冷却至低于规定的温度，以补偿打断瞬间的温度损失，这种操作方法称为“过冷法”。采用“过冷法”也必须在3~5s内打断试样，如果试样从冷却介质中取出后5s内摆锤未放下，则停止试验，将试样重新放回到冷却介质中保温。

冲击试验过冷度的选择见表7-14，当使用液体介质时，可选用过冷度的下限，当使用气体介质时，可选用过冷度的上限，如果室温高于25℃，使用液体介质时也可选用过冷度的上限。

表7-14 过冷温度补偿值 (℃)

试验温度	过冷温度	试验温度	过冷温度
-192 ~ < -100	3 ~ <4	-60 ~ <0	1 ~ <2
-100 ~ < -60	2 ~ <3		

参考文献

[1] 那宝魁. 钢铁材料质量检验实用手册 [M]. 北京：中国标准出版社，1999.
[2] 王滨. 力学性能试验 [M]. 北京：中国计量出版社，2008.
[3] GB/T 228—2002 金属材料 拉伸试验 室温方法 [S]. 北京：中国标准出版社，2001.
[4] GB/T 4338—2006 金属材料高温拉伸试验方法 [S].
[5] GB/T 8170—2008 数值修约规则 [S].
[6] GB/T 7314—2005 金属材料 室温压缩试验方法 [S].
[7] GB/T 231.1—2009 金属布氏硬度试验 第1部分：试验方法 [S].
[8] GB/T 231.2—2009 金属布氏硬度试验 第2部分：硬度计的检验与校准 [S].
[9] GB/T 230.1—2009 金属洛氏硬度试验 第1部分：试验方法（A、B、C、D、E、F、G、H、K、N、T标尺）[S].
[10] GB/T 4340.1—2009 金属材料 维氏硬度试验 第1部分：试验方法 [S].
[11] GB/T 229—2007 金属材料 夏比摆锤冲击试验方法 [S].
[12] GB/T 2975—1998 钢及钢产品力学性能试验取样位置及试样制备 [S].

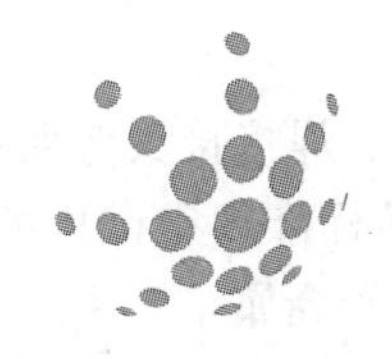

8 钢材工艺性能试验

金属由原材料变成符合使用要求的零部件，其间必然经历一系列的加工过程，如铸造、锻造、轧制、冲压、焊接、热处理等，金属材料适应加工工艺要求的能力就是金属工艺性能，它包括成型性、可加工性、焊接性和热处理性等，而金属工艺性能试验就是检验金属材料是否适用于某种加工工艺。常用的金属工艺性能试验多用来检验材料的成型性，这种试验不测定材料在某一试验条件下的应力-应变关系，也不定量地给出其应力或应变的大小，而仅仅作为定性地检验在给定的试验条件下，材料经某种形式的塑性变形能力并显示其缺陷。通常用这种试验来检验金属产品是否符合标准或协议的规定要求，也可以用来对比不同材料的塑性变形能力。

金属工艺性能试验有以下特点：

（1）试验过程与材料的加工工艺过程相似；

（2）试验结果的评定是以受力后表面的变形情况（如裂纹、断裂）以及变形后所规定的某些特征来评定材料的优劣的，因此，试验结果能反映出材料的部分塑性、韧性等质量问题，通常用来作为一般常规力学性能试验的补充试验；

（3）试验方法简便，无需复杂的试验设备；

（4）试样加工容易。

金属工艺性能试验的种类很多，按照材料的品种规格可分为：

（1）棒材工艺性能试验：包括弯曲试验、顶锻试验等；

（2）型材工艺性能试验：包括反复弯曲试验、展平弯曲试验等；

（3）板材工艺性能试验：包括弯曲试验、反复弯曲试验、杯突试验等；

（4）管材工艺性能试验：包括扩口试验、缩口试验、弯曲试验、压扁试验、卷边试验等；

（5）线材工艺性能试验：包括反复弯曲试验、扭转试验、缠绕试验等；

（6）丝、带材工艺性能试验。

随着新的加工工艺技术的不断涌现，金属工艺性能试验方法也在不断发展和完善。本章重点介绍实验室中常用的几种工艺性能试验。

8.1 金属弯曲试验

金属弯曲试验是以一定形状（如圆形、方形、矩形或多边形横截面）试样在弯曲装置上经受弯曲塑性变形，在不改变加力方向的情况下直至达到规定的弯曲角度后卸除试验力，通过观察试样表面状态检查其承受弯曲变形能力的一种工艺试验。弯曲试验时，试样两臂的轴线保持在垂直于弯曲轴的平面内。如为弯曲 180°的弯曲试样，按照相关产品标准的要求，将试样弯曲至两臂相距规定距离并相互平行或两臂直接接触，然后按标准规定或协议进行试验结果判定。

按照试验对象的不同，弯曲试验分原材料弯曲试验、焊接接头弯曲试验和金属管弯曲试验。原材料弯曲试验适用于金属材料相关产品标准规定试样的弯曲试验，用以检验其弯曲塑性变形能力；焊接接头弯曲试验适用于金属熔焊和压焊对接接头的横向正弯及背弯试验、横向侧弯试验、纵向正弯及背弯试验，用以检验接头拉伸面上的塑性及显示缺陷。

8.1.1 试样

8.1.1.1 试样形状和尺寸

弯曲试验试样可以为圆形、方形、矩形或多边形，试样样坯的切取位置和方向应按照相关产品标准的要求进行。试样横截面尺寸应根据材料的种类、特性和试验机能力确定，在试验条件允许的情况下取全截面尺寸进行试验，但大多数情况下并不允许进行全截面尺寸弯曲试验，此时如相关产品标准或协议未作具体规定时，一般按下述要求进行。

A 原材料弯曲试样

a 试样宽度 b

当原材料产品宽度不大于20mm时，试样宽度 b 为产品宽度；当产品宽度大于20mm，厚度小于3mm时，b 为（20 ± 5）mm；厚度不小于3mm时，b 在20 ~ 50mm之间。

b 试样厚度或直径 a

对于板材、带材和型材，原材料产品厚度不大于25mm时，试样厚度 a 为原产品的厚度；产品厚度大于25mm时，a 可以机加工减薄至不小于25mm，并保留一侧原表面。对直径或多边形横截面内切圆直径不大于50mm的产品，如试验设备能力足够，试样横截面应与产品横截面相同，否则，对于直径或多边形横截面内切圆直径 a 在30 ~ 50mm之间的产品，可将其机加工成横截面内切圆直径不小于25mm的试样；直径或多边形横截面内切圆直径大于50mm的产品，将其机加工成横截面内切圆直径为不小于25mm的试样。钢筋类产品均以其全截面进行试验。

c 试样长度 L

试样长度 L 应根据试样厚度和所使用的试验装置而定，通常按式（8 - 1）确定：

$$L = 0.5\pi(d + a) + 140 \tag{8-1}$$

式中 L——试样长度，mm；

π——圆周率，其值取3.1；

d——弯心直径，mm；

a——试样厚度或直径，mm。

B 焊接接头弯曲试样

根据弯曲试验时焊缝轴线与试样纵轴的方位，焊接接头弯曲试验分为横弯（焊缝轴线与试样纵轴垂直时的弯曲)、纵弯(焊缝轴线与试样纵轴平行时的弯曲)两种。根据弯曲试验时试样受拉面的方位,焊接接头弯曲试验又分为正弯(试样受拉面为焊缝正面的弯曲;对双面不对称焊缝,正弯试样的受拉面为焊缝最大宽度面;对双面对称焊接,先焊面为正面)、背弯(试样受拉面为焊缝背面的弯曲)、侧弯(试样受拉面为焊缝纵剖面的弯曲)。对于弯曲试样,有横弯、侧弯和纵弯3种类型,见图8-1。

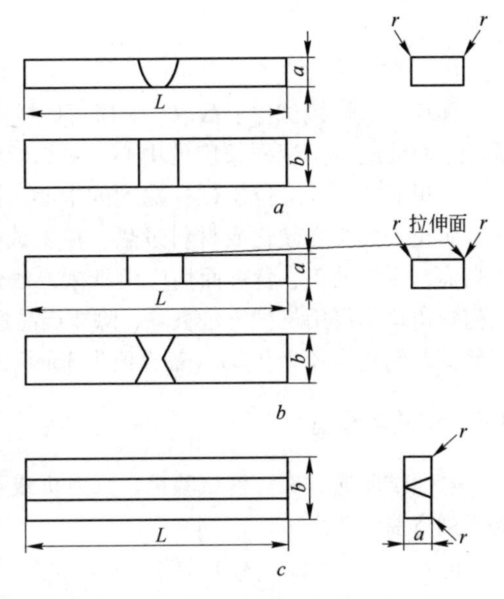

图8-1 焊接接头弯曲试样

a—横弯试样;*b*—侧弯试样;*c*—纵弯试样

a 横弯试样尺寸

对于常用的板材试件,试样宽度 b 应不小于厚度 a 的1.5倍,且至少为20mm;试样厚度 a 通常应为焊接接头试件厚度,如果试件厚度超过20mm,则可从接头不同厚度区取若干试样以取代接头全厚度的单个试样,但每个试样的厚度应不小于20mm,且所取试样应覆盖接头的整个厚度,并表明试样在焊接接头厚度中的位置。

b 侧弯试样尺寸

试样厚度 a 应大于或等于10mm,宽度 b 应当等于靠近焊接接头的母材的厚度。当原接头试样的厚度超过40mm时,则可从接头不同厚度区取若干试样以取代接头全厚度的单个试样,但每个试样的宽度 b 在20~40mm范围内,这些试样应覆盖接头的全厚度,并表明试样在焊接接头厚度中的位置。

c 纵弯试样的尺寸见表8-1。

当接头厚度超过20mm时或试验机能力不够时,可在试样受压面一侧加工至20mm。

表8-1 纵弯试样的尺寸 (mm)

a	*b*	*L*	*a*	*b*	*L*
≤6	20	180	>10~20	50	250
>6~10	30	200			

8.1.1.2 试样的制备

A 原材料弯曲试样

试样应通过机加工去除由于剪切或火焰切割等影响了材料性能的部分。试样表面不得有划痕和损伤,方形、矩形和多边形横截面试样的棱边应倒圆,倒角半径不超过试样厚度的1/10,棱边倒圆时,不应形成影响试验结果的横向毛刺、划痕或刻痕。

B　焊接接头弯曲试样

样坯可从焊接试件上截取，对横弯试样，应垂直于焊缝轴线截取，机械加工后，焊缝中心线应位于试样长度的中心；对纵弯试样，应平行于焊缝轴线截取，机械加工后，焊缝中心线应位于试样宽度的中心。试样应采用机加工或磨削方法制备，要注意防止表面应变硬化或材料过热。在受试长度范围内，试样表面不应有横向刀痕或划痕，焊接的正、背表面均应用机械方法修整，使之与母材的原始表面齐平（但任何咬边均不得用机械方法去除，除非产品标准中另有规定），试样拉伸面上的棱角应倒圆，倒角半径为 $0.2a$（最大值为 3mm），其侧面粗糙度值应小于 12.5μm。

8.1.2　试验设备

弯曲试验通常在万能试验机、压力机或自动弯曲试验机上进行，但试验机应配备下列弯曲装置之一。

8.1.2.1　支辊式弯曲装置

支辊式弯曲装置（见图 8-2）是实验室普遍使用的一种弯曲装置，其弯心位于两支辊的中间，弯心中心线垂直于两支辊轴线所在的平面，弯心和支辊长度应大于试样宽度或直径，弯曲压头和支辊应具有足够的硬度（一般用硬化钢制造）。弯曲压头的宽度应大于试样宽度或直径，直径的种类应按相关产品标准配备。支辊的半径应为 1～10 倍试样厚度，支辊应具有足够的硬度，两支辊间距离应按照式（8-2）确定并在试验期间保持不变。

$$l = (d + 3a) \pm 0.5a \tag{8-2}$$

式中　l——两支辊间的距离，mm。

8.1.2.2　V 形模具式弯曲装置

V 形模具式弯曲装置（见图 8-3）的 V 形槽角度应为 $180° - \alpha$（α 为弯曲角），弯曲压头顶部圆角半径为规定弯心直径的一半。模具的支承棱边应倒圆，其倒角半径应为试样厚度的 1～10 倍。模具和弯曲压头宽度应大于试样宽度或直径，弯曲压头应具有足够的硬度。

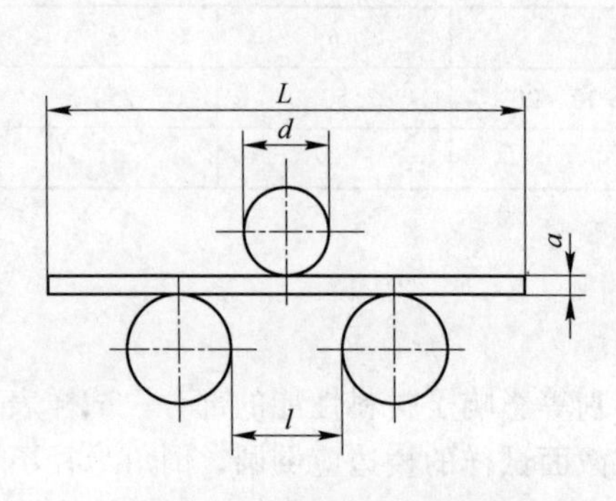

图 8-2　支辊式弯曲装置

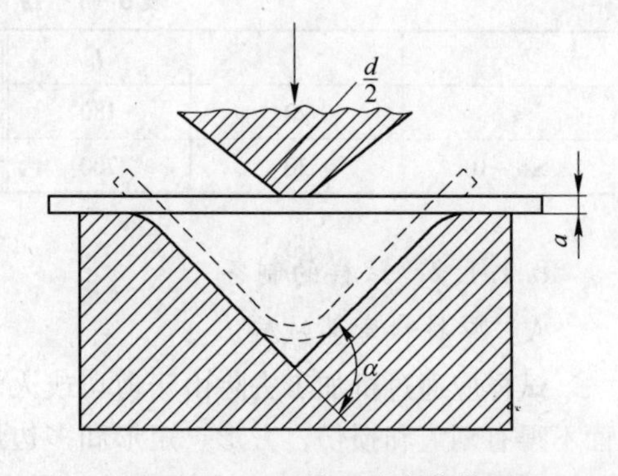

图 8-3　V 形模具式弯曲装置

使用V形模具式弯曲装置进行弯曲试验时，由于对试样外侧造成擦伤，导致影响试验结果的评定，因此这种装置在国内实验室很少被采用。

8.1.2.3 虎钳式弯曲装置

虎钳式弯曲装置（见图8－4）为手工操作，它由虎钳配备足够硬度的弯心组成，为了便于加力，可配置加力杠杆。

8.1.2.4 翻板式弯曲装置

翻板式弯曲装置（见图8－5）的翻板带有楔形滑块，滑块应具有足够的硬度，其宽度应大于试样宽度或直径。翻板固定在耳轴上，试验时能绕耳轴轴线转动，耳轴连接弯曲角度指示器。翻板间距离 l 应为两翻板的试样支承面同时垂直于水平轴线时两支承面间的距离，见式（8－3），e 可取值2～6mm。弯曲压头直径应按相关产品标准配备，弯曲压头宽度应大于试样宽度或直径，且应具有足够的硬度。

$$l=(d+2a)+e \tag{8-3}$$

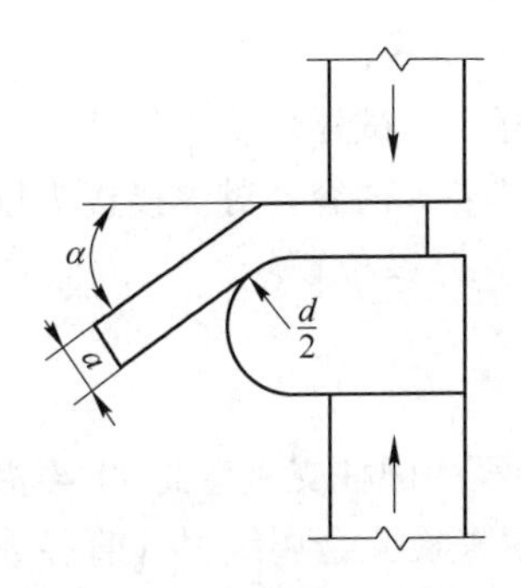

图8－4 虎钳式弯曲装置

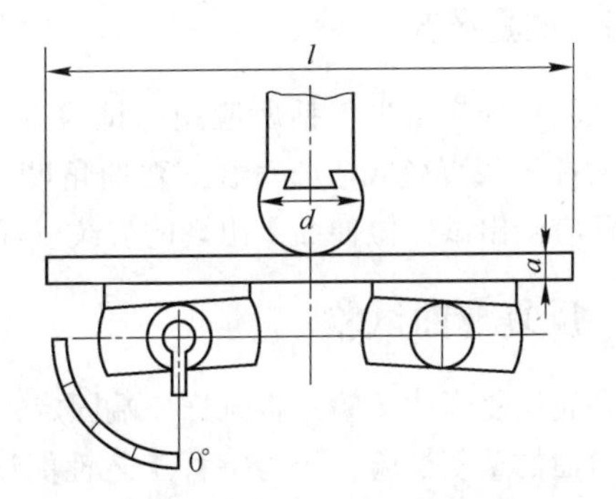

图8－5 翻板式弯曲装置

8.1.3 试验程序

试验的主要程序如下：

（1）弯曲试验通常在10～35℃的室温下进行，对温度要求严格的试验，温度应控制在（23±5）℃以内。

（2）按相关标准或协议的要求装配合适直径的弯心，按式（8－2）或式(8－3)调整两支辊间距离或两支承面间距离，将试样放于两支辊或V形模具或两水平翻板上，试样保留的原表面应位于受拉变形一侧，试样轴线应与弯曲压头轴线垂直。启动试验装置使弯曲压头在两支座之间的中点处对试样连续缓慢施加力使其弯曲，直至达到规定的弯曲角度。如不能直接达到规定的弯曲角度，可将试样置于两平行压板之间（见图8－6），连续施加力压其两端使进一步弯曲，直至达到规定的弯曲角度。值得注意的是，产品标准或技术协议中规定的弯曲角度被认定为最小值，弯心直径被认定为最大值。

（3）焊接接头弯曲试验时，应按照相关标准或协议的规定选取受拉面的方位，并使焊缝中心于弯曲压头中心相对齐。为了确定焊缝的位置，可用硝酸酒精溶液对试样进行浸蚀。

（4）达到规定的弯曲角度后卸除试验力，观察试样表面状态，记录试样拉伸面上出现的裂纹或焊接缺陷的尺寸及位置，并按照相关产品标准或协议的要求对试验结果进行评定。如无具体规定，则弯曲试验后试样弯曲外表面无肉眼可见裂纹应评定为合格。

肉眼可见裂纹属宏观裂纹，是指正常视力在正常视距（25mm）和良好的视场条件下，不借助于放大工具能清晰地观察到的裂纹。试样一旦产生肉眼可见裂纹，说明试样在所给定的试验条件下已经达到弯曲塑性变形的极限能力。

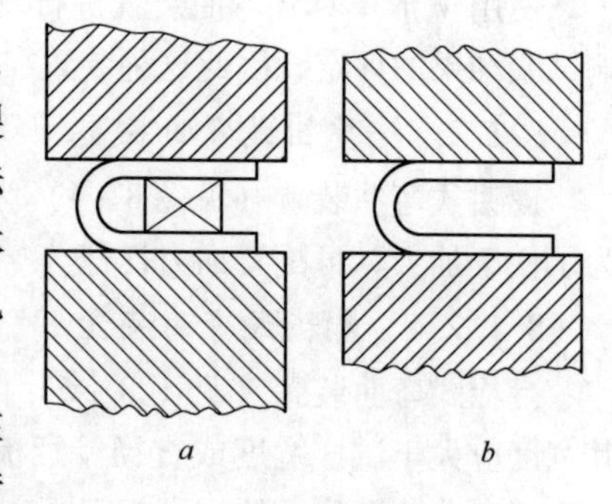

图 8-6　试样弯曲至两臂平行
a—加衬垫；*b*—不加衬垫

8.1.4　试验报告

试验报告应至少包括所应用的试验方法、试样标识、试样形状和尺寸、试验条件（弯曲压头直径或弯心直径、弯曲角度）和试验结果等内容。对焊接接头拉伸试验，还应给出试样拉伸面上出现的裂纹或焊接缺陷的尺寸及位置。

8.2　反复弯曲试验

金属反复弯曲试验是将试样一端固定，绕规定半径的圆柱支座弯曲90°再沿相反方向弯曲的重复试验，作为一种工艺性能试验，它用来检验金属线材（直径或厚度为0.3～10mm，含10mm）、薄板和薄带（厚度不大于3mm）在反复弯曲中承受塑性变形的能力并显示其缺陷。

8.2.1　试样

8.2.1.1　线材

线材试样应尽可能平直（在其弯曲平面内允许有轻微的弯曲），必要时可以用手矫直，当用手不能矫直时，可将试样放在木材、塑料或铜的平面上用相同材料的锤头矫直，矫直过程中，不得损伤线材表面，也不得使试样产生任何扭曲，不应对有局部硬弯的线材进行矫直。

8.2.1.2　薄板和薄带

宽度小于20mm的产品，试样宽度取产品全宽度；大于20mm的产品，机加工至宽度20～25mm；试样厚度为原产品厚度，并保留两个原表面；长度约为150mm。试样表面应无裂纹和伤痕，棱边应无毛刺。

8.2.2　试验设备

反复弯曲试验机应配备弯曲次数计数器，其结构见图8-7，各主要部件应满足下述要求。

8.2.2.1 圆柱支座

圆柱支座应有足够的硬度（以保证其刚度和耐磨性），支座轴线垂直于弯曲平面并相互平行，且在同一平面内，偏差不超过0.1mm。对于线材，支座半径和支座顶部至拨杆底部的距离 h 见表8－2；对于薄板和薄带，支座半径见表8－3，圆柱支座顶部至拨杆底部的距离为25～50mm。

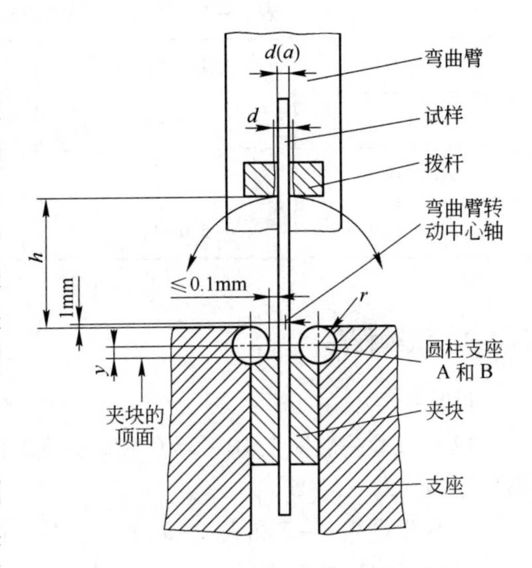

图8－7 反复弯曲试验机结构示意图

8.2.2.2 夹块

夹块应有足够的硬度（以保证其刚度和耐磨性），夹块的夹持面应稍微突出于圆柱支座但不得超过0.1mm（即测量两圆柱支座的曲率中心线上试样与圆柱支座间的间隔不大于0.1mm）。夹块的顶面应低于两圆柱支座曲率中心连线，当圆柱支座半径不大于2.5mm时，y 值为1.5mm；当圆柱支座半径大于2.5mm时，y 值为3mm，见图8－7。

8.2.2.3 弯曲臂及拨杆

对于所有尺寸的圆柱支座，弯曲臂的转动轴心至圆柱支座顶部的距离均为1.0mm，对于线材，拨杆孔两端应稍大，孔径尺寸见表8－2。

表8－2 线材试样尺寸与圆柱支座半径、拨杆孔直径 (mm)

直径或厚度	圆柱支座半径	距离 h	拨杆孔直径
0.3～0.5	1.25±0.05	15	2.0
>0.5～0.7	1.75±0.05	15	2.0
>0.7～1.0	2.5±0.1	15	2.0
>1.0～1.5	3.75±0.1	20	2.0
>1.5～2.0	5.0±0.1	20	2.0和2.5
>2.0～3.0	7.5±0.1	25	2.5和3.5
>3.0～4.0	10.0±0.1	35	3.5和4.5
>4.0～6.0	15.0±0.1	50	4.5和7.0
>6.0～8.0	20.0±0.1	75	7.0和9.0
>8.0～10.0	25.0±0.1	100	9.0和11.0

表 8-3 薄板、薄带试样厚度与圆柱支座半径 (mm)

试样厚度	圆柱支座半径	试样厚度	圆柱支座半径
≤0.3	1.0±0.1	>1.0~1.5	7.5±0.2
>0.3~0.5	2.5±0.1	>1.5~3.0	10.0±0.2
>0.5~1.0	5.0±0.1		

8.2.3 试验程序

试验主要程序如下：

（1）试验一般应在 10~35℃的室温范围内进行，对温度要求严格的试验，试验温度应为（23±5)℃。

（2）根据表 8-2 和表 8-3 选择圆柱支座半径、圆柱支座顶部至拨杆底部距离 h 以及线材试验时的拨杆孔直径。

（3）弯曲臂处于垂直状态，夹紧试样下端（对非圆柱形线材试样，夹持方式应使其较大尺寸平行于或近似平行于夹持面，见图 8-8），试样上端穿过拨杆狭缝，如图 8-7 所示。然后将试样从起始位置向右（左）弯曲 90°，再返回至起始位置，作为第 1 次弯曲。再由起始位置向左（右）弯曲 90°再返回至起始位置，作为第 2 次弯曲，如图 8-9 所示。如此依次连续进行反复弯曲。

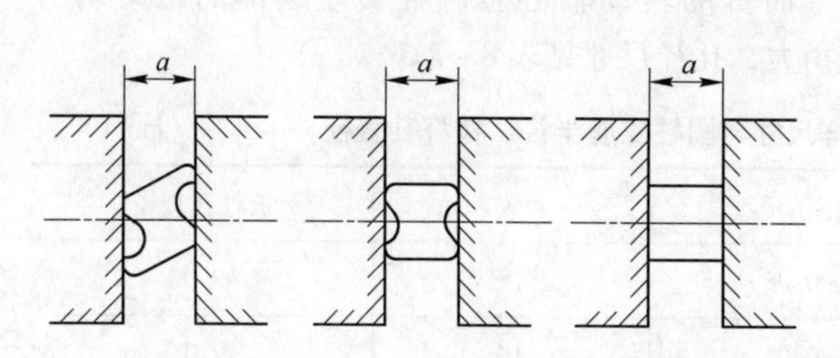

图 8-8 非圆柱形线材试样夹持示意图

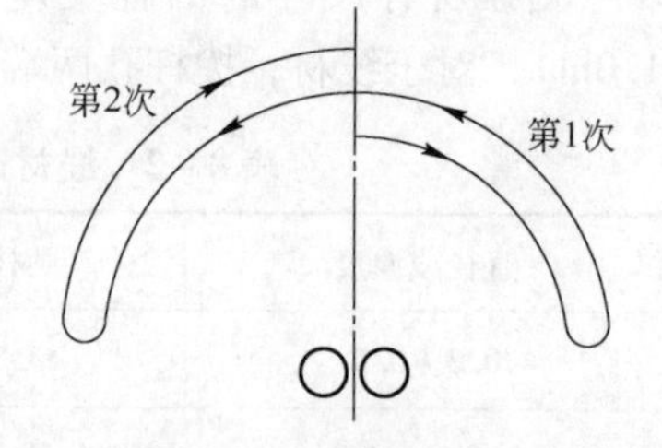

图 8-9 反复弯曲次数的计算方法

（4）为确保试验中试样与圆柱支座圆弧面连续接触，可对试样施加某种形式的张紧力。除非相关产品标准中另有规定，施加的张紧力不得超过试样公称抗拉强度相对应力值的 2%。

（5）以每秒不超过一次的均匀速率，平稳无冲击地进行连续弯曲操作（必要时，应降低弯曲速率以确保试样产生的热不致影响试验结果），直至达到相关产品标准规定的反复弯曲次数，或出现肉眼可见的裂纹为止，或按相关产品标准的规定直至完全断裂。

（6）试样断裂的最后一次弯曲不计入弯曲次数 N_b。

8.2.4 试验报告

试验报告应至少包括所采用的试验方法、试样标识、试样尺寸、试验条件、终止试验的判据和试验结果等内容。

8.3 金属杯突试验

金属杯突试验又叫埃里克森杯突试验，它是将一个端部为球形的冲头对着一个被夹紧在垫模和压模内的试样进行挤压形成一个凹痕，直到出现一条穿透裂纹，用此时的冲头位移（埃里克森杯突值）表征板材试样适应拉胀成形的极限能力的一种常用的工艺性能试验方法。它用于测量金属薄板和薄带在拉延成形时承受塑性变形的能力。

8.3.1 试样

试样表面应平整，制备试样时，不允许在试样的边部产生妨碍试样进入试验设备或影响试验结果的毛刺或变形。试验前，也不得对试样进行任何捶打或冷、热加工。

标准试样的厚度为0.1～2.0mm，宽度大于90mm，也可以使用更厚或更窄的试样，试样的尺寸见表8－4。

表8－4 杯突试样及试验机相关部件尺寸和公差 （mm）

名 称	标准试样	厚试样	窄试样	
试样厚度 a	0.1～2.0	>2.0～3.0	0.1～2.0	0.1～1.0
试样宽度或直径 b	≥90	≥90	55≤b<90	30≤b<55
冲头球形部分直径 d_1	20±0.05	20±0.05	15±0.02	8±0.02
压模孔径 d_2	27±0.05	40±0.05	21±0.02	11±0.02
垫模孔径 d_3	33±0.1	33±0.1	18±0.1	10±0.1
压模外径 d_4	55±0.1	70±0.1	55±0.1	55±0.1
垫模外径 d_5	55±0.1	70±0.1	55±0.1	55±0.1
压模和垫模外侧倒角圆半径 R_1	0.75±0.1	1.0±0.1	0.75±0.1	0.75±0.1
压模内侧倒角圆半径 R_2	0.75±0.05	2.0±0.05	0.75±0.05	0.75±0.05
压模内测圆柱部分高度 h_1	3.0±0.1	6.0±0.1	3.0±0.1	3.0±0.1

8.3.2 试验设备

试验设备的功能及要求如下：

（1）试验机应配备有压模、冲头和垫模（见图8－10），压模、垫模和冲头应有足够的刚性，其工作表面的维氏硬度至少为750HV30。冲头的工作表面为球形并经抛光，冲头工作表面的粗糙度值不大于0.4μm。压模、冲头和垫模的尺寸和公差见表8－4。

（2）试验机应能正确确定裂纹开始穿透试样厚度的瞬间，其测量冲头移动（杯突值）的标尺的分辨力为0.1mm。试验期间冲头不得转动。

（3）试验机应具有约10kN的恒定夹紧力，以确保夹紧试样。

（4）压模轴线至冲头球形部分中心的距离在冲压行程范围内应小于0.1mm。

（5）垫模和压模与试样的接触表面应平坦并垂直于冲头的移动轴，成形压模应能相对于（固定的）垫模自调整。

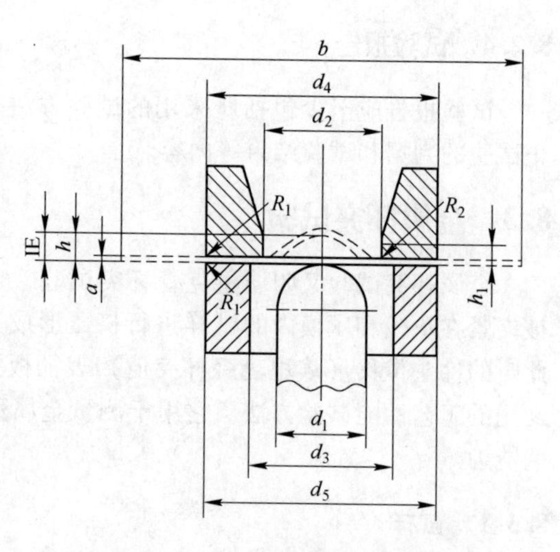

图8－10　埃里克森杯突试验装置

8.3.3　试验程序

试验的主要程序如下：

（1）通常，试验在10～35℃的室温下进行。在控制温度条件下进行的试验，应控制在（23±5）℃以内。

（2）测量试样的厚度，并精确到0.01mm。

（3）在试样会接触到冲头和压模的部位涂上少量表8－5所示的石墨脂。经协商，也可使用其他润滑剂，如黄油、白凡士林油等。

表8－5　推荐的石墨脂特性

成　分	特　性	推荐值
油　脂	稠度（150g测量锥，25℃）	250～280
	游离酸（油酸）	<0.2%
	游离碱［$Ca(OH)_2$］	<0.3%
	水分	0.5%～1.2%
	石墨含量	23%～28%
石墨片	最大颗粒尺寸	<0.3mm
	灰分	<4.5%
矿物油	黏度（37.8℃）	100～120cS
	封闭闪点	>177℃
	灰分	<0.01%
	中和值	<0.1mg KOH/g

（4）将试样放入试验机垫模和压模之间，对于标准试样，使压痕中心到试样任何边缘的距离不小于45mm，相邻压痕中心间距不小于90mm；对于窄试样，使压痕

中心在试样宽度的中心，相邻压痕中心间距至少为一个条带宽度。

（5）对试样施加一恒定的约为10kN的夹紧力。

（6）平稳地给冲头施力使其接触试样，从这个接触点开始测量压入深度。

（7）对于标准试样，在形成凹痕期间的试样速度应平稳地控制在5～20mm/min之间。对于窄试样，试验速度应控制在5～10mm/min之间（为了能准确地确定出现穿透裂纹的瞬间，对人工操作的机器，在接近结束时试验速度取下限）。当裂纹显示出穿过试样的整个厚度时，应立即停止冲头移动，然后测量此时冲头压入深度即为埃里克森杯突值IE，精确到0.1mm。

（8）埃里克森杯突值分散度较明显，除非产品标准有专门规定，一般至少试验3次并取平均值。

8.3.4 试验报告

试验报告至少应包含所采用的试验方法标准、试样的编号和厚度、使用润滑剂的类型和埃里克森杯突值，如果需要，应提供破裂后的形貌。

8.4 金属顶锻试验

顶锻试验是一种判断产品表面质量的工艺试验方法，它通过在室温状态下，沿试样的轴线方向施加压力，将试样顶锻（压缩）到原始高度的1/3，此时，试样表面如有较深的裂纹（≥0.2mm），则裂纹在切向拉力的作用下其宽度将增加，便于通过肉眼观察和判断金属表面缺陷。

8.4.1 试样

顶锻试样一般从横截面尺寸（直径、内切圆直径）为6～30mm范围的合金或非合金钢并以棒材、线材和圆盘形状交货的金属材料上取样。取样区域应有代表性，切取样品时，应防止损伤试样表面（特别是不得有明显的连续擦划伤）以及因过热和加工硬化而改变其性能。试样可以矫直，试样机加工的轨迹应垂直于试样的中心线，试样端面应垂直于试样的轴线。

当相关产品标准或技术协议未做具体规定时，试样加工高度 h 为1.5倍试样直径，允许偏差不应超过 $\pm 5\% h$。

试样标志可标记在试样的任一端面上。

8.4.2 试验设备

顶锻试验可用万能试验机、压力机、锻压机或手锤完成，试验时，可使用支撑板和防止试样偏斜的夹具，支撑板应具有足够的刚性。

8.4.3 试验程序

试验的主要程序如下：

（1）顶锻试验一般在室温（10～35℃）下以静压力或动压力进行。顶锻试验试样所要达到的最终高度按式（8－4）计算：

$$h_1 = hX \tag{8-4}$$

式中 h_1——顶锻试验后试样高度，mm；

X——锻压比；

h——顶锻试验前试样高度，mm。

（2）锻压比一般为1/3，顶锻试验的试样要顶锻至原始高度的1/3（相关产品标准或协议中另有规定的除外），此时，大多数表面缺陷会张开口，便于用肉眼观察。对于顶锻试验后不开口的试样，顶锻试验不能可靠判断检验其缺陷深度，因此，顶锻试验不能有效检验较浅的表面缺陷。

（3）顶锻试验后试样不应有扭歪锻斜现象，顶锻试验后试样高度允许偏差不超过 $\pm 5\% h$。

（4）顶锻试验后检查试样侧面，对顶锻试验后试样是否有肉眼分辨的裂口进行判断，若出现裂口则判为不合格。

由于产品表面缺陷的可接受深度应以不影响相关产品的使用为依据，因此当对顶锻试验结果有争议时，则应使用金相方法检验未经过顶锻试样的横截面缺陷深度，并根据产品标准或供货协议中规定的拒收的缺陷深度来判定合格与否。

8.4.4 试验报告

试验报告中应有试验方法标准编号、试样说明（材料编号、炉号等）、试验前后试样的尺寸和试验结果等内容。经协商可省略部分内容。

8.5 管材工艺试验

8.5.1 金属管弯曲试验

金属管弯曲试验是将一根全截面的金属直管绕着一个规定半径和带槽的弯心弯曲，直至弯曲角度达到相关产品标准或技术协议所规定值的工艺性能试验。金属管弯曲试验用于检验金属管承受全截面弯曲的塑性变形能力，它适用于外径不超过65mm的圆形横截面管材，如果对从金属管上取下的横向条状试样进行弯曲试验，应根据本章第1节金属弯曲试验来进行。现有国家标准为GB/T 244 金属管弯曲试验方法。

8.5.1.1 试样要求

试样应是从外观检验合格的直金属管的一部分，其长度应能满足在弯管试验装置上进行规定弯曲角度和弯心半径的试验。

8.5.1.2 试验设备

金属管弯曲试验应在弯管试验装置（见图8－11）上进行。试验时，试验装置应能限制管的横截面发生椭圆变形。

弯管试验装置的弯心应具有与管外径轮廓相适应的沟槽。弯心半径由相关产品标准规定。

8.5.1.3 试验方法

(1) 试验一般应在10~35℃的室温范围内进行。对要求在控制条件下进行的试验，试验温度应为(23±5)℃。

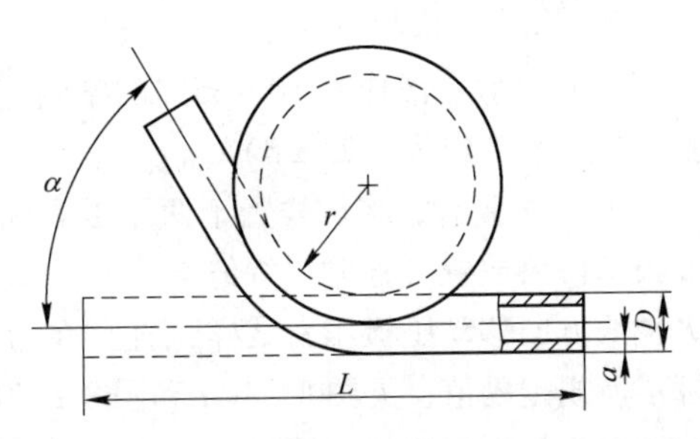

图8-11 金属管弯曲试验装置

(2) 试样的弯曲角度和弯心半径应按相关产品标准或技术协议规定要求确定。试验时，在弯管试验装置上将不带填充物的管试样弯曲，金属管的外表面位于弯心的外侧，试样弯曲变形段与金属管弯心紧密接触，直至达到规定的弯曲角度。

进行焊接管的弯曲试验时，焊缝相对于弯曲平面的位置应符合相关产品标准或技术协议规定的要求。如无具体规定要求，焊缝应置于与弯曲平面呈90°(即弯曲中性线)的位置。

按照相关产品标准或技术协议的要求评定弯曲试验结果，无具体规定时，试验后检查试样弯曲变形处，如果试验后试样无肉眼可见裂纹，则评定为合格。

8.5.1.4 试验报告

试验报告至少应包含所采用的试验方法标准、试样标识、试样尺寸、弯曲角度α、弯心半径r和试验结果等内容，如为焊接管，还要有焊缝相对于弯曲平面的位置等。

8.5.2 金属管压扁试验

金属管压扁试验是沿垂直管子纵轴线方向，对规定长度的试样或管子端部施加力进行压扁，直至在力的作用下，两压板之间的距离达到相关产品标准所规定的值的工艺性能试验。金属管压扁试验用于检验圆形横截面金属管塑性变形能力或显示管材的缺陷，它适用于外径不超过600mm、壁厚不超过外径15%的金属管。现有国家标准为GB/T 246金属管压扁试验方法。

8.5.2.1 试样要求

(1) 金属管试样长度L应不小于10mm，但不超过100mm。试样的棱边允许用锉或其他方法将其倒圆或倒角。

(2) 如要在一根全长度管的管端进行试验时，应在距管端面为试样长度处垂直于管纵轴线切割，其深度至少达到金属管外径D的80%。

8.5.2.2 试验设备

试验一般在压力机或万能试验机上进行。试验机应能将试样压扁至规定的两平行压板之间的距离。两平行压板应具有足够刚度，压板的宽度应超过压扁后的试样宽度，即至少应为试样外径的1.6倍，其长度应不小于试样的长度。

8.5.2.3 试验方法

(1) 试验一般应在10~35℃的室温范围内进行。对要求在控制条件下进行的试验，试验温度应为 (23±5)℃。

(2) 试验时，将试样置于两压板之间，如为焊接管，其焊缝应按相关产品标准或技术协议放置（通常，焊缝与力作用线呈90°的角度，见图8-12）。沿垂直于管纵轴线方向移动压板压扁试样，直至在力的作用下两压板之间的距离达到相关产品标准所规定的值，见图8-12*a*和图8-12*b*，如为闭合压扁，试样内表面接触的宽度应至少为标准试样压扁后其内宽度 *b* 的1/2，见图8-12*c*。

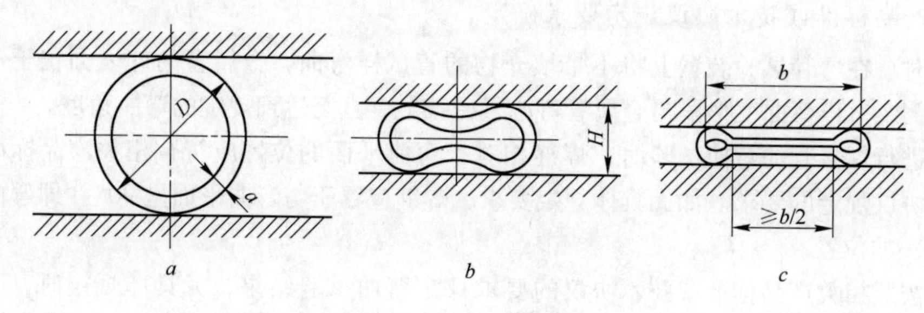

图8-12 压扁试验

(3) 有时，相关产品标准会给出一个压扁系数，此时，两压板间的距离 H 值可按式 (8-5) 计算：

$$H=\frac{(1+\alpha)a}{\alpha+\frac{a}{D}} \tag{8-5}$$

式中 H——两压板间的距离，mm；

a——管壁厚，mm；

D——管外径，mm；

α——压扁系数，一般取值为0.07，0.08，0.09。

(4) 如有争议或仲裁试验时，压板的移动速率不应超过25mm/min。

(5) 按照相关产品标准或技术协议的要求评定压扁试验结果，无具体规定时，试验后检查试样弯曲变形处，如果试验后试样无肉眼可见裂纹，则评定为合格。仅试样棱角处出现微裂纹不应判废。

8.5.2.4 试验报告

试验报告至少应包含所采用的试验方法标准、试样标识、试样尺寸、压板距离、试验结果等内容。如为焊接管，还应有焊缝的位置等。

8.5.3 金属管扩口试验

金属管扩口试验是检验圆形横截面金属管塑性变形能力的工艺试验方法，它是用圆锥形顶芯扩大管段试样的一端，直至扩大端的最大外径达到相关产品标准所规定的值，因此，它是一种验收试验，用以检验金属管产品是否符合产品标准要求。

一般情况下，其适用于外径不超过150mm（有色金属不超过100mm）、管壁厚度不超过10mm的金属管。现有国家标准为GB/T 242金属管扩口试验方法。

8.5.3.1 试样要求

（1）试样长度取决于顶芯的角度。当顶芯角度不大于30°时，试样长度应近似为金属管外径 D 的2倍；当顶芯角度大于30°时，试样长度应近似1.5D。如果在扩口试验后剩余的圆柱部分长度不小于0.5D，也可以使用较短的试样。

（2）试样的两端面应垂直于管子轴线。试验端的棱边允许用锉或其他方法将其倒圆或倒角。试验焊接管时，可以去除管内的焊缝余高。

8.5.3.2 试验设备

（1）试验一般在可调速率的压力机或万能试验机上进行。

（2）扩口试验用的圆锥形顶芯角度应符合相关产品标准的规定，其工作表面应磨光并具有足够的硬度。推荐采用的顶芯角度为30°、45°和60°。

8.5.3.3 试验方法

（1）试验一般应在10～35℃的室温范围内进行。对要求在控制条件下进行的试验，试验温度应为（23±5)℃。

（2）测量试样端部的外径，精确到1%，选取符合规定要求的圆锥顶芯，并在其锥面上涂以润滑油，将试样装在试验装置上，调节圆锥形顶芯的轴线与试样的轴线一致，用压力机平稳地对圆锥形顶芯施加力使其压入试样端部进行扩口，直至达到所要求的外径（见图8－13）。如有争议或仲裁试验时，压板的移动速率不应超过50mm/min。试验期间顶芯不应相对于试样移动。

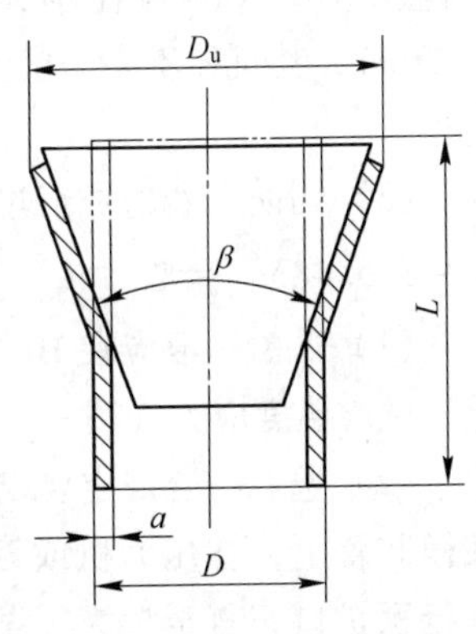

图8－13 金属管扩口试验

（3）如相关产品标准中规定了扩口率，则扩口率 X_d 按式（8－6）计算：

$$X_d = \frac{D_u - D}{D} \times 100\% \tag{8-6}$$

式中 D——试样端部的原始外径，mm；

D_u——试样扩口后端部外径，mm。

（4）当试验纵向焊管时，允许使用带沟槽的顶芯，以适应管内的焊缝余高。

（5）按相关产品标准或技术协议的要求评定扩口试验结果。如无具体规定，试验后无肉眼可见裂纹，应评定为合格。试样棱角处出现微裂纹不应判废。

8.5.3.4 试验报告

试验报告应包含试验方法标准编号、试样标识、试样尺寸、试样扩口的最大外径 D_u 或以原始外径 D 的百分比表示的扩口率、顶芯角度和试验结果等内容。

8.5.4 金属管卷边试验

金属管卷边试验是在试样的端部垂直于管轴线的平面上形成卷边，直至卷边后的外径达到相关产品标准的规定值的工艺性能试验。金属管卷边试验用于检验圆形横截面金属塑性变形能力，它适用于外径不超过150mm、管壁厚度不超过10mm的金属管。现有国家标准为GB/T 245 金属管卷边试验方法。

8.5.4.1 试样要求

（1）金属管试样长度L应约为管原始外径D的1.5倍（$L=1.5D$），也可以使用短试样，此时，卷边试验后剩余的圆柱部分长度不小于$0.5D$。

（2）金属管试样的两端面应垂直于金属管轴线。试验端的棱边允许用锉或其他方法将其倒圆或倒角。试验焊接管时，可以去除管内的焊缝余高。

8.5.4.2 试验设备

（1）试验一般在可调速率的压力机或万能试验机上进行。

（2）卷边成形用的圆锥形顶芯应具有合适的角度β（一般为90°），顶芯圆柱端的直径应比管的内径小约1mm，同心的平台部分应垂直于顶芯的轴线（见图8－14a），其直径不小于试验后金属管最大外径。顶芯的工作表面应有足够硬度并经抛光。

（3）为防止卷边成形过程中金属管侧翻，可对金属管进行支撑。

8.5.4.3 试验方法

（1）试验一般应在10～35℃的室温范围内进行。对要求在控制条件下进行的试验，试验温度应为（23±5）℃。

（2）选取符合规定要求的圆锥形顶芯，并在其锥面上涂以润滑油，将试样装在试样装置上，在压力机或万能试验机上对圆锥形顶芯施加力，使其压入试样一端进行预扩口，直至扩大试样的边缘达到可以进行卷边试验所规定的外径（见图8－14a）。卸下圆锥形顶芯，换上卷边用具（见图8－14b），对试样施加轴向力使其形成卷边，直至扩大部分垂直于试样轴线形成所要求直径的卷边。如有争议或仲裁试验时，成形用具的移动速率不应超过50mm/min。试验期间顶芯不应相对于试样转动。

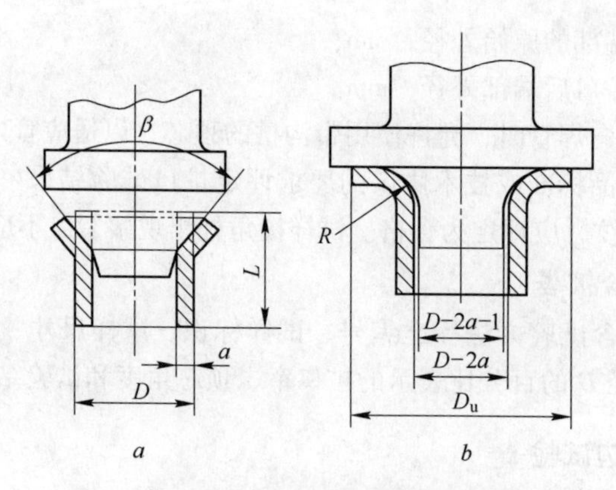

图8－14 金属管卷边试验

（3）卷边直径 D_u 或卷边率 X_f 和卷边用具圆角半径 R 由相关产品标准或技术协议规定，卷边率按式（8－7）计算：

$$X_f = \frac{D_u - D}{D} \times 100\% \tag{8-7}$$

式中　D——试样端部的原始外径，mm；

D_u——试样卷边后端部外径，mm。

（4）按照相关产品标准或技术协议的要求评定卷边试验结果，无具体规定时，试验后检查试样卷边变形处，如果试验后试样无肉眼可见裂纹，则评定为合格。仅试样棱角处出现微裂纹不应判废。

8.5.4.4　试验报告

试验报告至少应包含所采用的试验方法标准、试样标识、试样尺寸、试验后金属管最大外径 D_u 或卷边率、卷边用具圆角半径 R、试验结果等内容。

参考文献

［1］那宝魁．钢铁材料质量检验实用手册［M］．北京：中国标准出版社，1999.

［2］王滨．力学性能试验［M］．北京：中国计量出版社，2008.

［3］GB/T 232—2010 金属材料　弯曲试验方法［S］.

［4］GB/T 4156—2007 金属杯突试验方法（厚度 0.2～2mm）［S］.

［5］GB/T 233—2000 金属材料　顶锻试验方法［S］.

［6］GB/T 244—2008 金属管　弯曲试验方法［S］.

［7］GB/T 246—2007 金属管　压扁试验方法［S］.

［8］GB/T 242—2007 金属管　扩口试验方法［S］.

［9］GB/T 245—2008 金属管　卷边试验方法［S］.

9 金相检验

9.1 低倍组织检验

低倍组织及缺陷酸蚀检验可按 GB/T 226 的规定进行。在宏观检验领域中，酸蚀检验是最常用的检验金属材料缺陷、评定钢铁产品质量的方法。因为这种方法简单易行，不需要特殊的设备，也不需要非常严格的试样制备工序。在宏观检验中，酸蚀方法常常被列为第 1 位，如果一批钢材在酸蚀中显示出不允许存在的缺陷或超过允许程度的缺陷时，其他检验可不必进行。

9.1.1 样品的制备

9.1.1.1 取样部位及数量

酸蚀试样必须取自最易发生各种缺陷的部位，根据钢的化学成分、锭模形状、冶炼及浇铸条件、加工方法、成品形状和尺寸等的不同，一般宏观缺陷的种类、大小、分布等也不相同，为了让酸蚀试样的检验结果能够说明钢的质量水平，取样就成了一个需要十分注意的问题。国家标准 GB/T 226 中规定了试样截取的部位、数量和试验状态，按有关标准、技术条件或双方协议的规定进行。若无规定时，可在钢材（坯）上按熔炼（批）号抽取两支试样。生产厂应自缺陷最严重部位取样，一般相当于第一和最末盘（支）钢锭的头部截取。取样的方向一般是横向试样，由于检验目的不同，有时也取纵向试样。连铸坯应按熔炼（批）号，调整连铸拉速正常后的第一支坯上截取一支试样；另一支试样在浇铸中期截取。

9.1.1.2 检验面的制备

一般试样制取用剪、锯、切割等方法。试样加工时可用刨、铣、磨，必须除去由取样造成的变形和热影响区以及裂缝等加工缺陷。加工后试面的表面粗糙度应不大于 1.6μm，冷酸浸蚀试面应不大于 0.8μm。试面不得有油污和加工痕迹。

试面距切割面的参数尺寸为：

（1）热切时不小于 20mm；

（2）冷却时不小于 10mm；

（3）烧割时不小于 40mm。

9.1.1.3 试样尺寸

横向试样的厚度一般为 20mm，试面应垂直钢材（坯）的延伸方向。纵向试样的长度一般为边长或直径的 1.5 倍，试面一般应通过钢材（坯）的纵轴，试面最后一次的加工方向应垂直于钢材（坯）的延伸方向。

9.1.2　酸蚀试验

酸蚀试验是用酸蚀方法来显示金属或合金的不均匀性，例如各种缺陷、夹杂物、偏析等。在酸蚀以前，这些缺陷或其他不均匀性，由于和其他部分连在一起，或者因其尺寸非常小，以致肉眼很难辨别，然而在酸蚀过程中，这些不均匀的地方，由于被浸蚀的程度不同而呈现出高低不平和不同深浅的灰暗颜色，缺陷和组织的尺寸也被扩大，达到肉眼可见的程度。

9.1.2.1　酸蚀试验方法分类

A　热酸浸蚀试验方法

热酸浸蚀试验方法是酸蚀试验最常见的方法。所需设备简单、操作易行是本方法的特点。在 GB/T 226 中推荐了用工业盐酸水溶液作为常用的浸蚀液，酸蚀温度为 65～80℃。对奥氏体型不锈耐酸、耐热钢则推荐用盐酸硝酸水溶液，温度为 60～70℃。

试样浸蚀时，试面不得与容器或其他试样接触，试面上的腐蚀物可选用 3%～5% 碳酸钠水溶液或 10%～15%（容积比）硝酸水溶液刷除，然后用水洗净吹干；也可用热水直接洗刷吹干。

根据不同钢种选择相应的酸液及浸蚀时间、温度，具体规范见表 9－1。

表 9－1　热酸浸蚀规范

序号	钢　　种	酸蚀时间/min	酸液成分	温度/℃
1	易切削钢	5～10	1：1（容积比）工业盐酸水溶液	60～80
2	碳素结构钢，碳素工具钢，硅锰弹簧钢，铁素体型、马氏体型、复相不锈耐酸钢、耐热钢	5～20		
3	合金结构钢、合金工具钢、轴承钢、高速钢•	15～20		
4	奥氏体型不锈钢、耐热钢	20～40		
		5～25	盐酸 10 份，硝酸 1 份，水 10 份（容积比）	60～70
5	碳素结构钢、合金钢、高速工具钢	15～25	盐酸 38 份，硫酸 12 份，水 50 份（容积比）	60～80

B　冷酸浸蚀试验方法

这种方法是检查钢的宏观组织和缺陷的简易方法，适用于工件过大、不宜切开、检验后需保持表面光洁度及热酸蚀不易显示的试件。但进行冷酸蚀要求试样表面有较高的光洁度（最好经过研磨或抛光），加之操作较繁琐且时间较长、成本较高，所以一般不是特殊需要尽量采用热酸蚀法。GB/T 226 推荐了冷酸蚀的规范，见表 9－2。

表 9－2 冷酸浸蚀规范

序号	冷酸液成分	适用范围
1	盐酸 500mL，硫酸 35mL，硫酸铜 150g	钢与合金
2	氯化高铁 200g，硝酸 300mL，水 100mL	
3	盐酸 300mL，氯化高铁 500g 加水至 1000mL	
4	10% ~20% 过硫酸铵水溶液	碳素结构钢、合金钢
5	10% ~40%（容积比）硝酸水溶液	
6	氯化高铁饱和水溶液加少量硝酸（每 500mL 溶液加 10mL 硝酸）	
7	硝酸 1 份，盐酸 3 份	合金钢
8	硫酸铜 100g，盐酸和水各 500mL	
9	硝酸 60mL，盐酸 200mL，氯化高铁 50g，过硫酸铵 30g，水 50mL	精密合金、高温合金
10	工业氯化铜氨 100 ~350g，水 1000mL	碳素结构钢、合金钢

C 电解腐蚀试验法

这种方法是 20 世纪 60 年代发展起来的，可以替代热酸蚀法。它的优点是可以用稀（15% ~20%）盐酸在室温下进行试验，还可以缩短腐蚀时间，改善劳动条件、保护环境，是一种较好的试验方法。

9.1.2.2 酸蚀试验所检验的常见组织和缺陷

A 偏析

偏析是钢中化学成分不均匀现象的总称，指浇铸凝固过程中，选择结晶和扩散作用所引起的一些元素的聚集，也有人称之为液析。在酸蚀面上，偏析若是易蚀物质和气体夹杂物析集的结果，将呈现出颜色深暗、形状不规则而略凹陷、底部平坦的斑点；若是抗蚀性较强元素析集的结果，则呈颜色浅淡、形状不规则、比较光滑微凸的斑点。

根据偏析的位置和形状可分为中心偏析、锭型偏析（或称方框偏析）、斑点状偏析、白斑和树枝状组织。

（1）中心偏析：出现在试面中心部位，形状不规则的深暗色斑点。

（2）锭型偏析：具有原钢锭横截面形状的、集中在一条宽窄不同的闭合带上的深暗色斑点。

（3）斑点状偏析：斑点较大、颜色较深，形状有圆、椭圆或瓜子形。分布在边缘的称边缘斑点状偏析，分散分布在整个截面的，称一般斑点状偏析。

在偏析的分类中还有白斑和枝状组织。白斑为形状不规则、比较光滑、颜色浅淡且凸起的大块斑点，多出现在尺寸较大的、合金含量较高的坯、材和锻件的中心部位。枝状组织是枝晶在试样上的显露，枝晶的主干和枝干呈灰白色，晶干间物呈深暗色，在钢材内部晶干作不规则的排列，在边缘部位则多彼此平行且外表面垂直，保留原钢锭柱晶的痕迹。

B 疏松

疏松缺陷是钢凝固过程中，由于晶间部分低熔点物最后凝固收缩和放出气体而产生的孔隙在热加工过程中未焊合所导致的不致密现象。在横向热腐蚀面上，这种孔隙一般呈不规则多边形、底部尖狭的凹坑，这种凹坑多出现在偏析斑点之内。疏松严重时，有连接成海绵状的趋势。根据疏松分布的情况，把它们区分为中心疏松和一般疏松。

C 夹杂

宏观夹杂可包括外来金属、外来非金属和翻皮 3 大类，这种夹杂与在冶炼及浇铸过程中由物理化学反映产生的细小非金属夹杂物不同，这些细小的非金属夹杂物一般称为显微夹杂，要借助于显微镜进行观察检验。

外来金属也称异金属，这种夹杂主要是浇铸过程中，金属块（制品）误入钢锭模内，或在冶炼末期和盛钢桶内加入的铁合金块等未熔化所造成的缺陷。在试面上外来金属多呈边缘清晰、颜色与周围显著不同的几何图形。一些抗腐蚀的金属常颜色较浅且略凸起，易与白斑相混。

外来非金属夹杂主要是钢锭中的熔渣没有来得及浮出，剥落到钢液中的炉衬和浇铸系统的耐火材料所造成。在酸蚀试面上被浸蚀掉的夹杂留下一些细的孔隙，较大的未被浸蚀掉的夹杂物可以识别出非金属特性。

翻皮多发生在底注钢锭浇铸过程中。钢锭模内钢液冲破半凝固在上升钢液表面上的薄膜，将其卷入钢中而形成的，所以实际上它也是外来金属的一种。在横向试面上，一般呈颜色和周围不同、形状不规则的弯曲狭长条带，在其周边常有氧化物夹杂和气孔存在。

D 缩孔

由于最后凝固的钢液凝固收缩后得不到填充而留下来的宏观孔穴。在锻、轧过程中，由于某些原因未能焊合，残留在相应的坯或材中。其形貌是在横向试面的中心部位呈不规则的皱折裂纹或空洞，在其附近一般也是偏析、夹杂和疏松密集的地方。

E 气泡

由于钢锭浇铸凝固过程中所产生和放出气体所造成的。一般可分为皮下气泡和内部气泡两类。

(1) 皮下气泡：由于浇铸时钢锭模涂料中的水分和钢液发生作用而产生的气体。形成的表层气泡在锻轧过程中气泡壁被氧化以致不能焊合。在横试面上呈与表面垂直的裂缝，附近常略有氧化及脱碳现象。

(2) 内部气泡：又可分为蜂窝气泡和针孔气泡两种，前者是由于钢液去气不良所导致，一般为不允许存在的缺陷，存在钢坯内部，在试面上较易浸蚀，颇像排列有规律的点状偏析，但颜色更深暗些。

(3) 针孔是因为较深的皮下气泡在锻轧过程中未焊合而被延伸成细管状，在横试面上呈孤立的针状小孔。

F 轴心晶间裂隙

此种缺陷多产生在树枝状组织较严重的镍、铬钢大锻件和大尺寸钢坯中，裂缝沿枝状组织各主、枝干间发展，在横向试面上由中心向外辐射并彼此连接，呈蜘蛛网状。

G 白点

白点也称发裂，是由氢气脱熔析集到疏松微孔中产生巨大压力和钢相变时所产生的局部内应力联合造成的细小裂缝。在横试面上呈细短裂缝。这种缺陷一般集中在钢坯或锻件内部。

9.1.2.3 酸蚀检验结果的评定及应注意的问题

酸蚀检验结果的评定必须依据检验方法标准及各钢种的评级图标准，在评定中应客观、科学，不带有任何主观及合格级别的影响。不同品种的钢材对缺陷程度的要求不同，因此在评定过程中只能依据标准的评级图准确、客观地进行，这对从事检验的工作者是十分重要的。

9.1.2.4 评定过程中应注意的技术问题

（1）酸蚀后试面的好坏是进行低倍组织和缺陷评定的基础。试面的表面粗糙度、清洁度、试样受酸蚀的程度，都直接影响结果的评定，因此要求光洁、清洁、酸蚀程度适中，否则会造成缺陷难以辨认，或者由于酸蚀不足造成缺陷尚未显露，过酸蚀后增大缺陷程度，这样都会出现评定的失误。如果出现这种情况，必须重新制样、重新酸蚀、重新评定，保证结果的准确可靠。

（2）低倍缺陷的判断，首先要辨认缺陷类型。一些组织和缺陷比较容易辨认，如缩孔、方框偏析（锭型偏析）、白点等，但有些缺陷如疏松和偏析、气泡和夹杂等极易混淆，这就需要联系生产过程来进行分析和判定，如缺陷的位置和形貌特征等。

（3）低倍组织和缺陷的评定原则上是依据缺陷的数量和缺陷的大小、缺陷的分散程度等进行的，因此在辨认了缺陷类别以后应认真对照标准图片，从量的多少、缺陷大小、分散和集中的程度等综合进行对照评定。在评定中可以取图片的中间值进行0.5级的评定。对于不要求评定级别的缺陷，只判定缺陷类型即可，并在报告中写明。

（4）一般标准图片是给出一定尺寸并注明使用范围，如《GB/T 1979 结构钢低倍组织缺陷评级图》，评级图一为直径为20mm的图片，适用范围为直径或边长小于40mm的圆钢、方钢；评级图二是直径或边长为100mm的图片，适用范围为40～150mm的圆钢、方钢；而评级图三是直径或边长为150mm的图片，适用范围为150～250mm圆钢、方钢；评级图四是直径为200mm的图片，适用范围为直径或边长大于250mm圆钢、方钢；评级图五是直径为50mm的图片，适用范围为连铸圆钢、方钢；评级图六是直径为100mm的图片，适用范围为所有规格、尺寸的钢材。

（5）酸蚀检验结果常会显露出一些表皮和其他缺陷，如折叠、脱碳、表面裂纹、

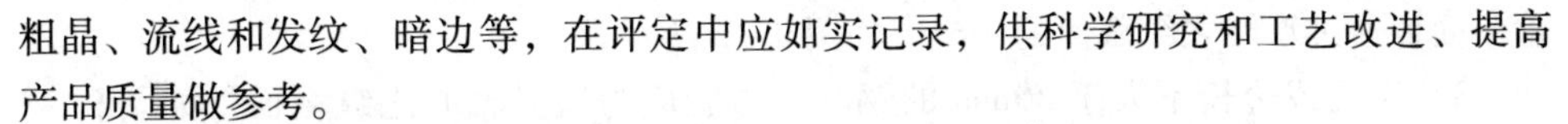

粗晶、流线和发纹、暗边等，在评定中应如实记录，供科学研究和工艺改进、提高产品质量做参考。

(6) 仲裁检验时，若技术条件无特殊规定，以热酸浸蚀法为准。

(7) 一般是用肉眼进行观察，但也可借助10倍以下放大镜进行观察和评定。

9.2 非金属夹杂物检验

钢中的非金属夹杂物大体可以分为内生夹杂和外来夹杂两大类。这些非金属夹杂物使钢的金属基体的均匀性、连续性被破坏，它们在钢中形态、含量和分布情况都不同程度地影响着钢的各种性能。因此夹杂物的含量和分布情况通常被认为是评定钢质量的一个重要指标，并被列为优质钢及高级优质钢出厂常规检验的主要项目之一。

9.2.1 非金属夹杂物的形成

9.2.1.1 内生夹杂物的形成

这类非金属夹杂物是钢在冶炼和凝固过程中，由于一系列的物理及化学反应而形成的。例如在冶炼过程中脱氧剂的加入形成的氧化物和硅酸盐等，在钢液凝固前来不及完全浮出而包含在钢内。常见的如加铝脱氧会有 $3FeO+2Al \rightarrow 3Fe+Al_2O_3$ 反应而形成 Al_2O_3 夹杂；又如加入硅铁脱氧有 $2FeO+Si \rightarrow SiO_2+2Fe$ 反应而形成 SiO_2 单独存在的夹杂物，当 SiO_2 再与 FeO 或其他氧化物相遇，就能和这些氧化物形成硅酸盐，如 $n FeO+m SiO_2 \rightarrow n FeO \cdot m SiO_2$ 或 $n Al_2O_3+m SiO_2 \rightarrow n Al_2O_3 \cdot m SiO_2$ 等。另外，在钢液凝固过程中，某些元素，例如硫和氮等由于溶解度的降低而形成硫化物和氮化物等，这些夹杂物也将存留在钢中。

9.2.1.2 外来夹杂物的形成

在冶炼及浇注过程中，由于炼钢炉、出钢槽、盛钢桶等内壁剥落的耐火材料或其他杂物（如铁合金表面可能附有的沙粒）混入钢液中形成夹杂，这类夹杂物称为外来夹杂物，它们的特点是无一定形状而且很大。

9.2.2 样品的截取和制备

9.2.2.1 取样方法

自钢材（或钢坯）上切取的试样检验面应为通过钢材（或钢坯）轴心之纵截面，其面积约为 $200mm^2$（$20mm \times 10mm$）。

(1) 圆钢和方钢的取样方法。

1) 直径或边长大于40mm的钢材（或钢坯）检验面位于外表面和轴心之间的一半，如图9-1所示。

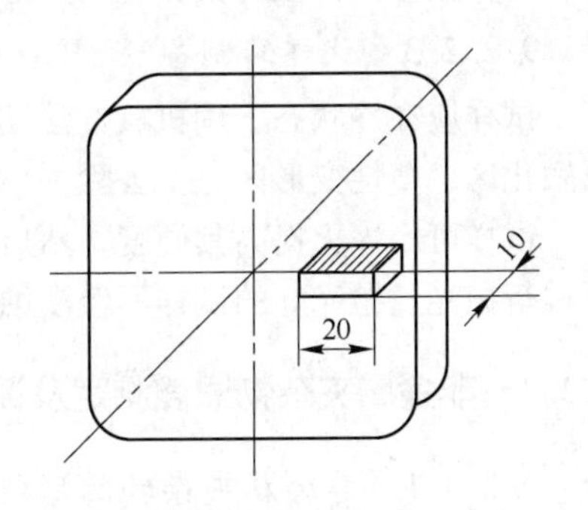

图9-1 直径或边长大于40mm的钢材（或钢坯）的取样示意图

2) 直径或边长大于30~40mm的钢材，

检验面为通过轴心之纵截面的一半，如图9-2所示。

3）直径或边长不大于30mm的钢材，检验面为通过轴心之纵截面，如图9-3所示。

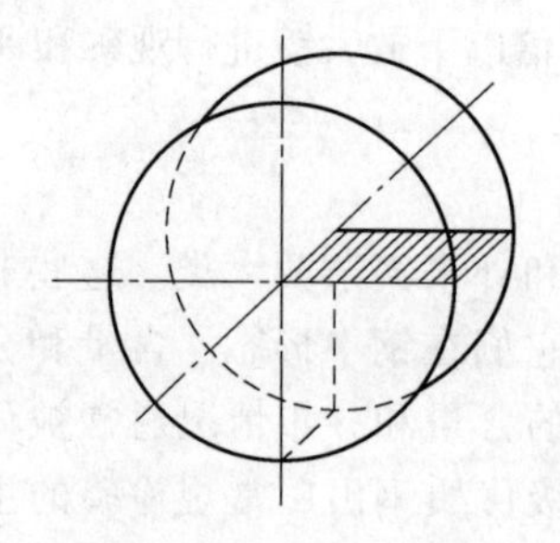

图9-2 直径或边长大于30~40mm的钢材的取样示意图

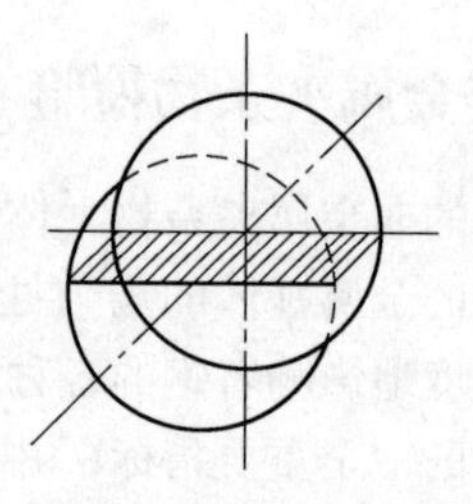

图9-3 直径或边长不大于30mm的钢材的取样示意图

（2）钢板、钢带和扁钢的取样方法如图9-4所示。

（3）钢管的取样方法如图9-5所示。

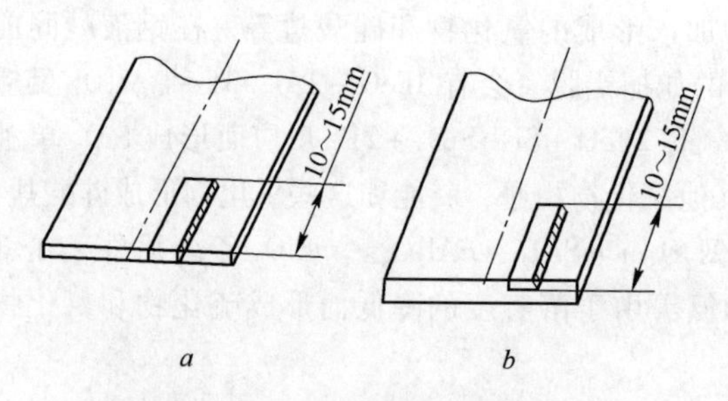

图9-4 钢板、钢带和扁钢的取样示意图

a—厚度≤30mm；*b*—厚度>30mm

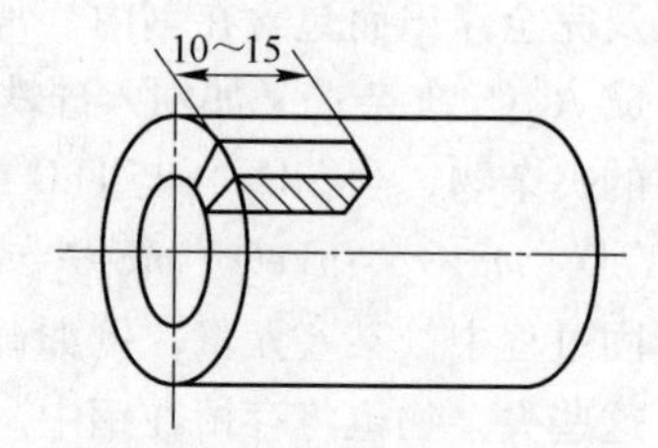

图9-5 钢管的取样示意图

9.2.2.2 取样数量及部位

取样数量及部位应按相应的产品标准或专门协议的规定。

9.2.2.3 试样的制备

试样应在冷状态下用机械方法切取，若用气割或热切等方法切取时，必须将金属融化区、塑性变形区完全去除。

试样可经淬火提高其硬度，然后经砂轮打平，用砂纸（或蜡盘、砂纸盘）磨光，再进行抛光。抛光好的试样不经浸蚀直接进行观察测定。

9.2.3 非金属夹杂物显微测定及评定

9.2.3.1 非金属夹杂物的形貌特征

钢中常见的夹杂物有硫化物、氧化物、硅酸盐、点状（球状）不变形夹杂物等。

（1）硫化物类型。此种夹杂物属塑性夹杂物，经锻轧加工以后即沿加工方向变

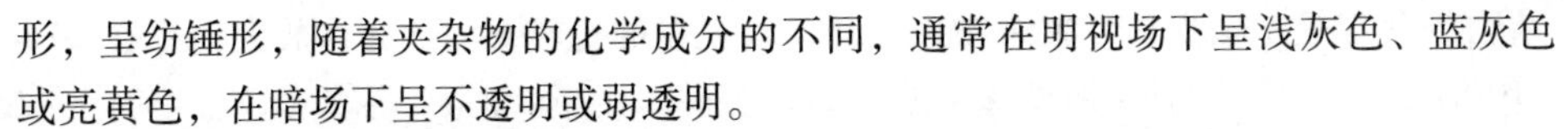

形，呈纺锤形，随着夹杂物的化学成分的不同，通常在明视场下呈浅灰色、蓝灰色或亮黄色，在暗场下呈不透明或弱透明。

（2）氧化物类型。此类夹杂物脆且易断裂，所以在经锻轧加工后，夹杂物沿加工方向排列成链状。在明视场下多呈暗灰色，少数不常见的氧化物也成亮灰色。在暗视场下多为不透明，少数呈透明。

（3）硅酸盐类型。此类夹杂物有易变形的和不易变形的两种。易变形的硅酸盐夹杂与硫化物相似，沿加工方向延伸呈线段状，在明视场下呈暗灰色，在暗视场下透明。铁硅酸盐、锰硅酸盐、锰偏硅酸盐都属于易变形硅酸盐。另一种是不易变形的硅酸盐夹杂物，与氧化物相似，沿加工方向呈颗粒状分布，在明视场下呈暗灰色，在暗视场下透明。铝硅酸盐、钙硅酸盐等属于不易变形硅酸盐。

（4）点状（球状）类夹杂物。此类夹杂物为氧化物或硅酸盐，这种夹杂物经加工后是不变形的，仍以点状（球状）形式存在。

9.2.3.2 非金属夹杂物的显微测定

非金属夹杂物的显微测定是将制备好的试样置于一般光学金相显微镜载物台上，然后选用合适的目镜和物镜进行测定。在测定过程中为了要区别各类夹杂物，首先应用明视场观察夹杂物的形貌，再配合用暗视场，甚至用偏振光通过夹杂物的各种光学性能来正确地区分各种类型的夹杂。因此所使用的光学显微镜最好配备暗场及偏振光装置。

9.2.3.3 非金属夹杂物的显微评定

依据 GB/T 10561 的规定，对非金属夹杂物进行评定。

（1）标准评级图谱，标准采用两套评级图进行评定，评级图的图片相当于 100 倍下纵向抛光平面上面积为 0.50mm^2 的正方形视场。

根据夹杂物的形态和分布，标准图谱分为几个基本类型，分别标以字母 A、B、C、D 和 DS。其分类方法不是根据夹杂物的成分，而是根据它们的形态：

1）A 类——硫化物类；

2）B 类——氧化铝类；

3）C 类——硅酸盐类；

4）D 类——球状氧化物类；

5）DS 类——单颗粒球状类。

每类夹杂物又根据非金属夹杂物颗粒宽度的不同分为粗系和细系两个系列，每个系列由表示夹杂物含量递增的六级图片（0.5~3 级）组成。

（2）非金属夹杂物的观察方法。将磨好不经浸蚀的试样检验面在显微镜下用投影法或直接观察法进行检验。

1）投影法：将夹杂物图像投影到毛玻璃上，必须保证放大 100 倍，实际视场面积为 0.50mm^2，然后用此图像与标准评级图进行比较，这种方法便于讨论，多用于科研、教学。

2）直接观察法：通过显微镜目镜直接观察，实际视场面积为 0.50mm^2，由于夹杂物的评定只是根据估计夹杂物尺寸与观察视场的比较，因此允许放大倍率在 90 ~ 110 倍之间变化，但仲裁时要保证放大 100 倍。

（3）非金属夹杂物的实际评定方法。

1）A 法：试样的检验面应完全抛光。对于每类夹杂物，按细系或粗系记下与检验面上最恶劣视场相符合的标准评级图的级别数。

2）B 法：试样的检验面应完全抛光。将试样的每个视场与标准评级图进行比较，将每个视场的每类夹杂物按细系或粗系记下与检验视场相符合的标准评级图的级别数。用这种方法进行检验时，一般检验 100 个视场，但经协商允许减少检验视场，也可对试样作局部检验。

进行非金属夹杂物实际评定时，无论采用 A 法或 B 法，对于长度超过视场的边长（0.710mm）和厚度大于标准评级图规定的，均应单独记录。

9.2.4 非金属夹杂物检验中应注意的问题

非金属夹杂物检验中应注意以下问题：

（1）非金属夹杂物的检验样品的取样部位及试样制备十分重要。标准中规定的几种按不同规格的取样部位是根据钢材（或钢坯）夹杂物最严重的区域选取的，能够代表钢材（或钢坯）的实际纯净度情况，从而反映钢的质量水平，因此取样时不可随意在任何方便的部位选取，以防把最恶劣区域漏掉。试样的被检验面积不可太大或太小，这样才能够保证按照标准规定的面积上反映出的夹杂物情况有可比性。

试样磨制前淬火的目的是为了使试样硬些，便于磨光和不出麻坑，但在淬火操作中应尽量保证不要把试样淬裂，以避免对检验结果有影响。磨制试样的时间应尽量缩短，以免由于长时间将夹杂物磨掉或出现凹凸。另外要注意对试样的最后一道抛光操作应和轧制方向垂直，有利于夹杂物的识别及评定。

（2）根据标准要求，在一般的生产检验中大部分是采用 A 法进行评定。在评定的过程中一定要注意显微镜视野的大小，视场面积为 0.50mm^2，过大和过小都会影响评定结果的准确性。因此标准图片的边长为 0.710mm，因此在 100 倍下和标准图片相比必须在同样大小的视野下。视野太大会把过多的夹杂包括进去而加大级别数；过小的视野会把一些本来应在评定范围内的夹杂物分割在视野外面，从而减小了级别数。这样检验的结果就没有真实地反映出产品的实际质量水平，因此用来进行夹杂物检验的显微镜必须带有长度 0.710mm 的标记，以便检验工作的正确进行。

（3）用 A 法进行非金属夹杂物评定时应注意先对被检验面进行观察，做到对试样有初步了解，然后按照每类夹杂物的最严重视场和标准评级图对照评级，对不同类型的夹杂物可以在不同的视场进行评定，最后得到的是每个类型夹杂物的最恶劣视场的级别数。用 A、B、C、D、DS 分别表示各类夹杂物，例如 A2、B1e（e 表示粗系）、C3、D1、DS1，表示 A 类细系 2 级、B 类粗系 1 级、C 类细系 3 级、D 类细系 1 级、DS 类细系 1 级。

用 B 法进行检验时，必须连续移动视场进行全类型的评定，经双方协商可以增减视场数。在评定工作中做好记录是十分重要的，因为用金相法做这项工作，工作量大且繁琐，很容易出现混乱和错误，因此做好记录是保证这项工作顺利完成的重要措施。目前图像仪的广泛应用使B法评定得以简便、快速地进行，这种方法的推广使用将会很快，用这种方法全面评定钢的纯度是合理的、科学的、确切的。

(4) 非金属夹杂物的合格级别应在各自相应的产品标准（或协议）中规定，检验人员在进行评定的过程中不应带有任何的约束，而只能严格地按照标准评级图实事求是地进行评定，这样检验出的结果才能真正地反映钢的质量水平。

(5) 标准中的标准评级图必须理解为“有限图片”，也就是将被检验视场中的非金属夹杂物与标准评级图进行比较，按其最接近（或相符合）的标准评级图级别数予以评定级别，对这一点必须给予重视。

(6) 当同类的粗大或细小的夹杂物在同一视场中同时出现时（呈同一直线分布或不同直线分布），不得分开评定，其基本应将两系列（粗大、细小）夹杂物的长度或数量相加后按占优势的那类夹杂物评定。当视场中的夹杂物尺寸介于粗大和细小两系列之间时，按其最接近的系列评定。

(7) 常规检验只是根据钢中夹杂物的形状、含量及分布情况作明视检验评级，借以评定钢的质量好坏，并没有涉及夹杂物的本质，如化学成分、组织结构及夹杂物来源等。为了准确地确定夹杂物类型、改善生产工艺以求进一步提高钢的纯净度，必须采用其他一些方法对钢中夹杂物的组成和性能进行综合分析，这些方法包括金相法、X射线微区域分析法、岩相分析法、X射线晶体结构分析法、化学分析法等，但最常用的是金相法。

金相法是借助金相显微镜的明视场、暗视场及偏振光来观察夹杂物的形状、分布、色彩以及各种特征，从而对夹杂物作出定性或半定性的结论。但金相法不能获得夹杂物的晶体结构及精确成分的数据。

用金相法鉴定夹杂物大致可有以下几个方面：

1）夹杂物的形状：鉴定夹杂物首先注意的是它们的形状，用明视场观察它们的形状特点，可以估计出它们属于哪类夹杂物，如球状的、条状的、链状的等，这有利于考虑下一步的鉴定方法。

2）夹杂物的分布：夹杂物的分布是有其特点的，有的夹杂物成群、有的分散、还有单个存在的。成群的夹杂物经锻轧后沿锻轧方向连续成串，如 Al_2O_3 就属于此类夹杂物。另外，有的夹杂物多沿晶界分布，FeS 及 FeS - FeO 共晶夹杂物就属于沿晶界分布的夹杂物。

3）夹杂物的色彩及透明度：在显微镜暗视场或偏振光下观察夹杂物的色彩及透明度，根据夹杂物的透明程度，可以把它们分为透明和不透明两大类，透明的还可以分为透明与半透明两种。透明的夹杂物在暗视场下显得十分明亮，如果夹杂物是透明的并有色彩，则在暗视场下呈现出它们固有的色彩。各种夹杂物都有其固有的色彩和透明度，因此可根据它们的色彩和透明度，结合其他特征（如形状、分布）来判定夹杂物类型。如 Al_2O_3 夹杂物在明视场下呈深灰色并带微紫色，而在暗视场下则为透明发亮的黄色。

4）夹杂物的各向同性及各向异性：利用偏振光照明研究夹杂物，可以把它们分为各向同性和各向异性两大类。当转动载物台一周时，会产生对称的4次消光和发亮现象（弱的各向异性只有2次消光及发亮），同时夹杂物的色彩也稍有变化，有这种特征的夹杂物具有各向异性的特点；与此相反，在偏振光下当载物台转动一周，夹杂物始终呈均匀的亮度而不发生消光和发亮现象，这种夹杂物具有各向同性的特点。球状而且透明的夹杂物在正交偏振光下产生黑十字现象，表现为各向同性，如 SiO_2 玻璃质夹杂就属于这类夹杂物。

5）夹杂物的硬度及塑性：夹杂物具有不同的硬度和塑性，因此观察它们的硬度及塑性有助于鉴定工作，夹杂物的硬度可以用显微硬度计测量，根据所测硬度值也可以估计它们的塑性。另外从夹杂物的变形及形状也可看出夹杂物的塑性情况，从而鉴定它们的本质，如一般的硫化物及硅酸盐夹杂有较好的塑性，在试面上可看到沿轧制方向成长条状；而对 Al_2O_3 夹杂，由于塑性不好且硬，因此在纵向试面上看到的是成群的链状颗粒。

6）夹杂物的化学性能：不同类型的夹杂物在被化学试剂浸蚀后，将发生不同的变化：①完全被浸蚀掉，在夹杂物原来所在处留下坑洞；②染上不同颜色或色彩发生变化；③不被浸蚀也不发生变化。因此，在金相显微镜下观察夹杂物被浸蚀前后的变化，也有助于对夹杂物的鉴定工作。

9.3 晶粒度检验

金属平均晶粒度测定可按 GB/T 6394 的规定进行。晶粒度是晶粒大小的量度。晶粒是立体的颗粒，有一定的体积，所以理想的表示晶粒大小的方法是它的平均体积，或每单位体积内含有的晶粒数目。要测这样一个数据是很繁琐的，对钢铁材料一般没有必要这样做。为了实用简便，一般用一个切面来进行晶粒度测定。目前世界各国对钢铁产品晶粒大小的表示方法和评定标准，几乎已经统一使用与标准图片比较的评级方法，因此本节也主要介绍标准中的比较法，对面积法和截点法不做详细论述。

9.3.1 标准的使用范围及使用概述

9.3.1.1 使用范围

由于 GB/T 6394 的测定方法纯粹以晶粒的几何图形为基础，与材料本身完全无关，因此也可以用来测定非金属材料中晶粒的大小。包括完全或主要由单相组成的金属平均晶粒度的测定方法和表示原则，同时也适用于标准评级图形貌相似的任何组织。

标准中规定了用比较法、面积法和截点法3种方法进行平均晶粒度测定，一般情况下当材料的组织形貌与标准评级图相似，则可使用比较法。测定等轴晶粒的晶粒度，使用比较法最简单，而非等轴晶粒则不能使用比较法。任何情况下都可使用面积法和截点法。仲裁时要使用截点法。

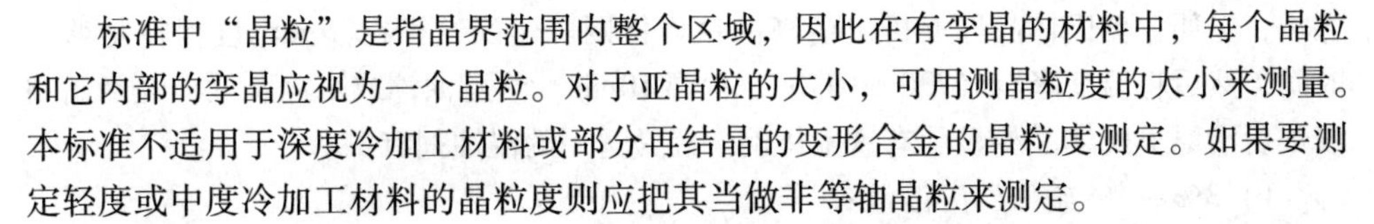

标准中“晶粒”是指晶界范围内整个区域，因此在有孪晶的材料中，每个晶粒和它内部的孪晶应视为一个晶粒。对于亚晶粒的大小，可用测晶粒度的大小来测量。本标准不适用于深度冷加工材料或部分再结晶的变形合金的晶粒度测定。如果要测定轻度或中度冷加工材料的晶粒度则应把其当做非等轴晶粒来测定。

9.3.1.2 使用概述

金属组织是由不同尺寸和形状的三维晶粒堆集而成的，通过该组织的任一检验面上分布的晶粒大小将是从最大值到零之间变化的，在检验面上不可能有绝对大小均匀的晶粒分布，也不可能有两个完全相同的检验面，因此晶粒度的测定并不是一种十分精确的测量。为了使测量结果向精确有代表性靠拢，应用统计学的原理考虑晶粒计数，应用时在每一个给定面积内含有100个以上晶粒，选择恰当的放大倍数和测量面积，能保证晶粒度测量的精确度。测定晶粒度时，应在每个试样检验面上选择3个以上有代表性的视场进行，不能带有假想地去选择平均晶粒度的视场，这样测定结果的准确性和精确度才是有效的。

9.3.2 试样的选取及制备（晶粒显示）

9.3.2.1 取样部位、数量及对试样的要求

测定晶粒度用的试样应在交货状态的材料上切取，试样的数量及部位应在相应的技术条件标准或协议中规定。

测定晶粒度的试样尺寸建议为：

（1）圆形：ϕ10～12mm；

（2）方形：10mm×10mm。

9.3.2.2 晶粒度显示

测定晶粒度的操作中，晶粒显示是最关键的一个步骤，显示出完整、真实的晶界才能够测得正确的结果。

铁素体钢的奥氏体晶粒显示方法如下：

（1）渗碳法。这种方法适用于渗碳钢，具体做法是将试样在（930±10）℃保温6h，保证试样表面获得1mm以上的渗碳层。所使用的渗碳剂应能保证在（930±10）℃保温6h的过程产生过共析层，渗碳后的试样炉冷至下临界温度以下，在渗碳层的过共析区的奥氏体晶界上析出渗碳体网，试样经磨制和浸蚀后显示出奥氏体晶粒边界。经常选用的浸蚀剂有：

1）3%～4%硝酸乙醇溶液；

2）5%苦味酸乙醇溶液；

3）沸腾的碱性苦味酸钠水溶液（2g苦味酸、25g氢氧化钠、100mL水），浸蚀10～20min。

（2）网状铁素体法。这种方法适用于碳含量0.25%～0.60%的碳钢和碳含量0.25%～0.50%的合金钢。一般情况下的加热温度、保温时间、冷却方式列于表9-3。在此范围内碳含量较高的碳钢和碳含量超过0.40%的合金钢需要调整冷却

方法，以便在奥氏体晶界上析出清晰的铁素体网。建议试样在淬火温度保持足够的时间，然后将温度降至（730±10）℃，保温10min，然后油淬或水淬。试样经磨制和浸蚀后沿原奥氏体晶界显示有铁素体网。经常选用的浸蚀剂有：

1）3%~4%硝酸乙醇溶液；

2）5%苦味酸乙醇溶液。

表9-3　一般情况下的加热温度、保温时间、冷却方式

碳含量/%	加热温度/℃	保温时间/min	冷却方式
≤0.35	900±10	≥30	空冷或水冷
>0.35	860±10	≥30	空冷或水冷

（3）氧化法。适用于碳含量0.35%~0.60%的碳钢和合金钢。将试样检验面抛光，然后将抛光面朝上放入炉中，一般在（860±10）℃下加热1h，然后淬入水中或盐水中，磨制和浸蚀后显示出由氧化物沿晶界分布的原奥氏体晶粒原形貌。为了更清晰地看出氧化物晶界，磨制试样时可以倾斜10°~15°，这样可以看到从表面向内的氧化情况，可用15%盐酸乙醇溶液浸蚀试样显示氧化晶界。

（4）直接淬火法。这种方法适用于直接淬火硬化钢。将钢样加热、保温然后淬火，使之得到马氏体组织，经磨制和浸蚀后显示奥氏体晶界。具体操作列入表9-4。为了清晰显示晶粒边界，腐蚀前试样可经（550±10）℃回火1h。常用浸蚀剂为：饱和苦味酸水溶液加少量环氧乙烷聚合物。

表9-4　直接淬火法的淬火工艺

碳含量/%	加热温度/℃	保温时间/min	冷却方式
≤0.35	900±10	60	淬火
>0.35	860±10	60	淬火

（5）网状渗碳体法。适用于过共析钢。将试样在（820±10）℃下加热，保温30min以上，炉冷至下临界点温度以下，使奥氏体晶界上析出渗碳体网。试样经磨制和浸蚀后显示出奥氏体晶界，从而可勾画出奥氏体晶粒形貌。常用的浸蚀剂有：

1）3%~4%硝酸乙醇溶液；

2）5%苦味酸乙醇溶液。

（6）网状珠光体（屈氏体）法，对于共析钢用其他方法都不易显示其奥氏体晶界，因此可以用不完全淬火法，利用不完全淬硬区域内，在奥氏体晶界上有少量细珠光体（团状屈氏体）呈网络的原理，显示奥氏体晶粒形貌。具体做法是：选取适当尺寸的棒状试样，加热到选定的淬火温度，保温后将试样一端淬入水中冷却，在这支试样上就存在着一个不完全淬硬的区域，将试样纵向磨制并浸蚀后可看到细珠光体网络显示出的奥氏体晶粒形貌。常用的浸蚀剂有：

1）3%～4%硝酸乙醇溶液；

2）5%苦味酸乙醇溶液。

9.3.3 晶粒度的测定方法

9.3.3.1 比较法

比较法是通过与标准评级图对比来评定晶粒度。此法是最常用的也是最简便的，适用于评级等轴晶粒的完全再结晶材料或铸态材料。

标准中列出了4个系列评级图：

（1）系列图片Ⅰ：适用于无孪晶晶粒（浅腐蚀），为100倍图片；

（2）系列图片Ⅱ：适用于有孪晶晶粒（浅腐蚀），为100倍图片；

（3）系列图片Ⅲ：适用于有孪晶晶粒（深反差腐蚀），为75倍图片；

（4）系列图片Ⅳ：适用于钢中奥氏体晶粒（渗碳法），为100倍图片。

使用比较法评定晶粒度时，当晶粒相貌与标准评级图的形貌越相似，评级误差就越小，因此在评定时可以根据被评晶粒的形貌从4个系列图片中任意选取。表9－5列出常用材料使用的标准系列图片。

表9－5 常用材料使用的标准系列图片

系列图片号	适用范围	基准放大倍数
Ⅰ	（1）铁素体钢的奥氏体晶粒（即采用氧化法、直接腐蚀法、铁素体网法、珠光体网法、渗碳体网法及其他方法显示的奥氏体晶粒）； （2）铁素体钢的铁素体晶粒； （3）铝、镁和镁合金、锌和锌合金、超强合金	100
Ⅱ	（1）奥氏体钢的奥氏体晶粒（带孪晶的）； （2）不锈钢的奥氏体晶粒（带孪晶的）； （3）镁和镁合金、镍和镍合金、锌和锌合金、超强合金	100
Ⅲ	铜和铜合金	75
Ⅳ	（1）渗碳钢的奥氏体晶粒； （2）奥氏体钢的奥氏体晶粒（无孪晶的）	100

用比较法进行晶粒度评定的具体方法如下：

（1）在显微镜下使用与标准评级图片相同的放大倍数观察试样或投影，也可用显微照片等，将观察的情况与标准评级图片直接比较，选取与试样图像最接近的标准评级图级别，记录下评定的结果即为被评试样的晶粒度级别。如果能将待测的晶粒图像和标准评级图投到同一投影屏上，可提高评级精确度。

（2）当被测晶粒过大或过小，超过标准评级系列图片所包括的范围，或基准放大倍数（100倍）不能满足需要时，可采用其他放大倍数。用其他放大倍数评定的晶粒度级别与相应的显微晶粒度级别对照于表9－6。

表9-6 用其他放大倍数评定的晶粒度级别与相应的显微晶粒度级别

图像的放大倍数	与标准评级图编号等同图像的晶粒度级别									
	No. 1	No. 2	No. 3	No. 4	No. 5	No. 6	No. 7	No. 8	No. 9	No. 10
25	-3	-2	-1	0	1	2	3	4	5	6
50	-1	0	1	2	3	4	5	6	7	8
100	1	2	3	4	5	6	7	8	9	10
200	3	4	5	6	7	8	9	10	11	12
400	5	6	7	8	9	10	11	12	13	14
800	7	8	9	10	11	12	13	14	15	16

9.3.3.2 面积法

面积法是通过统计在给定的面积内的晶粒数（n）来测定晶粒度，这种方法使用不方便，一般在生产检验中很少使用。具体做法是将已知面积的圆形测量网格置于晶粒图像上，选用视场内至少有50个晶粒的放大倍数，然后统计完全落在测量网格内的晶粒数（n_1）和被网格所切割的晶粒数（n_2）。这样，该面积范围内的晶粒数（n）可用公式 $n = n_1 + 1/2n_2$ 计算出来，通过 n 可以求出试样检验面上每平方毫米的晶粒数 n_0。

$$n_0 = (M^2 \cdot n)/A \tag{9-1}$$

式中 M——观测用的放大倍数；

n——所使用的测量网格内的晶粒数；

A——所使用的测量网格面积，mm^2。

为了简化计算，通常将 A 选为 $5000mm^2$，这样以上公式可简化为 $n_0 = 0.0002M^2n$。式中，n 为 $5000mm^2$ 内的晶粒数，晶粒数级别指数（晶粒度级别）$G = -2.9542 + 3.3219\lg n_0$。对于非等轴晶粒，应统计纵向、横向和法向3个互相垂直平面内的晶粒数。

9.3.3.3 截点法

截点法是通过在给定的测量网格上的晶界截点数来测定晶粒度，此法操作不方便，所以一般生产检验也是不常用的，但是由于不论是对等轴晶的各个组织，还是非等轴晶，截点法既可用于分别测定3个相互垂直方向的晶粒度，也可以计算出总体的平均晶粒度，因此被定为仲裁法。

截点法的具体做法如下：

(1) 晶粒度级别指数 G 的基本计算公式：

$$G = -3.2877 + 6.6439\lg(MN/L) \tag{9-2}$$

式中 L——所使用的测量网格长度，mm；

M——观测用的放大倍数；

N——观测面上晶界与测量网 L 上的截点数。

(2) 为了使用简便，采用500mm长的测量网格，其尺寸如图9-6所示，图中直

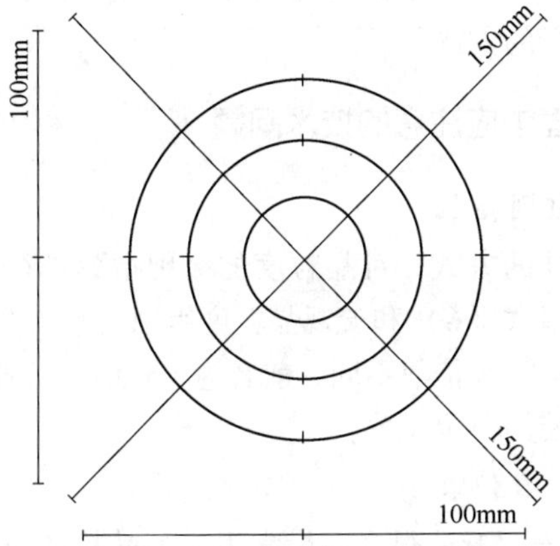

图 9－6 截点法用的 500mm 网格

线总长为 500mm，3 个圆的周长总和为 500mm（250mm + 166.7mm + 83.3mm = 500mm），3 个圆的直径分别为 79.58mm、53.05mm、26.53mm。

使用 500mm 测量网格统计的截点数 N，再根据观测时使用的放大倍数 M，可以在表 9－7 和表 9－8 中分别查出 G_b 和 ΔG，因此可以用公式 $G = G_b + \Delta G$ 计算出晶粒度级别。例如当在 100 倍评定晶粒度时，在表 9－7 中查得 G_b 为 5.356，在 500mm 网格的截点数 N 为 100，在表 9－8 中查得 ΔG 为 0，按照公式 $G = G_b + \Delta G = 5.356 + 0 \approx 5.5$ 级。

表 9－7 放大倍数 M 与 G_b 的关系

M	放大倍数 G_b	M	放大倍数 G_b	M	放大倍数 G_b
10	－1.288	200	7.356	800	11.356
25	1.356	250	8.000	900	11.696
50	3.356	300	8.526	1000	12.000
75	4.526	400	10.000	1250	12.644
100	5.356	500	10.526	1500	13.170
125	6.000	600	10.971	1600	13.356
150	6.526	700	11.356	1750	13.615

表 9－8 截点数与 ΔG 的关系

截点数 N	ΔG	截点数 N	ΔG
95	－0.148	99	－0.029
96	－0.118	100	0
97	－0.088	101	+0.029
98	－0.058		

截点法又分为直线截点法、单圆截点法和三圆截点法，在进行晶粒度测定时可视情况参照标准选用可行的方法。

9.3.4 晶粒度测定过程中应注意的技术问题

9.3.4.1 晶粒度级别指数

标准引进了ISO标准的方式，对晶粒度的级别指数进行了定义：晶粒度级别指数分为显微晶粒度级别指数（G）和宏观晶粒度级别指数（G_M），这两种级别指数的区别在于定义时所使用的放大倍数不同，前者为100倍，后者为1倍，引入指数表示的晶粒度与测定方法及使用单位无关。

9.3.4.2 晶粒度的数值表示

（1）晶粒度的数值表示方法很多，最常用的是晶粒度级别指数，另外也用晶粒截面积（$\bar{a}$）、平均截距（l）、单位体积晶粒数（n_v）等，这些表示方法之间的关系在标准中有详细的阐述，当遇到这些表示方法时可以用它们的关系式进行转换，得到所需的测定结果。

（2）要表示一组试样的晶粒度，绝不能简单地将各个晶粒度数值进行平均，否则所得到的平均值将是试样中实际不存在的晶粒度，正确的做法应该是先求出 n_1 和 n_0 的平均值后，再计算出晶粒度数值。

（3）当试样中出现晶粒不均匀现象，经全面观察后，如属偶然或个别现象，在测定中可不予计算。如较为普遍，则应当计算不同级别晶粒在视场中各占面积的百分数。若优势的晶粒所占面积不少于视场面积的90%时，则只记录此一种晶粒度，否则应当分别用不同级别数值来表示该试样的晶粒度，其中第一个级别数代表占优势的晶粒度，比较法也应按照这种原则进行评定报出结果。

9.3.4.3 制样与显示

在进行晶粒度评定时，采用什么方法显示晶粒边界是十分重要的操作，标准中给出的方法是国内外很多金相检验工作者长期积累提炼出来的可行方法。因此在检验工作中可根据已知材料的技术资料选用标准中介绍的显示方法，由于各种材料的内在组织受各种因素的影响是很复杂的，加之随着科学技术的发展，一些新材料不断被研制出来，现有的显示方法远远满足不了检验工作的要求，因此在检验过程中只要是合理的、能保持所测晶粒度不因显示方法的影响而发生变化，则是可以不断研究，不断采用的。

浸蚀剂的使用也是可以选择的，标准中推荐的浸蚀剂也是很多经验的积累，在实际检验中也可以针对所测材料的特性研制和采用一些新的浸蚀剂。

应特别注意对氧化法和一端淬火法（珠光体法）显示晶界的试样的磨制，要控制好磨样的角度和深度，角度不能过大也不能过小。磨样深度要适中，应由浅到深不断地进行观察，磨制过浅会出现晶界，这是一种假晶界，是氧化皮层的形貌，磨制过深则有可能把完好的氧化晶界磨掉，浸蚀出的晶界不完整，难以得出准确的测定结果，因此适中的磨制是非常重要的。

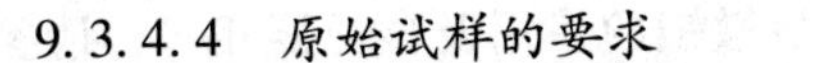

9.3.4.4 原始试样的要求

标准中规定测定晶粒度的试样应在交货状态的材料切取，因此对试样在加热处理前的组织状态应当重视，所测试样的显微组织如果不正常就不能进行加热处理显示晶界，因为那样将得不出正确结果。另外，标准中特别强调，用渗碳法的钢材试样，应先除去脱碳层及氧化层，因为表面的脱碳层和氧化层不是钢样的正常组织，会影响所测结果的真实性。

9.3.4.5 试样的加热

以前使用的标准中，用各种方法显示晶粒边界的加热温度均为（930±10）℃，保温时间为3h（渗碳处理除外），称这种情况下的奥氏体晶粒度为本质晶粒度，这个标准对这一概念做了较大的改动，规定了除有明确规定试样加热制度应按技术条件执行外，一般情况下都应按本标准的规定执行，这个标准的规定是按照钢种惯用的热处理制度对试样进行处理，最高弯度不超过930℃，这种温度的规定是科学的，能反映出真实的热处理条件下的晶粒大小，要严格执行热处理工艺，绝不允许重复热处理。

9.3.4.6 图像仪的使用

由于科学技术的不断进步，测试仪器水平的不断提高，最近在晶粒度测定中已开始使用图像仪，这大大提高了晶粒度测定精度，用面积法和截点法测定晶粒度将会变得十分简便。目前已有不少科研工作者研究了一些可行的测试软件，广大的检验人员可选用以提高本领域的测试水平。

9.4 显微组织

钢的显微检验也常称为金相检验或高倍检验，它是指在光学显微镜下观察、辨认和分析钢的微观组织状态和分布的检验。它的目的一方面是常规的评定钢材质量的优劣，根据已有知识，判断或确定钢的质量和生产工艺及过程是否完善，如有缺陷，向生产部门提出改进建议；另一方面则是更深入地了解钢的微观组织和各种性能的内在联系以及各种微观组织形成的规律等，为发现新材料和新工艺提供依据，显微检验的主要设备是各种型号的光学金相显微镜及磨制试样用的砂轮、粗磨机、抛光机等，各种腐蚀剂可参考选用。

本部分主要介绍常用的显微检验方法，使用标准列入表9-9，有关显微组织检

表9-9 常用的显微检验方法

序号	项目名称	使用标准编号及名称
1	钢的脱碳层测定	GB/T 224 钢的脱碳层深度测定法
2	非金属夹杂物显微评定	GB/T 10561 钢中非金属夹杂物显微评定方法
3	金属平均晶粒度测定	GB/T 6394 金属平均晶粒度测定方法
4	钢的显微组织评定	GB/T 13299 钢的显微组织评定方法
5	不锈钢中α相测定	GB/T 13305 不锈钢中α-相面积含量金相测定法
6	钢中石墨显微评定	GB/T 13302 钢中石墨碳显微评定方法

验中的试样制备、试样研磨、试样的浸蚀、显微镜的使用及显微照相等，请参考《GB/T 13298 金属显微组织检验方法》。

参考文献

[1] 那宝魁．钢铁材料质量检验实用手册［M］．北京：中国标准出版社，1999.

[2] GB/T 226—1991 钢的低倍组织及缺陷酸蚀检验法［S］.

[3] GB/T 10561—2005 钢中非金属夹杂物显微评定方法［S］.

[4] GB/T 6394—2002 金属平均晶粒度测定方法［S］.

[5] GB/T 13298—1991 金属显微组织检验方法［S］.

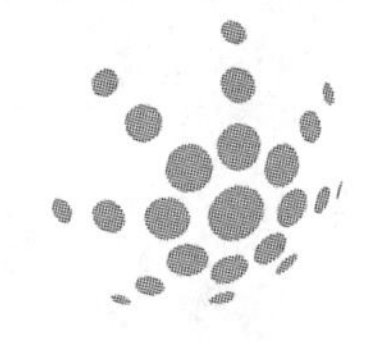

10 分析结果测量不确定度及评定

进行定量分析的目的，总是根据欲测物质的性质，采用各种分析方法和步骤来获得被测组分的含量。如何评价分析测试的测量水平和测量数据的质量，或者说其测量数据在多大程度上是可靠的，一直是分析工作者和管理者关心和希望解决的问题。传统的做法是用测量的准确度和精密度来衡量。但是，通常说的准确度和误差只是一个定性的、理想化的概念，在应用时只是说准确度的高低或误差的大小，不能确切给出准确度和误差的数值。而精密度虽然可给出具体数值（常用标准偏差表示)，但只是表示最终测量数据的重复性，不能真正衡量其测量的可靠程度。

不确定度是建立在误差理论基础上的一个新的概念，它表示由于测量误差的存在而对被测量值不能肯定的程度，是定量说明测量结果质量的一个参数，它比经典的误差表示方法更科学实用。一个完整的测量结果，不仅要表示其量值的大小，还需给出测量的不确定度，表示了被测量真值在一定概率水平所处的范围（所指的测量结果应该是已修正了的最佳估计值）。测量不确定度愈小，其测量结果的可信度愈大，测量的质量就愈高，测量数据的使用价值愈高。

测量误差与测量不确定度是两个不同的概念，不应混淆和误用。测量误差表示测量结果偏离真值的程度，它客观存在但人们无法准确得到。测量不确定度是表示测量结果分散性的参数，由人们对测量过程的分析和评定得到，因而与人们的认识程度有关。

10.1 测量的基本术语及其概念

在讨论测量不确定度之前首先介绍一些测量基本术语的概念，这些术语与测量不确定度的概念及评定紧密相关。

10.1.1 测量结果

测量结果即由测量所得到的赋予被测量的值。测量结果仅仅是在测量条件下被测量之值的估计，而非真值。必要时，应表明它是示值、未修正测量结果或已修正的测量结果，是单次测量所得还是多次测量所得。经误差修正后的测量结果又称最佳估计值。作为测量结果的完整表述，需包括其测量不确定度。

10.1.2 测量准确度

测量准确度为测量结果与被测量真值之间的一致程度。由于被测量的真值一般不能获得，所以准确度只是一个定性的概念。所谓“定性”意味着可以用准确度的高低、准确度的等级或准确度符合某一标准等定性地表示测量的质量，但不能说出准确度的具体数值。

10.1.3 接受参照值

接受参照值为用作比较的经协商同意的认证值，它来自于：

（1）基于科学原理的理论值或确定值；

（2）基于一些国家或国际组织的实验室工作的指定值或认证值；

（3）基于科学或工程组织赞助下合作实验室工作的同意值或认证值；

（4）当（1）（2）（3）不能获得时，则用（可测）量的期望，即规定测量总体的均值。

10.1.4 精密度

精密度为在规定的测量条件下，独立测量结果之间相互一致的程度。精密度的度量通常以不精密度表达，它表示测量结果随机误差分量的大小，其量值用测试结果的标准差来表示，精密度越低、标准差越大。自1998年版的《JJF 1001 通用计量术语及定义》不再沿用精密度的概念，代之以测量重复性和再现性（复现性）表示。

10.1.5 重复性

重复性即在相同测量条件下，对同一被测量进行连续多次独立测量所得结果之间的一致性。

相同测量条件（亦称重复性条件）指的是相同的测量方法、在同一实验室、同一测量人员、使用相同的测量仪器、在短时间内进行独立的重复测量。重复观测中的变动性是由于所有影响结果的影响量不能完全保持恒定而引起的。重复性通常用重复观测结果的标准差 s_r 表示。

10.1.6 重复性限

重复性限指一个数值，在重复性条件下，两个测试结果的绝对差不大于此数值的概率为95%。重复性限用 r 表示。

10.1.7 再现性

再现性又称复现性，即在改变了的测量条件下，对同一被测量进行多次测量所得结果之间的一致性。

不同测量条件（亦称再现性条件）可以是不同的测量方法、测量人员、测量仪器、测量实验室、时间、参考测量标准等。由于改变的条件不同，有若干种再现性、如改变了测量人员的再现性、改变了测量仪器的再现性；改变了使用条件的再现性等。再现性通常用在给定的条件下观测结果的标准差 s_R 表示。

10.1.8 再现性限

再现性限指一个数值，在再限性条件下，两个测试结果的绝对差小于或等于此数值的概率为95%。再现性限用R表示。

10.1.9 测量误差

测量误差即测量结果减去被测量的真值。由于真值不可知，在实际工作中使用约定真值，从而所得到的误差往往是个近似值。按误差的来源，可分为随机误差和系统误差。误差之值只取一个符号，非正即负。

误差与不确定度是完全不同的两个概念，不应混淆或误用。对同一被测量，不论其测量程序、条件如何，相同测量结果的误差相同，而在重复性条件下，则不同结果可有相同的不确定度。

10.1.10 允许差

允许差为技术标准、技术规范对测试方法、计量器具所规定的允许误差的极限值。分析方法的允许差表示在一定的测量条件和置信水平下，用该分析方法测量结果所允许的误差限。

测量仪器、容量器皿的允许差表示仪器、器皿的特性，通常在其技术规范、规程中规定其误差的极限值，或称其允许误差限。在实际应用时要注意的是，某一测量仪器、器皿的实际误差与其允许差，测量结果的误差与测量方法的允许差的概念不同。测量仪器、器皿及测量方法的允许差不是其不确定度，它只是在一定概率水平不确定度表达的特例，但可作为测量不确定度评定的依据。

10.1.11 修正值

用代数法与未修正测量结果相加，以补偿系统误差的值。修正值等于负的系统误差。例如用高一等级的测量标准来校正测量仪器、器皿，给出一个修正值。需指出的是，修正值不统计在不确定度中，但其本身有不确定度，修正可以使系统误差减小，使测量结果更接近于真值，但同时又引入修正值的不确定度，因而补偿是不完全的。有时为补偿系统误差，而与未修正结果相乘的因子称为修正因子。

10.1.12 溯源性

溯源性即通过一条有规定不确定度的不间断的比较链，使测量结果或测量标准的值能够与规定的参考标准（通常是与国家测量标准或国际测量标准）联系起来的特性。

分析测试中通常以以下程序的组合来建立所得测量结果的溯源性：用可溯源的标准校准的测量仪器、使用纯物质的标准物质、合适的有证标准物质、使用基准测量方法、使用认可的或经严密试验确定的测试方法。

溯源性是一切测量结果的根本属性，对每个测量结果都应估计出总不确定度。

10.1.13 有证标准物质/标准样品

有证标准物质即附有证书的标准物质，其一种或多种特性用建立了溯源性的程序确定，使之可溯源到准确复现的表示该特性值的测量单位，每一种出证的特性值都附有给定置信水平的不确定度。

目前我国以 GBW、GSB 等词头的标准物质、标准样品，在给出认证值的同时给出其定值的标准差。

10.1.14 校准与检定

校准指在规定的条件下，为确定测量仪器或测量系统所指示的量值，或实物量具或参考物质所代表的量值，与对应的由标准所复现的量值之间关系的一组操作。通过不间断的校准链或比较链，与相应测量的 SI 单位基础相连接，以建立测量标准和测量仪器对 SI 的溯源性。校准主要是针对示值给出校准值和其不确定度。

检定是查明和确认计量器具是否符合法定要求的程序，它包括检查、加标记和（或）出具证书。由此，校准主要是确定计量器具示值误差，并确定是否在预期的允许差范围之内，校准不具法制性，是企业和实验室自愿的溯源行为。检定是对其计量性能和技术要求进行全面的评定，并按有关法规做出合格与否的结论，具有法制性。

校准和检定是实现测量溯源性的一系列操作。

10.2 测量不确定度

10.2.1 测量不确定度的定义

测量不确定度是表征合理地赋予被测量之值的分散性，与测量结果相联系的参数。不确定度恒为正值，由多个分量组成。定义中的“分散性”与表示精密度的分散性不同，后者只是在重复性条件下测量数据的分散性，而定义中的“分散性”则包括了各种误差因素在测试过程中所产生的分散性。

例如，测量结果的分散性通常用其标准差 s 来表示，但分析过程中由于使用的容量器皿、天平等量具的示值与其真值的不一致所造成的分散性、由于校准曲线测量的变动性造成数据的分散性、用标准物质来校正分析仪器或计算测量结果时其认证值本身的不确定度（认证值的分散性）等均未包括在重复测量的标准差内。在物理测量中，常用的千分尺、游标卡尺、试验机本身存在的误差亦未统计在测量结果的分散性中。

上述的误差因素造成测量结果的分散性不能用测量误差或其测量的重复性和再现性来表示。因此，测量不确定度讨论的被测量之值的分散性是广义上的包括各种误差因素的分散性，而测量数据的重复性只是在一定条件下测量数据的分散性。

有些物理试验是不可重复的，有些成分分析样品量有限，只能做一次试验。一次测量所得结果是否有分散性？按重复性概念，一次测量结果不好统计其分散性，但在测量不确定度评定中可通过所用仪器、量具校准的标准不确定度，示值误差，环境温度变化的不确定度及利用以前积累的统计数据或方法的重复性限等参数来评定测量结果的分散性。

因此，在计量学中引入测量不确定度概念，通过对未在重复测量中表示的各种不确定度因素进行分析，并将这些因素对数据分散性的贡献统计出来，与测量数据的重复性进一步合成为总不确定度，最后与测量结果一起表达。

定义中的“合理地”是指测量是在统计控制状态下进行的，所谓统计控制状态就是一种随机状态，具体说是处于重复性和再现性条件下的测量，其测量结果或有关参数可以用统计方法进行估计。

定义中的“相联系的”是指不确定度和测量结果来自于同一测量对象和过程。表示在给定条件下测量结果可能出现的区间。要说明的是，测量不确定度和测量结果的量值之间没有必然的联系，它们均按各自的方法统计。例如，对某一个被测量采用不同的方法测量，可能得到相同的结果，但其不确定度未必相同，有时可能相差颇大。

不确定度是建立在误差理论基础上的一个新的概念，它表示由于测量误差的存在而对被测量值不能肯定的程度，是定量说明测量结果质量的一个参数。一个完整的测量结果，不仅要表示其量值的大小，还需给出测量的不确定度，表示了被测量真值在一定概率水平所处的范围（所指的测量结果应该是已修正了的最佳估计值）。测量不确定度愈小，其测量结果的可信度愈大，测量的质量就愈高，测量数据的使用价值愈高。

从测量不确定度的词义上理解，意味着测量结果可信性、有效性的怀疑程度或不肯定程度。测量不确定度是定量说明测量结果质量的一个参数，它并不意味对测量结果有效性的怀疑，而是表示对测量结果有效性的信任程度。

10.2.2 测量误差与测量不确定度

测量误差与测量不确定度是两个不同的概念，不应混淆和误用。测量误差表示测量结果偏离真值的程度，它客观存在但人们无法准确得到。测量不确定度是表示测量结果分散性的参数，由人们对测量过程的分析和评定得到，因而与人们的认识程度有关。例如，测量结果可能非常接近真值（误差很小），但由于认识不足，人们赋予的不确定度落在一个较大的区间内。也可能实际上测量误差很大，但由于分析估计不足，给出的不确定度偏小。

误差按其性质分为随机误差和系统误差，而按不确定度来源也可大致分为随机效应导致的不确定度和系统效应导致的不确定度，按不确定度评定方法又可分为不确定度 A 类评定和不确定度 B 类评定，但它们之间不存在简单的对应关系。在以下的叙述和实例中将进一步说明。

测量误差与测量不确定度的主要区别列于表 10－1。

表 10-1 测量误差与测量不确定度的主要区别

项 目	测 量 误 差	测量不确定度
定义的内涵	表示测量结果偏离真值，是一个差值	由随机效应和系统效应引起测量结果的分散性，是一个区间值
表达符号	非正即负，不用正负号（±）表示	正值，当用方差求得时取正平方根值
量 值	客观存在，不以人的认识程度而改变	客观存在，但与人们对被测量、影响因素及测量过程的认识有关，在给定条件下可以计算
评 定	由于真值未知，不能准确评定。当用约定真值代替真值时，可得到估计值	在给定条件下，根据实验、资料、经验等信息进行定量评定
分 量	按出现于测量结果中的规律，分为随机误差和系统误差	按评定方法分为不确定度 A 类评定和不确定度 B 类评定，或“由随机效应引入的不确定度分量”和“由系统效应引入的不确定度分量”，两类只是评定方式不同而已，并无本质差别
分量的合成	各误差分量的代数和	当各分量彼此独立时为分量的方和根；当分量相关时，须加入协方差
自由度	不存在	存在，可作为不确定度评定是否可靠的指标
置信概率（置信水平）	不存在	有，特别是 B 类不确定度和扩展不确定度的评定，可按置信水平给出置信区间
与测量结果的分布关系	无关	有关
应 用	已知系统误差的估计值时可对测量结果进行修正，得被测量的最佳估计	不能对测量结果修正，与测量结果一起表示在一定概率水平被测量值的范围

10.2.3 分析测试中常见的不确定度因素

为正确理解和评定测量不确定度，必须对分析测试中产生不确定度的因素有足够的了解和认识。在《GUM 测量不确定度表示指南》和 JJF 1059 中列出了可能导致不确定度的若干因素。根据化学成分分析的特点，产生不确定度的因素大致可归纳如下：

（1）被测量对象的定义、概念和测量条件的不完整或不完善。例如，钢中酸溶铝和酸溶硼的测定，其分析项目的内涵的界定不明确，溶解酸及浓度，溶解温度，冒烟与否等条件等均会对测量结果产生影响。气体体积的测量，需注明测量的温度和压力，否则，温度和压力的变化将导致测量体积的显著分散。

（2）取样、制样、样品储存及样品本身引起的不确定度。例如，取样未按规定的要求而不具代表性，制备的样品均匀性不好，样品在制备时受污染，在保存条件下发生物理或化学反应（氧化、吸水或失水、吸收二氧化碳等）。

（3）分析测试和测量过程中使用的天平、砝码、容量器皿、千分尺、游标卡尺、测力机等计量器具本身存在的误差引起的不确定度。即使对其量值进行了校准，还

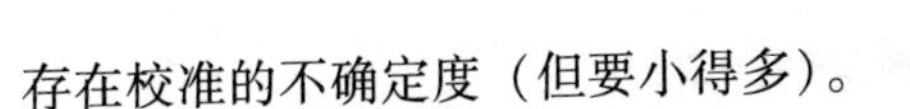

存在校准的不确定度（但要小得多）。

（4）测量条件变化引入的不确定度。如容量器具及所盛溶液由于温度的变化而引起体积的变化。标准物质、校准曲线基体与样品组成不匹配等。

（5）标准物质的认证值、基准物质的纯度等本身引入的不确定度。

（6）测量方法、测量过程等带来的不确定度。例如，测量条件控制不一致而导致沉淀、萃取的回收率、滴定终点的变动，显色反应的不完全等；基体不一致或测量条件变化引起的空白、背景和干扰的影响；样品难分解而导致分解完全程度的差异；实验设备、环境对测量的污染等。

（7）校准曲线的线性及其变动性、测量结果的修约引入的不确定度。

（8）分析人员感官的分辨率，操作的反应速度和习惯等引入的不确定度，例如对模拟式仪器读数存在的人为偏差和不一致，判断滴定终点的误差和不一致，一些习惯性操作引起的偏倚。

（9）数字式仪表由于指示装置的分辨力引入的指示偏差。如输入信号在一个已知区间内变动，却给出同一示值。

（10）引用的常数、参数、经验系数等的不确定度。如相对原子量、理想气体常数，光度分析中测定钨时钒的校正系数，稀土氧化物对稀土的换算系数等。

（11）测量过程中的随机因素，及随机因素与上述各因素间的交互作用，表现为在表面上看来完全相同的条件下，重复测量量值的变化。

这些产生不确定度的因素不一定都是独立的，可能具有相关性。例如，第 11 项可能与前面各项存在一定相关性。一定条件下，某些因素可能是不确定度的主要贡献者，而另一些可能贡献极微，可以忽略不计。

分析测试过程中，可能还有一些尚未认识到的系统效应，显然不可能在不确定度评定中予以考虑，但它可能导致测量结果的误差。

测量不确定度一般来源于事物的随机性和模糊性，随机性归因于条件的不充分，模糊性归因于事物本身概念的不明确。因而测量不确定度通常由许多分量组成，其中一部分分量有统计性，可按统计方法进行评价；而另一部分分量具有非统计性，可采用其他方法进行评价。所有这些分量都为测量的分散性作了贡献。

10.3 不确定度的名称和定义

各种不确定度的名称和定义如下：

（1）标准不确定度：用标准差表示的测量不确定度。标准不确定度的量纲与相应输入量或被测量的量纲相同。标准不确定度记为 u，u 恒为正。

（2）相对标准不确定度：标准不确定度除以输入量（或测量结果）的绝对值。相对标准不确定度无量纲。相对标准不确定度记为 u_{rel} 或 u_r。

（3）不确定度 A 类评定：用对观测列进行统计分析的方法来评定标准不确定度。不确定度 A 类评定有时又称 A 类不确定度评定。

（4）不确定度 B 类评定：用不同于对观测列进行统计分析的方法来评定标准不

确定度。不确定度B类评定有时又称B类不确定度评定。

(5) 合成标准不确定度：当测量结果的标准不确定度由若干个其他量的值求得时，按其他量的方差或（和）协方差算得的标准不确定度。它是测量结果标准差的估计值。测量结果 y 的合成标准不确定度记为 $u_c(y)$，简写为 u_c。

(6) 相对合成标准不确定度：合成标准不确定度除以测量结果的绝对值。相对标准不确定度无量纲。它有相对合成标准不确定度 $u_{rel}(y)=\frac{u_c(y)}{|y|}$。

(7) 扩展不确定度：确定测量结果区间的量，合理赋予被测量之值的大部分可望含于此区间。分析测试中用它表示一定置信概率下被测量值的分布区间。扩展不确定度又称展伸不确定度。扩展不确定度记为 U，U 恒为正。

(8) 包含因子：为求得扩展不确定度，对合成标准不确定度所乘之数字因子。包含因子也称范围因子，记为 k。

(9) 自由度：在方差计算中，和的项减去对和的限制数。自由度反映相应实验标准差的可靠程度。自由度记为 ν。

在重复性条件下，对被测量作 n 次独立测量所得样本方差中和的项为残差个数 n，限制数为1，自由度 $\nu=n-1$。用最小二乘法回归的校准曲线中，残差个数 nm，限制数为2，自由度 $\nu=nm-2$。

(10) 置信水平：对扩展不确定度确定的测量结果区间，包含合理赋予被测量值的分布概率。置信水平也称包含概率、置信概率，记为 p。

10.4 测量不确定度评定的基本程序

10.4.1 测量方法概述

对测量方法和测量对象进行清晰而准确的描述，包括方法名称、试料量、试料分解和处理、测量所使用的计量器具和仪器设备、测量的校准物、测量条件、样品测量参数等，这些信息和参数与测量不确定度评定密切相关。测量方法描述的程度和列出的测量参数应满足不确定度评定的需要，使分析者对测量不确定度的来源和评定有正确、清晰的理解。

10.4.2 建立数学模型

根据测量方法（测量标准），建立输出量（被测量 y）与输入量 (x_i) 之间的函数关系式 $y=f(x_1,x_2,\cdots,x_n)$，即列出被测量 y 的计算方程式，明确 y 与各输入量 (x_i) 的定量关系。

10.4.3 测量不确定度来源的识别

根据测量方法和测量条件对测量不确定度的来源进行分析并找出主要的影响因素。不确定度的影响量不仅与各输入量（x_i）直接有关，还要考虑影响输入量有关的间接因素，并初步判断其主要因素和次要因素。

10.4.4　标准不确定度的评定

对足以影响不确定度量值的主要影响因素分别进行标准不确定度A类评定和标准不确定度B类评定，并列表汇总。将各不确定度分量列表汇总，可清晰比较出各分量的大小和对评定的影响程度。所列表项应包括各分量名称、量值、标准不确定度（和相对标准不确定度）、合成标准不确定度（和相对合成标准不确定度）等，表列数值应注明相应的量纲。

标准不确定度A类评定用统计方法计算其标准不确定度，标准不确定度B类评定用其他方法估计其标准不确定度。标准不确定度和相对标准不确定度通常用符号 $u(x_i)$ 和 $u_{rel}(x_i)$ 表示。

10.4.4.1　标准不确定度A类评定

标准A类不确定度的评定通常有以下几种方法。

（1）贝塞尔法。以贝塞尔公式计算的标准差来表示。在重复性条件下进行 n 次独立测量，其单次测量的标准偏差为：

$$s = \sqrt{\frac{\sum_{i=1}^{n}(x_i - \bar{x})^2}{n-1}} \qquad (10-1)$$

n 次测量的平均值为 $\bar{x}$，其标准不确定度（平均值的标准差）为：

$$u(\bar{x}) = S/\sqrt{n} \qquad (10-2)$$

当测量结果是其中 m 个测量值时，其标准不确定度为：

$$u(\bar{x}_m) = S/\sqrt{m} \qquad (10-3)$$

为提高所计算标准差的可靠性，重复测量的次数（n）一般不少于6次。

（2）极差法。极差法是以正态分布为前提，简化了的统计方法。在重复性条件下进行 n 次测量，用测量结果的极差统计单次测量的标准差：

$$s = (x_{max} - x_{min})/C = \frac{R}{C} \qquad (10-4)$$

式中　s——单次测量标准差；

R——测量数据列的极差；

C——极差系数。

n 次测量平均值的标准不确定度为：

$$u(\bar{x}) = s/\sqrt{n} = R/(C\sqrt{n}) \qquad (10-5)$$

极差法的极差系数 C 和自由度 ν 见表10－2。

表10－2　极差系数 C 和自由度 ν 表

n	2	3	4	5	6	7	8	9
C	1.13	1.65	2.06	2.33	2.53	2.70	2.85	2.97
ν	0.9	1.8	2.7	3.6	4.5	5.3	6.0	6.8

从表10－2可看出，极差法的自由度较用贝塞尔法计算的要小，而带来的包含因子k_p要大一些。

由于极差法仅利用测量结果的最大值和最小值，信息量少，与贝塞尔法和合并样本标准差相比其统计的可靠性差，评定时应首先采用贝塞尔法。

极差法一般在测量次数较小时采用。

（3）合并样本标准差。有时为了提高测量的可靠性，进行m组的重复测量，每一组测量测量n次，测量的标准差为s_j，则合并样本的标准差s_p为：

$$s_p = \sqrt{\frac{1}{m}\sum_{j=i}^{m} s_j^2} = \sqrt{\frac{1}{m(n-1)}\sum_{j=1}^{m}\sum_{i=1}^{n}(x_{ji}-\bar{x}_i)^2} \tag{10-6}$$

需注意的是，各测量列标准差s_j在统计上不应有显著性差异（可用柯克伦检验法检验s_j^2的一致性），合并样本标准差s_p的自由度$\nu_p = m(n-1)$。

如果m组测量的重复次数不完全相同，分别为n_i，其标准差为s_i，自由度为$\nu_i = n_i - 1$，通过m个s_i与ν_i，计算得到合并样本的标准差s_p为：

$$s_p = \sqrt{\frac{\sum \nu_i s_i^2}{\sum \nu_i}} \tag{10-7}$$

s_p的自由度为$\nu = \sum_{i=1}^{m} \nu_i$。

显然，合并样本差s_p的计算方法实质上同贝塞尔公式计算方法。

（4）引用测量方法重复性限计算重复性标准差。在测试方法精密度的共同试验和统计中（按 GB/T 6379 和 ISO 5725），往往多个实验室在重复性条件或再现性条件下按标准测试方法进行重复测量，统计合并样本的标准差，计算测试方法的实验室内的重复性限r。由于测量重复性限r是由在多个实验室由多个试验人员得到的众多测量结果统计而来，有较高的可靠性和代表性，在随后的测量中，只要该测量在相同的受控条件下进行，可直接引用其测量重复性限r来计算分析方法的重复性标准差s_p：

$$s_p = \frac{r}{2.8} \tag{10-8}$$

在一些文献中，也有将引用重复性限r进行测量重复性标准不确定度评定列为不确定度的B类评定。

（5）引用在同条件下的测量结果计算测量重复性标准差。对一些分析方法可利用以前在同条件下对同类样品测试积累的测量数据进行测量重复性的评定。例如，日常分析中通常对每个试样作两次平行分析，取m组历次在同条件下两次平行测量的分析结果（x_{i1}，x_{i2}），计两次分析结果之差Δ_i，可计算得测量的合并样本标准差s_p，在随后同条件测量中可引用s_p计算测量的重复性标准不确定度：

$$s_p = \sqrt{\frac{\sum_{i=1}^{m}\Delta_i^2}{2m}} \tag{10-9}$$

（6）标准不确定度的计算。在受控状态的测量中，引用以前的测量结果评定了标准差 s，引用分析方法的重复性限 r，或在预先的测量中已评定了合并样本标准差 s_p，在随后的测量中，如果对样品只进行了 k 次重复测量，以 k 次测量的平均值 $\bar{x}_k$ 作为测量结果，则该测量结果的标准不确定度为：

$$u(\bar{x}_k) = \frac{s_p}{\sqrt{k}} \tag{10-10}$$

$u(\bar{x}_k)$ 的自由度等于 s_p 的自由度，即 $\nu(\bar{x}_k) = \nu_p = m(n-1)$。

分析测试中当对测量数据评定了重复性标准差（包括引用先前测量数据，或引用方法的重复性标准差等），计算出的重复性标准不确定度 $u(s)$ 中包含了诸如样品的不均匀性、人员操作的重复性、仪器运行的变动性、仪器的分辨率、示值误差、仪器读数误差等因素造成测量结果的变动性。因此，在评定了测量重复性标准差后，上述因素的不确定度分量就不再评定，否则就造成了重复评定。在分析测试中，测量重复性往往是合成标准不确定度的主要分量，应慎重评定。某些情况下，当测量结果十分接近，计算的重复性标准差 s 很小，甚至接近零，这时应仔细评定由仪器的分辨率、示值误差、读数误差等引起的不确定度分量。

10.4.4.2 标准不确定度 B 类评定

A 标准不确定度的 B 类分量

当输入量 x_i 不是通过重复观测得到时，例如容量器皿的误差、标准物质特性量值的不确定度等，不能用统计方法评定，这时它的标准不确定度可以通过 x_i 的可能变化的有关信息或资料的数据来评定。

标准不确定度 B 类评定的信息一般有：

（1）以前的测量或评定的数据；

（2）对有关技术资料和测量仪器特性的了解和经验；

（3）制造部门提供的技术文件；

（4）校准、检定证书提供的数据、准确度的等级或级别，包括暂时使用的极限误差；

（5）手册或资料给出的参考数据及其不确定度；

（6）指定实验方法的国家标准或类似文件给出的重复性限 r 或再现性限 R。

如何恰当地使用标准不确定度 B 类评定的信息，要求有一定的经验及对该信息有一定的了解。

原则上讲所有的不确定度分量都可以用不确定度 A 类评定的方法进行评定，因为这些信息中的数据基本上都是通过大量的试验，用统计方法得到的。但这不是每个实验室都能做到的，而且要花费大量的精力，也没有必要这样做。要认识到标准不确定度的 B 类评定可以与 A 类评定一样可靠。特别当 A 类评定中独立测量次数较少时，获得的标准不确定度未必比不确定度 B 类评定更可靠。

分析测试中主要不确定度分量的 B 类评定将在以下章节中分类说明。

B　不确定度B类评定中的包含因子k_p

B类评定中如何将有关输入量x_i可能变化的数据、信息转换成标准不确定度，就涉及这些数据、信息的分布和置信概率（置信水平）。

设x_i误差范围或不确定度区间为$[-a, +a]$，a为区间半宽，则$u(x_i)=a/k_p$，式中包含因子k_p是根据输入量x_i在$x_i \pm a$区间内的分布来确定的。

在化学成分分析测试中常见的分布有以下几种：

(1) 正态分布：当x_i受到多个独立量的影响，且影响程度相近，或x_i本身就是重复性条件下几个观测值的算术平均值，则可视为正态分布。正态分布的置信水平p与包含因子k_p的关系如表10-3所示。测量数据的分布通常服从正态分布，当置信水平95%时，包含因子k_p为1.96。

表10-3　正态分布的置信概率p与包含因子k_p的关系

p/%	50	68.27	90	95	95.45	99	99.73
k_p	0.67	1	1.64	1.96	2	2.58	3

分析测试中，测量数据服从正态分布，引用重复性限r或再复性限R时，则测量结果的标准不确定度为：$u(x_i)=r/2.8$或$u(x_i)=R/2.8$。

(2) 均匀分布（矩形分布）：当置信概率为100%时，x_i在$x_i \pm a$区间内，各处出现的概率相等，不能认为某处出现的机会大（或小）于其他处，而在区间外不出现，则x_i服从均匀分布，其标准不确定度（标准差）为$u(x_i)=a/\sqrt{3}$。

例如，天平称量误差、数字示值仪器的分辨率、平衡指示调零不准引起的不确定度、数值修约引起的不确定度、仪器仪表误差仅知其最大允许差范围、电子计数器量化引起的不确定度等可认为服从均匀分布。

(3) 三角分布：当置信概率为100%时x_i在$x_i \pm a$区间内，x_i在中心附近出现的概率大于接近区间边界的概率，则x_i可认为服从三角分布，其标准差为$u(x_i)=a/\sqrt{6}$。

例如，容量器皿的体积误差的不确定度、两修约数之和后差的不确定度、两相同均匀分布的输入量合成、硬度测量中两读数差所得压痕深的不确定度通常认为服从三角分布。

(4) 其他分布：除上述几种分布外，还有梯形分布（可认为是均匀分布和三角分布的折中）、投影分布、反正弦分布等，在分析测试中应用极少。

当输入量x_i在$[-a, +a]$区间内的分布难以确定时，通常认为服从均匀分布，取包含因子为$\sqrt{3}$。如果有关校准、检定证书给出了x的扩展不确定度$U(x)$和包含因子k，则可直接引用k值计算。

10.4.4.3　合成标准不确定度的评定

A　不确定度传播律

当各输入量x_i是彼此独立或不相关时，被测量Y的估计值y的标准不确定度

$u(y)$与输入量的标准不确定度$u(x_1)$，$u(x_2)$，…，$u(x_n)$的关系为：

$$u_c^2(y) = \sum_{i=1}^{n} c_i^2 u^2(x_i) = \sum_{i=1}^{n} u_i^2(y) \tag{10-11}$$

式中，$c_i = \frac{\partial f}{\partial x_i}, u_i(y) = |c_i| u(x_i)$。

该关系式称为不确定度传播律。它适用于线性和非线性的函数关系。式中偏导数c_i称之为x_i的灵敏系数。当x_i的标准不确定度$u_i(x_i)$乘以$|c_i|$，即成为合成标准不确定度$u_c(y)$的一个分量$u_i(y)$。

当输入量x_i彼此相关时，被测量Y的估计值y的标准不确定度$u(y)$与输入量的标准不确定度$u(x_1)$、$u(x_2)$、…、$u(x_n)$的关系变得较为复杂：

$$u_c^2(y) = \sum_{i=1}^{n} c_i^2 u^2(x_i) + 2\sum_{i=1}^{n-1} \sum_{j=i+1}^{n} c_i c_j u(x_i, x_j) \tag{10-12}$$

式中，$u(x_i, x_j)$是x_i和x_j之间的协方差；c_i、c_j是灵敏系数。协方差与相关系数r_{ij}有关：

$$u(x_i, x_j) = u(x_i) u(x_j) r_{ij} \tag{10-13}$$

其中，$-1 \leqslant r_{ij} \leqslant 1$。如果$x_i$和$x_j$互相独立，则$r_{ij}=0$，即一个值的变化不会预期另一个值也发生变化，式（10－12）简化为式（10－11）。

B 分析测试中合成不确定度评定的通用方法

在分析测试不确定度评定中，在输入量x_1，x_2，…，x_n为彼此独立的条件下，按《JJG 1059—1999 测量不确定度评定与表示》和《CNAL/AG 07—2002 化学分析中不确定度评估指南》，合成标准不确定度可采用以下计算规则：

（1）对于线性函数关系式，只涉及和或差的数学模型：

$$y = a_1 x_1 + a_2 x_2 + \cdots + a_n x_n \tag{10-14}$$

输入量的偏导十分简单，即其系数，$c_1 = \frac{\partial a_1 x_1}{\partial x_1} = a_1, c_2 = \frac{\partial a_2 x_2}{\partial x_2} = a_2, \cdots$。

当各分量不相关时，

$$u_c^2(y) = \sum_{i=1}^{n} \left[\frac{\partial f}{\partial x_i}\right]^2 u^2(x_i) = \sum_{i=1}^{n} c_i^2 u^2(x_i) = a_1^2 u^2(x_1) + a_2^2 u^2(x_2) + \cdots + a_n^2 u^2(x_n) \tag{10-15}$$

当a_i为$+1$或-1，合成标准不确定度$u_c(y)$为各分量的方和根：

$$u_c(y) = \sqrt{u^2(x_1) + u^2(x_2) + \cdots + u^2(x_n)} \tag{10-16}$$

当各输入量完全正相关时，合成标准不确定度$u_c(y)$是各分量的线性和：

$$u_c(y) = a_1 u(x_1) + a_2 u(x_2) + \cdots + a_n u(x_n) \tag{10-17}$$

应用式（10－16）时要注意a_i的符号。例如，对$y = x_1 - x_2 + x_3$，如果输入量x_1、x_2与x_3完全正相关，则$u(y) = u(x_1) - u(x_2) + u(x_3)$。

所谓两分量正相关是指两分量有正线性关系，一个分量增大，另一个亦增大，反之亦然。例如，25mL 移液管体积的标准不确定度$u(25\text{mL}) = 0.021\text{mL}$，如用同一支 25mL 移液管移取 50mL 溶液，两次移取溶液的影响正相关，移取体积的标准不确定度用代数和计算，$u(50\text{mL}) = 0.021 + 0.021 = 0.042\text{mL}$。而如果采用两支不同的25mL移液管，移取溶液的影响互相独立，其体积的标准不确定度用方和根计算，$u(50\text{mL}) = \sqrt{0.021^2 + 0.021^2} = 0.030\text{mL}$。

不相关指分量之间相互独立，或不可能相互影响。应当说，分析测试中各不确定度分量大多是相互独立的，可直接用方和根计算合成不确定度。

（2）对只涉及积或商的数学模型，如 $y = x_1x_2x_3\cdots$ 或 $y = x_1x_2/x_3x_4\cdots$，可分别以各分量的相对标准不确定度$\left[\dfrac{u(x_i)}{x_i} = u_{\text{rel}}(x_i)\right]$计算：

设 $y = \dfrac{x_1x_2}{x_3x_4}$，各分量 x_1、x_2、x_3、x_4 不相关，按 JJF 1059，则有：

$$u_c^2(y) = \sum\left(\frac{\partial y}{\partial x_i}\right)^2 u^2(x_i)$$

首先求各分量的标准不确定度 $u(a)$、$u(b)$、$u(c)$、$u(d)$和各自的偏导数：

$$\frac{\partial y}{\partial x_1} = \frac{x_2}{x_3x_4},\ \frac{\partial y}{\partial x_2} = \frac{x_1}{x_3x_4},\ \frac{\partial y}{\partial x_3} = \frac{x_1x_2}{x_3^2x_4},\ \frac{\partial y}{\partial x_4} = \frac{x_1x_2}{x_3x_4^2}$$

输出量 y 的合成标准不确定度 $u_c(y)$ 按下式计算：

$$u_c^2(y) = \left(\frac{\partial y}{\partial x_1}\right)^2 u^2(x_1) + \left(\frac{\partial y}{\partial x_2}\right)^2 u^2(x_2) + \left(\frac{\partial y}{\partial x_3}\right)^2 u^2(x_3) + \left(\frac{\partial y}{\partial x_4}\right)^2 u^2(x_4)$$

$$u_c^2(y) = \frac{x_2^2}{x_3^2x_4^2}u^2(x_1) + \frac{x_1^2}{x_3^2x_4^2}u^2(x_2) + \frac{x_1^2x_2^2}{x_3^4x_4^2}u^2(x_3) + \frac{x_1^2x_2^2}{x_3^2x_4^4}u^2(x_4)$$

$$u_c^2(y) = \left(\frac{x_1x_2}{x_3x_4}\right)^2\left[\frac{u^2(x_1)}{x_1^2} + \frac{u^2(x_2)}{x_2^2} + \frac{u^2(x_3)}{x_3^2} + \frac{u^2(x_4)}{x_4^2}\right]$$

经转换，用相对标准不确定度表示：

$$u_{\text{rel}}^2(y) = u_{\text{rel}}^2(x_1) + u_{\text{rel}}^2(x_2) + u_{\text{rel}}^2(x_3) + u_{\text{rel}}^2(x_4) \quad (10-18)$$

由此，在各分量不相关情况下，涉及积或商的函数关系式，输出量 y 的相对合成标准不确定度 $u_{\text{rel}}(y)$等于各分量 x_i 相对标准不确定度分量的方和根，

$$u_{\text{rel}}(y) = \sqrt{u_{\text{rel}}^2(x_1) + u_{\text{rel}}^2(x_2) + \cdots + u_{\text{rel}}^2(x_n)} \quad (10-19)$$

当 x_1，x_2，…，x_n 之间存在相关性时，需按式（10－12）计算相关性项。

（3）对有幂函数关系式，$y = x_1^{p_1}x_2^{p_2}\cdots x_n^{p_n}$，

$$u_{\text{rel}}^2(y) = \sum_{i=1}^{n}[p_iu_{\text{rel}}(x_i)]^2$$

$$u_{\text{rel}}(y) = \sqrt{\sum_{i=1}^{n}[p_iu_{\text{rel}}(x_i)]^2} \quad (10-20)$$

当 $p_i = \pm1(i=1,2,\cdots,n)$时，式（10－21）还原为式（10－19）。

例如，圆柱体体积 V 与半径 r 和高 h 的函数关系为 $V = \pi r^2h$，V 的相对合成标准不确定度 $u_{\text{rel}}(V) = \sqrt{2^2u_{\text{rel}}^2(r) + u_{\text{rel}}^2(h)}$，π 的不确定度可以取适当的有效位数而忽略不计。

（4）当数学模型中既有加减又有乘除时，可按上述原则先计算加减项，再计算乘除项。

分析测试结果的测量不确定度评定中，采用相对标准不确定度计算与用偏导的灵敏系数（c_i）法计算是一致的。计算过程中，可根据各分量的大小，更直观估计其在合成不确定度中所占的比重，计算更为简便。

10.4.4.4　扩展不确定度的评定

A　扩展不确定度的表示

扩展不确定度 U 由合成标准不确定度 $u_c(y)$ 乘以包含因子 k 得到：

$$U = ku_c(y) \tag{10-21}$$

包含因子定义为：为求得扩展不确定度，对合成标准不确定度所乘之数字因子。

被测量 Y 的测量结果可表示为：

$$Y = y \pm U \tag{10-22}$$

y 是被测量 Y 的最佳估计值，被测量 Y 的可能值以较高的置信水平落在［$y-U$，$y+U$］范围内，即 $y-U \leqslant Y \leqslant y+U$。要注意的是 U 本身只是正值，当与 y 一起表达时，表明 Y 的分布范围，前面的 ± 符号是 Y 表达式的符号，而非 U 本身的符号。

B　包含因子的选择

要给出扩展不确定度 U 首要的是合理选择包含因子 k，k 值的选择应考虑 Y 可能值的基本分布、所需要的置信水平和合成标准不确定度的有效自由度。

合成不确定度的有效自由度 ν_{eff} 可由韦奇－萨特思韦特（Welch－satterthwaite）公式计算：

$$\nu_{eff} = \frac{u_c^4(y)}{\sum_{i=1}^{n} \frac{u_i^4(y)}{\nu_i}} \quad 或 \quad \nu_{eff} = \frac{[u_{crel}(y)]^4}{\sum_{i=1}^{n} \frac{[p_i u_{rel}(x_i)]^4}{\nu}} \tag{10-23}$$

当 $u_c^2(y)$ 是由两个或多个估计方差合成，变量 $(y-Y)/u_c(y)$ 可近似为 t 分布，根据有效自由度 ν_{eff}，由 t 分布临界值表求包含因子 k_p（p 为置信水平）。

化学成分分析测试中输出量的分布受多种互相独立的因素影响，基本上是正态或近似正态分布，置信水准 p 通常取 95% 或 99%。当 ν_{eff} 充分大时，可近似认为 $k_{95}=2$、$k_{99}=3$，分别得 $U_{95}=2u_c(y)$、$U_{99}=3u_c(y)$。

检测实验室测量结果的不确定度评定中一般可不计算有效自由度 ν_{eff}，而直接取置信水平 95%，$k=2$。

10.4.4.5　测量不确定度的表示与报告

完整的测量结果应含有两个基本量，一是被测量的最佳估计值 y，一般由数据测量列的算术平均值给出，另一个是描述该测量结果分散性的测量不确定度。JJF 1059—1999 要求，“测试报告应尽可能详细，以便使用者可以正确地利用测量结果”。

在化学成分分析测试中一般使用扩展不确定度 $U=ku_c(y)$ 表示结果的测量不确定度。例如，多次测量盐酸标准溶液浓度的平均值为 0.05046mol/L，其合成标准不确

定度 u_c(HCl)为0.00008mol/L，取包含因子 $k=2$，扩展不确定度 $U=2\times0.00008=0.00016$mol/L，则测量结果可表示为：

$$c(\mathrm{HCl})=0.05046\mathrm{mol/L},\ U=0.00016\mathrm{mol/L},\ k=2$$

或

$$c(\mathrm{HCl})=(0.05046\pm0.00016)\mathrm{mol/L},\ k=2$$

或采用相对扩展不确定度，

$$c(\mathrm{HCl})=0.05046(1\pm3.2\times10^{-3})\mathrm{mol/L},k=2$$

在表示测量不确定度时应同时给出包含因子 k，以表示测量结果的置信水平。

10.5 测量不确定度评定应用实例

10.5.1 钼蓝光度法测定钼铁中磷量的不确定度评定

10.5.1.1 测定方法概述

称取0.5000g的试样置于铂皿中。加入10mL硝酸，滴加氢氟酸，待激烈反应停止后，再加入5mL氢氟酸、10mL硫酸。继续加热蒸发至几乎冒尽硫酸白烟，冷却后加入35mL盐酸（1+2），加热溶解可溶性盐类。以温水稀释溶液至50mL，用中速定量滤纸过滤，以温盐酸（1+50）洗至无铁离子反应，滤液收集于500mL烧杯中并稀释成250mL左右，用氢氧化铵中和并过量5mL，低温煮沸1min，用中速定量滤纸过滤，弃去滤液。将沉淀洗入原烧杯中，以20mL硝酸（1+2）分数次溶解。加入10mL高氯酸，加热蒸发至高氯酸白烟回流10min。冷却后加入温水约50mL，加热溶解可溶性盐类，用中速定量滤纸过滤，滤液收集于250mL容量瓶，用水定容。分取25mL溶液至100mL容量瓶中，加入10mL 10%的亚硫酸氢钠溶液，于沸水浴中加热至溶液无色，立即加入25mL显色剂（钼酸铵与硫酸肼混合溶液），于沸水浴中加热15min，流水冷却，定容。移取部分溶液至1cm比色皿中，于分光光度计825nm波长处测定。

10.5.1.2 数学模型

数学模型为：

$$w(\mathrm{P})=\frac{m_1}{m_0 r}\times100\%$$

式中 m_1——从工作曲线上查得的磷量，g；

m_0——试样量，g；

r——试液分取比，此处为1/10。

10.5.1.3 不确定度来源分析

通过分析测量过程，确定影响测量不确定度的因素，识别不确定度来源，主要有以下几个方面：

（1）重复性测定引入的相对标准不确定度分量 $\mu_{\mathrm{rel}}(1)$。为使分析测试的结果真实、可靠，一般采用重复测定的方式，多个数据在符合一定规则的前提下进行算术平均，该过程将引入不确定度。

(2) 试样称量引入的相对标准不确定度分量 $\mu_{rel}(2)$。天平是由电子元件组成的较为精密的称量仪器，其示值的准确性受到诸多因素如环境温度、大气压力、电源电压及电流变化等因素的影响，天平的示值误差就是上述各个影响因素的综合体现。因此，只考虑天平的示值误差引入的不确定度分量，忽略其他因素引入的不确定度。

(3) 容量瓶引入的相对标准不确定度分量 $\mu_{rel}(3)$。国家标准 GB/T 12806—1991[3] 中规定了不同等级、不同容量规格容量瓶的容量允差，容量瓶的实际容量对标称容量的偏差引入不确定度。

(4) 移液管引入的相对标准不确定度分量 $\mu_{rel}(4)$。国家标准 GB/T 12808—1991[4] 中规定了不同等级、不同容量规格移液管的容量允差，移液管的实际吸液量对标称吸液量的偏差引入不确定度。

(5) 分光光度法引入的相对标准不确定度分量 $\mu_{rel}(5)$。分光光度法测定过程涉及到分光光度计、系列标准溶液的配制及测定等，这些均引入不确定度。

10.5.1.4　不确定度评定

A　重复性测定引入的相对标准不确定度分量 $\mu_{rel}(1)$

为获得重复性测定的不确定度，从同一样品中独立称取试样 10 次，分别进行测定，测定结果列于表 10－4。

表 10－4　重复性试验结果

序　号	磷含量/%	序　号	磷含量/%
1	0.046	6	0.043
2	0.043	7	0.049
3	0.044	8	0.041
4	0.045	9	0.042
5	0.044	10	0.045

重复测定的平均值 $\bar{x} = 0.044\%$，样品的标准偏差 $S(x_i) = 0.0029\%$，$\bar{x}$ 的标准偏差 $S(x) = S(x_i)/\sqrt{n} = 0.00093\%$，相对标准不确定度 $\mu_{rel}(1) = 0.0212$。

B　试样称量引入的相对标准不确定度分量 $\mu_{rel}(2)$

(1) 由称量的不准确性引起的不确定度已包含在重复测定的不确定度之中，此处不再考虑。

(2) 使用的天平经过校准，其不确定度为 0.0001g。

(3) 称量时要求准确至 0.0002g，假设为均匀分布，不确定度为 $0.0002/\sqrt{3}\text{g} = 0.00012\text{g}$。

(2)，(3) 项合成，试样称量引入的标准不确定度 $\mu_2 = \sqrt{0.0001^2 + 0.00012^2}\text{g} = 0.00016\text{g}$。相对标准不确定度为：$\mu_{rel}(2) = 0.00016\text{g}/0.5000\text{g} = 0.00032$。

C　容量瓶引入的相对标准不确定度分量 $\mu_{rel}(3)$

(1) 按照国家标准，250mL 的 A 级容量瓶在 20℃时的允差为 ±0.15mL，假设为三角分布，其标准不确定度为 $0.15/\sqrt{6}$mL = 0.061mL。

（2）由稀释时的准确性引起的不确定度已包含在重复测量的不确定度之中，此处不再考虑。

（3）温度变化引起的不确定度主要是由于使用温度与校准温度不同，该项不确定度可以通过估算该温度范围和线膨胀系数来计算。水的线膨胀系数为 2.1×10^{-4}/℃，玻璃的线膨胀系数为 9.75×10^{-6}/℃，在正常的实验温度变化范围内，水的体积膨胀明显大于容量瓶的体积膨胀，因此只需考虑前者。假设一次实验的温差为5℃，则体积变化为 ±250mL × 2.1×10^{-4}/℃ × 5℃ = ±0.262mL。假设温度变化是矩形分布，则标准不确定度为 $0.262/\sqrt{3}$mL = 0.151mL。

（1），（3）合成，由溶液体积引起的标准不确定度 $\mu_3=\sqrt{0.061^2+0.151^2}$ = 0.163mL。相对标准不确定度为：$\mu_{rel}(3)$ = 0.163mL/250mL = 0.00065。

D 移液管引入的相对标准不确定度分量 $\mu_{rel}(4)$

（1）按照国家标准，25mL 的 A 级移液管在 20℃时的允差为 ±0.030mL，假设为三角分布，其标准不确定度为 $0.030/\sqrt{6}$mL = 0.0122mL。

（2）由稀释时的准确性引起的不确定度已包含在重复测量的不确定度之中，此处不再考虑。

（3）温度变化引起的不确定度，同样假设温差为5℃，则体积变化为 ±25mL × 2.1×10^{-4}/℃ × 5℃ = ±0.0262mL，标准不确定度为 $0.0262/\sqrt{3}$mL = 0.0151mL。

（1），（3）合成，由溶液体积引起的标准不确定度 $\mu_4=\sqrt{0.0122^2+0.0151^2}$ = 0.0194mL。相对标准不确定度为：$\mu_{rel}(4)$ = 0.0194mL/25mL = 0.00078。

E 分光光度法引入的相对标准不确定度分量 $\mu_{rel}(5)$

a 配制 100μg/mL 磷标准溶液引入的相对标准不确定度分量 $\mu_{rel}(51)$

（1）1000μg/mL 磷标准溶液由国家钢铁研究总院生产，在（20 ± 1）℃时，磷标准溶液的扩展不确定度（$k=2$）为 4μg/mL，其相对标准不确定度分量为 0.002。

（2）吸取 10mL 上述磷标准溶液至 100mL 容量瓶中，定容配制 100μg/mL 磷标准溶液。100mL 容量瓶引入的标准不确定度分量：按照 5.3 节，100mL 容量瓶的标准不确定度为 $0.10/\sqrt{6}$mL = 0.0408mL，温度变化引入的标准不确定度为（±100 × 2.1×10^{-4}/℃ × 5℃）/$\sqrt{3}$mL = ±0.0606mL。则 100mL 容量瓶引入的标准不确定度分量为 $\sqrt{0.0408^2+0.0606^2}$ = 0.0731mL，相对标准不确定度分量为 0.0731mL/100mL = 0.000731。

10mL 移液管引入的标准不确定度分量：按照 5.4 节，10mL 移液管的标准不确定度为 $0.02/\sqrt{6}$mL = 0.0082mL，温度变化引入的标准不确定度为（±10 × 2.1×10^{-4}/℃ × 5℃）/$\sqrt{3}$ mL = ±0.0061mL。10mL 移液管引入的标准不确定度分量为 $\sqrt{0.0082^2+0.0061^2}$ = 0.0102mL，相对标准不确定度分量为 0.0102mL/10mL = 0.0010。

$$\mu_{rel}(51)=\sqrt{0.002^2+0.00073^2+0.0010^2}=0.0024$$

b 系列磷标准溶液引入的相对标准不确定度分量 $\mu_{rel}(52)$

吸取0mL、1mL、2mL、3mL、4mL、5mL磷标准溶液于一组烧杯中，加高氯酸冒烟，以后的处理方法与试液处理方法相同，测其吸光度，绘制标准工作曲线。100mL标准溶液中磷的质量计算如下：

$$C_i=\frac{V_i}{V_{100}}\times\frac{25}{250}\times 100$$

式中 C_i——100mL某标准溶液中磷的质量，g；

V_i——配制某标准溶液吸取磷标准溶液的体积，mL；

V_{100}——容量瓶的体积，mL；

$\frac{25}{250}$——比例因子，从250mL容量瓶中分取25mL溶液于100mL容量瓶中。

（1）10mL吸量管引入的相对标准不确定度分量 $\mu_{rel}(521)$。按照5.4节，10mL吸量管的标准不确定度为 $0.050/\sqrt{6}$mL = 0.0204mL，温度变化引入的标准不确定度为 $(\pm 10\times 2.1\times 10^{-4}/℃\times 5℃)/\sqrt{3}$mL = ±0.0061mL。10mL吸量管引入的标准不确定度分量为 $\sqrt{0.0204^2+0.0061^2}$ = 0.0213mL，相对标准不确定度分量 $\mu_{rel}(521)$ = 0.0213mL/10mL = 0.00213。

（2）100mL容量瓶引入的相对标准不确定度分量 $\mu_{rel}(522)$。按照5.3节，100mL容量瓶的标准不确定度为 $0.10/\sqrt{6}$mL = 0.0408mL，温度变化引入的标准不确定度为 $(\pm 100\times 2.1\times 10^{-4}/℃\times 5℃)/\sqrt{3}$mL = ±0.0606mL。则100mL容量瓶引入的标准不确定度分量为 $\sqrt{0.0408^2+0.0606^2}$ = 0.0731mL，相对标准不确定度分量为：

$$\mu_{rel}(522)=0.0731\text{mL}/100\text{mL}=0.000731$$

$$\mu_{rel}(52)=\sqrt{\mu_{rel}(521)^2+\mu_{rel}(522)^2}=0.0023$$

c 线性回归方程的相对标准不确定度分量 $\mu_{rel}(53)$

测定系列标准溶液的吸光度，由最小二乘法可求得吸光度（A）和磷质量（C）之间的线性方程式 $A=a+bC$。系列标准溶液的测定结果列于表10－5中。

表10－5 系列标准溶液的测试结果

磷质量/μg	10	20	30	40	50
吸光度	0.088，0.087	0.173，0.174	0.259，0.258	0.341，0.341	0.427，0.426

由表中数据进行线性拟合得线性方程：

$$A=0.0038+0.0085C$$

$$a=0.0038,\ b=0.0085,\ r=0.9999$$

回归曲线的标准方差 $S_{A/C}$（由回归曲线计算出的 A 值与实际测得 A_i 值之差）按贝塞尔公式求出：

$$S_{A/C}=\sqrt{\frac{\sum_{i=1}^{n}(A_i-A)^2}{n-2}}$$

$n-2=8$,求得 $S_{A/C}=0.00102$。

试样的平均吸光度为0.191，则：

$$C_{估}=\frac{\overline{A}-0.0038}{0.0085}=22.024$$

测量2次,$P=2$,则标准不确定度为：

$$\mu=\frac{S_{A/C}}{b}\sqrt{\frac{1}{p}+\frac{1}{n}+\frac{(C_{估}-\overline{C})^2}{\sum_{i=1}^{n}(C_i-\overline{C})^2}}=0.09295$$

相对标准不确定度为：

$$\mu_{rel}(53)=0.09295/22.024=0.0042$$

d　分光光度计引入的相对标准不确定度分量 $\mu_{rel}(54)$

分光光度计的示值分辨力为0.001A，按均匀分布，其标准不确定度为 $0.001/\sqrt{3}=0.000577$，对未知样品进行10次测量，所得平均吸光度为0.191，故相对标准不确定度 $\mu_{rel}(54)=0.0019$。分光光度法引入的相对标准不确定度分量为：

$$\mu_{rel}(5)=\sqrt{0.0024^2+0.0023^2+0.0042^2+0.0019^2}=0.0057$$

表10-6汇总了各个不确定度的来源及其数值。

表10-6　不确定度分量一览表

标准不确定度分量	不确定度来源	相对标准不确定度值
μ_{rel} (1)	重复性测定	0.0212
μ_{rel} (2)	天　平	0.00032
μ_{rel} (3)	250mL 容量瓶	0.00065
μ_{rel} (4)	25mL 移液管	0.00078
μ_{rel} (5)	分光光度法测定	0.0057

10.5.1.5　合成标准不确定度 μ_c

由以上各项得：

$$\frac{\mu_c}{w(\text{P})}=\sqrt{0.0212^2+0.00032^2+0.00065^2+0.00078^2+0.0057^2}=0.0220$$

$$\mu_c=0.0220\times0.044\%=0.001\%$$

10.5.1.6　扩展不确定度

取置信度为95%，则包含因子 $k=2$，扩展不确定度为：

$$U=k\times\mu_c=2\times0.001\%=0.002\%$$

结果表示为：

$$w(\mathrm{P}) = (0.044 \pm 0.002)\%$$

10.5.1.7 结论

通过实验可知，测定结果的不确定度主要来源与重复性测定和分光光度法测定，天平、移液管、容量瓶对不确定度的影响可以忽略。用分光光度法测定钼铁磷的含量，其扩展不确定度 $U = 0.002\%$，置信区间为95%。

10.5.2 维氏硬度测量不确定度评定

10.5.2.1 试验

（1）测量方法：依据《GB/T 4340.1—1999 金属维氏硬度试验方法》。

（2）环境条件：试验一般在室温 10 ~ 35℃进行。对精度要求较高的试验，室温应控制在（23 ± 5）℃。以下试验在23℃条件下进行。

（3）测量仪器：HVS - 50 数显维氏硬度计。

（4）被测对象：标准维氏硬度块 416HV_5。

（5）测量过程：根据标准 GB/T 4340.1—1999，在规定环境条件下，选用 HV_5 标尺进行硬度试验。

10.5.2.2 数学模型的建立

数学模型为：

$$\mathrm{HV} = \frac{F}{S} = \frac{2F\sin(\theta/2)}{l^2} = 18.17\frac{F}{l^2}$$

式中 F——载荷，N；

S——压痕表面积，mm^2；

l——压痕对角线平均长度，mm；

θ——金刚石钻压头锥体夹角，$\theta = 136°$。

10.5.2.3 测量不确定度来源的分析

假设测量是在恒温的条件下进行的，即不考虑温度效应所引起的不确定度分量，硬度计示值误差测量结果不确定度主要来源于以下两个方面：

（1）载荷的测量不确定度 $u_{rel}(F)$。载荷 F 的测量不确定度来源于仪器校准的不确定量，采用 B 类方法进行评定。根据出厂检测报告，载荷的误差限为 1.00%，假定其为正态分布（$k = 3$），载荷的测量不确定度为 $u_{rel}(F) = \alpha/k = 1.00\%/3 = 0.33\%$。

（2）对角线长度的测量不确定度 $u_{rel}(l)$。对角线长度 l 的测量不确定度 $u_{rel}(l)$ 由厂家提供的标准硬度块的均匀度、硬度计示值误差和操作误差等 3 部分组成。

1）标准硬度块的均匀度引入的不确定度，采用 B 类方法进行评定。由硬度块的校准证书上给出的扩展不确定度 $u_1(l)$ 为 1.3%，包含因子 k 为 2，故由标准硬度块均匀度引入的不确定度为 $u_1(l) = U_1(l)/k = 1.3\%/2 = 0.65\%$。

2）硬度计示值误差引入的不确定度，采用 B 类方法进行评定。常熟计量检定测试所提供的硬度计检定示值误差为0.47%。若硬度计检定示值误差以均匀分布估计，包含因子 $k=\sqrt{3}$，则硬度计示值引入的不确定度 $u_2(l)=\alpha/k=0.47\%/\sqrt{3}=0.27\%$。

3）操作误差引入的不确定度，采用A类方法进行评定。在载荷为49.05N、保荷时间为10s的条件下对标准硬度块（维氏硬度值为416）进行测量，观测值列于表1，并计算其算术平均值 $\overline{HV}$ 和单次试验标准差 S，结果见表10－7。

表10－7 测量数据及计算结果

试验次数	1	2	3	4	5	6	7	8	9	10	平均值	S
试验结果	417	415	414	418	411	413	416	412	417	412	415	2.517

$$u_{rel}(x)=\frac{S}{415}=0.61\%$$

假设操作误差为正态分布（$k=3$），则 $u_3(l)=\alpha/k=0.61\%/3=0.20\%$。

$$u_{rel}(l)=\sqrt{u_1^2(l)+u_2^2(l)+u_3^2(l)}=\sqrt{(0.65\%)^2+(0.27\%)^2+(0.20\%)^2}=0.73\%$$

标准不确定度的汇总见表10－8。

表10－8 标准不确定度汇总

不确定度来源	误差/%	扩展不确定度/%	分布状态	包含因子	不确定度/%
载荷	1.00		正态	3	0.33
标准硬度块均匀度		1.3		2	0.65
硬度计示值误差	0.47		均匀	$\sqrt{3}$	0.27
操作误差	0.61		正态	3	0.20

（3）合成标准不确定度。因为载荷 F 的测量不确定度和对角线长度 l 的测量不确定度相互独立，故合成不确定度为：

$$u_{rel}(HV)=\sqrt{u_{rel}^2(F)+u_{rel}^2(l)}=\sqrt{(0.33\%)^2+(0.73\%)^2}=0.80\%$$

10.5.2.4 测量结果

对能力验证传递试块进行维氏硬度测量，标尺为 HV_5，测量结果为449、452和452，则该试块的维氏硬度为：

$$HV=(449+452+452)/3=451$$

则合成不确定度为 $u(HV)=HVu_{rel}(HV)=451\times0.80\%=3.6$。

10.5.2.5 扩展不确定度 U

本文中取置信度为95%，则包含因子 $k=2$[4]，由下式可得扩展不确定度为 $U=ku(HV)=3\times3.6=10.8$。

10.5.2.6　测量不确定度报告

维氏硬度 HV 为 451 ± 10.8，其中扩展不确定度是由标准不确定度乘以包含因子得到的。

参考文献

[1] 曹宏燕．冶金材料分析技术与应用［M］．北京：冶金工业出版社，2008.

[2] JJF 1059—1999 测量不确定度的评定与表示．

[3] 施昌彦．测量不确定度评定与表示指南［M］．北京：中国计量出版社，2000.

[4] 曹宏燕．分析测试中测量不确定度及评定［J］．冶金分析，2005，25(1)：77－87.